圖解

五南圖書出版公司 印行

生物化學

閱讀文字

理解內容

觀看圖表

圖解讓
生物化學
更簡單

作者序

　　生物化學是以生物學和化學為基礎的科學，透過生物化學，可以在分子層面上研究生物構成物質及生命現象的化學反應，這個學科的重要性，與日俱增。當今世界面臨許多挑戰，了解生命及其內部系統的存在運作方式，可能是尋找解決方案的關鍵。

　　此學科就是研究生命活動的化學本質，是製藥、醫學、營養學、生物技術、食品科學等領域的重要學科。它正在迅速發展，成為最有影響力的科學領域，在我們生活中所扮演的角色和重要性，再怎麼強調都不為過。

　　生物化學是一門複雜且困難的學科，對許多初學者而言，難以應付艱深的教科書。本書編寫的目的，就是希望提供一本深入淺出的書籍，提高讀者閱讀的動力。

　　本書將生物化學的內容，拆解成 18 章，150 個小單元，藉由插圖與附表，加深學習印象與學習樂趣，適合醫藥、食科、生技、農學、水產等相關科系學生，及對生物化學有興趣者閱讀。

CONTENTS 目錄

Part 18　訊息傳遞

參考資料

Part 1
生物化學緒論

1.1 生物化學概述

生物化學（biochemistry）是運用化學的原理和方法，研究生物有機體化學組成和生命過程中，化學變化規律的科學。生物化學就是研究生命活動的化學本質。研究的對象是生物體，包括動物、植物和微生物。

靜態生物化學研究生物體的化學物質組成，以及它們的結構、性質和功能。無論是微生物、植物、動物還是人，都具有相似的基本化學組成：即 C、H、O、N、P、S 以及少數其他微量化學元素，這些元素組合構成生物體的水分、無機鹽離子和含碳有機化合物。其中的有機化合物主要包括核酸、蛋白質、醣類和脂類等，由於這些有機化合物分子量很大，因此稱為生物大分子（biological macromolecule）。

此外，生物體還含有可溶性醣、有機酸、維生素、激素、生物鹼和天然肽類等多種物質。這些物質在不同生物體中的種類和含量不同。

生物體中最重要的生物大分子是核酸和蛋白質。核酸是遺傳訊息的攜帶者和傳遞者，它通過控制蛋白質的生物合成，決定細胞的類型和功能。而蛋白質是細胞結構的主要組成成分，也是細胞功能的主要呈現者。

動態生物化學研究組成生物體的化學物質在生物體內進行的分解與合成，相互轉化與制約，以及物質轉化過程中伴隨的能量轉換等問題。

生物體最顯著的基本特徵就是能夠進行繁殖和新陳代謝。生物體要從周圍環境攝取營養物質和能量，經由體內一系列化學變化合成自身的組成物質，這個過程稱為同化作用（assimilation）。同時，生物體內原有的物質又經過一系列的化學變化，最終分解為不能利用的廢物和熱量，排出體外到周圍環境中去，這個過程稱為異化作用（dissimilation）。

經過這種分解與合成過程，使生物體的組成物質得到不斷的更新，這就是生物體的新陳代謝。

除了物質代謝和能量代謝以外，資訊代謝也是生物化學研究的核心內容。生命現象得以延續不斷地進行，就在於生命體能夠自我複製。一方面生命體可以進行繁殖以產生相同的後代；另一方面，多細胞生物在細胞分裂過程中也維持了相似的基本組成。

核酸是遺傳訊息的攜帶者，生物體內遺傳訊息傳遞的主要通路是由 DNA 的複製和 RNA 的轉錄以及蛋白質的生物合成構成的。

現代生物化學方興未艾，其基本理論和實驗技術，已經深入到生命科學的各個領域中（如生理學、遺傳學、細胞學、分類學和生態學），在光合作用機轉、酶作用機轉、代謝過程的調節控制、生物固氮機轉、抗逆性的生物化學基礎、核酸和蛋白質三維空間結構、基因複製、轉化和基因表達的調節控制等領域內的重大問題方面獲得新的進展；並產生了許多新興的相關學科和技術領域，如分子生物學、分子遺傳學、量子生物學、結構生物學、生物工程等。

生物化學與其他學科的關係

項目	關係
生物化學與化學的關係	生物化學的研究發展與有機化學、分析化學、物理化學的理論及技術有密切關係
生物化學與其他生物科學的關係	• 生物化學與生理學、微生物學、細胞生物學、遺傳學、胚胎學、組織學、免疫學等密切相關 • 生物化學是分子水準的生物學 • 生物化學是現代生物學科的基礎和前沿

生物化學的發展簡史

第一階段：18 世紀 70 年代以後，隨著近代化學和生理學的發展，生物化學學科開始形成	
1770-1774 年	英國 J.Priestly 發現了氧氣，指出動物消耗氧而植物產生氧
1770-1786 年	瑞典 C.W.Scheele 分離了甘油、檸檬酸、蘋果酸、乳酸、尿酸等
1779-1796 年	荷蘭 J.Ingenbousz 證明在光照條件下綠色植物吸收 CO_2 並放出 O_2
1828 年	Wohler 合成了有機物尿素
1877 年	Hoppe-Seyler 首先使用「Biochemistry」，生物化學作為一門新興學科誕生
1897 年	Buchner 證實不含細胞的酵母提取液也能使糖發酵
第二階段：從 20 世紀初到 20 世紀 40 年代，隨著分析鑑定技術的進步，尤其是放射性同位素技術的應用，生物化學進入動態生物化學的時期	
30 年代	英國 A.Krebs 提出尿素循環和檸檬酸循環
40 年代	能量代謝的提出為生物能學的發展奠定了基礎。糖酵解途徑、光合碳代謝途徑得到證明，發現了維生素和激素、血紅素核葉綠素
第三階段：1950 年以來，借助于各種理化技術，對蛋白質、酶、核酸等生物大分子進行化學組成、序列、空間結構及其生物學功能的研究，並發展到人工合成，創立了基因工程	
1950 年	Pauling 提出蛋白質二級結構的 a- 螺旋
1953 年	Watson 及 Crick 提出了 DNA 的雙螺旋模型
1958 年	Crick 提出「中心法則」
1953 及 1975 年	Sanger 分別研究出蛋白質序列和核酸序列的測定方法
1966 年	Nirenberg 與 Khorana 破譯了遺傳密碼
1972-1973 年	Berg 等成功進行了 DNA 體外重組；Cohen 創建了分子克隆技術
1975 年	Southern 發明了凝膠電泳分離 DNA 片段的印跡法
1979 年	Solomon 和 Bodmer 最先提出至少 200 個限制性片段長度多態性（RELP）可作為連接人的整個基因組圖譜之基礎
1985 年	Saiki 等發明了聚合酶鏈式反應（PCR）；美國 Santa Cruz 加州大學校長 R. Sinsheimer 提出人類基因組研究計畫
1997 年	Wilmut 等首次不經過受精，用成年母羊體細胞的遺傳物質，成功地獲得克隆羊多莉（Dolly）
1999 年	Günter Blobel 發現了細胞中蛋白質有其內在的運輸和定位信號
2001 年	Hartwell 發現和研究細胞週期分裂基因；Nurse 和 Hunt 分別發現調節細胞週期的關鍵分子週期蛋白依賴性激酶（cyclin-dependent kinases, CDKs）及調節 CDKs 功能的因數週期蛋白
2006 年	Andrew Zachary Fire 和 Craig Cameron Mello 獲得了 2006 年諾貝爾獎，用於發現 RNA 干擾（RNAi）在基因表現沉默中的作用

1.2 生物化學的研究內容

生物化學研究發生在植物、動物、微生物體內的化學反應過程，以及參與這些反應的各種化學物質性質的學科領域。

生物化學研究的主要內容

1. 靜態生物化學：研究構成生物體的醣、脂質、蛋白質、核酸、酶、維生素和激素等組成、結構、性質與功能。
2. 動態生物化學：研究它們在生物體內的化學變化及與外界進行物質和能量交換的規律，即物質代謝和能量代謝。
3. 功能生物化學：研究上述物質的結構、代謝和生物功能與複雜的生命現象之間的關係。
4 生物體遺傳訊息的傳遞、表達及代謝調節。

生物化學的主要研究目的在：

1. 從定量、定性和結構分析的角度，對兩大類有機化合物進行研究：(1) 構成細胞基本成分的有機化合物（如蛋白質、脂肪和碳水化合物等）：(2) 在生命活動中關鍵性化學反應中的關鍵性化合物（如核酸、維生素和激素等）。
2. 所有發生在細胞內的、複雜的和彼此之間相互密切關聯的生物化學反應，如蛋白質合成、能量轉換、遺傳性狀的傳遞等。
3. 能量儲存和釋放的分子反應過程；生化反應中的酶反應基質和催化酶的作用等。

4. 所有生物化學反應的調控機制。

生物化學的研究對象

1. 依研究的生物對象之不同：動物生物化學、植物生物化學、微生物生物化學。
2. 依生物化學應用領域的不同：醫學生物化學、農業生物化學、工業生物化學。
3. 學科本身各部分常被作為獨立的分科：蛋白質生化、醣生化、核酸、酶學等分子生物學。

生物化學的理論知識、實驗技術以及生化產品廣泛應用於農業、工業、醫藥、食品加工生產等重要經濟領域。

在農業生產上，作物栽培、作物品種鑑定、遺傳育種、土壤農業化學、豆科作物的共生固氮、植物的抗逆性、植物病蟲害防治等學科都越來越多地應用生物化學作為理論基礎。

在工業生產上，如食品工業、發酵工業、製藥工業、生物製品工業、皮革工業等都需要廣泛地應用生物化學的理論及技術。尤其是在發酵工業中。

在醫學領域，生物化學的應用非常廣泛。人的病理狀態往往是由於細胞的化學成分的改變，從而引起代謝及功能的紊亂。按照人體生長發育的不同需要，配製合理的飲食，供給適當的營養以增進人體健康；疾病的臨床診斷；根據疾病的發病原因以及病原體與人體在代謝上和調控上的差異，設計或篩選出各種高效低毒的藥物來防治疾病。

生物化學的內容

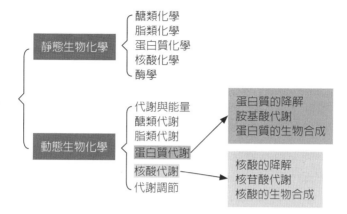

近代生物化學的發展

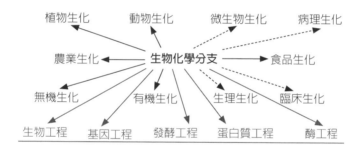

生物化學的研究領域

1.3 生物分子

18 世紀後期，化學家們開始認識到組成生命體的物質，與無生命的世界差異極大。90 多種元素中只有 30 種之多的元素對生命有機體是必需的，大多數有機體的組成元素的原子序數相對地低，只有 5 種元素的原子序數高於硒（34）。

有機體中最豐富的 4 種元素是 C、H、O 和 N，它們的總和超過了大多數細胞質量的 99%，它們能夠形成一個、二個、三個和四個價鍵的元素，但最輕的元素形成最強的共價鍵。

微量元素（trace element）代表人體最輕的重量，但對生命卻是必需的，通常因為它們對一些蛋白質，包括酶的功能為必須。例如，血紅素分子輸送氧的能力絕對依賴於只占總質量 0.3% 的四個鐵離子。

生命有機體的化學是圍繞著碳而組織起來的。C 與 H 可以形成單鍵連接，與 O 和 N 可以形成單鍵或雙鍵連接。生物學中 C 與 C 可以形成穩定的單鍵，一個碳原子可以與一個、二個、三個或四個其他碳原子形成穩定單鍵，兩個碳原子可以共用兩或三對電子，形成雙鍵或三鍵。

生物分子（biomolecule）中共價連接的碳原子可以形成線狀的、分支的或環狀的結構。

絕大多數生物分子可以看成是碳氫化合物的衍生物，碳氫化合物的骨架非常穩定，氫原子可以被各類功能基團取代，生成不同的有機化合物家族，典型的有醇、胺、醛和酮、羧酸等。

多數生物分子是多功能的，含有兩個或更多個不同的功能基團，每一種基團都有其自身的特點和反應。如腎上腺素或乙醯輔酶 A，是由其功能基團的性質和它們在三維空間中的位置決定。

幾乎所有生命有機體的有機化合物，形成後都是生物活性物質。這些分子在生物進化過程，為了適應特定的生物化學和細胞學功能被選擇下來。生物分子可以定義為：原子之間的結合類型，涉及結合的形式和強度、三維分子結構和化學活性，三維結構在生物化學中特別重要。生物學作用如酶與基質的作用、抗體與抗原的作用、激素和受體的作用，都是高特異性的。這種特異性靠分子之間的立體互補和靜電互補來達成，顯著的是，維持三維結構的作用力之中的是非共價作用，單個作用力弱，但有顯著的累積效應。

大多數有機體系統的分子由 C 原子與其他 C 原子或者 H 原子、O 原子或 N 原子共價連接而成，碳原子的特殊結合特性允許形成一大類不同的分子，有機化合物的分子量低於 500，如胺基酸、核苷酸和單醣，被稱為大分子（如蛋白質、核酸及多醣）的單體。

一個單個的蛋白質分子可能含有 1000 或更多個胺基酸殘基，去氧核糖核酸（DNA）可能有數百萬個核苷酸組成。

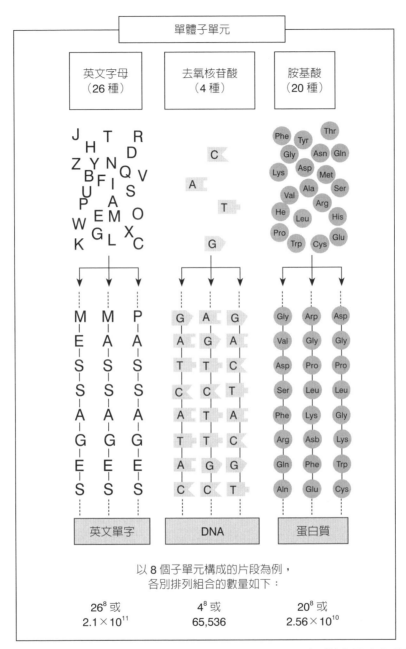

線性序列中的單體子單元可以拼寫出無限複雜的資訊。可能的不同序列的數量（S）取決於不同類型的子單元（N）的數量和線性序列（L）的長度：$S = N^L$。對於平均大小的蛋白質（$L ≈ 400$），S 為 20^{400}（天文數位）。

1.4 細胞

細胞是生物的基本單位，細胞分為兩大類，即原核細胞和真核細胞。前者結構簡單，種類也少，如細菌、藍藻。後者結構複雜，由原生動物到人類，低等植物到高等植物都是由真核細胞構成。

細胞膜：包圍細胞質的一套薄膜，又稱細胞質膜或外周膜，是生物膜的一種，它是由蛋白質、脂質、多糖等分子有序排列組成的動態薄層結構，平均厚度約 10 奈米。

細胞壁：在植物細胞外面有細胞壁，而細胞之間有一層膠狀物把兩個相鄰細胞的壁粘合在一起，這叫中膠層或稱胞間層。在兩個相鄰細胞之間的壁上，有原生質絲相連，叫胞間連絲，使細胞間互相流通。

細胞質：有彈性和黏滯性，還可看到布朗運動和原生質川流運動，這種連續相的細胞質不是始終如一，而是隨著環境條件（如溫度、日光、滲透壓等）而改變的。可能是由蛋白質纖絲相互交織在一起所組成的觸變凝膠。

細胞核：在真核細胞中，細胞核是一個雙層膜包圍的大而且濃的細胞器，在膜上有許多膜孔，使細胞核中生物合成的產物可以通過它運送到周圍的細胞質裡去。細胞核內部含有染色質，它是由 DNA 纖絲與緊密結合的組蛋白所構成。當細胞核分裂時，染色質縮聚成染色體。此外，核質中還有各種酶，如 DNA 聚合酶、RNA 聚合酶，以進行 mRNA 及 tRNA 的合成。

核糖體：在真核生物中，核糖體與內質網結合，形成表面粗糙的內質網，蛋白質合成即在內質網上進行。新形成的蛋白質分泌到囊泡系統中，然後轉移到高樂基體，在那裡用以形成溶酶體及其他微體。

粒線體：在所有真核細胞中存在長約 $2\sim3\mu m$ 的棒狀小顆粒的粒線體。在動物細胞中，粒線體是進行氧化磷酸化、檸檬酸循環及脂肪氧化作用的唯一部位。所有粒線體都由一個雙層膜系統組成。外膜與內膜分隔開並包圍著內膜。內膜向襯質內部摺疊成脊。呼吸鏈電子傳遞系統的所有酶類，即黃素蛋白、琥珀酸脫氫酶、細胞色素 b、c、c_1、a 及 a_3 都埋藏在內膜中。

微管蛋白為酸性的球蛋白，有許多生物學功能，主要有：(1) 作為細胞骨架，維持細胞的形狀；(2) 建築細胞壁；(3) 在有絲分裂時，控制染色體運動及胞板的形成；(4) 構成纖毛及鞭毛，成為細胞的運動器官。微絲由肌動蛋白（一種收縮蛋白）組成。功能主要有兩種：(1) 構成細胞骨架；(2) 負擔細胞內細胞質的運動，推進物質的運輸。

高基氏體：功能主要是負責粗糙內質網合成出來的胜肽和蛋白，將其修飾（加上醣類或是磷酸等等）有更完整的功能、分類、運輸，偶爾糖類、脂質也會在這進行修飾。

溶體（lysosomes）：或稱溶小體，內含數十種水解酶（hydrolytic enzymes）可對老舊、損壞的胞器進行分解，細胞凋亡機制和溶小體有很大的關係

內質網（endoplasmic reticulum）：分為粗糙內質網（rough endoplasmic reticulum）和平滑內質網（smooth endoplasmic reticulum），粗糙內質網上附著核糖體（ribosomes），藉由核糖體合成胜肽和蛋白質。

原核細胞與真核細胞的主要區別

特性	原核細胞	真核細胞
細胞大小	較小（1～10μm）	較大（10～100μm）
染色體	一個細胞只有一條 DNA 與 RNA、蛋白質不聯結在一起	一個細胞有幾條染色體，DNA 與 RNA、蛋白質聯結也一起
細胞核	無核膜和核仁	有核模和核仁
細胞器	無	有粒線體、葉綠體、內質網、高基氏體等
內膜系統	簡單	複雜
微梁系統	無	有微管和微絲
細胞分裂	二分體、出芽，無有蝗分裂	具有絲分裂器，能進行有絲分裂
轉錄與轉譯	出現在同一時間與地點	出現在不同時間與地點（轉錄在核內、轉譯在細胞質內）

細胞解剖圖

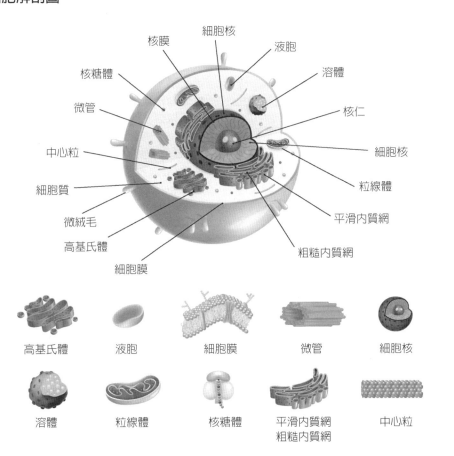

核膜　細胞核　液胞　溶體　核仁
核糖體　細胞核
微管
中心粒
細胞質　粒線體
微絨毛　平滑內質網
高基氏體　粗糙內質網
細胞膜

高基氏體　液胞　細胞膜　微管　細胞核

溶體　粒線體　核糖體　平滑內質網　中心粒
　　　　　　　　　　　　　粗糙內質網

1.5 生命現象

生物具有的共同六大特徵：特殊的架構（specific organization）、新陳代謝（metabolism）、生長（growth）、感應（irritability）、運動（movement）、繁殖（reproduction）。

特殊的架構：生命最基本的單位稱為細胞。由單一細胞組成的稱為單細胞生物，如細菌、酵母菌、草履蟲等。由多細胞組成的，稱為多細胞生物。

多細胞生物當中的高等動物由細胞組成組織，不同的組織又組成器官，不同的器官又組成系統，最後形成生物體。如人體總共約有 60 兆個細胞，功能相同的細胞集合起來就成為「組織」，如肌肉組織；幾個功能相同的組織集合起來就成為「器官」，如胃；幾個功能相同的器官組合起來就成為了「系統」，如：食道、胃、小腸、大腸、肝臟、膽囊、胰臟等器官集合起來，稱之為消化系統。

新陳代謝：是指生物體內所有物質和能量轉換的過程。新陳代謝包括同化作用（anabolism）和異化作用（catabolism）。同化作用又稱為合成作用，這是一種形成有機物和儲存能量的過程，如植物行光合作用，利用陽光將二氧化碳與水轉變為富含能量的葡萄糖；異化作用又稱為分解作用，這是一種分解有機物、釋放能量的過程，如蛋白質、脂肪、醣類等大分子分解，產生能量和較小的分子。

生長：造成生物體質量的增加，其原因是細胞本體的增大，或細胞數目的增多。對單細胞生物而言，生長表示細胞本體的增大；但是對多細胞生物而言，生長除了表示細胞增大與細胞數目增多

以外，通常還伴隨著發育，即許多相似的細胞逐漸分化成各種形態與構造不同的細胞，再構成不同的組織與器官，分別執行不同的功能。

感應：是指生物對外界的刺激會產生反應的現象。一般引起生物反應的刺激有光、溫度、壓力、聲音與化學物質等。大部分植物的感應不是很明顯，但是也有如向光性、向地性等感應現象。動物則演化出複雜的神經系統與感覺器官，負責感應、辨識並處理外界的刺激。

運動：高等動物的運動靠肌肉作用，較低等的生物如細菌、原生動物等，則靠纖毛（cilia）或鞭毛（flagella）來運動。植物的運動比較不顯著，但是植物一樣有運動的特徵。

繁殖：生命來自於生殖，所有的生物會繁殖後代，繁殖使得生物體有限的生命得以傳承，原有之種族特性也因此可以維持下去。

生命狀態的基本邏輯原理：

1. 生物大分子雖然具有複雜的結構，但在組成方面卻存在一種基本的簡單性，如 DNA 由 4 種去氧核糖核苷酸聚合而成；RNA 由 4 種核糖核苷酸（4NTP）聚合而成；蛋白質由 20 餘種胺基酸聚合而成；多醣由少數幾種單醣聚合而成。
2. 所有的生物都使用相同種類的的構件分子，似乎它們是從一個共同的祖先進化而來。
3. 每種生物的特性是通過它具有的一套與眾不同的核酸和蛋白質而保持的。
4. 每種生物大分子在細胞中有特定的功能。

生命源起

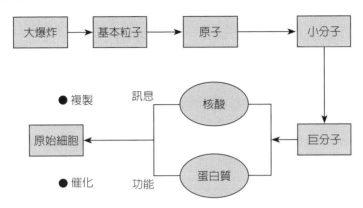

生物系統中的能流

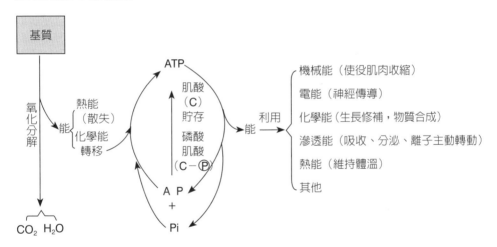

新陳代謝的概念及內涵

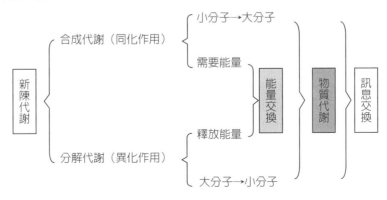

1.6 分子生物學

分子生物學（molecular biology）是從分子水準，研究生物大分子的結構與功能。進而闡明生命現象本質的科學，主要指遺傳訊息的傳遞（複製）、保持（損傷和修復）、基因的表達（轉錄和翻譯）與調控。

所謂在分子水準上研究生命的本質，主要是指對遺傳、生殖、生長和發育等生命基本特徵的分子機轉的闡明，從而為利用和改造生物，奠定理論基礎和提供新的手段。

分子水準指的是那些攜帶遺傳訊息的核酸，和在遺傳訊息傳遞及細胞內、細胞間通訊過程中，發揮著重要作用的蛋白質等生物大分子。這些生物大分子均具有較大的分子量，由簡單的小分子核苷酸或胺基酸排列組合以蘊藏各種資訊，並且具有複雜的空間結構，以形成精確的相互作用系統，

分子生物學的發展，為人類認識生命現象帶來了前所未有的機會，也為人類利用和改造生物創造了極為廣闊的前景。

分子生物學主要包含以下三部分研究內容：

1. 核酸的分子生物學

核酸的分子生物學研究核酸的結構及其功能。由於核酸的主要作用是攜帶和傳遞遺傳訊息，因此分子遺傳學（moleculargenetics）是其主要組成部分。

2. 蛋白質的分子生物學

蛋白質的分子生物學研究執行各種生命功能的主要大分子蛋白質的結構與功能。儘管人類對蛋白質的研究比對核酸研究的歷史要長得多，但由於其研究難度較大，與核酸分子生物學相比發展較慢。近年來雖然在認識蛋白質的結構及其與功能關係方面取得了一些進展，但是對其基本規律的認識尚缺乏突破性的進展。

3. 細胞訊息傳導的分子生物學

細胞訊息傳導的分子生物學研究細胞內、細胞間訊息傳遞的分子基礎。構成生物體的每一個細胞的分裂與分化及其他各種功能的完成均依賴於外界環境所賦予的各種指示訊息。在這些外源訊息的刺激下，細胞可以將這些訊息轉變為一系列的生物化學變化，例如蛋白質構形的轉變、蛋白質分子的磷酸化以及蛋白與蛋白相互作用的變化等，從而使其增殖、分化及分泌狀態等發生改變以適應內外環境的需要。

訊息傳導研究的目標是闡明這些變化的分子機轉，確認每一種訊息傳導與傳遞的途徑，及參與該途徑的所有分子的作用和調節方式，以及認識各種途徑間的網路控制系統。

訊息傳導機轉的研究在理論和技術方面與上述核酸及蛋白質分子有著緊密的聯繫，是當前分子生物學發展最迅速的領域之一。

生物化學與分子生物學關係最為密切。生物化學是從化學角度研究生命現象的科學，它著重研究生物體內各種生物分子的結構、轉變與新陳代謝。分子生物學則著重闡明生命的本質，主要研究生物大分子核酸與蛋白質的結構與功能、生命資訊的傳遞和調控。

現代生物學中，生物化學、遺傳學和分子生物學的關係簡圖

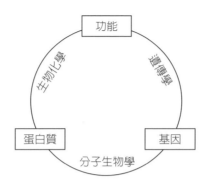

分子生物學推動各學科的發展

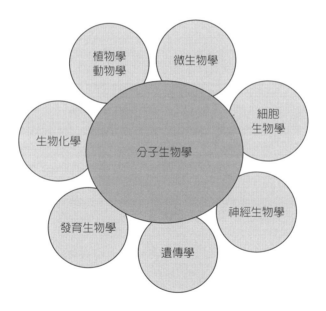

Part 2
蛋白質

2.1 胺基酸

蛋白質（protein）是取用自希臘字 protos，意指「第一」的意思。蛋白質長鏈由二十種胺基酸所組成，每種胺基酸皆有不同的特性，透過轉譯的過程，胺基酸在胜肽鏈上的一級結構，經由彼此以及環境的交互作用，於是決定了蛋白質在空間的摺疊構形以及特定的生化功能。

胺基酸是蛋白質水解的最終產物，是組成蛋白質的基本單位。蛋白質為胺基酸的聚合體。各種蛋白質含有的所有種類或大部分的胺基酸，但其比例不一樣，且其胺基酸序列也不一樣。

蛋白質之基本化學結構是由一羧基（carboxyl group, COOH）、一胺基（amino group, NH_2）、一氫原子以及一所謂的 R group 所組成。所有的基團皆結合到一碳原子上。

各種胺基酸的 NH_2 在中性溶液中獲得一個氫離子成為 NH_3^+ 的機率接近 100%；其 COOH 失去氫離子成為 COO^- 的機率亦接近 100%。因此，胺基酸的胺基常以 NH_3^+ 表示，羧基常以 COO^- 表示。

大多數的胺基酸（甘胺酸除外）具有至少一種不對稱碳原子，因此大多數胺基酸會呈現兩種立體的異構物（stereoisomers）形狀，稱為 D- 及 L- 胺基酸。此兩種形狀胺基酸皆存在於自然界，但蛋白質以 L- 胺基酸為主。

每種胺基酸具有特定的 R 側鏈，它決定著胺基酸的物理化學性質。根據側鏈的極性不同可將胺基酸分成四類：

1. 具有非極性或疏水性側鏈的胺基酸：如丙胺酸、異白胺酸、白胺酸、甲硫胺酸、脯胺酸、纈胺酸、苯丙胺酸、色胺酸，在水中的溶解度較極性胺基酸小，其疏水程度隨著脂肪族側鏈的長度增加而增大。

2. 帶有極性、無電荷（親水的）側鏈的胺基酸：含有中性、極性基團（極性基團處在疏水胺基酸和帶電荷的胺基酸之間），能夠與適合的分子，例如水形成氫鍵。絲胺酸、酥胺酸和酪胺酸的極性與其所含的羥基有關，天門冬醯胺酸、麩醯胺酸的極性與其醯胺基有關。

   半胱胺酸因含有硫基，也屬於極性胺基酸，甘胺酸有時也屬於此類胺基酸。其中半胱胺酸和酪胺酸是這一類中具有最大極性基團的胺基酸，因為在 pH 值接近中性時，硫基和酚基可以產生部分電離。在蛋白質中，半胱胺酸通常以氧化態的形式存在，即胱胺酸。當兩個半胱胺酸分子的硫基氧化時便形成一個二硫交聯鍵，生成胱胺酸。天門冬醯胺酸和麩醯胺酸在有酸或鹼存在下易水解生成天門冬胺酸和麩胺酸。

3. 帶正電荷側鏈（在 pH 接近中性時）的胺基酸：包括離胺酸、精胺酸和組胺酸，它們分別具有 ε-NH2、胍基和咪唑基（鹼性）。這些基團的存在是帶有電荷的原因，組胺酸的咪唑基在 pH7 時，有 10% 被質子化，pH6 時 50% 質子化。

4. 帶有負電荷側鏈的胺基酸（pH 接近中性時）：包括天門冬胺酸和麩胺酸。由於側鏈為羧基（酸性），在中性 pH 條件下帶一個淨負電荷。

L 及 D- 丙胺酸

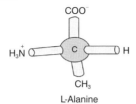

L-Alanine

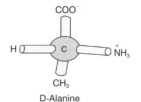

D-Alanine

疏水性胺基酸

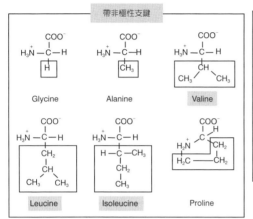

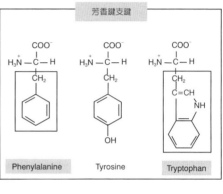

親水性胺基酸

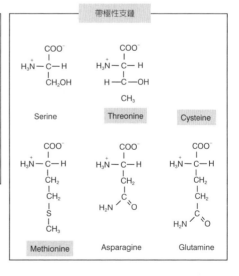

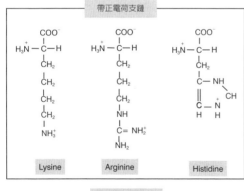

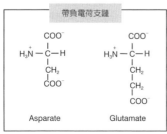

2.2 胜肽、胜肽鍵

一個胺基酸的酸基與後一個胺基酸的胺基，經脫水反應形成醯胺鍵，這個鍵稱為「胜肽鍵」（peptide bond）又稱「肽鍵」，生成的化合物稱為胜肽（peptide）。兩個胺基酸所形成的胜肽稱為雙胜肽，3個胺基酸所形成的胜肽稱為三胜肽。

胺基酸組成數在2～10左右者稱為寡肽，10～100個左右者稱為多肽，100個以上稱為蛋白質。

胺基酸藉由縮合反應所形成的胜肽鍵（C—N）長度尺寸比一般由碳－氮所形成之共價鍵大約減少10%的尺寸，這是由於C—N鍵旁的C=O雙鍵會與它產生共振，而使得C—N鍵具有40%之雙鍵的性質。其次是由於胜肽鍵的特殊電子結構分布而使得胜肽鍵兩旁的原子大約位於同一個胜肽平面上，六個原子由於胜肽鍵的形成而共平面，在蛋白質摺疊過程中將減少其空間運動自由度。不過，此胜肽平面可以容許繞N—C_a鍵（φ角）和C—C_a鍵（ϕ角）旋轉。

胜肽鏈（peptide chain），顧名思義就是由胜肽鍵所構成之胺基酸鏈狀分子。其胜肽鏈左端是屬胺基（又稱為N端），而另一端屬羧基（又稱為C端），在這之間的即是一連串的重複序列，稱為骨架（backbone）。

胺基酸在形成胜肽鏈時失去一分子水，肽鏈中的胺基酸分子已不完整，稱為胺基酸殘基（amino acid residue）。

理化性質

1. 酸鹼性質：胜肽的酸鹼性質主要決定於胜肽鏈游離N末端的α-胺基，和游離C末端的α-羧基，及側鏈R上可解離的官能基。
2. 黏度和溶解度：多肽在50%的高濃度下和較廣的酸鹼範圍內仍為溶解狀態。且具有較強的吸濕性和保濕性。
3. 滲透壓：多肽溶液的滲透壓介於蛋白質與同一組成胺基酸混合物之間。
4. 調節食品的質地：多肽具有抑制蛋白質形成凝膠的性能。
5. 胜肽的化學反應：雙縮脲在鹼性溶液中與硫酸銅反應，生成紅紫色錯合物的反應稱為「雙縮脲反應」（biuret reaction），或稱雙縮尿素反應。

蛋白質與多肽的區別

1. 多肽：構形不穩定；胺基酸殘基數較少。
2. 蛋白質：構形相對穩定；胺基酸殘基數較多。

蛋白質的水解產物

蛋白質的水解係指利用酸、鹼或酶的作用使蛋白質中的胜肽鍵斷裂，依分子量由大至小依序分解成蛋白腖（proteose）、蛋白腖（peptone）、胜肽。

酶對蛋白質的水解作用是使蛋白質的分子量降低、離子性基數目增加、疏水性基暴露。

蛋白質的一級結構

就是蛋白質多肽鏈中胺基酸殘基的排列順序（sequence），也是蛋白質最基本的結構。它是由基因上遺傳密碼的排列順序所決定的。各種胺基酸按遺傳密碼的順序，通過胜肽鍵連接起來，成為多肽鏈，故胜肽鍵是蛋白質結構中的主鍵。

胺基酸間之縮合反應

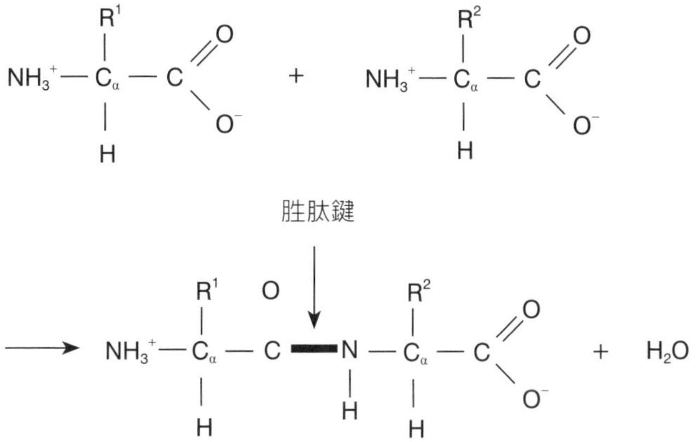

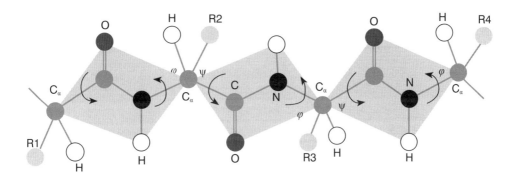

胜肽鍵之 ϕ 角及 φ 角旋轉示意圖

胜肽命名：根據胺基酸組成，由 N 端 → C 端命名

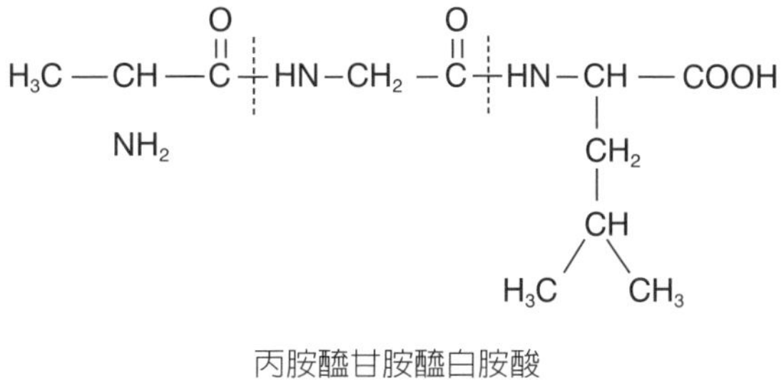

丙胺醯甘胺醯白胺酸
Ala—Gly—Leu
(or Ala*Gly*Leu)

2.3 蛋白質的結構與分類

分類

根據蛋白質的分子組成：分為兩類，一類是分子中僅含有胺基酸（即細胞中未被酶修飾的蛋白質）的簡單蛋白（homoproteins），另一類是由胺基酸和其他非蛋白質化合物組成（即經酶修飾的蛋白質）的結合蛋白（conjugated proteins），又稱雜蛋白（heteroproteins）。

依蛋白質的結構：分為纖維蛋白和球蛋白。纖維蛋白是由線形多肽鏈組成，構成生物組織的纖維部分，如膠原蛋白、角蛋白、彈性蛋白和原肌球蛋白。球蛋白是一條或幾條多肽鏈靠自身摺疊而形成球形或橢圓結構。

蛋白質結構

1. 一級結構（primary structure）：為有秩序的選定胺基酸以組成多胜肽序列，亦即是單純的指定從分子的一端（N-terminus）到另一端（C-terminus）胺基酸結合的順序，生物合成蛋白質即是以此方向進行的。
2. 二級結構（secondary structure）：為蛋白質的三度空間表現，蛋白質在某些局部結構會牽涉到重複的模型。沿著胜肽骨架的胜肽鍵上的原子與原子間會形成氫鍵結合而形成此分子的模型，同時依賴胺基酸的序列，某區域會摺疊而形成 α- 螺旋結構（α-helix）、β- 摺疊結構（β-pleated sheet）和 β- 轉角結構（β-turn）。
(1)α- 螺旋結構：類似螺旋的電話線般形狀，其骨架位於螺旋狀的內側，而其側鏈向外側突出。由於螺旋狀結構可使每四個胺基酸緊密的接

近，且一個胺基酸的羧基與另一鄰近胺基酸之胺基形成胜肽鍵結合，還有氫鍵存在於各個胜肽鍵及沿著螺旋狀上下的原子之間以使此螺旋結構更為穩定，這些氫鍵聯結的走向幾乎完全與螺旋結構之主軸平行。
(2)β- 摺疊結構：含有數個片段的多胜肽並排地且呈褶狀形狀的薄片，β- 摺疊也含有許多氫鍵，而此鍵之方向性則是與多胜肽鍵長軸呈垂直的走向。β- 摺疊之結構能阻抗外來伸展的拉力。
(3)β- 轉角結構：也稱回摺、彎曲或髮夾結構，存在於球狀蛋白。
3. 三級結構（tertiary structure）：為多胜肽鍵內的短區域的第二級結構互相摺疊，此結構是由位於胜肽鍵不同邊的原子之間形成非共價鍵結合以穩定此形狀。而 α-helix 和 β-pleated sheet 經由不規則形狀的片斷所結合以決定此第三級結構。不同的側鏈（R group，含有不同的化學性質）之間相互競爭的作用亦與第三級結構有密切關係。第三級結構不僅反應於多胜肽的非重複性質的多胜肽鍵結構，且幾乎完全依賴可表現不同特色的側鏈。
4. 四級結構（quaternary structure）：為由兩條或兩條以上具有三級結構的多肽鏈聚合而成的，具有特定三維結構的蛋白質構造，其中每條多肽鏈稱為次單元（subunit）。大多數蛋白質含有幾個次單元，這些次單元可以是同一的多胜肽，稱為「同型二聚體」（homodimer），也可以是非同一的多胜肽，稱為「異源二聚體」（heterodimer）。

蛋白質分子的化學鍵

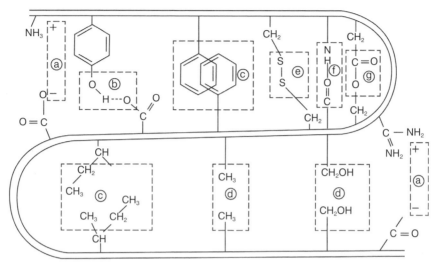

ⓐ 離子間的鹽鍵；ⓑ 極性基之間的氫鍵；ⓒ 非極性基之間的相互作用（疏水鍵）；
ⓓ 非極性基之間的凡得瓦力；ⓔ 二硫鍵（共價鍵）；ⓕ CO 基與 NH 基之間的氫鍵；
ⓖ 胺基酸的羥基與二羧酸的 β 或 γ 羧基結合的酯鍵

蛋白質的四級結構

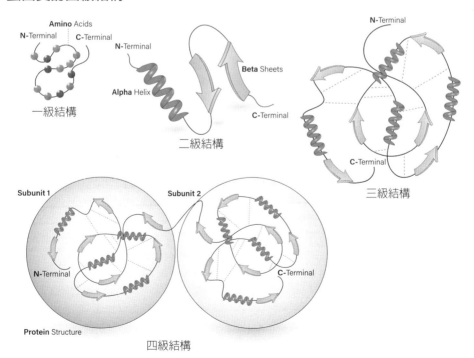

一級結構

二級結構

三級結構

四級結構

2.4 蛋白質結構與功能的關係

蛋白質為生物高分子物質之一，具有三維空間結構，因而能執行複雜的生物學功能。蛋白質結構與功能之間的關係非常密切。在研究中，一般將蛋白質分子的結構分為一級結構與空間結構兩類。

蛋白質的一級結構

蛋白質的一級結構（primary structure）就是蛋白質多肽鏈中胺基酸殘基的排列順序（sequence），也是蛋白質最基本的結構。它是由基因上遺傳密碼的排列順序所決定的。

各種胺基酸按遺傳密碼的順序，經由胜肽鏈連接起來，成為多肽鏈，故胜肽鏈是蛋白質結構中的主鍵。迄今已有約 1000 種左右蛋白質的一級結構被研究確定，如胰島素，胰核糖核酸酶、胰蛋白酶等。

蛋白質的一級結構決定了蛋白質的二級、三級等高級結構，成百億的天然蛋白質各有其特殊的生物學活性，決定每一種蛋白質的生物學活性的結構特點，首先在於其肽鏈的胺基酸序列，由於組成蛋白質的 20 種胺基酸各具特殊的側鏈，側鏈基團的理化性質和空間排布各不相同，當它們按照不同的序列關係組合時，就可形成多種多樣的空間結構和不同生物學活性的蛋白質分子。

蛋白質的空間結構

蛋白質分子的多肽鏈並非呈線形伸展，而是摺疊和盤曲構成特有的比較穩定的空間結構。蛋白質的生物學活性和理化性質主要決定於空間結構的完整，因此僅僅測定蛋白質分子的胺基酸組成和它們的排列順序，並不能完全瞭解蛋白質分子的生物學活性和理化性質。

例如球狀蛋白質（多見於血漿中的白蛋白、球蛋白、血紅蛋白和酶等）和纖維狀蛋白質（角蛋白、膠原蛋白、肌凝蛋白、纖維蛋白等），前者溶於水，後者不溶於水，顯而易見，此種性質不能僅用蛋白質的一級結構的胺基酸排列順序來解釋。

蛋白質各種功能與各種蛋白質特定的空間構形密切相關，蛋白質的空間構像是其功能活性的基礎，構形發生變化，其功能活性也隨之改變。蛋白質變性時，由於其空間構形被破壞，故引起功能活性喪失，變性蛋白質在複性後，構形復原，活性即能恢復。

在生物體內，當某種物質特異地與蛋白質分子的某個部位結合，觸發該蛋白質的構形發生一定變化，從而導致其功能活性的變化，這種現形稱為蛋白質的別構現象（allostery）。

蛋白質（或酶）的別構現象，在生物體內普遍存在，這對物質代謝的調節和某些生理功能的變化都是十分重要的。

蛋白質構形疾病：若蛋白質的摺疊發生錯誤，儘管其一級結構不變，但蛋白質的構形發生改變，仍可影響其功能，嚴重時可導致疾病發生。

血練功素輸氧功能和構形變化

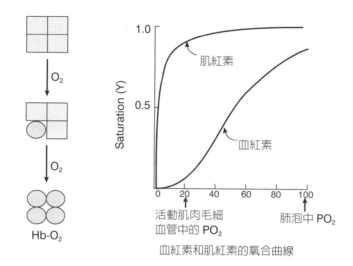

血紅素和肌紅素的氧合曲線

與氧結合時血紅素的別構過程

2.5 蛋白質的性質

膠體性質

蛋白質的分子量 1 ~ 100 萬之間，其分子直徑 1 ~ 100nm 之間，在膠體顆粒的範圍。蛋白質的水溶液是一種比較穩定的親水膠體，這是因爲在蛋白質顆粒表面帶有很多極性基團，如—NH_3、—COO^-、—OH^-、—SH、—$CONH_2$ 等和水有高度親和性，當蛋白質與水相遇時，就很容易在蛋白質顆粒外面形成一層水膜。

兩性解離及等電點

蛋白質和胺基酸一樣也是兩性電解質，即能和酸作用，也能和鹼作用。蛋白質分子中可解離的基團除了肽鏈末端的 α- 胺基和 α- 羧基外，主要還是多肽鏈中胺基酸殘基上的側鏈基團如 ε- 胺基、β- 羧基、γ- 羧基、咪唑基、胍基、酚基、硫基等。在一定的 pH 條件下，這些基團能解離爲帶電基團從而使蛋白質帶電。

蛋白質的變性

蛋白質受到某些理化因素的影響，其空間結構發生改變，蛋白質的理化性質和生物學功能隨之改變或喪失，但未導致蛋白質一級結構的改變，這種現象叫變性作用（denaturation）。

蛋白質的沉澱

加入適當試劑使蛋白質分子處於等電點狀態或失去水化層，蛋白質的膠體溶液就不穩定，並將產生沉澱。

能使蛋白質沉澱的試劑：

1. 高濃度中性鹽：（NH_4）$_2SO_4$、Na_2SO_4、$NaCl$（中和蛋白質的電荷）。加入鹽使蛋白質沉澱析出的現象稱爲鹽析，用於蛋白質分離製備。
2. 有機溶劑：丙酮、乙醇，破壞蛋白質水膜。
3. 重金屬鹽：Hg^{+2}、Ag^+、Pb^{+2}，與蛋白質中帶負電基團形成不易溶解的鹽或改變蛋白質的空間結構）。
4. 生物鹼試劑：苦味酸、鎢酸等，與蛋白質中帶正電荷的基團生成不溶性鹽。

界面性質

蛋白質的界面活性與蛋白質中胺基酸的組成、結構、立體構形、分子中極性和非極性殘基的分布與比例，二硫鍵的數目與交聯，及分子的大小、形狀和柔順性等內在因素有關。

只有當蛋白質表面的疏水基團數目達到足以提供疏水 - 界面相互作用需要的能量，才能使蛋白質在界面牢固地吸附，並形成隔離的疏水基團。才可促進蛋白質吸附，並形成穩定的泡沫或乳狀液。

凡是能影響蛋白質結構和親水性與疏水性的環境因素，如 pH、溫度、離子強度和鹽的種類、界面的組成、蛋白質濃度、醣類和低分子量表面活性劑，都將影響蛋白質的表面活性。

水合性質

蛋白質在溶液中的構形主要取決於它和水之間的相互作用。蛋白質的水合作用是經由蛋白質的肽鍵（偶極 - 偶極或氫鍵），或胺基酸側鏈（離子的極性甚至非極性基團）與水分子之間的相互作用來達成。

蛋白質膠體顆粒的沉澱

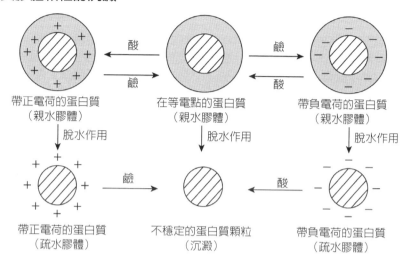

蛋白質在等電點時的溶解度最小

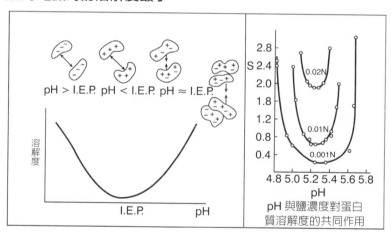

pH 與鹽濃度對蛋白質溶解度的共同作用

蛋白質變性的熱力學參數

蛋白質和 變性的條件	最高穩定性的 溫度（℃）	ΔG (kJ/mol)	$\Delta H°$ (kJ/mol)	$\Delta S°$ [J/(度·mol)]	$\Delta C°p$ (kJ/mol)
核糖核酸酶 （30℃）pH2.5	−9	3.8	238	773	8.3
胰凝乳蛋白酶 （25℃）	ph 3	10	30.5	163	439
肌紅蛋白 （25℃）pH 9	< 0	56.8	176	397	5.9
β- 乳球蛋白（25℃） pH 3，5 mol/L 雙尿	35	2.5	−88	−301	9

2.6 蛋白質摺疊

蛋白質摺疊是一個複雜的物理、化學和生物過程，牽涉到熱力學（thermodynamics）以及動力學（kinetics）。

從熱力學的角度來看，在恆定的生理環境下，蛋白質摺疊是一個依循自由能下降的反應過程，且蛋白質的自然態通常具有最小自由能（free energy），因此，蛋白質會傾向以較穩定的自然態存在；而蛋白質結構的穩定度仰賴於摺疊狀態（folded state）自由能 G_F 與展開狀態（unfolded state）自由能 G_U 之間的差異，當自由能差異越大，則蛋白質的結構就會更穩定。

蛋白質摺疊過程中會經過其他狀態的蛋白質，例如過渡狀態（transition state），而摺疊以及展開狀態兩者之間的過渡態能階高度，也決定著構型的轉換速率，這即是蛋白質摺疊動力學所討論的範疇，其中有許多因素會影響蛋白質的能階高度，如溫度、變性劑以及小分子化合物等，都可能導致蛋白質構型狀態的重新分布又或者摺疊過程的變化等。

蛋白質的構形變化與其功能改變有著密切的關係。

從多肽鏈的線性胺基酸序列到具有三維空間構型的過程就被稱為蛋白質摺疊。特定序列在蛋白摺疊時，有時可以摺疊為一種以上的構型。在真核細胞內，許多蛋白質的正確摺疊往往需要分子輔佐子的幫助摺疊或是將錯誤摺疊的蛋白重新變性後再摺疊以防止錯誤發生。

細胞處在逆境環境下時，一種叫做熱休克因子（heat shock factor）的蛋白質會察覺到環境的改變，然後啟動分子輔佐蛋白（molecular chaperone）的製造。分子輔佐蛋白在身體內的工作是負責監督蛋白質的摺疊，防止摺疊失敗的蛋白質在體內堆積

在複雜的生理環境下，蛋白質透過與其他分子，如輔因子（cofactor）、小分子化合物以及金屬離子等，發生相互作用而發揮其生理功能。而蛋白質和小分子結合的過程如同蛋白質摺疊過程，都是透過自由能下降來驅動；結合的過程會降低 G_F，增加 G_F 與 G_U 的自由能差，如此會使得蛋白質趨於穩定化。

蛋白質摺疊理論模型

1. 框架模型（Framework model）：蛋白質在摺疊初期會因為氫鍵的交互作用力先形成二級結構，而三級結構再由這些二級結構組合而成，並指出若是在二級結構形成前即產生三級結構，如蛋白質內雙硫鍵錯誤鍵結，便會造成蛋白質無法摺疊回自然態。

2. 成核—成長模型（The nucleation and growth model）：在蛋白質摺疊的過程之中，某些特定胺基酸之間的殘基會產生交互作用，形成類似核（nucleus）的結構，然後再逐漸形成穩定的結構，蛋白質其他部分再將之前的核結構包覆起來，最後完成摺疊形成三級結構。

3. 擴散—碰撞模型（The diffution-collision model）：將蛋白質視為許多微小區間（micro-domain）的組合。在摺疊初期為混亂的結構，許多微小區間快速擴散碰撞尋找最合適的結構，最後在慢慢調整至自然態的構形。

4. 疏水坍縮模型（Hydrophobic collapse model）：在蛋白質摺疊過程中，非極性胺基酸受到疏水性效應（hydrophobic effect）後，造成彼此之間互相吸引聚集。疏水作用力是蛋白質摺疊過程中的強作用力，蛋白質受到如此強的作用力後會快速崩縮至近似自然態大小，才有其他分子內交互作用力而形成二級結構。

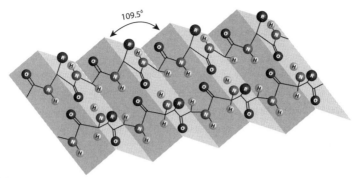

β- 摺疊結構特點：
1. 肽鏈幾乎是完全伸展的，呈鋸齒狀。
2. 胺基酸殘基之間的軸心距為 0.35nm。
3. 相鄰肽鏈或肽段上的－CO－和－NH－形成氫鍵，氫鍵幾乎垂直與肽鍵。
4. R 側鏈基團在肽平面上、下交替出現。
5. 平行和反平行式。

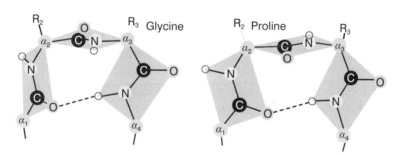

β- 轉角是多肽鏈 180° 回摺部分所形成的二級結構，約占轉角結構的 75%。
1. 主鏈骨架本身以大約 180° 回摺。
2. 回摺部分通常由四個胺基酸殘基構成。
3. 構形依靠第一殘基的 -CO 基與第四殘基的 -NH 基之間形成氫鍵來維繫。

幾種超二級結構的類型

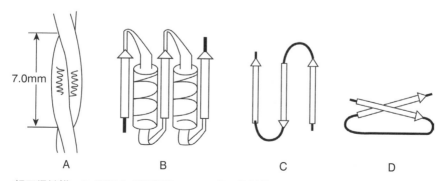

A. αα 超二級結構；B. 兩個 βαβ 聚集體；C. βββ 超二級結構；D. βcβ 超二級結構

2.7　蛋白質的變性

蛋白質的天然狀態在生理條件下是熱力學最穩定的狀態，其自由能最低。蛋白質在 pH、酸、鹼、溫度、溶劑等的變化下，會使蛋白質分子產生一個新的平衡結構，其結構會發生不同程度的變化。

蛋白質變性（denaturation）是蛋白質因維持結構的作用力，受破壞而失去特有的結構與活性。變性通常是蛋白質特有的構形遭受破壞，因此蛋白質變性有時是可逆的。

蛋白質變性會引起結構、功能和某些性質發生變化。許多具有生物活性的蛋白質在變性後會使它們喪失或降低活性，但是，有時候，蛋白質適度變性後仍然可以保持甚至提高原有活性，這是由於變性後某些活性基團暴露所致。

蛋白質變性對其結構和功能的影響：(1)由於疏水基團暴露在分子表面，引起溶解度降低。(2)改變對水結合的能力。(3)失去生物活性（例如酶或免疫活性）。(4)由於肽鍵的暴露，容易受到蛋白酶的攻擊，增加了蛋白質對酶水解的敏感性。(5)特徵黏度增大。(6)不能結晶。

蛋白質變性因素

1. 物理因素：(1) 熱：蛋白質變性最普通的物理因素，伴隨熱變性，蛋白質的伸展程度相當大。變性速率取決於溫度。(2) 機械處理：揉捏、振動或攪打等高速機械剪切，都能引起蛋白質變性。(3) 輻射：電磁輻射對蛋白質的影響因波長和能量大小而異，紫外輻射可被芳香族胺基酸殘基（色胺酸、酪胺酸和苯丙胺酸）所吸收，導致蛋白質結構改變。(4) 靜液壓：當壓力很高時，一般在 $25°C$ 即能發生變性。蛋白質的柔順性和可壓縮性是壓力誘導蛋白質變性的主要原因。(5) 介面：在水和空氣，水和非水溶液或固相等介面吸附的蛋白質分子，一般發生不可逆變性。蛋白質大分子向介面擴散並開始變性，在這一過程中，蛋白質可能與介面高能水分子相互作用，許多蛋白質與蛋白質之間的氫鍵將同時遭到破壞，使結構發生「微伸展」。

2. 化學因素：(1)pH：對變性過程有很大的影響。超出 pH4～10 範圍就會發生變性。在極端 pH 時，蛋白質分子內的離子基團產生強靜電排斥，這就促使蛋白質分子伸展和溶脹。pH 引起的變性大多數是可逆的。(2) 金屬：鹼金屬（如 Na^+ 和 K^+）只能有限度地與蛋白質起作用，而 Ca^{2+}、Mg^{2+} 略微活潑些。過渡金屬例如 Cu、Fe、Hg 和 Ag 等離子很容易與蛋白質發生作用，其中許多能與硫基形成穩定的複合物。(3) 有機溶劑：大多數有機溶劑屬於蛋白質變性劑，能改變介質的介電常數，使保持蛋白質穩定的靜電作用力發生變化。(4) 有機化合物水溶液：如尿素和鹽酸胍的高濃度（4～8mol/L）水溶液能斷裂氫鍵，從而使蛋白質發生不同程度的變性。(5) 表面活性劑：如十二烷基磺酸鈉（sodium dodecyl sulfate, SDS）是一種很強的變性劑。SDS 濃度在 3～8m mol/L 範圍可引起大多數球狀蛋白質變性。(6) 離液鹽：在較高濃度（> 1mol/L），鹽具有特殊離子效應，影響蛋白質結構的穩定性。

蛋白質變性和復性

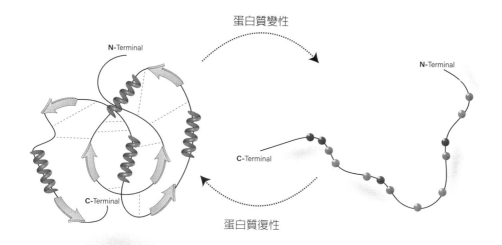

典型的蛋白質變性曲線

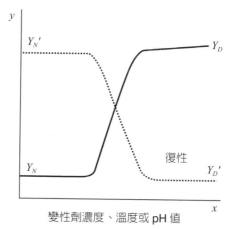

變性劑濃度、溫度或 pH 值

Y 是與蛋白質變性有關的蛋白質分子的任何物理化學性質；Y_N 和 Y_D 是天然和變性蛋白質的 Y 值

2.8 胺基酸的性質

酸鹼性質

胺基酸在接近中性 pH 的水溶液中主要以兩性離子（zwitterion），亦稱偶極離子（dipolarion）的形式存在。由於胺基酸同時含有羧基（酸性）和胺基（鹼性），因此，當胺基酸溶解于水時，可表現爲酸的性質，也可表現出鹼的性質。

胺基酸的等電點（isoelectric point, PI）是指在溶液中淨電荷爲零時的 pH 值。Ka 值是上述兩個反應的解離常數的負對數。

$$pK_{a1} = -\log \frac{[H^+][R_0]}{[R^+]}$$

$$pK_{a2} = -\log \frac{[H^+][R^-]}{[R_0]}$$

Ka_1 和 Ka_2 分別代表 α 碳原子上的 $-COO^-$ 和 $-N^+H_3$ 的表觀離解常數。

疏水性

蛋白質和肽的結構、溶解性和結合脂肪的能力等許多物理化學性質，都受到組成胺基酸疏水性的影響。胺基酸側鏈基團疏水性大小是指其側鏈基團從乙醇轉移至水溶液中的自由能差（ΔG_t）。

具有較大的正 ΔG_t 的胺基酸側鏈是疏水性的，因此易溶於有機相而不是水相。蛋白質分子中的疏水胺基酸殘基傾向於處在蛋白質分子內部，胺基酸側鏈的 ΔG_t 爲負值時則是親水的，這些胺基酸殘基趨向于蛋白質分子表面。

光學活性

所有胺基酸除甘胺酸外，都具有光學活性，這種性質（鏡像）是因爲有不對稱 α- 碳原子存在。天然存在的蛋白質中，只存在 L 型異構體。胺基酸的這種結構一致性是決定蛋白質結構的一個主要因素。

光譜

只有色胺酸、酪胺酸和苯丙胺酸等芳香族胺基酸能夠吸收紫外光，分別在波長 278、275 和 260nm 處出現最大吸收。色胺酸會產生螢光（激發波長 280nm，在 348nm 波長處螢光最強）。這些胺基酸所處的環境極性對它們的紫外吸收和螢光性質有影響，因此常通過這些胺基酸的環境變化，對發色基團產生的微擾作用所引起的光譜變化來檢查蛋白質的變化。

化學反應

胺基酸和蛋白質分子中的反應基團主要是指它們的胺基、羧基和側鏈的反應基團。

1. 與茚三酮反應：在胺基酸的分析化學中，具有特殊意義的是胺基酸與茚三酮（ninhydrin）的反應。茚三酮在弱酸性溶液中與胺基酸共熱，生成複合物，大多數是藍色或紫色，在 570nm 波長處有最大吸收值。僅脯胺酸和羥基脯胺酸生成黃色產物。

2. 與螢光胺（fluorescamine）反應：此化合物和一級胺反應生成強螢光衍生物，因而，可用來快速定量測定胺基酸、肽和蛋白質。此法靈敏度高，激發波長 390nm，發射波長 475nm。

3. 與 1,2- 苯二甲醛反應：當有硫基乙醇存在時，1,2- 苯二甲醛與胺基酸反應能生成強螢光異吲哚衍生物（激發波長 380nm，發射波長 450nm）。

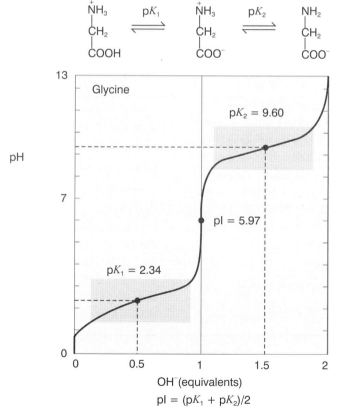

在某一 pH 環境下，以兩性離子的形式存在。該 pH 稱為該胺基酸的等電點。所以胺基酸的等電點可以定義為：胺基酸所帶正負電荷相等時的溶液 pH。

以甘胺酸為例，從左向右是用 NaOH 滴定的曲線，溶液的 pH 由小到大逐漸升高；從右向左是用 HCl 滴定的曲線，溶液的 pH 由大到小逐漸降低。曲線中從左向右第一個拐點是胺基酸羧基解離 50% 的狀態，第二個拐點是胺基酸的等電點，第三個拐點是胺基酸胺基解離 50% 的狀態。

2.9 蛋白質分離及純化

蛋白質的來源通常是生物組織或微生物細胞。分離純化的第一步是破碎細胞，將其中的蛋白質釋放到溶液中（粗提液）。需要時，可用不同的離心力對樣品進行離心。細胞器如核、粒線體、溶酶體等的大小不同，離心時的沉降速度不同，在不同的密度梯度中由於不同的比重，浮沉的位置不同，可以獲得不同的組分。

分段分離（fractionation）

一旦完成提取物粗抽提或細胞器的製備，多種方法可以用於純化其中的蛋白質。通常，利用蛋白質的大小或帶電特性將混合物中的蛋白質分離成不同的組分一分部分離。利用蛋白質的溶解度的不同，如 pH、溫度、鹽濃度及其他因素。通常蛋白質在高鹽濃度下的溶解度降低——鹽析（salting out），在蛋白質溶液中增加鹽，可在一些蛋白質處於溶解時選擇性地沉澱一些蛋白質。由於高的水溶性，常用硫酸銨 $[(NH_4)_2SO_4]$。

沉澱蛋白質的方法：鹽析法、有機溶劑沉澱法、等電點沉澱法、重金屬鹽沉澱法、生物鹼試劑和某些酸類沉澱法、加熱變性沉澱法。

透析（dialysis）

含有目的蛋白質的溶液在進一步純化前需作進一步的處理，如透析，利用蛋白質分子較大的特性將蛋白質從溶劑分離。將部分純化的蛋白質溶液裝置一個半透膜的袋子或管子中，當裝有樣品的透析袋懸浮於一定離子強度的大體積的緩衝液（透析液）中，半透膜允許鹽及緩衝液發生交換，但蛋白質不能透過，

這樣蛋白質樣品被保留在袋或管內，樣品中的鹽或其他溶質可以透過膜進行動態平衡交換，多次調換透析液可使樣品中的多數鹽被稀釋。

超濾（ultrafiltration）

利用超濾膜在壓力下使大分子滯留，而小分子及溶劑濾過的方法。超濾法在蛋白質溶液除鹽、濃縮及分離純化中有廣泛的應用。

超速離心（ultracentrifugation）

不同蛋白質的密度與形態各不相同，在離心力場中沉降的速度也不同，從而將其分離。蛋白質在離心場中的行為用沉降係數（S）表示。大體上 S 與蛋白質分子量成正比關係。S 與蛋白質的密度和形狀相關，如分子量相同，緊密顆粒的摩擦係數小——沉降快；而疏鬆顆粒的摩擦係數大——沉降慢。應用：蛋白質的分離純化和分子量測定。

層析（chromatography）

待分離蛋白質溶液（流動相）經過一個固態物質（固定相）時，根據溶液中待分離的蛋白質顆粒大小、電荷多少及親和力等，使待分離的蛋白質組分在兩相中反復分配，並以不同速度流經固定相而達到分離蛋白質的目的。常用的層析方法有離子交換層析、凝膠過濾（分子篩層析）、親和色譜法。

電泳（elctrophoresis）

蛋白質在高於或低於其 pI 的溶液中為帶電的顆粒，在電場中能向正極或負極移動。這種通過蛋白質在電場中泳動而達到分離各種蛋白質的技術。

離子交換層析分離蛋白質

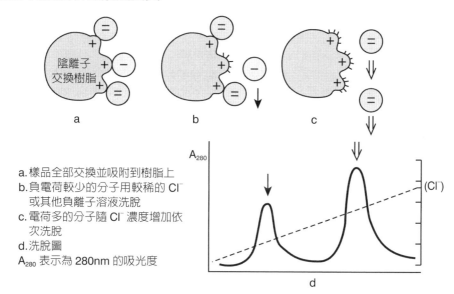

a. 樣品全部交換並吸附到樹脂上
b. 負電荷較少的分子用較稀的 Cl^- 或其他負離子溶液洗脫
c. 電荷多的分子隨 Cl^- 濃度增加依次洗脫
d. 洗脫圖
A_{280} 表示為 280nm 的吸光度

電泳圖示

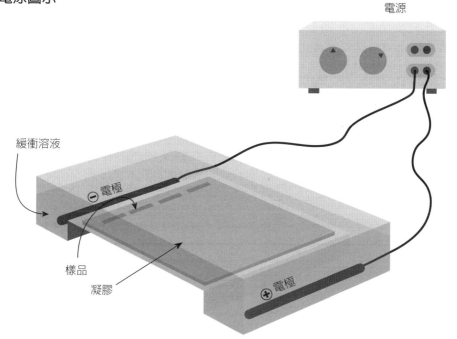

電泳在蛋白質及核酸等的分析方法上特別有用。優點是蛋白質經電泳分離後可以顯色，研究人員可以很快估測不同蛋白質在混合物中的數量或製備的蛋白質的純度；電泳還可以用於測定蛋白質的一些性質，如等電點及大概的分子量。

2.10 微管蛋白

微管是細胞骨架中的一種，僅存在於真核細胞之中，由 55kDa 的 α、β 微管蛋白（tubulin）組成，兩種微管蛋白頭尾相接組成微管蛋白原纖（protofilament），13 個微管蛋白原纖維組成中空管狀結構的微管纖維直徑約 25nm。

α 及 β 微管蛋白上均接有 GTP，且 β 微管蛋白具 GTP 酶活性（GTPase activity）可將 GTP 水解為 GDP。α 及 β 微管蛋白為不對稱的蛋白質，因此微管具有方向性，分為（+）端與（-）端。

微管通常是直的但有時候呈現弧形，在細胞質內呈現網狀或是束狀並與其他微管相關蛋白互相交互作用，形成細胞胞器：纖毛、鞭毛、中心體、基體、紡錘體等結構。

微管有如水泥中的鋼筋支撐住細胞的結構也是兩種馬達蛋白（motor protein）作為胞內運輸的軌道。

馬達蛋白是運輸細胞內胞器與囊泡的載體，分為兩類驅動蛋白（kinesin）負責將胞器與囊泡由微管（-）端運送到（+）端和胞器動力蛋白（cytoplasmic dynein）負責將胞器與囊泡由微管（+）端運送到（-）端。

鞭毛與纖毛是都是由微管所組成被細胞膜覆蓋的胞器，突出於細胞表面。纖毛較短約 5～10nm 數量較多、鞭毛較長越 150nm 數量約 1～2 條，兩者直徑約 0.15～0.3nm。鞭毛中的微管為 9+2 結構，由 9 個二聯微管和一對中央微管構成，其中二聯微管由 A、B 兩個管組成，A 管由 13 條微管蛋白原纖組成，B 管由 10 條微管蛋白原纖組成，AB 管共用 3 條。

A 管對著相鄰的 B 管伸出兩條動力蛋白臂（dynein arm）且向中央伸出一條 spoke。基體的微管組成與中心粒類似都是 9 個三聯微管所組成的結構。鞭毛的運動依靠動力蛋白水解 ATP 使相鄰的二連微管互相滑動，造成鞭毛的彎曲。

中心體（centrosome）由九個三聯微管組成的兩個中心粒（centrioles）以及其周邊蛋白（pericentriolar material）構成的非膜狀胞器，在動物細胞之中做為微管發生中心，功能為形成有絲分裂中的紡錘體（mitotic spindle）、細胞運動、極化（polarity）、維持細胞形狀（maintenance of cell shape）、細胞分裂（cell division）、液泡運輸（visicle transport）和訊息傳遞等。

微管的主要功能

1. 微管構成了細胞的網架，維持細胞型態，固定與支持細胞器的位置。
2. 參與細胞的收縮與偽足運動，是纖毛與鞭毛等細胞運動器官的基本結構成分。
3. 參加細胞器的位移活動，尤其是染色體的分裂和位移需要在牽引絲（微管）的幫助下進行。
4. 參與細胞內物質運輸，微管在細胞內可能起著運輸大分子顆粒的作用，已證明病毒與色素顆粒可沿著微管移動，而且速度很快。
5. 微管與其他細胞器的關係密切：微管在核周圍特別密集，並由此向細胞質的外圍伸展，同時與核膜有接觸聯繫。

驅動蛋白和動力蛋白結構圖

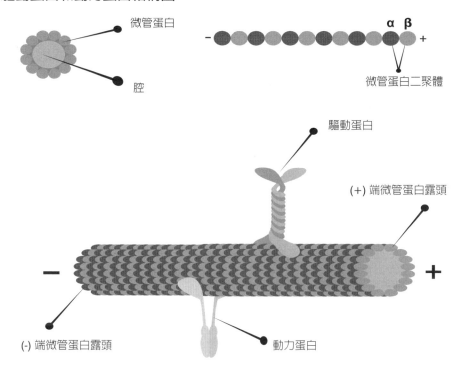

微管蛋白

腔

α β

−

+

微管蛋白二聚體

驅動蛋白

(+) 端微管蛋白露頭

−

+

(-) 端微管蛋白露頭

動力蛋白

中心粒結構圖

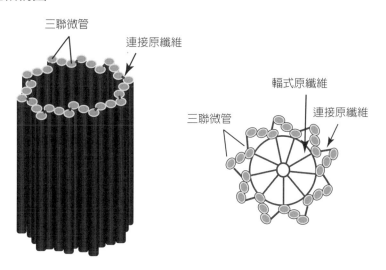

三聯微管

連接原纖維

輻式原纖維

連接原纖維

三聯微管

2.11 纖維蛋白、球狀蛋白

纖維蛋白（fibrous protein）廣泛分布於脊椎和無脊椎動物體內，是動物體的基本支架和外保護成分。

纖維蛋白質中的二級結構：

α- 螺旋：如角質蛋白（α-keratin），具有很好的伸縮性能，富含有二硫鍵，所以可以抵抗張力，可分為硬角蛋白和軟角蛋白來源於毛髮、羽毛、角、爪、甲蹄等。

β- 摺疊片蛋白：如絲蛋白（fibroin），具有很高的抗張力，質地柔軟，不能拉伸。主要來源於蠶絲、蜘蛛絲、鳥類及爬行動物的羽毛，皮膚中。

膠原蛋白（collagen）：是很多脊椎動物和無脊椎動物體內含量最豐富的蛋白質具有機械強度，抗張強度。常在腱、骨、角膜、軟骨中存在。

膠原蛋白

肌基質蛋白質屬於不溶性蛋白質，所含蛋白質主要為膠原蛋白與彈性蛋白。膠原蛋白為締結組織之主要成分，由三條螺旋結構之多肽所構成。

多肽鏈透過共價鍵、氫鍵、雙硫鍵形成分子間的交聯，聚合成纖維狀的膠原蛋白。每一條多肽鏈（稱為 α 鏈）的組成相似，皆具有 Gly-X-Y 的重複胺基酸序列，每三個胺基酸就有一個為甘胺酸，X 位置通常為脯胺酸，而 Y 位置常為羥脯胺酸。但是 α 鏈不一定完全相同，所組成的膠原蛋白形式也不相同，有由三條完全相同的 α 鏈所組成的（如第二型），也有由完全不相同的 α 鏈所組成的（如第四型）。

球狀蛋白（globular protein）主要為三級結構，由數個二級結構摺疊而成，與纖維性蛋白不同，具有功能性，以酶最重要。酶主要是由蛋白質所構成，不過許多酶尚需加上其他物質，例如輔因子（cofactor），又稱輔酶（coenzyme），可能是有機物質，也可能是金屬離子；金屬離子對於蛋白質結構的穩定性以及在生化功能上所扮演的特性有其重要之貢獻。

球狀蛋白質共同的特點

1. 在球狀蛋白質分子中，一條多肽鏈往往通過一部分 α- 螺旋，一部分 β- 摺疊，一部分 β- 轉角和無規捲曲等使肽鏈摺疊盤繞成近似球狀的構形。
2. 球狀蛋白質的大多數極性側鏈總是暴露在分子表面形成親水面，而大多數非極性側鏈總是埋在分子內部形成疏水核。
3. 球狀蛋白質的表面往往有內陷的空穴，空穴周圍有許多疏水側鏈，是疏水區，這空穴往往是酶的活性部位或蛋白質的功能部位。

球狀蛋白種類及功能：防禦（免疫）蛋白：抗體、免疫球蛋白。運輸蛋白：血紅素、通道蛋白、幫浦蛋白。儲藏蛋白：肌紅素。調節蛋白：胰島素、生長素。受體蛋白：G 蛋白。收縮蛋白：肌凝蛋白、肌動蛋白。催化性蛋白：酶。

球狀蛋白結構動力學：一個球狀蛋白的可能構形難以計數，但是球狀蛋白形成其活性構形（native formation）的時間卻非常短，可見並非是隨機的試誤過程。事實上，球狀蛋白的形成是一個熱力學過程（即與熵、自由能有關）。

膠原蛋白結構圖

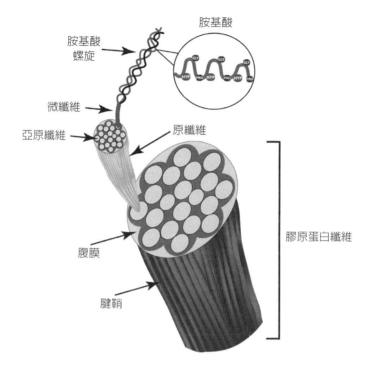

胺基酸
胺基酸螺旋
微纖維
亞原纖維
原纖維
腹膜
腱鞘
膠原蛋白纖維

免疫球蛋白 IgG 的一級結構

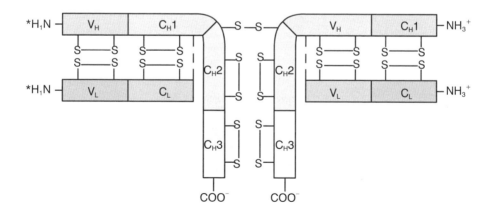

2.12 收縮蛋白

骨骼肌是由狹長型多核細胞或肌纖維（myofibers）所組成，而肌纖維則由許多的肌原纖維（myofibrils）所組成。肌原纖維由肌原絲（myofilaments）排列組成，排列方式以粗肌絲（thick filaments）與細肌絲（thin filaments）互相平行，橫跨肌原纖維形成條紋特性或橫紋外觀。

粗肌絲中所含的蛋白質主要為肌凝蛋白（myosin），其量約占肌原纖維總蛋白質量的 50-60%。每一條粗肌絲約由 300 分子的肌凝蛋白所構成。細肌絲則主要由肌動蛋白（actin）所構成，其量約占肌原纖維總蛋白質量的 20%。

收縮蛋白質包括肌凝蛋白及肌動蛋白。肌凝蛋白（肌球蛋白）為一極度延長的蛋白質分子，為粗肌絲的主要構成蛋白質。肌凝蛋白具有於生理離子強度下會聚集形成粗肌絲、可與肌動蛋白反應及具有 ATPase 之酵素活性等重要性質。肌動蛋白為細肌絲之主要構成蛋白質，具有兩種不同形態：G- 肌動蛋白與 F- 肌動蛋白。

調節蛋白質的主要功能在於控制肌肉的收縮作用。包括原肌凝蛋白、肌鈣蛋白、輔肌動蛋白（actinin）。

肌原纖維可由肌原絲的排列密度分為明帶與暗帶，明帶一般稱之為 I-band，暗帶則被稱為 A-band，在 I-band 中被深暗薄線等分，此線稱為 Z-disk 或 Z-line，在兩條 Z-disk 間為肌原纖維的單位，稱為「肌節」（sarcomere），也是肌肉收縮之基本單位。A-band 的中間部分稱為 H-zone。H-zone 中間有一條暗紋，稱為 M-line。I-band 由細肌絲構成，A-band 的 H-zone 全為粗肌絲。

肌動蛋白（actin）為肌纖維蛋白的主要成分之一，分子量約 43 kDa。肌動蛋白一般以纖維狀存在於肌肉組織中，球狀的肌動蛋白（G actin）在有鎂的存在下會自然聚集成纖維狀肌動蛋白（F actin）。肌動蛋白中還有其他小分子的蛋白質協助正常的肌動蛋白結構。

肌凝蛋白（myosin）分子總共含 6 個胜肽鏈：兩個重鏈（myosin heavy chain）和四個輕鏈（myosin light chain），重鏈分子量約 200 kDa，輕鏈分子量則約 20 kDa。兩條相同的重鏈以 α 螺旋結構互相纏繞，並在其中一端形成兩個球狀結構，每個球狀結構與兩個輕鏈結合。球狀結構可以跟肌動蛋白作用，在肌肉收縮過程中扮演重要角色。

旋光肌凝蛋白（tropomyosin）為兩條多肽鏈纏繞的 α 螺旋結構，分子量約 70 kDa。tropomyosin 位於肌動蛋白雙螺旋的凹槽中，一分子 tropomyosin 和 7 個 G actin 交互作用，保持肌動蛋白的安定性。

旋光肌素（troponin）包含三個次單元，troponin C、troponin I、troponin T，分別具有不同的功能。troponin C 是能與鈣離子結合的次單元，協助肌肉收縮；troponin I 能抑制肌動凝蛋白的 ATPase 活性；troponin T 則是連接 troponin 和 tropomyosin。

肌節構造圖及收縮機轉：(1) 肌凝蛋白頭部（粗肌絲）與肌動蛋白絲上暴露的活性位點結合形成橫橋。(2) 將連接的肌動蛋白絲移向 A 帶的中心。與這些動作相關的 Z 線同樣被向內拉，導致肌節縮短或收縮。當細肌絲經過粗肌絲時，H 區變窄。會縮短 I 波段，同時保持 A 波段相同的長度。然後肌球蛋白釋放 ADP+Pi 並恢復到放鬆狀態。(3)ATP 再次附著在肌球蛋白上，肌球蛋白和肌動蛋白之間的跨橋被破壞。ATP 再次水解，重複跨橋產生和分解的循環，產生滑動。

肌纖維構造圖

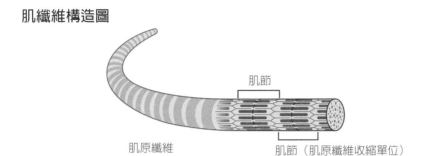

肌節

肌原纖維

肌節（肌原纖維收縮單位）

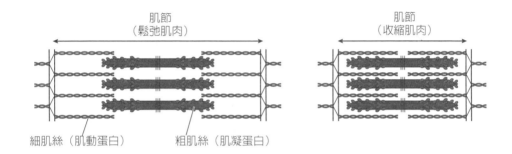

肌節
（鬆弛肌肉）

肌節
（收縮肌肉）

細肌絲（肌動蛋白）　粗肌絲（肌凝蛋白）

肌肉組織構造圖

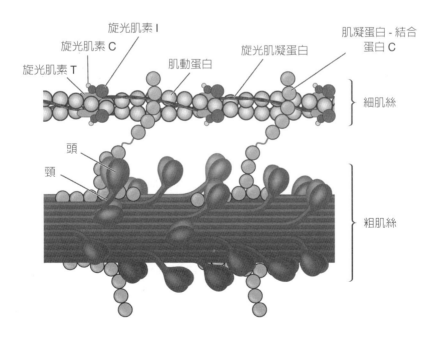

旋光肌素 I

旋光肌素 C

肌凝蛋白 - 結合
蛋白 C

旋光肌素 T

肌動蛋白

旋光肌凝蛋白

細肌絲

頭

頸

粗肌絲

2.13　血紅素與肌紅素

蛋白質三級結構的特徵：含多種二級結構單元；有明顯的摺疊層次；是緊密的球狀或橢球狀實體；分子表面有一空穴（活性部位）；疏水側鏈埋藏在分子內部，親水側鏈暴露在分子表面。

血基質（heme）是肌肉和血液中的主要色素。在血液中血基質主要以血紅素（血紅蛋白，hemoglobin, Hb）的形式存在，在肌肉中主要以肌紅素（肌紅蛋白，myoglobin, Mb）的形式存在。血紅素與肌紅素都是複雜的蛋白質，其基本結構與葉綠素相似，是以四吡咯為主體的紫質，這個結構就稱為血基質。

肌紅素

動物肌肉中由於肌紅素的存在而呈紅色。血基質由兩個部分即一個鐵原子和一個平面卟啉環所組成，卟啉是由 4 個吡咯通過亞甲橋連接構成的平面環，在色素中具發色基團的作用。中心鐵原子以配位鍵與 4 個吡咯環的氮原子連接。

肌紅素和分子氧之間形成共價鍵結合為氧合肌紅素（oxymyoglobin, MbO_2）的過程稱為氧合作用，它不同於肌紅素氧化（Fe^{2+} 轉變為 Fe^{3+}）形成高鐵肌紅素（氧化肌紅素，metmyoglobin, MMb）的氧化反應。肌紅素和氧合肌紅蛋白都能發生氧化，使 Fe^{2+} 氧化成 Fe^{3+}。

肌紅素是含有 153 個胺基酸的單胜肽鏈，整個分子具有外圓中空的不對稱結構，肽鏈共摺疊成 8 段 α-螺旋體（A-H），最長的有 23 個胺基酸殘基，最短的有 7 個胺基酸殘基。其存在於肌肉細胞中，可以儲存氧氣，在組織缺氧時，肌紅素會釋出氧氣以供肌肉細胞內的粒線體來進行 ATP 的有氧合成。

血紅素

由兩個相同的 α 鏈（各有 141 個胺基酸）與兩個相同的 β 鏈（各有 146 個胺基酸）所組成，其負責將氧氣由肺部運送到周邊組織，再將週邊組織的二氧化碳及氫離子送回肺部以排出體外。

血紅素可粗略地看成是由四個肌紅素分子連接在一起構成的 4 聚體。正常血紅素是由兩種稱為 α 或 β 鏈的多胜肽鏈組成，β 鏈為 146 個胺基酸所組成。如果其中一個胺基酸被置換，血紅素分子可能就無法適當的發揮功能。鐮刀型貧血症（sickcell anemia），導致此疾病的原因是由於 β 鏈上的第 6 個胺基酸，正常為麩胺酸（glutamate），被白胺酸（leucine）所取代。

在靜脈中血紅素都不載有氧分子，這時候它的 4 個次體分子都處於一種休息狀態，結合區不容易張開讓原血紅素（heme）接受氧分子；當血紅素循環到肺部時，環境的氧分子濃度提高了，4 個次體的任何一個分子接上一個氧分子後，會牽動其他次體，使得其他次體的分子構造舒張，變得很容易接受氧分子。

在肺部的血紅素都很容易的滿載氧分子，經動脈輸送至肌肉。若當時肌肉相當勞累，需要大量氧分子的補充，其酸鹼度會降得比較低，血紅素就更容易釋出氧分子。若 pH 值從 7.6 至 7.2 逐漸降低時，將使氧氣從氧合血紅素中釋放出來。

原紫質 IX（protoporphyrin IX）與亞鐵離子鍵結形成血基質（heme）

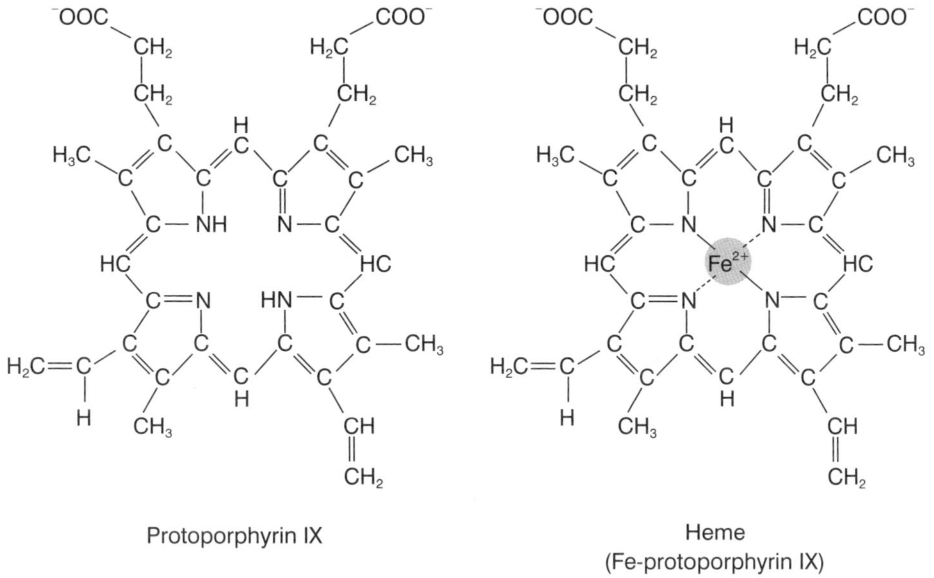

Protoporphyrin IX

Heme
(Fe-protoporphyrin IX)

結合氧的血紅素附近的構形變化

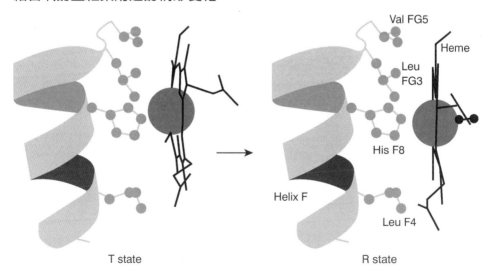

T state

R state

Max Perutz 假定 T → R 的轉變是由於血紅素周圍幾個關鍵胺基酸側鏈位置的改變所引起的。T 態的血紅素輕微皺褶，引起血紅素鐵突出 His 的側鏈。氧的結合引起血紅素呈現更平坦的構象，將 His 側鏈改變而接觸 F 螺旋。

2.14 免疫球蛋白

當外源物性物質（異物），如蛋白質、毒素、糖蛋白、脂蛋白、核酸、多糖、顆粒（細菌、細胞、病毒）進入人或動物體內時，機體的免疫系統便產生相應的免疫球蛋白（immune globin），並與之結合，以消除異物的毒害。此反應稱爲免疫反應，此異物便是抗原（antigen），此球蛋白便是抗體（antibody）。抗體的特點是高度特異性、多樣性。

抗體是 B 細胞識別抗原後增殖分化爲槳細胞所產生的一種蛋白質，主要存在於血清等體液中，能與相應抗原特異性地結合，具有免疫功能。免疫球蛋白（immunoglobulin, Ig）是指具有抗體活性或化學結構與抗體相似的球蛋白。抗體都是免疫球蛋白，並非所有免疫球蛋白都具有抗體活性。

免疫球蛋白爲三級結構，由 4 條多肽鏈組成，2 條重鏈（heavy chain）2 條輕鏈（light chain），彼此由雙硫鍵鍵結。分爲 2 種功能區，變異區（variable domain）：抗原的結合位，面對不同的抗原此立體結構不同且有專一性；恆定區（constant domain）：每個抗體的此區大致相同，重鏈恆定區爲 y 型抗體的尾端，負責抗體清除抗原的作用機制。輕鏈恆定區不影響不同抗體功能的執行。

輕鏈包含一個變異區（V_L）跟一個恆定區（C_L），而重鏈包含一個變異區（V_H）跟三個恆定區（C_H）- C_H1, C_H2, C_H3。V_L、V_H、C_L、C_H1 組成抗原結合片段（antigen-binding fragment, Fab），C_H2, C_H3 則是結晶片段（crystalline fragment, Fc），Fab 與 Fc 中間有鉸鏈（hinge）連結。

抗體具有專一性的抗原結合片段（Fab），可專一性辨認特定的抗原決定部位（epitope），而結晶片段（Fc）的生物功能爲與作用細胞共同執行免疫清除的調理（opsonization）、補體活化（complement activation）作用及決定抗體的半衰期。抗體結晶片段（Fc）會與作用細胞上結晶片段受體（Fc rceeptor, FcR）專一性結合，而結晶片段受體（FcR）在人類白血球細胞表現分爲幾個家族：會與免疫球蛋白 G（immunoglobulin G, IgG）結合稱做 FcγR; 與免疫球蛋白 E（immunoglobulin E, IgE）結合稱做 FcεR；與免疫球蛋白 A 結合稱做 FcαR。

根據重鏈靠近羧基末端胺基酸組成及排列順序不同，將重鏈分爲種：γ、α、μ、δ、ε。根據重鏈組成不同，將 Ig 分爲五類：IgG、IgA、IgM、IgD、IgE。根據輕鏈分型：κ、λ 型。

IgG 多爲單體，是唯一能通過胎盤的抗體。據重鏈（γ 鏈）免疫原性，IgG 分 4 個亞型。

IgM 爲五聚體，是分子量最大的 Ig，稱巨球蛋白。IgM 啟動補體、結合抗原、免疫調理作用比 IgG 強。

IgA 分爲血清型和分泌型兩種。血清型 IgA 主要由腸系膜淋巴組織中的槳細胞產生，多數爲單體。而分泌型 IgA（sIgA）是由呼吸道、消化道、泌尿生殖道等處的固有層中槳細胞產生，爲雙體、三體或多體。IgA 主要存在於唾液、淚液以及呼吸道、消化道和泌尿生殖道黏膜表面的分泌液中。

IgD 是 B 細胞的重要表面標誌。

IgE 血清中含量最低。和過敏反應有關，附著於肥大細胞表面。

人免疫球蛋白的分類

	IgG	IgA	IgM	IgD	IgE
重鏈類別	γ	α	μ	δ	ξ
輕鏈類別	χ 或 γ	χ 或 γ	χ 或 γ	χ 或 γ	χ 或 γ
鏈的組成	$\chi_2\gamma_2$	$(\chi_2\alpha_2)_n$	$(\chi_2\mu_2)_5$	$\chi_2\delta_2$	$\chi_2\xi_2$
	$\chi_2\gamma_2$	$(\lambda_2\alpha_2)_n$	$(\chi_2\mu_2)_5$	$\lambda_2\delta_2$	$\lambda_2\xi_2$

抗體種類與比較

項目	分子量	半衰期（天）	功能
IgA	180,000～500,000	6	存在於消化道、呼吸道、泌尿生殖道的黏膜、唾液、淚液、乳汁
IgD	180,000	2～8	出現在尚未遇過抗原的成熟的 B 淋巴球上，以刺激嗜鹼性球及肥胖細胞
IgE	200,000	1～5	與致敏原結合，刺激肥胖細胞和嗜鹼性球釋放組織胺，產生過敏反應、避免寄生蟲危害
IgG	150,000	23	抵抗病原入侵；唯一可以穿過胎盤，為胎兒提供被動免疫的種型
IgM	900,000	5	與 B 淋巴球表面結合的是單體形式，在分泌形態中則由五個單體形成的五聚體。分子量大，在抗原凝集反應中效價高。在體液免疫早期發揮清除病原用

幾種免疫球蛋白的結構圖

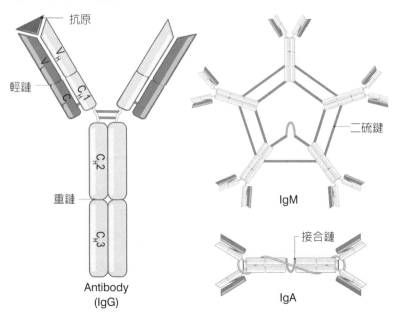

Antibody
(IgG)

IgM

IgA

2.15 普昂蛋白

普昂疾病（prion disease，傳染性海綿狀腦病）是由一個異常的普昂蛋白 PrPSc 的異構體累積所造成的神經退行性疾病。正如我們所知，普昂透過其羧基端連接醣基插入脂雙層的外層並向著細胞外環境。普昂蛋白纖維直接透過與細胞表面成分的相互作用導致神經元損害，隨後引發的細胞凋亡信號。它也可以通過小膠質細胞的活化，產生炎症介質進而造成間接的損害。

普昂蛋白為一醣蛋白（glycoprotein），藉由 GPI 結合在細胞膜表面。PrP 有兩種型式，一種不會致病，稱為 PrP^C（C 為 cellular 之縮寫），而另外一種會致病，稱為 PrP^{Sc}（Sc 為 Scrapie 之縮寫），這兩種形式的普昂蛋白，在胺基酸序列上並無不同，主要不同之處為 PrP^C 主要結構為螺旋狀（α-helix）結構，PrP^{Sc} 主要結構則是摺板型（β-sheet）結構，構形上的不同，造就出這二種蛋白質其他特性的差異。

正常的 PrP^C 不具有感染能力，當 PrP^C 轉變成 PrP^{Sc} 時，PrP^{Sc} 可以影響腦中其他的 PrP^C，使 PrP^C 也轉變成 PrP^{Sc}；此外正常的 PrP^C 在腦中含量很少，並且存在於腦中的時間短，當 PrP^C 進入代謝時，會在細胞之溶體（lysosome）中被蛋白質水解酶（protease）分解，但若為 PrP^{Sc}，因結構含多量摺板型（β-sheet）結構變得相當穩定，使之不易被蛋白質水解酶完全分解。

當蛋白質水解酶對 PrP^{Sc} 進行作用，PrP^{Sc} 會被蛋白質水解酶切割成 8～12 kDa 的小片段，有 5～10% 的機率 PrP^{Sc} 會形成 16～21kDa 的小片段，此外 PrP^{Sc} 具有感染正常 PrP^C 的能力，可以將 PrP^C 變成 PrP^{Sc}，並且在腦內堆積引起普昂疾病。

普昂蛋白質結構

PrP^C 與 PrP^{Sc} 在胺基酸排列上並無不同，但是在致病力的比較上，PrP^{Sc} 卻較 PrP^C 高出許多。研究發現，兩種蛋白質在摺疊時的不同，影響到兩蛋白質的構形：PrP^C 含 43% α- 螺旋狀結構（α-helix），幾乎不含 β- 摺板型結構（β-sheet）；PrP^{Sc} 則含 30% α- 螺旋狀結構，43% β- 摺板型結構，也因為 β- 摺板型而使 PrP^{Sc} 變得相當穩定。正常的蛋白質在腦中含量很少，而且五小時內就會被分解，然而錯誤摺疊的普昂蛋白不但不會被分解，還會「帶壞」其他正常蛋白質，改變為致病結構，同時造成腦內蛋白質堆積，引起普昂疾病。

普昂疾病又可稱為海綿狀腦病變（spongiform encephalopathies）。普昂疾病傳染途徑可分成三種，(1) 自發：未知因素所引起的零星案例。(2) 先天遺傳：是體染色體遺傳，且為顯性遺傳。(3) 後天感染─傳染／醫療：接受了已感染的物質，如食物、注射、移植等。

神經退化性疾病主要影響人類大腦中的神經元或者是功能逐漸喪失而導致神經細胞死亡，蛋白質的異常摺疊及堆積是一明顯特徵，普昂疾病就是其中一種神經退化性疾病。普昂蛋白所引發的疾病不僅在人類身上可發現蹤影，在動物也有相關疾病產生，但目前對於普昂疾病的發病機制尚未清楚明瞭。

普昂疾病又可細分成不同的疾病，主要原因是致病途徑不同，並且不同的普昂疾病影響的大腦區域也不相同，而不同突變體的普昂蛋白是造成不同普昂疾病的原因之一。

普昂蛋白錯誤摺疊的過程

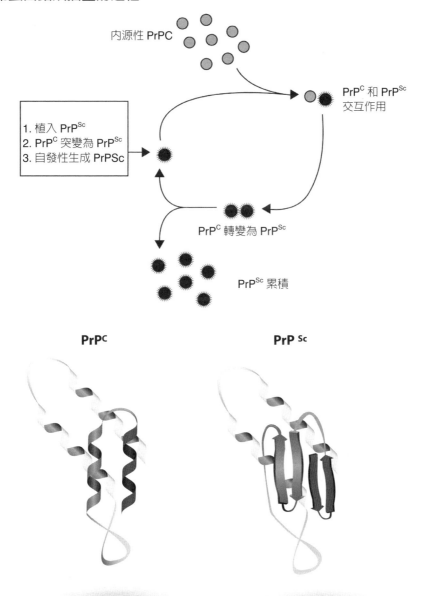

內源性 PrPC

PrP^C 和 PrP^{Sc}
交互作用

1. 植入 PrP^{Sc}
2. PrP^C 突變為 PrP^{Sc}
3. 自發性生成 PrPSc

PrP^C 轉變為 PrP^{Sc}

PrP^{Sc} 累積

PrP^C

PrP ^{Sc}

正常的普昂蛋白質存在於所有脊椎動物體內，是正常而無害的。但是變性的普昂蛋白質具有致病性，且會誘導正常的普利昂蛋白質變性。PrP^C（左）跟 PrP^{SC}（右）在結構上的不同，因為 beta sheet 為主的結構易使 PrP^{SC} 凝聚並沉澱，此為組織病理上的一大特徵。

Part 3
醣類

3.1 醣類的結構及分類

醣類（saccharides）由碳、氫、氧三種元素組成，又稱「碳水化合物」（carbohydrate），是多羥基醛或多羥基酮及其衍生物和縮合物的總稱。醣類是自然界分布最廣、數量最多的有機化合物。

人和動物的器官組織中含醣量不超過體內乾重的 2%。微生物體內含醣量約占菌體乾重的 10～30%，這些醣類與蛋白質、脂類結合成複合醣存在。生物細胞內、血液裡也有葡萄糖或由葡萄糖等單糖物質組成的多醣（如肝糖）存在。

醣類物質的主要生物學作用是藉由氧化而放出大量的能量，以滿足生命活動的需要。澱粉、肝糖是重要的生物能源；它也能轉化為生命必需的其他物質，如蛋白質和脂類。纖維素是植物的結構醣。

醣類分子的基本組成為單醣；一般而言，不論是雙醣、寡醣或多醣聚合體都是各種單醣經由醣苷鍵結（glycosidic bonds）所組成的大分子。每個單醣至少包含了一個羰基（carbonyl group）、二個以上的羥基（hydroxyl groups），有時候會存在其他各種官能基。

醣類依所含單醣分子的數目，分為以下幾類：

1. 單醣（monosaccharide）：醣類中結構最簡單的一類，能溶於水，簡單的單醣一般是含有 3～7 個碳原子的多羥基醛或多羥基酮。自然界的單醣大多數都是戊醣或己醣，如葡萄糖、果糖、半乳糖、甘露糖等。

2. 寡醣（oligosaccharide）：又稱低聚醣，由 2～9 個單醣分子聚合而成，水解後可生成單醣。雙醣（如乳糖、蔗糖和麥芽糖）和三醣（如棉子糖）都屬於低聚醣。

3. 多醣（polysaccharide）：由 10 個以上單醣分子聚合而成，水解後可生成多個單醣或低聚醣。依據水解後生成單醣的組成是否相同，可以分為：①同聚多醣：由一種單醣組成，水解後生成同種單醣。如阿拉伯膠、糖原、澱粉、纖維素等。②雜聚多醣：由多種單醣組成，水解後生成不同種類的單醣。如黏多醣、半纖維素等。此外還有以下兩類化合物。

醣的衍生物：指醣的氧化產物、還原產物、胺基取代物及醣苷化合物等，如，D- 胺基葡萄糖、N- 乙醯胺基葡萄糖、醣的硫酸酯等。

多醣複合物（polysaccharides complex）：醣與脂類、蛋白質等共價相連組成蛋白多醣（proteoglycan）、醣蛋白（glycoprotein）、醣脂（glycolipid）、脂多醣（lipopolysaccharide）。

葡萄糖及絕大多數糖都有使平面偏振光發生偏轉的能力，即具有旋光性。旋光性是因為具有不對稱性碳，糖的旋光性和旋光度，由糖分子中的所有不對稱性碳上的羥基方向所決定。糖的旋光性以右旋（以 D 或 + 表示）或左旋（以 L 或 - 表示）。

脂多醣的結構

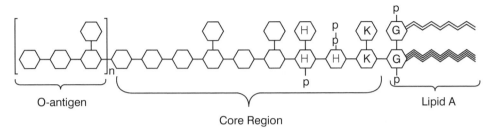

O-antigen

Core Region

Lipid A

H：L-glycerol-D-manno-D-heotulose
K：3-deoxy-D-manno-octulosonic acid (KDO)

G：N-acetyl glucosamine
P：phosphate

醣類分類圖示

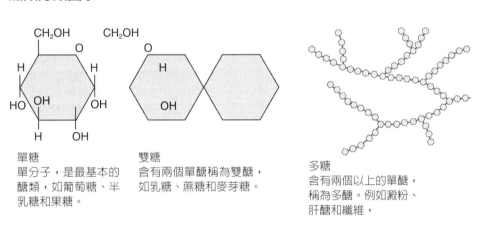

單糖
單分子，是最基本的
醣類，如葡萄糖、半
乳糖和果糖。

雙糖
含有兩個單醣稱為雙醣，
如乳糖、蔗糖和麥芽糖。

多糖
含有兩個以上的單醣，
稱為多醣。例如澱粉、
肝醣和纖維，

醛醣（aldose）及酮醣（ketose）的結構式

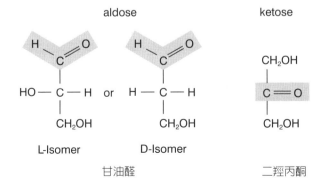

aldose

ketose

L-Isomer

D-Isomer

甘油醛

二羥丙酮

3.2 單醣

單醣的結構

自然界中以 4、5、6 個碳原子的單醣最普遍。6 碳醣：如葡萄糖、果糖；5 碳醣：如核糖。按官能團又分爲醛醣或酮醣。依分子中碳原子的數目，單醣可分爲丙醣（trioses，三碳醣）、丁醣（tetroses，四碳醣）、戊醣（pentoses，五碳醣）、己醣（hexoses，六碳醣）、庚醣（pentoses，七碳醣）。

分子中碳原子數≥ 3 的單醣含有不對稱碳原子，不對稱碳原子上－OH 在右側的爲 D 型，在左側的爲 L 型。天然存在的單醣大多爲 D 型。

單醣的環狀結構

單醣分子的羰基可以與醣分子本身的一個醇羥基反應，生成分子內的半縮醛或半縮酮，形成五元呋喃環或更穩定的六元吡喃環。天然的糖多以六元環形式存在。五元環化合物可以看成是呋喃的衍生物，叫呋喃糖；六元環化合物可以看成是吡喃的衍生物，叫吡喃糖。因此，葡萄糖的全名應爲 α-D(+)- 或 β-D(+)- 吡喃葡萄糖。

葡萄糖的構形

環己烷等六元環上的碳原子不在一個平面上，因此有船式和椅式兩種構形。且椅式構形比船式穩定。呋喃葡萄糖主要是以比較穩定的椅式構形存在。

葡萄糖因爲具有光學右旋性，稱爲右旋糖（dextrose）。葡萄糖的第五位碳上羥基與第一位羥基接近，易形成分子內半縮醛（hemiacetal），在溶液中最占優勢的結構並非開鏈，而是環狀結構。由於環狀半縮醛構造的碳上具有對掌中心，因此形成兩個非對映異構物 α-D- 葡萄糖和 β-D- 葡萄糖。

單醣的物理性質

1. 旋光性：每個單醣分子都含有不對稱碳原子，所以都具有旋光能力。
2. 溶解度：純淨的單醣爲白色晶體，有較強的吸濕性。單醣分子中有多個羥基，增加了它的水溶解性，所以極易溶於水，尤其在熱水中的溶解度極大。單醣在乙醇中也能溶解，但不溶於乙醚、丙酮等有機溶劑。

單醣的化學性質

1. 氧化反應：(1) 單醣含有自由醛基或酮基具有還原性，都能發生氧化作用。(2) 在酸性溶液中醛醣比酮醣易於氧化。醛醣能被弱氧化劑溴水（HBrO）氧化，而酮醣不能，藉此可將這兩種醣區分開來。(3)D－葡萄糖在葡萄糖氧化酶作用下易氧化成 D- 葡萄糖酸內酯。
2. 還原反應：單醣中有游離羰基，易於還原，在一定壓力與催化劑或酶的作用下，羰基還原成羥基，單醣被還原成糖醇。
3. 成苷反應：單醣的環狀結構中的半縮醛（或半縮酮）羥基較分子內的其他羥基活潑，故可以與醇或酚等含－OH 的化合物脫水，形成縮醛（或縮酮）型物質，這種物質稱爲糖苷（glycoside），又稱配醣體。其中醣部分稱爲醣基，非醣部分稱爲配基。
4. 脫水反應：在濃度大於 12% 的濃鹽酸以及熱的作用下，單醣易脫水，生成糠醛及其衍生物。

葡萄糖及與葡萄糖同屬己醛糖的甘露糖和半乳糖的鏈狀結構式

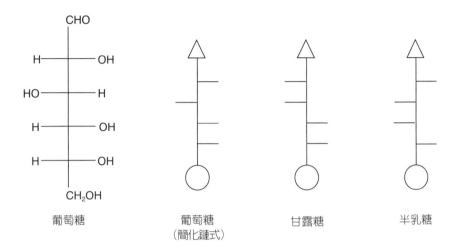

葡萄糖　　　　葡萄糖　　　　甘露糖　　　　半乳糖
　　　　　　　（簡化鏈式）

α-D- 吡喃葡萄糖和 β-D- 吡喃葡萄糖的構形

費雪投影（Fischer projections）

L- 甘油醛　　　　　　　　　　D- 甘油醛

依慣例將碳鏈畫成醛基（最氧化的碳）在頂端的垂直線。字母 L 代表─ OH 基是在不對稱碳左邊的立體異構物。在 D- 甘油醛中，─ OH 是在右邊。

3.3　寡醣

寡醣（oligosaccharides）又稱低聚醣，是由 2～20 個單醣以醣苷鍵結合而構成的醣類，可溶于水，普遍存在於自然界。天然寡醣是經由核苷酸的醣基衍生物的縮合反應生成，或在酶的作用下，使多醣水解產生。自然界中的寡醣的聚合度一般不超過 6 個單醣，其中主要是雙醣和三醣。寡醣的醣基組成有的是同種（均寡醣），有的是不同種（雜寡醣）。命名通常採用系統命名法，此外習慣名稱如蔗糖、乳糖、麥芽糖、海藻糖、棉子糖。

寡醣的醣基單位幾乎全部都是己醣，除果糖為呋喃環結構外，葡萄糖、甘露糖和半乳糖等都是吡喃環結構。

寡醣的一般性質

還原醣：有游離半縮醛羥基的寡醣；如麥芽糖、乳糖。

非還原醣：無游離半縮醛羥基的寡醣；如蔗糖。

麥芽糖：白色晶體，易溶於水，甜度為蔗糖的 46%，麥芽糖具有一般單糖的化學性質。麥芽糖在自然界以游離態存在的很少，主要存在于發芽的穀粒。

乳糖：是由 1 分子 β-D- 半乳糖與 1 分子 D- 葡萄糖以 β-1,4- 糖苷鍵連接的二糖。在乳糖的分子結構中具有半縮醛羥基，因此乳糖具有還原性，有變旋現象。

纖維二糖：由 2 分子 D- 葡萄糖經由 β-1,4- 糖苷鍵連接而成，是 β－葡萄糖苷，能被苦杏仁酶水解而不能被麥芽糖酶水解。纖維二糖分子結構中也保留一個半縮醛羥基，所以具有還原性，有變旋現象。纖維二糖在自然界中以結合態存在，是纖維素水解的中間產物。

蔗糖：食物中主要的低聚糖，是一種典型的非還原性糖，也是一種雜聚二糖，它是由一分子 α-D- 葡萄糖 C_1 上的半縮醛羥基與 β-D- 果糖 C_2 上的半縮醛羥基失去 1 分子水，通過 1,2- 糖苷鍵連接而成的二糖。蔗糖分子中沒有保留半縮醛羥基，因此它沒有還原性，也沒有變旋現象。

β- 環狀糊精：結構具有高度的對稱性，是一個中間為空穴的圓柱體。其底部有 6 個 C_6 羥基，上部排列 12 個 C_2、C_3 羥基。內壁被 C-H 所覆蓋，與外側相比有較強的疏水性。β- 環狀糊精的結構具有高度對稱性，分子中糖苷氧原子呈共平面。

功能性寡醣（functional oligosaccharides）或稱「功能性低聚醣」，是指具有特殊的生理學功能，不被人和動物腸道分泌的消化酶消化，並可促進雙歧桿菌的增殖，有益於人和動物健康。

包括低聚帕拉糖（palatinose）、人乳中含氮寡糖、胺基糖（aminosugar）、異麥芽寡糖（isomaltooligosaccharides）、異構乳糖（lactulose）、乳果寡糖（lactosucrose）、寡木糖（xylooligosaccharide）、果寡糖（fructooligosaccharides）、大豆低聚糖、幾丁寡糖、甘露寡糖、半乳甘露寡糖、低聚龍膽糖。

功能性寡醣的熔點隨聚合度及種類的不同而變化，因此無法確定功能性寡醣的熔點。如對於寡木糖來說，木二糖的熔點為 155.5～156.0℃，木三糖的熔點為 109.0～110.0℃。

棉子糖的結構式。自然界中廣泛存在的三糖僅有棉子糖，與酸共煮時，棉子糖即行水解，生成葡萄糖、果糖和半乳糖各一分子

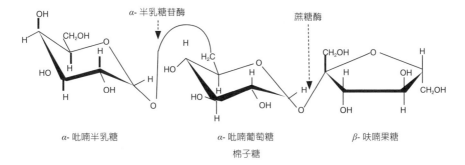

α- 吡喃半乳糖　　　　　　α- 吡喃葡萄糖　　　　　　β- 呋喃果糖

棉子糖

纖維二糖的結構式

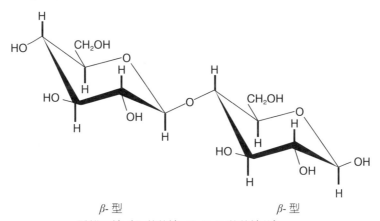

β- 型　　　　　　　　　　β- 型

纖維二糖〔β- 葡萄糖 -(1, 4)-β- 葡萄糖苷〕

乳糖的結構式

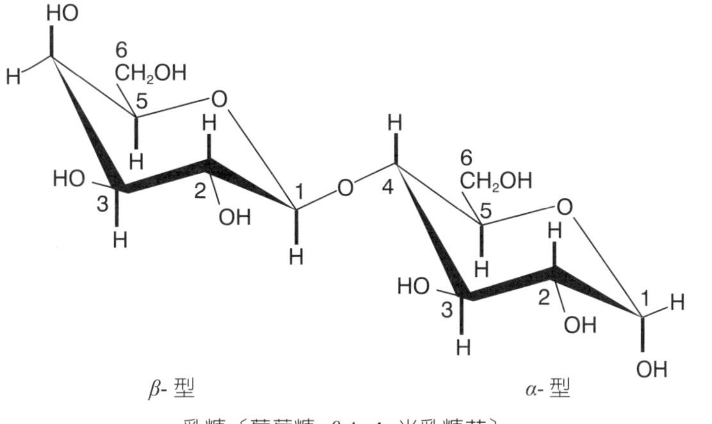

β- 型　　　　　　　　　　α- 型

乳糖〔葡萄糖 -β-1, 4- 半乳糖苷〕

3.4 多醣

多醣（polysaccharides）是由多個單醣單位經由醣苷鍵連接起來的高分子化合物，在一定的條件下，醣苷鍵斷裂，完全水解後最終產物是單醣。按重量計，約占天然碳水化合物的90%以上。

多醣的分類

1. 同聚醣（homoglycans）：由同一種單醣聚合而成的，如澱粉、纖維素（由葡萄糖聚合）。
2. 雜聚醣（heteroglycans）：由多種單醣及其衍生物組成，如多醣膠（D-葡萄糖：D-甘露糖：D-葡萄糖醛酸＝2：2：1）。

多醣的聚合度實際上不是均一的，分子量呈高斯（Gaussian）分布，有些多醣分子量範圍狹窄。某些多醣以醣複合物或混合物形式存在，例如醣蛋白、醣肽、醣脂等醣複合物。幾乎所有的澱粉都是直鏈和支鏈葡聚醣的混合物，分別稱為直鏈澱粉和支鏈澱粉。商業果膠主要是含有阿拉伯聚醣和半乳聚醣的聚半乳醣醛酸的混合物。

多醣的溶解性：多醣分子鏈是由己醣和戊醣基單位構成，鏈中的每個醣基單位大多數平均含有3個羥基，有幾個氫鍵結合位點，每個羥基均可和一個或多個水分子形成氫鍵。此外，環上的氧原子以及醣苷鍵上的氧原子也可與水形成氫鍵，因此，每個單醣單位能夠完全被溶劑化，使之具有較強的持水能力和親水性，使整個多醣分子成為水溶性的。

澱粉（starch）是由許多葡萄糖構成的多糖類。澱粉的結構主體為直鏈澱粉（amylose）及支鏈澱粉（amylopectin）兩大部分：直鏈澱粉由數百至數千個去水葡萄糖單元以 α-1,4 鍵結而成的分子，具較少分支數目，與碘反應時，因碘被困於螺旋結構中，而呈藍色；支鏈澱粉則由 α-1,4 鍵結構成的主鏈外，每隔 14～25 個去水葡萄糖單元，再以 α-1,6 結合成支鏈鍵結點，之後再以 α-1,4 結合成支鏈的結構主幹，具較多分支數目，與碘反應時，呈紫色。

纖維素（cellulose）是由 10,000 個以上葡萄糖分子以 β-葡萄糖苷鍵（β-glucosidic bound）鍵結形成長鏈多醣類大分子。鏈與鏈之間相互以氫鍵相連結，摺疊形成緊密之結晶區域及非結晶區域，分子量平均為 1.5×10^6 Da。

果膠（pectin）廣泛分布於植物體內，是由 α-(1 → 4)-D-吡喃半乳糖醛酸單位組成的聚合物，主鏈上還存在 α-L-鼠李糖殘基，在鼠李糖富集的鏈段中，鼠李糖殘基呈毗連或交替的位置。果膠的伸長側鏈還包括少量的半乳聚糖和阿拉伯聚糖。果膠存在於植物細胞的胞間層，各種果膠的主要差別是它們的甲氧基含量或酯化度不相同。

肝醣（glycogen，糖原）是動物中的主要多醣。肝醣是葡萄糖的極容易利用的儲藏形式。它是由葡萄糖殘基組成的非常大的有分支的高分子化合物。肝醣中的葡萄糖殘基的大部分是以 α-1,4-糖苷鍵連結。分支是以 α-1,6-糖苷鍵結合的，大約每 10 個殘基中有一個 α-1,6-鍵。肝醣的端基含量占 9%，而支鏈澱粉為 4%，故糖原的分枝程度比支鏈澱粉約高 1 倍多。

纖維素的結構式

支鏈澱粉：葡萄糖的結合方式

纖維素的水解

纖維素 $\xrightarrow{\text{Cx}（\beta\text{-1, 4 葡聚糖酶}）}$ 較短鏈 $\xrightarrow{\text{C}_1（\beta\text{-1, 4 葡聚糖纖維二糖水解酶}）}$

纖維二糖 $\xrightarrow{\text{纖維二糖酶（}\beta\text{- 葡萄糖苷酶}）}$ 葡萄糖

幾丁質的結構式

幾丁質之結構是由 N- 乙醯葡萄糖胺單體以 β-1,4 醣苷鍵結所構成之高分子聚合物，與纖維素結構相似，不同之處在二號碳的位置上所接的是羥基（-OH），而幾丁質在此位置上接的則是乙醯胺基（-NHCOCH$_3$）或胺基（-NH$_2$）。

3.5 單醣衍生物

磷酸脂（phosphate ester）：單醣常帶有很多的 OH 基，這些 OH 可被置換成多種的官能基，如醣解作用時，會將醣接上高能磷酸（PO⁻⁴可能來自 ATP 或磷酸），這些磷酸脂在代謝中扮演著主要的參與角色。

醛糖酸（aldonic acid）：當醣類的羧基被還原成氫氧基時，所生成的帶多個氫氧基的化合物稱爲醛糖酸。在糖尿病患者中，其眼角膜常有此類化合物的累積，因而造成白內障。

胺糖（amino sugar）：分子中有胺基（-NH₂）的醣類，包括葡萄糖胺（glucosamine）和半乳糖胺（galactosamine）。一般在胺基己醣（hexosamine），-NH₂ 基多在 C2 位置，胺基戊醣（pentosamine），-NH₂ 基多在 C3。胺基經乙醯化可得到 N- 乙醯化葡萄糖胺（N-acetyl glucosamine）和 N- 乙醯化半乳糖胺（N-acetyl galactosamine）。

葡萄糖胺爲一種內源性的糖胺，爲人體合成醣脂質、醣蛋白、玻尿酸與蛋白聚醣所需的原料，也是形成軟骨細胞的重要營養素。葡萄糖胺目前在骨關節炎中扮演的角色，只在緩解發病後的病情，無法預防骨關節炎的發生，也無法恢復骨關節炎的結構性破壞。

糖苷（glycoside）：醣可與其他化合物脫水接上後形成的化合物稱之，又稱爲配醣體。糖苷中的糖部分稱爲糖基，非糖部分稱爲配基（aglycone），其鍵結稱爲糖苷鍵。包括中草藥的許多植物含有糖苷。

糖苷通常包含一個呋喃糖環或一個吡喃糖環，新形成的鏡像中心有 α 或 β 型兩種。因此，D- 吡喃葡萄糖應看成是 α-D- 和 β-D- 異頭體的混合物，形成的糖苷也是 α-D- 和 β-D- 吡喃葡萄糖苷的混合物。

糖酸（sugar acid）是醣類經氧化生成的羧酸。單醣的醛基或半縮醛基被氧化爲羧基後，稱爲糖酸或醛醣酸。

唾液酸（sialic acid）是一族神經胺酸的氮或氧基取代的衍生物，廣泛存在於多種生物的組織和體液中，多以 α- 糖苷的形式存在於非還原性寡聚糖末端，是構成細胞膜上糖蛋白、游離低聚糖和糖脂的重要成分，是大腦神經節苷脂和神經細胞黏附分子多聚唾液酸的主要成分，參與細胞許多重要的生命活動，如細胞識別、生存、繁衍、生物膜流動、細胞內吞作用、抵禦病毒感染等。如 N- 乙醯基神經胺酸（N-acetylneuraminic acid）。

N- 乙醯胞壁酸（N-Acetylmuramic acid）是 N- 乙醯葡萄糖胺與乳酸基衍生物，與 N- 乙醯葡萄糖胺共同爲細菌細胞壁的組成單醣。

糖醇（sugar alcohol，polyhydric alcohol，alditol，glycitol）是由糖類的醛、酮基被還原爲羥基後生成的多元醇，就是醛糖或酮糖被還原後形成的「多羥醇」。糖醇的甜度和熱量都低於糖類。常見的有木糖醇、山梨糖醇、麥芽糖醇、赤藻糖醇與甘露醇。

去氧醣（deoxy sugars）是指糖分子中有一個羥基被氫原子所替代的醣類。如去氧核糖（基於核糖）、岩藻糖（基於半乳糖）、墨角藻糖（基於塔格糖）、鼠李糖（基於甘露糖）、奎諾糖（基於葡萄糖）。

幾種糖醇（alditol）化合物之結構式

```
    CH₂OH           CH₂OH           CH₂OH
     |               |               |
H — C — OH      HO — C — H      H — C — OH
     |               |               |
H — C — OH      HO — C — H      HO — C — H
     |               |               |
    CH₂OH       H — C — OH      H — C — OH
                     |               |
                H — C — OH      H — C — OH
                     |               |
                    CH₂OH           CH₂OH
```

Erythritol   D-Mannitol   D-Glucitol
                                    (sorbitol)

幾種胺基糖及其組成的大分子

胺基糖	大分子
3-amino-D-ribose	抗生素 carbomycin 之成分
N-acetylglucosamine	chition 之成分；hyaluronic acid 之成分
N-acetylgalactosamine	chondroitin 之成分
mannpsamine	mucoprotein 之成分
glucosamine sulfate	heparin 之成分
dimethylaminosuger	erythromycin 之成分

葡萄糖胺（glucosamine）和半乳糖胺（galactosamine）的結構式

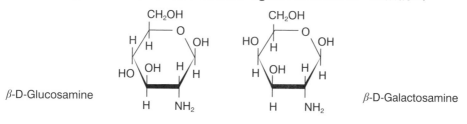

β-D-Glucosamine   *β*-D-Galactosamine

幾種去氧醣（deoxy sugars）的結構式，圈起處為「去氧」的位置

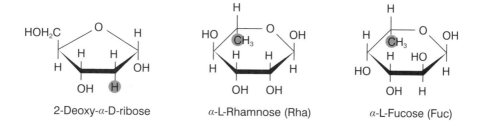

2-Deoxy-*α*-D-ribose   *α*-L-Rhamnose (Rha)   *α*-L-Fucose (Fuc)

3.6 醣接合物

醣廣泛分布在自然界中的各種生物體中，並且發揮許多重要功能；在生物體主要以醣接合物（glycoconjugate）的形式存在，與蛋白質、脂等物質共價鍵相連，形成醣蛋白、蛋白聚醣、醣脂等接合物。

醣鏈中單醣醣基間醣苷鍵形成的位置、構形的不同，以及醣鏈修飾方式的不同，賦予醣接合物高度多樣性和異質性；不同細胞、組織器官所具有的多樣的醣接合物賦予各細胞、組織器官不同的表型及功能。

醣類在生命體內主要以醣接合物的形式存在。醣類除了作爲能源（如澱粉和肝醣）或結構組成（如蛋白聚醣或纖維素），還擔負著極爲重要的生物功能。

醣鏈具有微異質性（microheterogeneity），很難從生物體內直接分離得到純的寡醣鏈和醣接合物。因此，經由生物學和化學方法合成醣接合物就顯得重要。

天然的醣接合物一般是通過 O- 醣苷鍵、N- 醣苷鍵的形式存在。醣化學家們爲了進一步研究醣接合物的生物活性，還合成了大量更加穩定的 S- 醣苷鍵、C- 醣苷鍵連接的醣接合物。

醣接合物化學合成的關鍵在於醣苷鍵的形成。由於醣分子中存在多個性質相近的羥基，同時醣苷鍵的形成過程中還會產生 α 和 β 兩種異構體，因此醣基化的區域選擇性、立體選擇性是醣苷鍵化學合成的困難的地方。而選擇合適的保護基團、醣基供體和活化條件則是立體專一的合成醣苷鍵的關鍵。

醣的保護是醣接合物合成以及醣鏈合成的第一步。醣的保護基團分爲以下幾大類：
1. 形成醚類保護基團，典型的有苯甲醚（anisole）、烯丙醚、三苯甲醚和矽醚（silicyl oxide）等。
2. 形成酯類保護基團，典型的有乙酸酯和苯甲酸酯等。
3. 形成縮醛類保護基團，典型的有苄叉縮醛（benzylidene acetal）、丙叉縮醛和環己 -1,2- 二縮醛（cyclohexane-1,2-diacetal）等。
4. 胺類保護基團，典型的有鄰苯二甲醯亞胺和疊氮基等。

醣苷鍵的形成一般有兩種策略。以 O- 醣苷鍵的合成爲例，可在醣基上引入一個好的離去基團作爲醣基供體，然後在活化試劑的作用下，由醣基受體親核進攻特定離去位點形成醣苷鍵。

也可以醣羥基作爲親核試劑作用醣基受體基團，形成醣苷鍵。

當醣羥基被胺基取代，則形成的就是 N- 醣苷鍵。一般 N- 醣苷鍵的合成以這種方法爲主。

凝集素（lectins）存在於所有生物體，是一種能與碳水化合物有高專一性及中等至高等親和力的蛋白質。凝集素是具有高度特異性碳水化合物結合區域的蛋白質，通常在細胞的外表面被發現，並在此與其他細胞開始進行交互作用。在脊椎動物中，寡醣標籤被凝集素辨識，因而決定了某些胜肽荷爾蒙、循環性蛋白質以及血球細胞的降解速率。

醣苷鍵形成的兩種方式

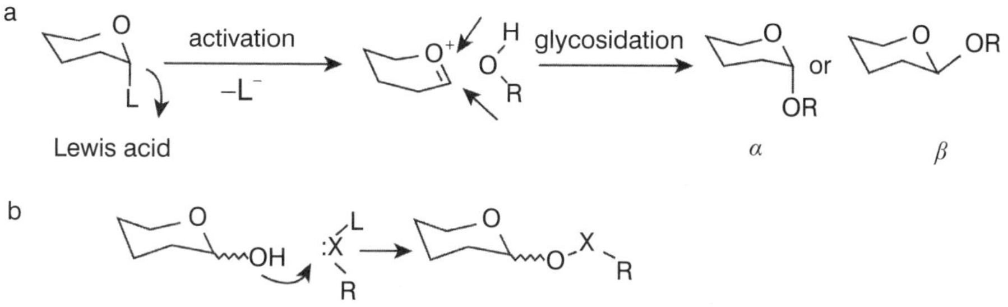

a
O
L
Lewis acid
activation
−L⁻
O⁺
H
O
R
glycosidation
O
OR
or
O
OR
α
β
b
O
OH
:X
L
R
O
O
X
R

以 2- 烯丙氧基苯乙醯基 (1) 作為保護基團的方法

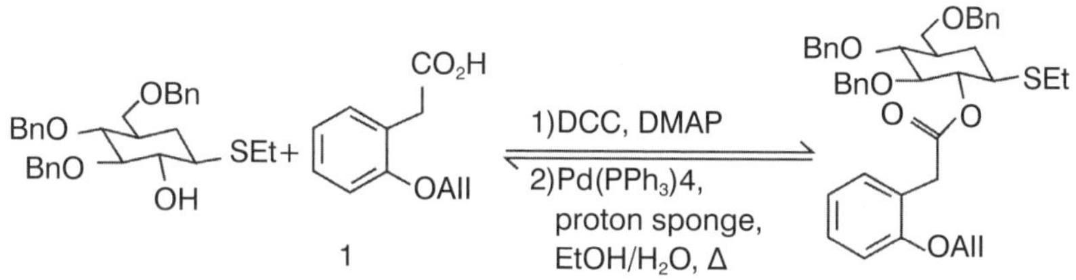

OBn
BnO
BnO
OH
SEt+
CO2H
OAll
1
1)DCC, DMAP
2)Pd(PPh3)4,
proton sponge,
EtOH/H2O, Δ
OBn
BnO
BnO
SEt
O
O
OAll

一些凝集素和它們結合的寡醣配位基

凝集素來源及凝集素來	縮寫	配位基
植物		
洋刀豆血球凝集素 A（Concanavalin A）	ConA	Manα1-OCH_3
格利菲簡單葉凝集素（*Griffonia simplicifolia* lectin 4）	GS4	路易士 b（Le°）四醣
小麥胚芽凝集素（Wheat germ agglutinin）	WGA	Neu5Ac（α2 → 3） Gal(β1 → 4) Glc GlcNAc(β1 → 4) GlcNAc
蓖麻毒素（Ricin）		Gal(β1 → 4) Glc
動物		
半植物凝集素 -1（Galectin-1）		Gal(β1 → 4) Glc
甘露糖結合蛋白質 A（Mannose-binding protein A）	MBP-A	高甘露糖八醣
病毒		
流行性感冒病毒血球凝集素（Influenza virus hemagglutinin）	HA	Neu5Ac(α2 → 6) Gal(β1 → 4) Glc
多瘤病素蛋白質 1（Polyoma virus protein 1）	VP1	Neu5Ac(α2 → 3) Gal(β1 → 4) Glc
細菌		
內毒素（Enterotoxin）	LT	Ga
霍亂毒素（Cholera toxin）	CT	GM1 五醣

來源：Weiss.W.I. & Drickamer, K. (1996) Structural basis of lectin-carbohydrate recognition. *Annu. Rev. Biochem.* 65, 441-473.

3.7 黏多醣

黏多醣（mucopolysaccharide）又稱醣胺聚醣（glycosaminoglycan）是含胺的多醣。由己醣醛酸和己醣胺重複二醣單位構成，二醣單位常被帶負電荷的羧基或硫酸基修飾，因此呈酸性。

存在於軟骨、腱等結締組織中，構成組織間質。各種腺體分泌出來的起潤滑作用的黏液多富含黏多醣。它在組織成長和再生過程中、受精過程中，人體與許多傳染原（細菌、病毒）的相互作用過程中都具重要作用，其代表性物質有玻尿酸、硫酸軟骨素及肝素等。

玻尿酸（hyaluronic acid）：又稱透明質酸，為醣胺聚醣中結構最簡單的一種，有重複的二醣結構單位，由 N- 乙醯胺基葡萄糖（N-acetylglucosamine）和 D- 葡萄糖醛酸（glucuronic acid），由 β（1 → 3）醣苷鍵及 β（1 → 4）醣苷鍵縮合而成。分子鏈狀、無分支，相對分子品質很大，可達 1000 萬以上，分子中不含硫酸取代基，生理 pH 下為多聚陰離子。

主要功能是在組織中吸持水分，具有保護及黏合細胞使其不致分散的作用。在具有強烈侵染性的細菌中、迅速生長的惡性腫瘤中、蜂毒與蛇毒中含有玻尿酸酶，它能引起玻尿酸的分解。

硫酸軟骨素（chondroitin sulfate）：硫酸軟骨素也含有重複的二醣單位，二醣單位為 N- 乙醯胺基葡萄糖和 D- 葡萄糖醛酸以 β-1,3 相連，醣鏈生成後由專一性酶在 4 位或 6 位進行硫酸化，是高分子聚合物。分為軟骨素 -4- 硫酸與軟骨素 -6- 硫酸兩類。兩者間，除硫酸基位置不同，紅外光譜差別較明顯外，其他許多物理、化學性質都很接近。

硫酸軟骨素是軟骨的主要成分，廣泛存在於結締組織、筋腱、皮膚等。有抗凝血、降血脂作用，可治療關節炎和鏈黴素引起的聽覺障礙，可用於化妝品。

肝素（heparin）：最早由肝臟和心臟中分離到，以肝臟含量最多，廣泛存在於哺乳動物組織和體液中。

與硫酸軟骨素有某些不同，即硫酸部分不僅以硫酸酯的形式存在，而且也可和胺基葡萄醣的胺基結合。

由 D- 葡萄糖胺（D-glucosamine）、N- 乙醯胺基葡萄糖和 L- 哎杜醣醛酸（iduronic acid）或 D- 葡萄醣醛酸構成的二醣單位的多聚物，其中 D- 葡萄醣胺 C2 的胺基和 C6 的羥基上分別硫酸酯化，L- 艾杜醣醛酸是主要的醣醛酸成分，占醣醛酸總量的 70～90%，其 C2 上硫酸酯化，其餘的為 D- 葡萄醣醛酸，D- 葡萄醣醛酸基上不發生硫酸酯化。

肝素的生物學意義在於它具有阻止血液凝固的特徵。目前廣泛應用肝素為輸血時的血液抗凝劑，臨床上也常用它防止血栓形成。

硫酸角質素（keratan）：與硫酸軟骨素的區別，除含醣成分有差別外，硫酸角質素不受許多酶類，如透明質酸酶等的影響。嬰兒幾乎不存在硫酸角質素，隨著年齡的增大逐漸增加，直到 20～30 歲時，硫酸角質素的含量約占肋骨軟骨中黏多醣總量的 50%。

肝素與抗凝血酶結合，催化凝血因子

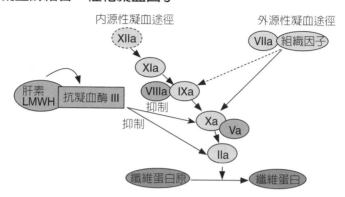

常見糖胺聚醣的重複單位

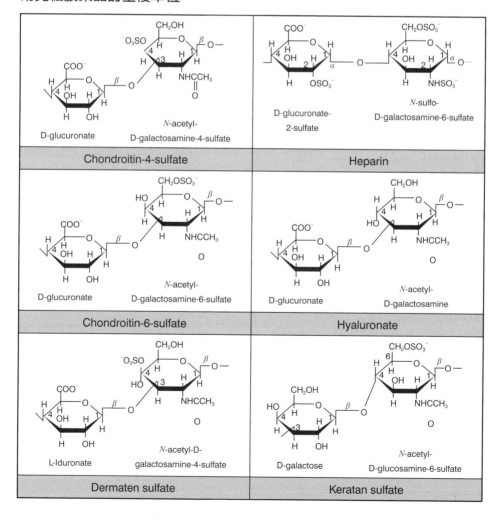

3.8 醣蛋白

大多數眞核生物蛋白質可與寡醣結合，提供不同生理活性稱爲醣蛋白（glycoprotein）。

生物體在進行蛋白質共轉譯或轉譯後修飾（post-translational modification）時，最常使用的修飾方式之一爲醣苷化作用（glycosylation），又稱醣基化。此過程需透過酶將醣基與特定位置的胺基酸鍵結；而在眞核細胞中糖類接合蛋白質的場所，主要位於內質網或高基氏體。在不改變序列（sequence）的情況下，醣化作用可增加蛋白質的多樣性，賦予蛋白質不同的新功能。

常見的蛋白質轉譯後修飾過程有泛素化、磷酸化、醣苷化、脂基化、甲基化和乙醯化等，蛋白質醣苷化是目前已知的最爲複雜的轉譯後修飾之一。醣化（glycation）是非酶促反應，它能夠在蛋白質、脂類等大分子中插入醣類分子（如葡萄糖）。可發生在體內（endogenous glycation）及體外（exogenous glycation）。

醣蛋白鍵結可分成氮連接（N-link）與氧連接（O-link）型式，(1) N-link：鍵結的胺基酸爲天門冬醯胺酸（Asn），(2) O-link：鍵結的胺基酸爲蘇胺酸（Thr）與絲胺酸（Ser）。

組成醣蛋白分子中糖鏈的單糖有 7 種：葡萄糖、半乳糖、甘露糖、N- 乙醯半乳糖胺、N- 乙醯葡糖胺、岩藻糖和 N- 乙醯神經胺酸。

N- 連接醣蛋白：寡醣中的 N- 乙醯葡萄糖胺與多肽鏈中天門冬醯胺殘基的醯胺氮連接，形成 N- 連接醣蛋白。

1. 糖基化位點：只有特定的胺基酸序列，即 Asn-X-Ser/Thr 3 個胺基酸殘基組成的序列子才有可能連接寡醣，這一序列子稱爲醣苷化位點。

2. N- 連接聚醣結構：高甘露糖型、複合型、混合型都有一個五碳醣核心結構。

3. N- 連接寡醣的合成：合成場所在粗面內質網和高基氏體中，與蛋白質合成同時進行。以多萜醇（dolichol）爲糖鏈載體，形成 14 個糖基的多萜醇焦磷酸寡糖結構，再轉移至天門冬醯胺酸的醯胺氮上。寡糖鏈依次在內質網和高基氏體中進行，形成各種 N- 連接寡糖。

O- 連接醣蛋白：O- 連接聚醣的合成，合成在多肽鏈合成後進行的，且沒有糖鏈載體。在 GalNAc 轉移酶作用下，將 GalNAc 基轉移至多肽鏈的絲胺酸（或蘇胺酸）的羥基上，形成 O- 連接，然後逐個加上醣基，每一種醣基都有其相應的專一性轉移酶。整個過程在內質網開始，高基氏體內完成。

占人類血清蛋白質約 60% 和大部分的分泌蛋白或跨膜蛋白，都是醣基化蛋白質，涉及大量的生物功能，大部分的在臨床上使用的生物標記是醣蛋白。醣鏈參與了細胞辨識、細胞分化、發育、訊息傳導、免疫等各種重要生命活動。

醣鏈對醣蛋白理化性質、空間結構和生物活性的影響：

1. 對醣蛋白新生肽鏈的影響：參與新生肽鏈的摺疊並維持蛋白質的正確的空間構形、影響次單元（subunit）聚合、醣蛋白在細胞內的投送。

2. 對醣蛋白的生物活性的影響：保護醣蛋白不受蛋白酶的水解，延長其半衰期。

3. 參與分子的識別作用。

醣蛋白上所鍵結糖分子

醣蛋白	寡醣及結合位置	蛋白質鏈	蛋白質功用
魚類抗凍蛋白	Gal-GalNac-Thr	4 至 50	降低體液凝固點
羊頜下粘蛋白	Sia-GalNAc-Ser (or Thr)	很多	潤滑
核糖核酸酶 B	(Man) 6-GlcNAc-Asn	1	酶
人類 igG	Sia-Gal-GlcNAc-Man ＼ 　　　　　　　　　Man-GlcNAc-Asn Sia-Gal-GlcNAc-Man ／	1	抗體分子

醣蛋白鍵結的連接方式

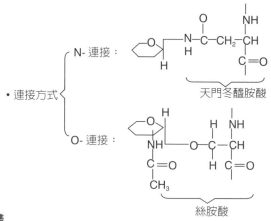

N-連接糖鏈結構

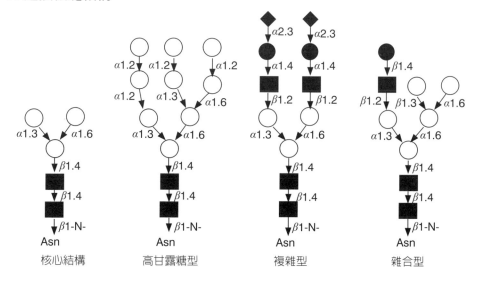

3.9　糖苷

糖苷（glycoside）又稱配醣體，指水解產物包含一個或多個糖的化合物，常見的糖是 D- 葡萄糖（D-glucose），鼠李糖（rhamnose）。糖苷包含兩個部分，即糖和糖苷配基（aglycone）。

糖苷的組成糖並非真糖類，而是糖的衍生物，如葡萄糖醛酸或半乳糖醛酸。糖類或者糖的衍生物以環半縮醛內一號碳的醛基與在碳上的羥基行分子內反應存在。糖苷通常會與乙縮醛混合，且它的羥基在異位性碳原子是被擁有親核性原子的組成取代。

糖苷在植物的生態中占有重要的角色以及參與其中的調控，保護機制，和清潔功能。眾多糖苷具有療效的活性成分。

所有天然的糖苷在與礦物酸共煮沸的情況下都會水解成糖和糖苷配基；糖苷與其相應的水解酶同時存在，當組織的破壞，如萌芽或者可能細胞其他生理行為都會帶來酶與糖苷接合，然後後者的水解酶開始作用。

蒽菎苷：存在於美鼠李、歐鼠李、蘆薈、大黃和番瀉中，這些藥物具瀉下作用，經過水解產生配基蒽菎（di, tri, or tetra-hydroxy-anthraquinones）或這些化合物的衍生物，如大黃苷 A（frangulin A）水解產生大黃素（emodin）。

皂苷：這類的糖苷廣布於高等植物中，如甘草、人參。從水中的膠體溶液而來的皂苷經過振搖後，會產生持久泡沫而溢出；皂苷具有苦味以及令人感覺不適的味道或具有強黏膜刺激性；可以使紅血球發生溶血現象，對冷血動物深

具毒性。因此，很多的皂苷被當作毒魚劑使用。皂苷經水解後，其配基的結構可能爲化學分類中的固醇類或三萜類的其中一種。

異硫氰酸酯類糖苷：某些芥菜家族植物類的種子含有糖苷，其糖苷配基爲異硫氰酸酯，這些糖苷稱爲硫糖苷類，爲一種鍵結毒物的代表物，如氰化糖苷。被黑芥子酶水解，硫糖苷類會釋放 D-葡萄糖和一種容易變化的糖苷配基，這種糖苷配基當失去硫的時候會自動改變結構，其主要的產物爲異硫氰酸酯類，硫醣苷類主要特徵是一個硫原子鍵結到一個葡萄糖上，做爲 S- 糖苷。

類黃酮類糖苷：類黃酮（flavonoid）以一個苯基苯並吡喃（phenylbenzopyran）結構爲特徵，一般是包括 15 碳（C6-C3-C6）骨架連接一色滿環（chroman ring; benzopyran moiety），雜環之苯並吡喃環稱 C 環，所融合的芳香族環稱 A 環，苯基組成物部分稱 B 環。最重要的類黃酮化合物是黃酮（flavone）和黃酮醇（flavonol）的衍生物。其次是橙酮（aurone）、查耳酮（chalcone）、黃烷酮（flavanone）、異黃酮（isoflavone）、異黃烷酮（isoflavaone）和雙黃酮（biflavonyl）等的衍生物。

類黃酮配基通常和葡萄糖、鼠李糖、半乳糖、阿拉伯糖、木糖、芹菜糖或葡萄糖醛酸，以糖苷的形式存在，取代位置各不相同，一般是在 7，5，4'；7，4' 和 3 碳位，與花色素苷相反，最常見的是在 7 碳位上取代，因爲 7 碳位的羥基酸性最強。

苦杏仁苷的酵素水解（氰酸化）

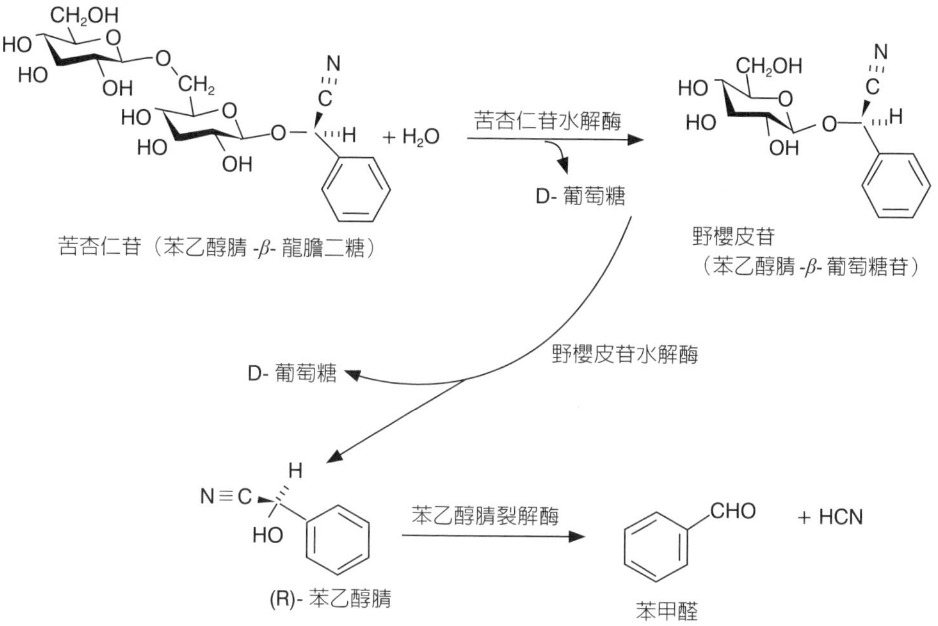
苦杏仁苷（苯乙醇腈-β-龍膽二糖）
+ H2O
苦杏仁苷水解酶
D-葡萄糖
野櫻皮苷
（苯乙醇腈-β-葡萄糖苷）
野櫻皮苷水解酶
D-葡萄糖
(R)-苯乙醇腈
苯乙醇腈裂解酶
CHO
+ HCN
苯甲醛

芥子硫苷酸鉀的水解

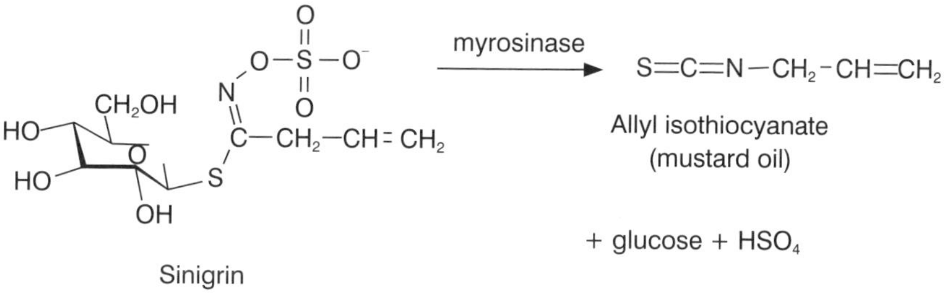
Sinigrin
myrosinase
S=C=N−CH2−CH=CH2
Allyl isothiocyanate
(mustard oil)
+ glucose + HSO4

幾種常見的氰化糖苷

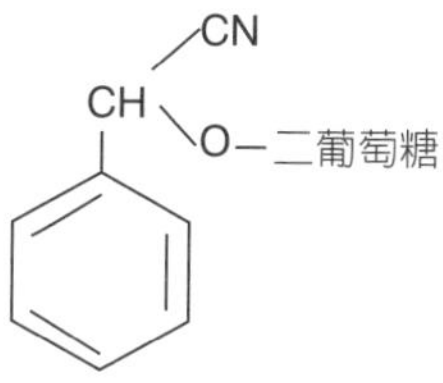
CN
CH
O−二葡萄糖

苦杏仁苷（amygdain）

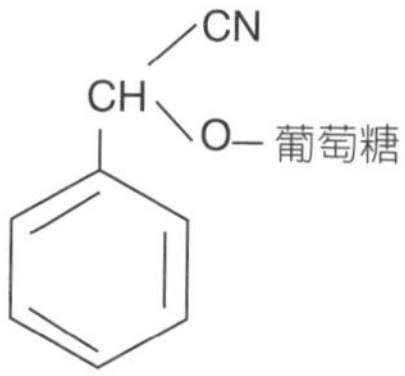
CN
CH
O−葡萄糖

野黑櫻皮苷（prunasin）

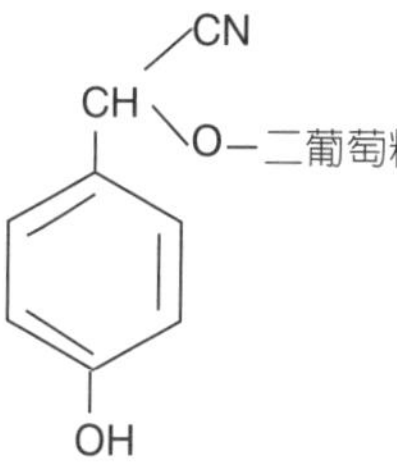
CN
CH
O−二葡萄糖
OH

蜀黍苷（dhurrin）

3.10 肽聚醣、脂多醣

肽聚醣（peptidoglycan）是細菌的細胞壁中含有由多醣與胺基酸連結而成的複雜聚合物，其肽鏈不太長。肽聚醣的醣鏈是由 N- 乙醯葡萄醣胺（NAG）及 N- 乙醯胞壁酸（N-acetylmuramic acid, NAM）以 β-1,4- 醣苷鍵組合而成的二醣。N- 乙醯葡萄醣胺以其 C-3 位羥基與乳酸的 α- 羥基以醚鍵連結而成。

在肽聚醣中，每個乳酸部分的羧基轉而與四肽相連，這四肽是由 L- 丙胺酸、D- 麩胺酸、L- 離胺酸、D- 丙胺酸組成。

細菌和藍藻的細胞壁都含有肽聚醣。革蘭氏陽性細菌細胞壁所含的肽聚醣占其幹重的 50～80%，革蘭氏陰性細菌細胞壁的肽聚醣含量占其幹重的 1～10%。

肽聚醣的功用是保護細菌細胞不易被破壞，溶菌酶可破壞肽聚醣分子中的 NAG-NAM 間的 1,4 糖苷鍵。抗菌素能抑制肽聚醣的生物合成。

脂多醣（lipopolysaccharide）是構成革蘭氏陰性菌細胞壁外膜外表面的主要物質，包含三個部分。

1. O- 特異鏈（O-specific chain）：是脂多醣的最外層部分，由聚合度不同的寡醣單位構成，具有抗原性，故可稱為 O- 抗原，含有 O- 特異鏈脂多醣的細菌在瓊脂板上可長成光滑菌落，稱作 S- 型細菌，一般有致病性。

2. 核心寡醣（core oligosaccharide）：經由酸性八碳醣（ketodeoxyoctonic acid, KDO）連接於脂質 A，酸性八碳醣內核心的非還原端，經由中性七碳醣與中性醣構成的外核心相連，核心寡醣可作為噬菌體的受體，也與細菌的抗原性有關。

3. 脂質：兩端 C1 和 C4 各有一個磷酸基，重複單位通過 C1 和 C4 間的焦磷酸橋連接，二醣單位的 C3 或 C6 與多醣鏈的核心部分相連，其他碳位被脂肪酸（多數是羥脂肪酸）酯化，有些脂肪酸的羥基進一步被非羥基化脂肪酸酯化，生成特有的醯氧醯基結構。

莢膜多醣（capsular polysaccharide）由幾百個寡醣重複單位構成，寡醣重複單位一般為個單醣殘基，少數為同聚醣，多數為雜聚醣，細菌可有數百種線形或分支形莢膜多醣，形成不同的血清型。

菌壁酸（teichoic acid）從革蘭氏陽性細菌提取的含磷豐富的化合物。一種是以磷酸甘油為基本單位的多聚物，稱甘油菌壁酸，另一種是以磷酸核醣醇（ribitol）為基本單位的多聚物，稱核醣醇菌壁酸。

核醣醇菌壁酸分子的基本結構單位是磷酸核醣醇。在基本結構單位外還含有 D- 丙胺酸、醣或胺基醣。菌壁酸只存在於革蘭氏陽性細菌胞壁的外層和質膜與胞壁之間的周圍間隙中或附著在質膜上，約占其細胞幹重的 50%；革蘭氏陰性細菌不含菌壁酸。

在細菌細胞壁中，菌壁酸是同肽聚醣連接的，連接方式可能是菌壁酸的磷酸甘油醇（或磷酸核醣醇）以磷酯鍵與肽聚醣分子中胞壁酸 C-6 位上的一 CH_2OH 基連接。

菌壁酸的功用是為同質膜結合的酶提供有利環境；也有實驗證明菌壁酸有抗原作用，給動物注射菌壁酸可能使受試動物體內產生抗體。分子中的醣基和連接鍵是決定產生哪種抗體的關鍵。

肽聚糖的基本結構單位

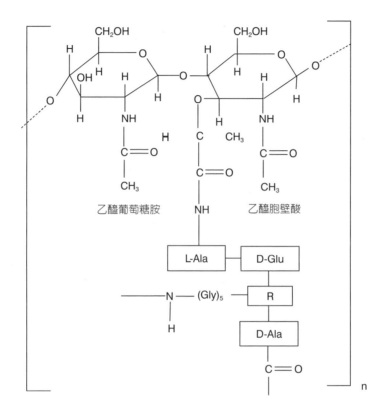

CH2OH
CH2OH
H
OH
NH
C=O
CH3
乙醯葡萄糖胺
C
CH3
NH
乙醯胞壁酸
L-Ala
D-Glu
N
(Gly)5
R
D-Ala
n

磷壁酸（teichoic acid）

A
HO
OH
O
P
枯草桿菌中至少有半數單位這兩個 OH 中的一個連接有 D-Ala
核糖醇磷壁酸
在枯草桿菌（B.subtilus）中此處連接 β-D-O 葡萄糖
B
O=P
H2C
甘油磷壁酸
在乳酸桿菌（L.arabinosus）中此 OH 以酯鍵 D-Ala 相連，但 9 個單位中約有 1 個是被 β-D- 葡萄糖所取代

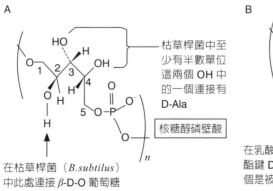

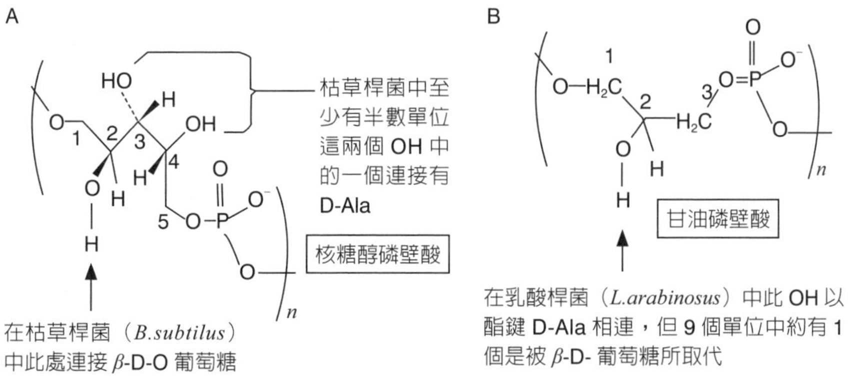

Part 4
脂質

4.1 脂類的結構

脂質包括脂肪、油及相關的化合物。凡是可用有機溶劑，如乙醚、苯及氯仿等抽取出來的成分，就稱爲脂質。脂質與醣類相同，是由碳、氫、氧三元素所組成，但有少部分脂質還含有少量的其他成分。

脂類（lipids）包括的範圍很廣，這些物質在化學成分和化學結構上也有很大差異。

對大多數脂質而言，其化學本質爲脂肪酸和醇所形成的酯類及其衍生物。參與脂質組成的脂肪酸多是 4 碳以上的長鏈一元羧酸，醇成分包括甘油、鞘胺醇、高級一元醇和固醇。脂質的組成元素主要有碳、氫、氧，有些還含氮、磷、硫等元素。

脂質的生物學作用：生物膜的成分；碳及能量的主要儲存形式；作爲緩衝屏障以防止熱、電及機械衝擊；保護機體表面以防止感染及水分的過度丟失；溶解一些維生素及激素；其他重要生理活性物質的前驅物；參與細胞識別，是與免疫有關的細胞表面物質。

脂肪酸

脂肪酸由一個碳鏈及一個羧基（carboxyl group）組成，一般結構爲 R-COOH。脂肪酸脂分類可依其碳鏈的碳數、碳鏈的雙鍵數來分類。脂肪酸依其碳鏈碳數的多寡可區分爲長鏈脂肪酸（碳數 > 12）、中鏈脂肪酸（碳數介於 6～12）及短鏈脂肪酸（碳數 < 6）。

在動物體內含有之脂肪酸大部分爲直鏈的（straight chain）脂肪酸，並爲偶數碳數的碳鏈；而支鏈（branch chian）及奇數鏈的脂肪酸可在微生物中發現，動物組織中多爲 16～26 個碳的脂肪酸。

脂肪酸依其碳鏈中是否存在雙鍵可區分爲飽和脂肪酸（saturated fatty acids）及不飽和脂肪酸（unsaturated fatty acid）。

飽和脂肪酸爲不含有雙鍵的脂肪酸，亦即碳鏈上的化學鍵皆爲單鍵，碳鏈上每個碳原子皆接 2 個氫原子，如硬脂酸（stearic acid, C18:0）；不飽和脂肪酸爲含有一個或一個以上雙鍵的脂肪酸，結構上亦有順式（cis）及反式（trans）兩種同分異構物。以亞麻油酸（C18:2）爲例，共有 4 種異構物，分別爲 cis-9-cis-12，trans-9-trans-12，trans-9-cis-12，cis-9-trans-12。

天然脂肪酸中的雙鍵多爲順式構型，少數爲反式構型。飽和與不飽和脂肪酸構形差異顯著。飽和脂肪酸最可能的構像是烴鏈完全伸展（此時相鄰原子的位阻最小，能量最低）；而不飽和脂肪酸烴鏈則由於雙鍵不能旋轉，出現一個或多個結節。

脂肪酸的命名

多元不飽和脂肪酸之雙鍵的位置的不同，在體內代謝方式也不同。當第一個雙鍵位置在自甲基端（ω-end）算來第三個碳上則稱爲 ω-3 fatty acid（亦稱爲 n-3 fatty acid），同理，若雙鍵位置在第六個碳上則稱爲 ω-6 fatty acid。

$$CH_3 \text{--------------------------} COOH$$
（甲基端）　　　　　　　　　（羧基端）

omega-3 fatty acids: linolenic acid, EPA and DHA

omega-6 fatty acids: linoleic and arachidonic acid

omega-9 fatty acids : oleic acid

一般會以 18:2, n-6 來表示 Linoleic acid，表示此脂肪酸含 18 個碳，碳鏈中含有兩個雙鍵，且第一個雙鍵位於由甲基端數來第六個碳上。

脂類的類型

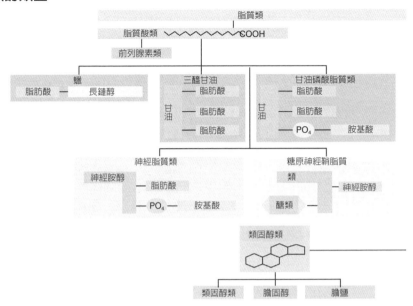

某些天然存在的脂肪酸

名稱	簡寫符號	系統名稱	分子結構式	熔點（℃）
		飽和脂肪酸		
月桂酸	12：0	n- 十二烷酸	$CH_3(CH_2)_{10}COOH$	44.2
豆蔻酸	14：0	n- 十四烷酸	$CH_3(CH_2)_{12}COOH$	53.9
軟脂酸	16：0	n- 十六烷酸	$CH_3(CH_2)_{14}COOH$	63.1
硬脂酸	18：0	n- 十八烷酸	$CH_3(CH_2)_{16}COOH$	69.6
花生酸	20：0	n- 二十烷酸	$CH_3(CH_2)_{18}COOH$	76.5
山榆酸	22：0	n- 二十二烷酸	$CH_3(CH_2)_{20}COOH$	-
掬焦油酸	24：0	n- 二十四烷酸	$CH_3(CH_2)_{22}COOH$	86.0

三酸甘油酯（triglyceride）是甘油的三個羥基和三個脂肪酸分子脫水縮合後形成的酯

甘油　　　　　脂肪油　　　　　　　三酸甘油酯

4.2 脂類的性質

物理性質

1. 氣味和色澤：純脂肪無色、無味。多數油脂無揮發性，氣味多由非脂成分引起的。

2. 熔點（mp）和沸點（bp）：沒有敏銳的 mp 和 bp。mp：游離脂肪酸 > 甘油一酯 > 二酯 > 三酯。mp 最高在 40～55℃之間。碳鏈越長，飽和度越高，則 mp 越高。mp<37℃時，消化率 >96%。bp：180～200℃之間，bp 隨碳鏈增長而增高。

3. 發煙點、閃點和著火點：油脂中脂肪酸碳鏈短、含游離脂肪酸越高，則油脂的煙點、閃點和著火點越低，品質較差。一般油脂的煙點在 240℃左右，經長期放置後煙點下降。

4. 晶體結構與同質多晶：脂肪固化時，分子高度有序排列，形成三維晶體結構。晶體是由晶胞在空間重複排列而成的；晶胞一般是由兩個短間隔和一個長間隔組成的長方體或斜方體。化學組成相同而晶體結構不同的物質，在熔融態時具有相同的化學組成與性質。

5. 塑性：在一定的外力作用下，固體脂肪具有的抗變形的能力。油脂的塑性取決於：固態脂肪指數（SFI）、脂肪的晶型、熔化溫度範圍。

6. 折射率：脂肪酸的不飽和度及碳鏈長度增加時，折射率提高。

7. 比重：油脂的比重約為 0.90～0.95。固體脂比重較液體油高，利用比重可測油脂的熔點範圍及固液比（solid-liquid ratio）或固態油脂率（solid fat index, SFI; solid content index, SCI）。為測量因溫度變化（增加），而油脂體積之變化（增加）。

化學性質

1. 脂質分解（脂化）：脂肪在酸或酶及加熱的條件下水解為脂肪酸及甘油。脂質分解使油脂中的游離脂肪酸增多，發煙點降低，煎炸食品時吸油率增加，縮短油脂的保存期限。

2. 皂化：在鹼性條件下水解出的游離脂肪酸與鹼結合生成脂肪酸鹽（皂）。1g 油脂完全皂化時所需的氫氧化鉀毫克數稱為皂化價（saponification value, SV）。油脂的純度越高，皂化價越大；油脂分子中所含碳鏈越長，皂化價越小。一般油脂的皂化價在 200 左右。

3. 油脂自氧化：油脂分子的酯鍵會受到酵素、熱力及化學作用，進行分解反應。脂類與氧分子可在常溫常壓發生自氧化反應，其反應機制是一種自由基連鎖反應。

4. 聚合：無氧條件下，油脂加熱到 200～300℃的高溫時，主要發生熱聚合反應。聚合過程中，多烯化合物轉化成共軛雙鍵後參與聚合，生成具有一個雙鍵的六元環狀化合物。聚合作用可以發生在同一分子的脂肪酸殘基之間，也可發生在不同分子的脂肪酸殘基之間。游離的脂肪酸也可發生這種熱聚合反應。

5. 氫化：將液態含不飽和鍵的烯酸的油以氫氣處理後，使其變成飽和脂肪酸，以增加脂肪酸飽和度和反式脂肪酸形成，並增加脂肪的安定性。

溫和條件下氧化（如空氣）

$$-CH=CH- \xrightarrow{O_2} \begin{matrix} -CH-CH- \\ | \quad | \\ O\!-\!O \end{matrix} \xrightarrow{分裂} 醛（或酮）+ 酸等$$

過氧化物

$$-CH=CH- \xrightarrow{O_2} \begin{matrix} -CH-CH- \\ | \quad | \\ O\!-\!O \end{matrix} \xrightarrow{聚合} \left[\begin{matrix} CH-CH \\ | \quad | \\ O\!-\!O \end{matrix}\right]_x$$

過氧化物　　　　　　　　固體薄膜

劇烈條件下氧化（如臭氧）

$$-CH=CH- \xrightarrow{O_3} HC \overset{\overset{O-O}{\diagup\quad\diagdown}}{\underset{O}{\diagdown\quad\diagup}} CH \xrightarrow{水解} 醛 + 醛酸$$

臭氧化物

例：

$$CH_3(CH_2)_7CH=CH(CH_2)_7COOH \xrightarrow{O_3} CH_3(CH_2)_7CH\overset{\overset{O-O}{\diagup\,\diagdown}}{\underset{O}{\diagdown\,\diagup}}CH-(CH_2)_7COOH$$

油酸臭氧化物

$$\xrightarrow{水解} CH_3(CH_2)_7CHO + OHC(CH_2)_7COOH + H_2O_2$$

壬醛　　　　　　　壬醛酸

三酸甘油酯的氫化

$$\begin{matrix} CH_2\text{-}O\text{-}\overset{\overset{O}{\|}}{C}\text{-}(CH_2)_7\text{-}C=C\text{-}(CH_2)_7CH_3 \\ | \\ CH\text{-}O\text{-}\overset{\overset{O}{\|}}{C}\text{-}(CH_2)_7\text{-}C=C\text{-}(CH_2)_7CH_3 \\ | \\ CH_2\text{-}O\text{-}\overset{\overset{O}{\|}}{C}\text{-}(CH_2)_7\text{-}C=C\text{-}(CH_2)_7CH_3 \end{matrix} \xrightarrow[Ni]{3H_2} \begin{matrix} CH_2\text{-}O\text{-}\overset{\overset{O}{\|}}{C}\text{-}(CH_2)_{16}CH_3 \\ | \\ CH\text{-}O\text{-}\overset{\overset{O}{\|}}{C}\text{-}(CH_2)_{16}CH_3 \\ | \\ CH_2\text{-}O\text{-}\overset{\overset{O}{\|}}{C}\text{-}(CH_2)_{16}CH_3 \end{matrix}$$

Ni 的作用下，三酸甘油酯中的不飽和雙鍵可以與 H_2 發生加成反應，油脂被飽和，液態變為固態，可防止酸敗。

4.3 簡單脂類

簡單脂類的特點是不含結合的脂肪酸。簡單脂類在組織和細胞內的含量都比複合脂類少，但是卻包括許多有重要生物功能的物質。主要分為三大類：萜類、類固醇類化合物、前列腺素類。

萜類：萜類和類固醇類化合物都不含有脂肪酸，都是非皂化物質，而且都是異戊二烯的衍生物。萜的分類主要根據異戊二烯的數目。由兩個異戊二烯構成的萜稱為二萜，同理還有三萜、四萜等等。

萜類有的是線狀，有的是環狀，有的二者兼有。相連的異戊二烯有的是頭尾相連，也有的尾尾相連，多數直鏈萜類的雙鍵都是反式，但是 11- 順 - 視黃醛等 11 位上的雙鍵為順式。

植物中多數萜類都具有特殊臭味，而且是各類植物特有油類的主要成分。多聚萜類如天然橡膠等；維生素 A、E、K 等都屬於萜類。多聚萜醇常以磷酸酯的形式存在，這類物質在糖基從細胞質到細胞表面的轉移中，有類似輔酶的作用。糖基在細胞表面用於合成結合糖類。

類固醇（steroids）：含有類固醇核的化合物，它由三個環己烷環和一個環戊烷環融合在一起。類固醇核中的四個環以 A、B、C、D 來表示，碳原子的編號由環 A 的碳開始，且在兩個甲基結束。

類固醇類化合物在甾核的第 3 位上有一個羥基，在第 17 位上有一個分枝的碳氫鏈，根據甾核上羥基的變化，它又可分為固醇和類固醇衍生物兩大類。

固醇類（固醇）在生物界分布甚廣，為一環狀高分子一元醇。在生物體中它可以游離狀態或以與脂肪酸結合成酯的形式存在。

1. 動物固醇：多以酯的形式存在。是脊椎動物細胞的重要組分，在神經組織和腎上腺中含量特別豐富。約占腦固體物質的 17%。人體內發現的膽石，幾乎全都是膽固醇構成。肝、腎和表皮組織含量也相當多。伴隨著膽固醇共同存在的還有微量的膽固醇的二氫化物稱膽固烷醇。

   膽固醇易溶於乙醚、氯仿、苯及熱乙醇中，不能皂化。膽固醇 C3 羥基易與高級脂肪酸形成酯鍵。7- 脫氫膽固醇存在于動物皮下，它可能是由膽固醇轉化來的。它在紫外線作用下形成維生素 D_3。

2. 植物固醇：為植物細胞的重要組分，不能為動物吸收利用。植物固醇含量以豆固醇和麥固醇最多，它們分別存在於大豆、麥芽中。

3. 酵母固醇：存在於酵母菌、毒菌中，其含量以麥角固醇最多，它經日光和紫外線照射可以轉化成維生素 D_2。

前列腺素（prostaglandins）：二十碳脂肪酸的衍生物，由一個五碳環和兩條含 7 個和 8 個碳的碳鏈組成。花生四烯酸經氧化、環化等，生成三個系列的二十碳酸類化合物，即前列腺素、凝血惡烷（thromboxane）和白三烯（leukotriene）。前列腺素有調節激素作用的功能，通過調節 cAMP 合成對多種組織發生作用。

葉綠醇（雙萜）之結構式

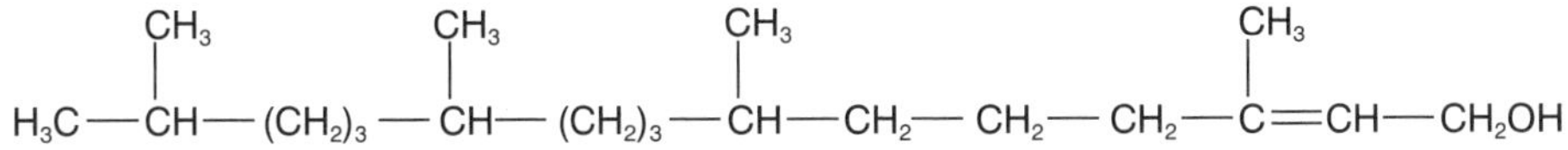

鯊烯（三萜）之結構式

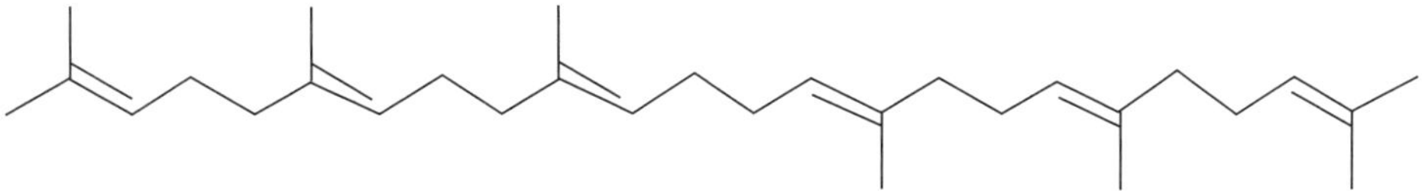

β- 胡蘿蔔素（四萜）之結構式

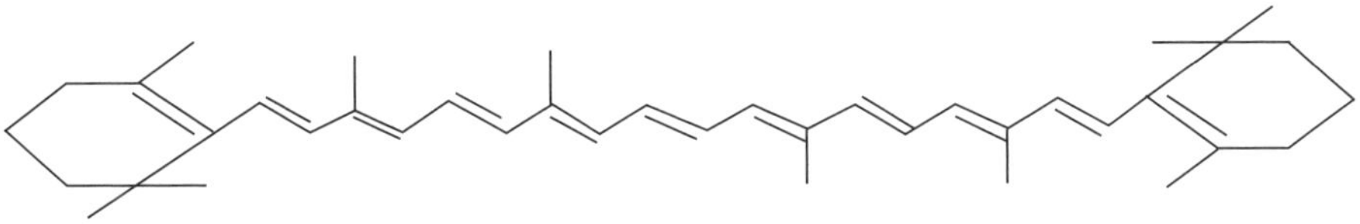

膽固醇之結構式

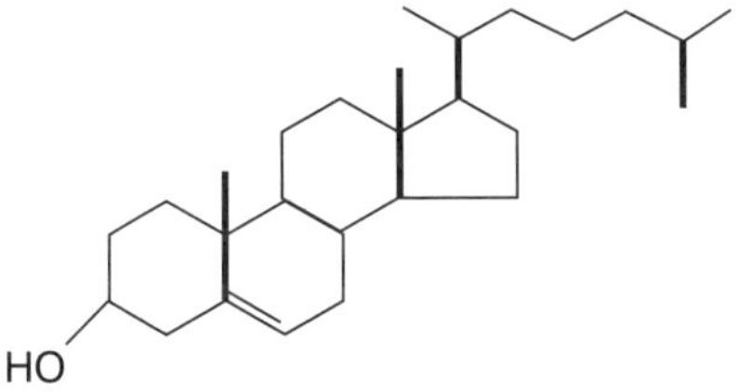

膽固醇

7- 脫氫膽固醇在紫外線作用下形成維生素 D_3 之反應式

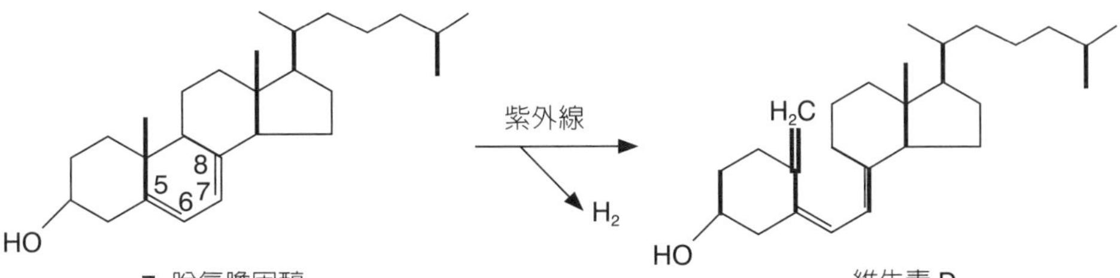

7- 脫氫膽固醇   紫外線   維生素 D_3

H_2

4.4 　脂蛋白

食物及細胞中的脂質都是非極性分子，呈現低的水溶性。三酸甘油酯、游離膽固醇及膽固醇酯是主要被運送的脂質，作為建造細胞膜、充當燃料及作為生和成原料之用。

脂蛋白（lipoprotein）是一親水性的複合物，結構包括脂溶性的脂質核心（三酸甘油酯及膽固醇酯），水溶性的外殼（由脂蛋白元、磷脂、游離膽固醇組成）。在血液中，能將脂溶性的脂質帶至各組織器官供利用或儲存。

脂蛋白可根據蛋白質組成，大致分為：

1. 核蛋白類：代表是凝血酶致活酶，它含脂類達 40～50%（其中卵磷脂、腦磷脂和神經磷脂占其大半），核酸約占 18%。

2. 磷蛋白類：如卵黃中的脂磷蛋白，所含脂類占 18%。在中性鹽（氯化鈉等）存在下溶于水，但用醇從中除去脂後即不再溶解。

3. 單純蛋白類：它與脂的重要結合物有血漿脂蛋白，水溶；還有從腦等組織中分離得到的腦蛋白脂。不溶于水，易溶於氯仿、甲醇和水的混合溶液中。

血漿脂蛋白在脂類的含量和組成比例上不相同，其蛋白質部分也不一樣，它們在體內的合成部位和生理功能並不一致，血漿脂蛋白類型很多。

通常用高 NaCl 濃度或密度梯度下超速離心方法，根據不同脂蛋白所含脂類多少，密度大小上的差別，可將血漿脂蛋白分為密度範圍不同的組成部分：乳糜微粒、極低密度脂蛋白（VLDL）、低密度脂蛋白（LDL）、高密度脂蛋白（HDL）。

根據不同脂蛋白所帶電荷和顆粒大小上的差別，可用紙電泳、乙酸纖維薄膜電泳和瓊脂糖電泳等方法將血漿脂蛋白分為四個區帶：位於原點不移動的乳糜微粒、前 β-、β- 和 α- 脂蛋白等。

乳糜微粒是小腸上皮細胞合成的。主要成分來自食物脂肪，還有少量蛋白質。由於它的顆粒大，使光散射呈乳濁狀，這是餐後血清混濁的原因。是密度最低的脂蛋白，含 98 至 99% 的脂質。脂質成分主要為三酸甘油酯。

極低密度脂蛋白（VLDL）是肝細胞合成的，其主要成分也是脂肪。當血液流經脂肪組織、肝和肌肉等組織的毛細血管時，乳糜微粒和 VLDL 為毛細血管管壁脂蛋白脂酶所水解，所以在正常人空腹血漿中幾乎不易檢查出乳糜微粒和 VLDL。

低密度脂蛋白（LDL）來自肝臟，富含膽固醇，磷脂含量也不少。是膽固醇的主要攜帶者。

高密度脂蛋白（HDL）來自肝臟，其顆粒最小，其主要脂類組分為磷脂和膽固醇，它們分別約占總血漿脂類的 45% 和 38%。是含有最多蛋白質的脂蛋白（55% 蛋白質、45% 脂肪），因此，密度最高。運送膽固醇及膽固醇脂，但運送方向與 LDL 相反，即從周邊組織送回肝臟，稱為逆向膽固醇運輸。所以 HDL 被視為好的膽固醇，可以減少血漿膽固醇的濃度。

各種脂蛋白的結構圖

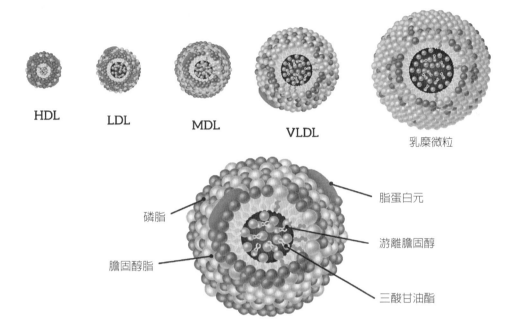

主要脂蛋白的名稱、物理性質及組成

脂蛋白	密度 （g/mL）	直徑 （Å）	組成（wt %）			
			蛋白質	膽固醇[a]	磷脂質	三醯甘油
乳糜微粒	< 0.95	800-5000	2	4	9	85
極低密度	0.95-1.006	300-800	10	20	20	50
低密度	1.006-1.063	180-280	25	45	20	10
高密度	1.063-1.2	50-120	55	17	24	4

包括游離膽固醇和膽固醇酯。

4.5 脂質的分類

脂質分類

1. 中性或單純脂質（simple lipid）：(1) 油脂：脂肪酸與甘油結合酯（三酸甘油脂）。(2) 蠟：脂肪酸與高級醇結合酯（十六烷基棕櫚酸酯、維生素 D 酯）。
2. 複合脂質（compound lipid）：(1) 磷酯：含脂肪酸甘油脂、磷酸及含氮基團（卵磷脂、磷酯醯乙胺、磷酯醯肌醇）。(2) 腦苷脂（cerebrosides）：含脂肪酸、醣、含氮物（葡萄糖腦甘脂質）。(3) 神經鞘脂質（sphingolipids）：含脂肪酸、含氮和磷醯基（鞘磷脂）。
3. 衍生脂質（derived lipid）：由中性或複合脂質衍生或水解而來之化合物（脂肪酸、高級醇、固醇、脂溶性維生素或碳氫物）。

脂肪酸可依其含雙鍵與否、多寡可分為：

1. 飽和脂肪酸（saturated fatty acid, SFA）：不含有任何不飽合鍵，即脂肪酸碳鏈上碳與碳之間的結構均為單鍵結合者稱之。自然界中存在多為直鏈，少有支鏈。主要存在動物油脂，如牛油、豬油。
2. 單元不飽和脂肪酸（monounsaturated fatty acid, MUFA）：脂肪酸中有雙鍵者稱為「不飽和脂肪酸」。僅有一個雙鍵者，稱為「單元不飽和脂肪酸」，最常見的 MUFA 為油酸（oleic acid; 18: 1），含 MUFA 較多的油脂有：芥花油、橄欖油。
3. 多元不飽和脂肪酸（polyunsaturated fatty acid, PUFA）：含有兩個或兩個以上雙鍵者，植物性脂質則以不飽和脂肪酸為主，如黃豆油、玉米油。

油脂依脂肪酸不同分為五類：

1. 乳脂族（milk-fat group）：反芻動物奶中油脂，含多量油酸（oleic acid）、軟脂酸（棕櫚酸，palmitic acid）及少量的硬脂酸（stearic acid）。
2. 月桂酸族（lauric acid group）：堅果類油脂，例如棕櫚油、椰子油，含有大量月桂酸（C12:0）及少量的不飽和脂肪酸。
3. 油酸 - 亞油酸族（oleic-linoleic acid group）：含有大量的油酸、次亞油酸及少許飽和脂肪酸。
4. 次亞油酸族（linoleic acid group）：以大豆油為主要油脂，含有豐富的次亞油酸也含有大量的油酸及亞油酸。
5. 動物儲積性油脂族（animal depot-fats group）：動物油脂，含有大量 $C_{16} \sim C_{18}$ 的飽和脂肪酸及油酸和亞油酸。

按其皂化性質可分為：

1. 可皂化脂質（saponifiable lipid）。
2. 不可皂化脂質（unsaponifiable lipid）：類固醇和萜是兩類主要的不可皂化脂質。

必需脂肪酸： 哺乳動物體內能夠合成飽和脂肪酸和單不飽和脂肪酸，但不能合成亞油酸和亞麻酸，我們把維持哺乳動物正常生長所需的而體內又不能合成的脂肪酸稱為必需脂肪酸。哺乳動物體內所含的必需脂肪酸以亞油酸含量最多，它在三酸甘油酯和磷酸甘油酯中，占脂肪酸總量的 10～20%。哺乳動物體內的亞油酸和亞麻酸是從植物中獲得的。

根據脂質在水中和水界面上的行為不同，又可分為非極性和極性兩大類

類別	界面性質	體積性質
非極性脂質	不能分散形成單分子層	不溶　如胡蘿蔔素、鯊烯、固醇酯
極性脂質		
I 類	能分散形成穩定的單分子層	不溶或溶解度很低，如維生素D、A、膽固醇
II 類	能分散形成穩定的單分子層	不溶，在水中膨脹形成液晶，如磷脂和鞘醋脂
IIIA 類	能分散形成不穩定的單分子層，因為可溶於水基質	可溶，當高於臨界微團濃度時形成微團；低濃度時形成液晶，如軟酯醛、神經節苷脂
IIIB 類	能分散形成不穩定的單分子層，因為可溶於水基質	可溶，當高於臨界微團濃度時形成微團；低濃度時形成液晶，如皂苷、硫酸化膽汁等

皂化反應

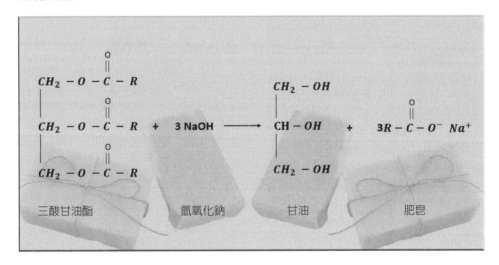

植物油（液態）氫化產生反式脂肪（固態）

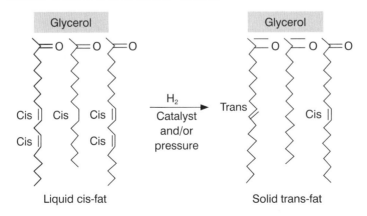

4.6 甘油磷脂

甘油磷脂類（glycerophospholipids）、鞘脂類及固醇類（Sterols）是組成生物膜的膜脂。

甘油磷脂是磷脂酸（phosphatidic acid, phosphatidate）的衍生物，磷脂中 2 分子脂肪酸與甘油的 C1 及 C2 上的羥基以酯鍵相連，成為膜脂分子疏水的非極性的尾（nonpolar tail）。親水的極性的或帶電的基團與 C3 的 -OH 相連，成為極性的頭（polar head）。磷酸與甘油 C3 的 -OH 通過磷酸二酯鍵相連形成磷脂酸，甘油磷脂都是磷脂酸的衍生物，如磷脂醯膽鹼、磷脂醯乙醇胺、磷脂醯肌醇等。

磷脂醯膽鹼（phosphatidylcholines, PC）：是最廣泛被應用於微脂粒的一種。因為其頭基為三個甲基接在一個四級氮上而且四個鍵結都不帶酸鹼性，屬於雙性離子（zwitterionic）的一種，頭基所占的面積約為 0.42（nm）^{2}。PC 的主要來源是蛋黃，因此也稱做卵磷脂（lecithin），另一方面由黃豆中所萃取出的 PC 分子，通常含較少的飽和卵磷脂。

磷脂醯乙醇胺（phosphatidyllethanolamines, PE）：是第一個在腦部脂質中分離出來的磷脂質。其頭基的大小相對於碳氫鏈來說較小，因此在自然的狀況下並不會單獨形成雙層結構或微脂粒，只有在 pH>8 時，由於水合作用增加，使其頭基變大，或與其他脂質相混合的情況下才能形成脂雙層結構。

磷脂醯絲胺酸（phosphatidylserines, PS）：通常與 PE 一起存在於腦部組織中，與 PC、PE 等脂質分子不同的是 PS 是一種帶負電荷的磷脂質。在多數的生物膜中，PS 多存在於內層膜中。

磷脂醯肌醇（phosphatidylinositol,

PI）：與 PG 相同具有一個未質子化的磷酸基而帶有負電荷，又由於頭基上有氫氧基可與水形成形成氫鍵，因此較容易溶於水中。PG 多由植物細胞純化，並藉由氫化來提高穩定性。

三酸甘油酯與甘油磷脂之間的主要差異是，三酸甘油酯是非極性及疏水性；反之，甘油磷脂除了非極性區域外，還有高度極性及帶有電荷的區域。

甘油磷脂的兩個結構特徵是極性的頭部與非極性的尾部，這個特點是生物膜結構所需的。

甘油磷脂的一般性質

1. 顏色：純的甘油磷脂為白色蠟狀固體。暴露於空氣中由於多不飽和脂肪酸的過氧化作用，磷脂顏色逐漸變暗。

2. 溶解性：甘油磷脂溶於大多數含少量水的非極性溶劑，但難溶于無水丙酮，用氯仿 - 甲醇混合液可從細胞和組織中提取磷脂。

3. 帶電性：在生理 pH（7 左右）時，甘油磷脂分子的磷酸基帶 1 個負電荷；膽鹼或乙醇胺帶 1 個正電荷；絲胺酸帶 1 個正電荷和 1 個負電荷；肌醇和甘油基不帶電荷。

4. 水解情況：(1) 用弱鹼水解甘油磷脂產生脂肪酸鹽和甘油 -3- 磷醯醇。(2) 用強鹼水解則生成脂肪酸鹽、醇和甘油 -3- 磷酸。(3) 甘油磷脂的酯鍵和磷酸二酯鍵能被磷脂酶專一地水解。這些脂酶根據所水解的部位不同分別命名為磷脂酶 A1，A2，C 和 D；磷脂酶 A1 廣泛分布於生物界；磷脂酶 A2 主要存在於蛇毒，蜂毒和哺乳類胰臟（酶原形式）；磷脂酶 C 來源於細菌及其他生物組織；磷脂酶 D 存在於高等植物中。

磷脂酸是甘油磷脂質的基礎分子，它含有兩個與甘油（在 C1 和 C2）形成酯鍵的脂肪酸以及另一與甘油（C3）形成酯鍵的磷酸根。仕磷脂酸中的 X 是氫（H）。多種飽和或不飽和脂肪酸可能存在。

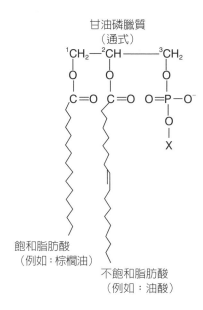

甘油磷脂質
（通式）

飽和脂肪酸
（例如：棕櫚油）

不飽和脂肪酸
（例如：油酸）

X 的名稱	X 的結構	甘油磷脂質的名稱
氫（Hydrogen）	—H	磷脂酸（Phosphatidie acid）
乙醇胺（Ethanolamine）	$-CH_2-CH_2-\overset{+}{N}H_3$	磷脂醯乙醇胺 （Phosphatidylethanolamine）
膽鹼（Choline）	$-CH_2-CH_2-\overset{+}{N}(CH_3)_3$	磷脂醯膽鹼 （Phosphatidylcholine）
絲胺酸（Serine）	$-CH_2-\underset{\underset{COO^-}{\mid}}{CH}-\overset{+}{N}H_3$	磷脂醯絲胺酸 （Phosphatidylserine）
肌醇（Inositol）	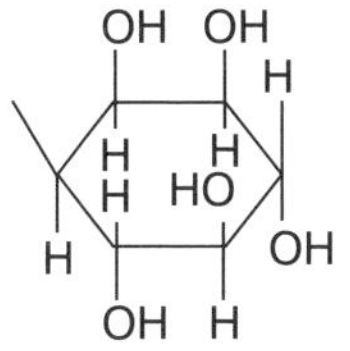 OH OH H H　H H　HO H　　　OH OH　H	磷脂醯肌醇 （Phosphatidylinositol）

4.7　神經鞘脂

　　神經鞘脂（sphingolipids）是神經鞘胺醇（sphingosine）的衍生物。有一個極性的頭和兩個疏水的尾，非甘油酯。由神經鞘胺醇（十八碳烯胺基二醇）與一分子長鏈脂肪酸及一分子極性頭部組成，有時極性的頭部為磷酸以酯鍵相連的基團。

　　神經鞘胺醇分子的 C1、C2 和 C3 上分別帶有功能基團 -OH、-NH₂、-OH，與甘油磷脂中甘油的三個羥基相似，脂肪酸與神經鞘胺醇的 -NH2 以醯胺鍵相連產生的物質為 N- 脂醯神經鞘胺醇—神經醯胺（ceramide），與二酸甘油酯的結構相似，神經醯胺是神經鞘脂類化合物的結構單位（共同前體）。

　　神經鞘脂類物質參與細胞表面的各種識別過程，如人類血型 A、B、O 的決定因數。神經鞘胺醇因含有胺基故為鹼性。已發現的神經鞘胺醇類有 30 餘種，在哺乳動物的鞘脂類中主要含有神經鞘胺醇和二氫神經鞘胺醇，在高等植物和酵母中為 4- 羥雙氫神經鞘胺醇又稱植物神經鞘胺醇。海生無脊椎動物常含有雙不飽和神經鞘胺醇如 4,8- 雙烯神經鞘胺醇。

　　神經醯胺是構成鞘脂類的母體結構，它的結構是由神經鞘胺醇和一長鏈脂肪酸（18～26℃）以神經鞘胺醇第二個碳上的胺基與脂肪酸的羧基形成的醯胺鍵相連。因此，神經醯胺含有兩個非極性的尾部。神經鞘胺醇第一個碳原子上的羧基是與極性頭相連的部位。

　　神經醯胺的衍生物，差異在頭部，分為：

　　神經鞘磷脂（sphingomyelins, SM），含磷酸膽鹼或磷酸乙醇胺，出現於細胞質膜和髓鞘。SM 是神經鞘脂類的典型代表，它是高等動物組織中含量最豐富的神經鞘脂類，SM 的極性頭是磷醯乙醇胺或磷醯膽鹼由磷酸基和神經醯胺的第一個羥基以酯鍵相連。因此鞘磷脂的性質和磷脂醯膽鹼以及磷脂醯乙醇胺的性質很相近，在 pH=7 時也是兼性離子。

　　糖脂（glycolipids），極性頭部有一個糖分子與神經醯胺 C1 的 -OH 相連，又稱為腦苷脂（cerebrosides），如半乳糖腦苷脂、葡萄糖腦苷脂。

　　神經節苷脂（gangliosides），最複雜的鞘脂類化合物，含有幾個糖單位組成極性的頭部，人腦灰質中超過 6%，而大部分非神經動物組織含量極少。

　　戴—薩克斯病（Tay-Sachs disease）是缺乏一種神經節苷脂的分解酶，而造成神經節苷脂累積於腦和脾臟，導致發育遲緩、麻痺、眼盲，且最後會在 3～4 歲前死亡的遺傳性疾病。東歐、德國、波蘭與蘇聯境內的猶太人機會高，1/3600，28 人中有一人帶有缺乏基因，雙親為攜帶者，小孩發病機會為 1/4。

　　尼曼匹克症（Niemann-Pick disease）是一種遺傳性代謝紊亂疾病，是一種神經磷脂病，神經鞘脂沉積于患者脾、肝、肺、骨髓及部分患者的腦中，首發於嬰兒，引起神經緊張和早死，先天缺失神經鞘磷脂水解酶。

神經鞘脂的結構通式

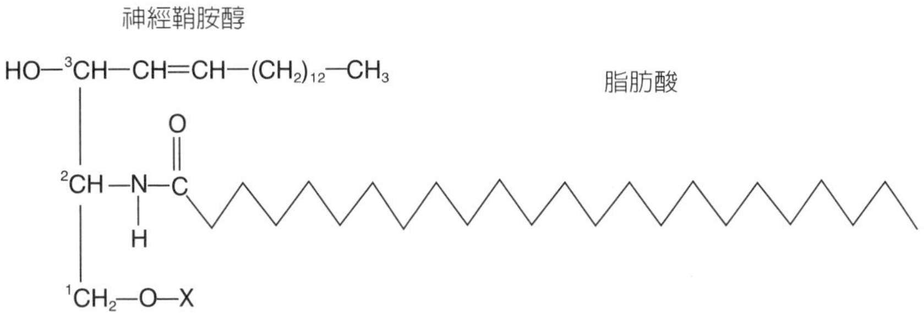

神經鞘胺醇

$$HO—^3CH—CH=CH—(CH_2)_{12}—CH_3$$

脂肪酸

$$^2CH—N—C$$
$$|\quad\;\; \overset{||}{|}\quad O$$
$$\;\;\; H$$

$$^1CH_2—O—X$$

神經鞘脂的名稱	X 的名稱	X 的結構式
Ceramide	—	—H
Sphingomyelin	Phosphocholine	$$—\overset{O}{\underset{O^-}{\overset{||}{\underset{|}{P}}}}—O—CH_2—CH_2—\overset{+}{N}(CH_3)_3$$
Neutral glycolipids 　Glucosylcerebroside	Glucose	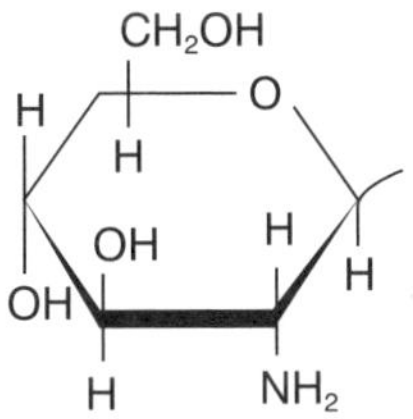
Lactosylceramide 　(a globoside)	Di-, tri-, or 　tetrasaccharide	 Glc — Gal
Ganglioside GM2	Complex oligosaccharide	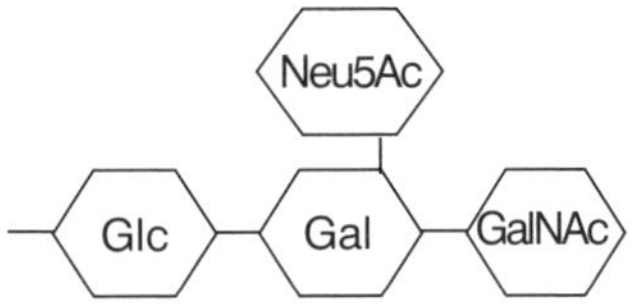 Neu5Ac Glc — Gal — GalNAc

二氫神經鞘胺醇之結構式

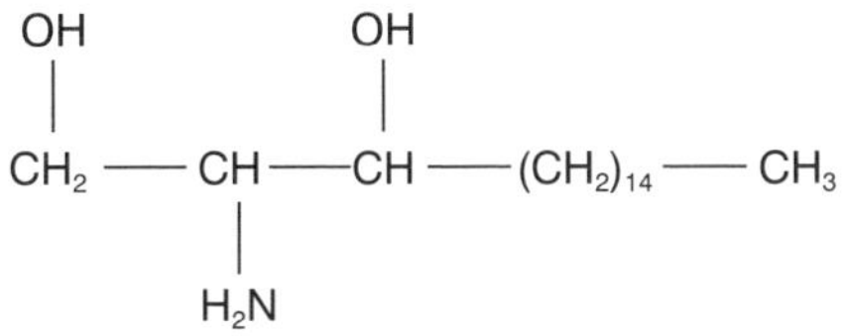

$$\overset{\displaystyle OH}{\underset{}{|}}\qquad\qquad\overset{\displaystyle OH}{\underset{}{|}}$$
$$CH_2—CH—CH—(CH_2)_{14}—CH_3$$
$$\qquad\quad\underset{H_2N}{|}$$

4.8 萜類

萜類化合物（terpenoids）因最早是從松節油（turpentine）中發現故名之，廣泛分布於植物、昆蟲、微生物等動植物體內，大多存在於植物精油與樹脂中。

水生植物很少有揮發油，某些菌類和苔蘚類植物可合成一些萜類，近年來從海洋生物中發現了大量的萜類化合物。

萜類化合物大多由一個或多個異戊二烯單元頭尾相連而成，具鏈狀與環狀，通常還含有其他官能團。據統計，目前已知的萜類化合物已超過 30000 種。

萜類為二次代謝物中數量最多且結構最複雜的一群化合物，種類繁多，由異戊二烯（isoprene）單元所組成，通式可寫成（C_5H_8）n。根據其結構可分為單萜（兩個異戊二烯組成）、倍半萜（三個異戊二烯組成）、二萜（四個異戊二烯組成）、二倍半萜（五個異戊二烯組成）、三萜（六個異戊二烯組成）、四萜（八個異戊二烯組成）、多聚萜（八個以上異戊二烯組成）等。

此外，萜類又可分為：非環狀、單環、雙環、三環等，不只含有 Isoprene 聚合物還包涵了它的飽和或不飽和的異構物，與含氧衍生物（醇、醛、酮、酚、醚、酯）。

萜類中以單萜最為常見，有不少同分異構物。單萜與倍半萜為構成植物揮發油的主要成分，具高揮發性及特殊香味；二萜則為樹脂的主要成分；胡蘿蔔素類植物色素則是一種四萜。

萜類化合物一般難溶於水，易溶於親脂性的有機溶劑。低分子量和官能基少的萜類如半萜、倍萜、部分倍半萜，常溫下多呈液體，具有揮發性，能隨水蒸氣蒸餾如天然物萃取出的各種精油。隨分子量及官能基增加，化合物的揮發性降低，熔、沸點提高，部分多官能基的倍半萜、二萜、三萜等，多為具有高沸點的液體或結晶固體。

高等植物中萜類化合物是由兩種不同的路徑產生，甲戊二羥酸路徑 [mevalonate (MVA) pathway] 為真核生物、古菌和一些細菌中的一個重要代謝路徑，主要在細胞質中進行，而另一路徑甲基紅蘚糖醇磷酸路徑 [methylerythitol 4-phosphate (MEP) pathway] 則為某些植物及大多數細菌中，在質體（Plastid）內進行的代謝途徑。

單萜烯類（monoterpenoids）可說是精油成分中最常見的有機分子，經常以檸檬烯和松烯的形式出現。

倍半萜烯（sesquiterpenoids）在自然界中非常多樣化而且形成廣大萜類。第一個倍半萜烯是從自然界中的杜松油中的 β-cadinene 和丁香油中的 β-caryophyllene。

三萜類由 6 個異戊二烯的單元組成，一般以角鯊烯具有 30 碳的非環狀前驅物來呈現。角鯊烯中不同型態的連結可以增加三萜類骨架的多樣性。事實上，已有超過 4000 種的天然三萜類化合物。

類胡蘿蔔素由碳 40 之四萜類所組成，為重要且普遍的一類化合物。在生物體中，許多黃、橘、紅、紫的顏色呈現是因為這類化合物的存在所產生的。

植物體內萜類化合物之生合成路徑

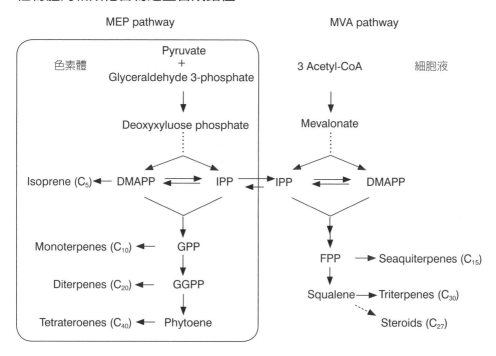

IPP（isopentenypyrophosphate, 焦磷酸異戊烯酯）；DMAPP（焦磷酸 r, r－二甲基烯丙酯 , dimethylallylpyrophosphate）；GPP（geranylpyrophosphate, 焦磷酸香葉酯）；FPP（fanesylpyrophosphate, 焦磷酸金合歡酯）；GGPP（geranylgeranylpyrophosphate, 焦磷酸香葉基香葉酯）。角鯊烯（squalene）；八氫番茄紅素（phytoene）。

C₅ Isoprene 異戊二烯

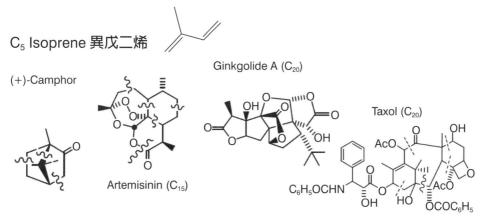

Monoterpenoids: C₁₀ Camphor（樟腦）
Sesqyuiterpeniuds: C₁₅ Artenuinin（青蒿素）
Diteroebiuds: C₂₀ Ginkgolide A（銀杏內酯）及 Taxol（紫杉醇）

4.9 聚羥基脂肪酸酯

聚羥基脂肪酸酯（polyhydroxyal-kanoates，PHA）是微生物用來儲存碳源與能源的合成物。最早於 1926 年在巨形桿菌中被發現，是一種存在細菌體內且結構簡單的巨分子，屬於脂肪性的聚脂類（aliphatic polyesters），以顆粒狀包含體（granulated inclusion bodies）的形式堆積於許多種細菌和古細菌的菌體內。

PHA 顆粒一般的大小約為直徑為 0.2 至 0.7μm，由 97.7%PHA，1.8% 蛋白質和 0.5% 脂質組成。天然 PHA 顆粒可以用蘇丹黑 B 染色，或可用尼羅藍 A 或尼羅紅染色進行更專一的染色。

PHA 的物質特性卻類似於一些常見的塑膠類，如聚丙烯（polypropylene）。當細菌培養於不同的碳源時，所產生的 PHA 種類也會有所不同，其物理與化學性質也大不相同。PHA 另一個重要的特性就是生物可分解性（biodegradable）與生物相容性（biocompatiability），並且具有與石化塑膠類似的性質，因此廣受學術界與工業的注意。

PHA 依照聚合物的單元長度，一般分為為短鏈（short-chain-length PHA，SCL-PHA）跟中鏈（medium-chain-length PHA，MCL-PHA）兩類。SCL-PHA 是 4 或 5 個碳原子單體所形成，MCL-PHA 是 6 或 7 以上碳原子單體所形成。不同的 PHA synthases 所聚合成的 PHA 種類也有所不同，PHA 的單體的差異是由於 PHA synthases 的受質專一性（substrate specificity）不同所造成。

PHA 的單體一般在 β 碳上具有一個羥基（hydroxy group）的直鏈脂肪酸，經由此羥基與另一個 PHA 單體以酯鍵進行聚合，且根據組成單體的碳原子個數，所形成的 PHA 具有不同的物理性質。

由聚合度來決定聚酯之分子量大小，其分子量介於 50,000 到 20,000,000 Dalton。PHA 之單體皆為 R-構型，不同的 PHA 主要區別於 C-3 位上不同之側鏈基團。

最早被發現的 PHA 為 poly-3-hydroxyalkanoate（PHB），其由 3-hydroxybutrate（3HB）單體所聚合而成，同時 PHB 也是被研究的最多的 PHA 組成。

PHA 顆粒由 PHA、蛋白質和脂質所組成。一般而言，PHA 的種類會因物種不同而有所差異，PHA 會被蛋白質與磷脂質所形成的外層所包圍，磷脂質的厚度約 2 nm。

PHA 的生合成途徑：兩分子的 acetyl CoA 經由 β-ketothiolase（PhaA）聚集成為 acetoacetyl CoA，再進一步經由 NADPH-dependent reductase（PhaB）作用產生 D-($-$)-β-hydroxybutyl CoA 單體，最後由 PHA synthases 催化 hydroxyacyl CoA（HACoA）與 PHA 聚合反應，同時釋放出 CoA。

PHA 為合成之再生能源，無毒且可被生物自然代謝吸收，所以是一個可取代石油之替代塑料很好的來源。

因為 PHA 有特殊的生物無毒與生物可分解，其物理化學特性可以廣泛地應用在纖維、生物醫學的材料跟藥物緩釋載體之中。如聚 -3- 羥基丁酸酯（PHB）、3- 羥基丁酸和 3- 羥基戊酸聚合物（PHBV）、3- 羥基丁酸和 4- 羥基丁酸聚合物（P3HB4HB）、3- 羥基丁酸和 3- 羥基己酸聚合物（PHBHHX）以及一些中鏈的 PHA 已被大量運用。

PHA 結構通式

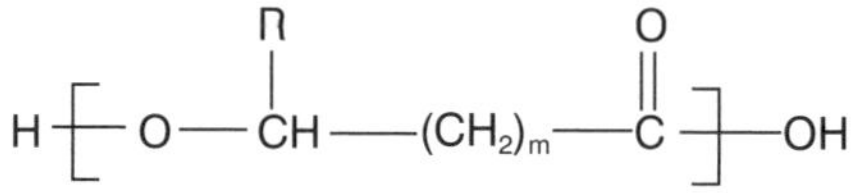

$$H \left[O - \underset{\underset{\displaystyle R}{\mid}}{CH} - (CH_2)_m - \overset{\displaystyle O}{\overset{\displaystyle \parallel}{C}} \right] OH$$

m = 1, 2 或 3，R = 可變基團，多數為 1

PHA 共聚物結構式

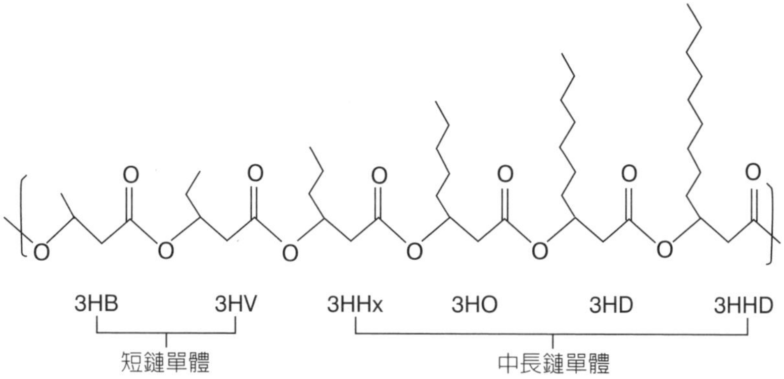

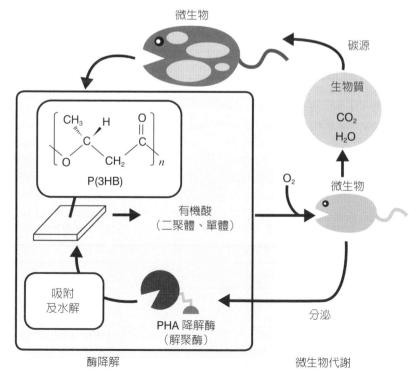

| 3HB | 3HV | 3HHx | 3HO | 3HD | 3HHD |

短鏈單體　　　　　　　　　中長鏈單體

PHA 在大自然中的循環

微生物

碳源

生物質

CO_2

H_2O

P(3HB)

有機酸
（二聚體、單體）

O_2

微生物

吸附
及水解

PHA 降解酶
（解聚酶）

分泌

酶降解　　　　　　　　　　微生物代謝

4.10　費洛蒙

費洛蒙（pheromone）是一種由動物體的外分泌腺所分泌且具有揮發性的化學物質，它可使同種動物不同個體之間，透過嗅覺的作用傳遞訊息，產生行為或生理上的變化。這種化學物質的分子很小，可藉空氣流動快速地傳播。

pheromone 源自希臘字的 phereinr 及 horman，分別有攜帶與激素的意思，合起來的意思就是「攜帶激素」。

昆蟲性費洛蒙可比擬為昆蟲的香水，是昆蟲交尾期間由雌蟲所分泌的氣味，以誘引雄蟲前來交尾。每一種昆蟲所分泌的氣味不同，因此可達到種間隔離。

昆蟲性費洛蒙具揮發性，可經空氣及水擴散到遠方，估計在一立方厘米空氣中，只需有數百個性費洛蒙分子，雄蟲就可感知其存在，循線找到雌蟲的位置。且由於性費洛蒙的化學結構特殊，在空氣中易氧化及光分解，使其具無毒、種別專一，以及微量就有效的特性。

性費洛蒙（sex pheromones）及其類似物（parapheromones）因無毒性、專一性高、微量即有效、生物活性強、持久性長、與其他害蟲防治措施相容性高、對害蟲無抗藥性等優點，是實施 IPM 的好方法；世界多國學者專家均致力於研發利用性費洛蒙／類似物來解決蟲害問題。

德國化學家 Butenandt 是第一位鑑定出昆蟲費洛蒙結 6 構的人 12 。1959 年他從 50 萬隻的家蠶雌蛾的尾端分離出 12mg 能吸引雄蛾交尾的物質並鑑定出其化學結構為 (E)10-(Z)12-hexadecadien-1-ol，簡稱家蠶醇 Bombykol，為一種長鏈的有機化合物。

性費洛蒙結構是具有 1 至 2 個不飽合鍵的長碳鏈（C8 至 C20），分子量 200 至 300 的醇（-OH）、醛（-CHO）及酯（-COOR）類化合物。

迄今已有千餘種昆蟲的性費洛蒙成分被鑑定出來，涵蓋鱗翅目、蜚蠊目、鞘翅目、雙翅目、同翅目、膜翅目等，其化學類屬為醛（aldehyde）、醇（alcohol）、酯（ester）、酚（phenols）、羧酸（carboxylic acids）等十餘類的環狀或長碳鏈結構化合物，

費洛蒙依行為的性質概分為五大類：

1. 性費洛蒙（sex pheromones）：同種昆蟲的雌雄在尋偶與求偶行為時所釋放的化學物質，通常由雌蟲製造釋放。

2. 聚集費洛蒙（aggregation pheromones）此種費洛蒙的釋放引起不分性別的同種昆蟲向費洛蒙來源處聚集。功用是避免天敵捕食、克服寄主的抵抗、增加交配機會等。

3. 空間費洛蒙（spacing pheromones）此費洛蒙可使植食性昆蟲恰當的散布在食物資源上。

4. 標跡費洛蒙（trail-marking pheromones）許多社會性昆蟲使用此費洛蒙來標示路徑，幫助同伴尋找食物、遷居、領域標示等。

5. 警戒費洛蒙（alarm pheromones）大多數的社會性昆蟲會分泌此種費洛蒙，當攻擊者或捕食者出現或巢穴受威脅時，就會引發警戒防禦或攻擊行為。

歐洲玉米螟的性費洛蒙組成分

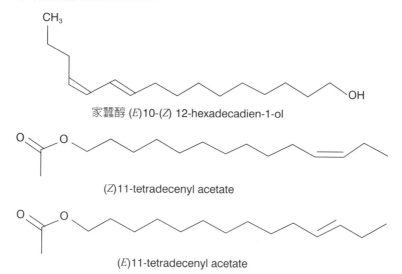

家蠶醇 (*E*)10-(*Z*) 12-hexadecadien-1-ol

(*Z*)11-tetradecenyl acetate

(*E*)11-tetradecenyl acetate

毒蛾科雌毒蛾的性費洛蒙構造

種類	性費洛蒙	化學構造
吉普賽舞蛾	(Z)-7,8-epoxy-2-methyloctadecane	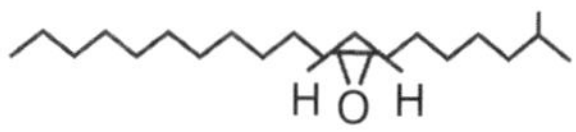
修女蛾	2-methyl-(Z)-7-octadencene	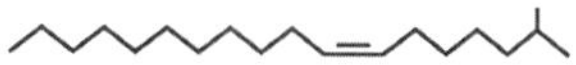
	(Z)-7,8-epoxy-2-methyloctadecane	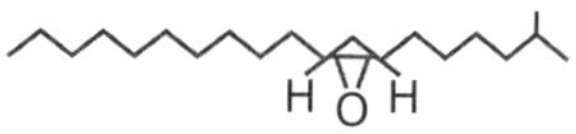
舞蛾	(Z)-7,8-epoxy-2-methyloctadecane	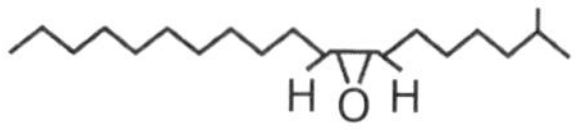
	2-methyl-(Z)-7-octadencene	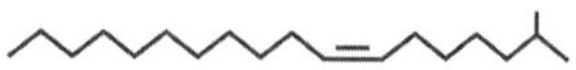
黑角舞蛾	(Z)-7,8-epoxy-2-methyl-eicosane	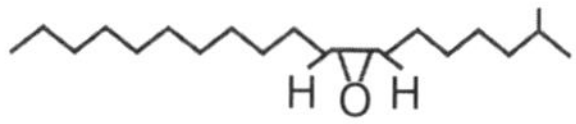
	2-methyl-(Z)-7-eicosane	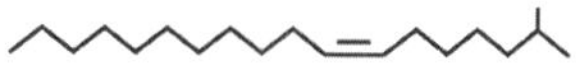
	(Z)-7,8-epoxy-3-methyl-nonadecane	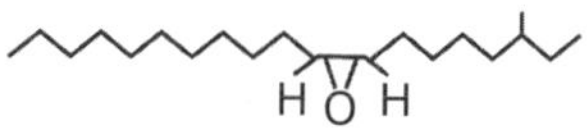
	(Z)-7,8-epoxy-2-methyl-nonadecane	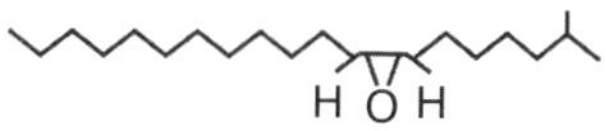

4.11 脂溶性維生素

脂溶性維生素可被歸類為萜類（衍生自異戊二烯），被視為單獨類別的脂質，最重要的化合物是維生素 A、D、E、K。

維生素 A

具有維生素 A 活性的物質包括一系列 20 個碳和 40 個碳的不飽和碳氫化合物。它們廣泛分布於動植物體中。維生素 A 醇的羥基可與脂肪酸結合成酯，亦可氧化成醛和酸。動物肝臟含維生素 A 最高，以醇或酯的狀態存在。植物和真菌中，以具有維生素 A 活性的類胡蘿蔔素形式存在，經動物攝取吸收後，類胡蘿蔔素經過代謝轉變為維生素 A。

具有維生素 A 或維生素 A 原活性的類胡蘿蔔素，必須具有類似於視黃醇的全反式結構，即在分子中至少有一個無氧合的 β- 紫羅酮環。同時在異 - 44 - 戊二烯側鏈的末端應有一個羥基或醛基或羧基，β- 胡蘿蔔素是類胡蘿蔔素中最具有維生素 A 原活性，在腸黏液中受到酶的氧化作用後，在 $C^{15\text{-}15'}$ 鏈處斷裂，生成兩個分子的視黃醇。若類胡蘿蔔素的一個環上帶有羥基或羧基，其維生素 A 原的活性低於 β- 胡蘿蔔素，若兩個環上都被取代則無活性。

由於類胡蘿蔔素主要是由碳氫組成的化合物，類似脂類結構，故不溶於水，而是脂溶性的。維生素 A（包括胡蘿蔔素）最主要的生理功能是維持視覺、促進生長、增強生殖力和清除自由基。

維生素 K

維生素 K 是脂溶性萘醌類的衍生物。天然的維生素 K 有兩種形式，維生素 K_1（葉綠醌或葉綠基甲基萘醌），僅存在於綠色植物中，如菠菜、甘藍、花椰菜和捲心菜等葉菜中含量較多，維生素 K_2（甲基萘醌或聚異戊烯甲基萘醌），由許多微生物包括人和其他動物腸道中的細菌合成。此外還有幾種人工合成的化合物具有維生素 K 活性，其中最重要的是 2- 甲基萘醌，4- 二甲基萘醌，又稱為維生素 K_3- 甲基萘醌，在人體內變為維生素 K_2，其活性是 K_1 和 K_2 的 2～3 倍。

維生素 K 的生理功能主要是有助於某些凝血因數的產生，即參與凝血過程，故稱為凝血因子。

維生素 D

維生素 D 是甾醇類衍生物，在食物中出現的只有兩種即麥角鈣化甾醇（維生素 D_2）和膽鈣化甾醇（維生素 D_3），具有實用性。

維生素前驅物（麥角固醇和 7- 脫氫膽固醇）經紫外輻射可產生維生素 D_2 和 D_3。酵母和真菌含麥角固醇，而 7- 脫氫膽固醇則是在魚肝油及人體和其他動物的皮膚裡發現的。人的皮膚在日光下暴露可生成維生素 D_3。

維生素 D 的生理功能是促進鈣、磷的吸收，維持正常血鈣水準和磷酸鹽水平；促進骨骼和牙齒的生長發育。

維生素 E

在自然界中發現的許多生育酚和生育三烯醇，統稱為維生素 E，都具有維生素 E 活性，是天然抗氧化劑。它們之間的區別在於分子環上甲基（-CH_3）的數量和位置，分別為 α，β，γ，δ 生育酚，α、β、γ 和 δ 生育三烯醇。α- 生育酚具有最高維生素 E 活性。

維生素 A 的化學結構

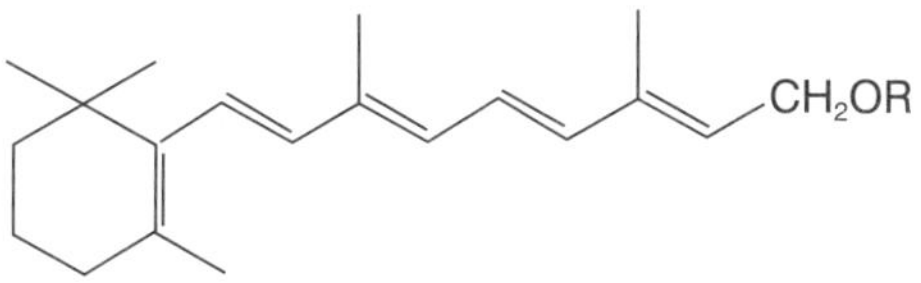

(a) 維生素 A₁（視網醇）

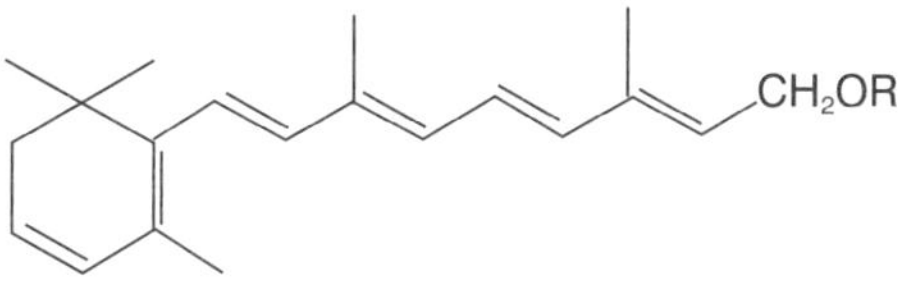

(b) 維生素 A₂（去氫視網醇）

維生素 D₂ 和維生素 D₃ 的化學結構

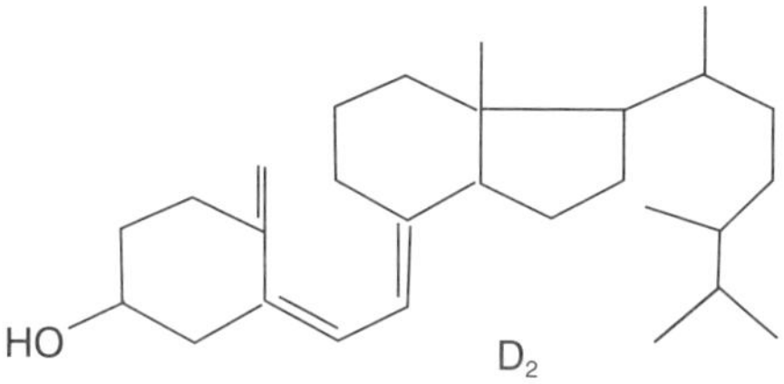

HO D₂

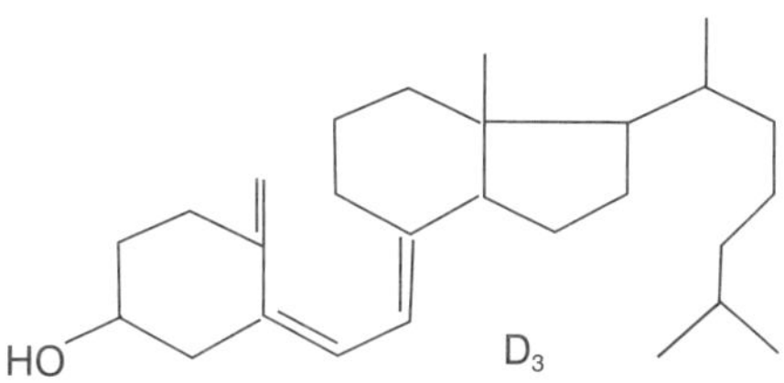

HO D₃

維生素 K 的化學結構

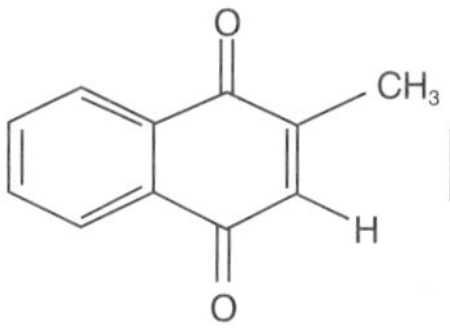

2- 甲基 -1,4 萘醌
（menadinone）

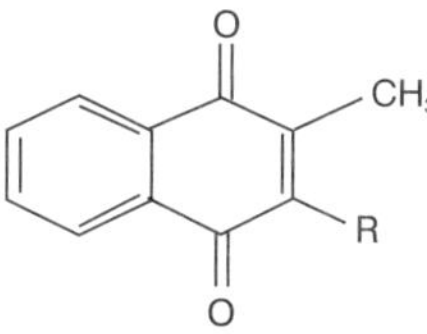

維生素 K₁ 或 K₂

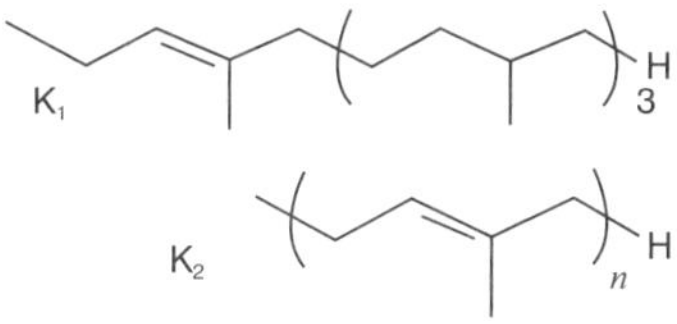

K_1 phylloquinone

K_2 menaquinones

R 取代基的結構

維生素 E 的化學結構

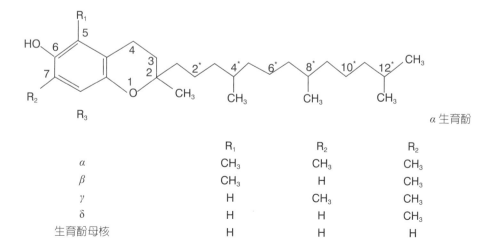

α 生育酚

	R_1	R_2	R_2
α	CH₃	CH₃	CH₃
β	CH₃	H	CH₃
γ	H	CH₃	CH₃
δ	H	H	CH₃
生育酚母核	H	H	H

4.12 類花生酸

類花生酸（eicosanoid）又稱類二十烷酸，分爲三類：前列腺素（prostaglandin）、血栓素（thromboxane）及白三烯素（leukotriene）。這類脂質的特點是其局部、短暫的類激素活性及極低的細胞濃度。

前列腺素是屬於脂質性媒介物（lipid mediators），爲含有二十個碳的不飽和脂肪酸。根據分子內五環構造上的差異，前列腺素分成六大類，即prostaglandin E（PGE）、PGF、PGA、PGB、PGD 及 PGH。每大類又因爲側鏈上含不飽和鍵（雙鍵）的數目不同，又分數種。

不同類型的前列腺素具有不同的功能，分別對內分泌、生殖、消化、血液呼吸、心血管、泌尿和神經系統均有作用。

前列腺素與其他激素不同，PGE 及 PGF 在血液內循環至肺臟時，就被酶分解而失去作用，因此 PGE 及 PGF 之作用局限於合成或游離處，稱爲局部激素（local hormone）。反之，PGA 經循環系統循流至肺臟時並不被破壞，所以對血管及循環系統的作用範圍較廣。

PGE_2 主要透過環氧化酶路徑由花生四烯酸（arachidonic acid）轉化成 PGG_2，而 PGG_2 進一步轉化爲 PGH_2，而後生成 PGD_2、PHI_2、TXA_2、PGE_2。PGE_2 進而會轉化成 PGF_2。

環氧化酶（cyclooxygenase, COX）爲體內合成前列腺素重要的酶，當身體受到刺激時，會活化環氧化酶，使花生四烯酸（arachidonic acid, AA）轉變爲 PGG_2，PGG_2 會轉變爲 PGH_2，進而轉化成各種前列腺素。

細胞膜中存在的 AA 是由二十個碳所組成並含有四個順式雙鍵的羧酸長鏈，經過環氧化酶和脂氧化酶（lipoxygenase）的作用之後，會分別合成前列腺素及血栓素和白三烯素。

血栓素又稱凝血脂素是前列腺素中的一種，由血小板產生，具有血小板凝聚及血管收縮作用，與前列腺素作用相反，兩者動態平衡以維持血管收縮功能及血小板聚集作用。

人體中血栓素合成酶（thromboxanesynthase）主要功能是催化前列腺素 H_2（PGH_2）進行異構化反應，其產物爲血栓素 A_2（Thromboxane A_2, TXA_2），

白三烯素（cysteinyl leukotriene）分爲兩類：Cys-LTs（cysteinyl-LTs）與 LTB4，均來自於 AA 之氧化代謝，而經由不同類的接受體產生作用，分別爲 BLT 接受體（LTB4 receptor）與 Cys-LTs 接受體。白三烯素是重要的發炎媒介物，能夠在呼吸道提高嗜伊紅性白血球（eosinophils）的移動力，增加黏液分泌與造成呼吸道水腫，引起支氣管收縮。

在肺臟中具有合成白三烯素的細胞，包含有：嗜中性細胞（neutrophil）、嗜伊紅細胞（eosinophils）、肥大細胞、肺泡之巨噬細胞（macrophage）、呼吸道上皮細胞（epithelial cell）及肺血管內皮細胞（endothelial cell）。但只有肺泡之巨噬細胞、嗜伊紅細胞及肥大細胞可以形成 5-脂氧化酶活化蛋白與 5-脂氧化酶複合體及 LTC4 合成酶。

以氣喘而言，肥大細胞與嗜伊紅細胞被認爲是較重要的細胞。LTB4 可以活化 BLT 接受體引起趨化性（chemotaxis）與細胞的活化。

PGH_2 分別在前列腺素合成酶和血栓素合成酶中之催化機制

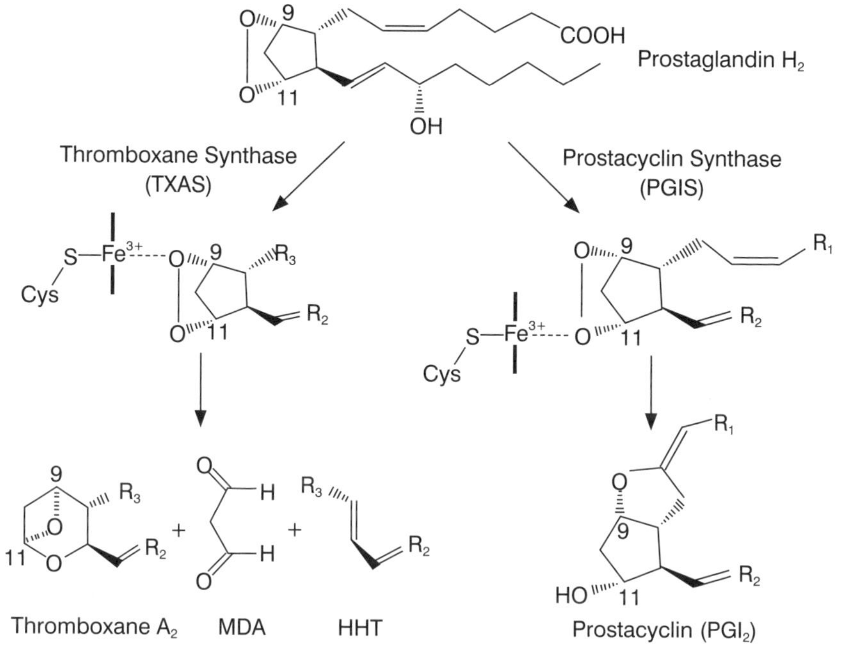
COOH
Prostaglandin H2
OH
Thromboxane Synthase
(TXAS)
Prostacyclin Synthase
(PGIS)
S—Fe3+
Cys
R1
R2
R3
Thromboxane A2
MDA
HHT
Prostacyclin (PGI2)

R_1 = CH_2-$(CH_2)_2$-COOH
R_2 = CH-CHOH-$(CH_2)_4$-CH_3
R_3 = CH=CH-CH_2-$(CH_2)_2$-COOH

花生四烯酸合成白三烯素

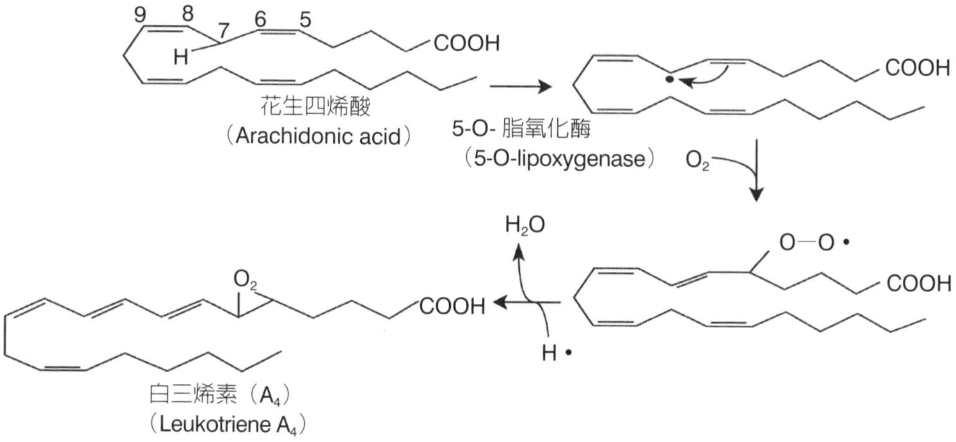
COOH
花生四烯酸
(Arachidonic acid)
5-O- 脂氧化酶
(5-O-lipoxygenase)
O2
H2O
H •
O—O •
白三烯素(A4)
(Leukotriene A4)

4.13 固醇

固醇（steroids）及其衍生物主要為真核生物所合成，如脊椎動物合成膽固醇；高等植物合成植物固醇（phytosterols）和真菌所合成的麥角固醇（ergosterol）。其中以膽固醇為例，膽固醇是人體內大部分細胞膜的基本成份，其重要生理功能包括構成血漿脂蛋白運輸脂肪代謝物，亦能轉變成膽酸，幫助脂肪消化、合成腎上腺皮質激素（corticosteroids）或在性腺中合成為雌性激素（estrogens）、雄性激素（androgens）。

固醇皆具有氫化環戊菲之中心四環（cyclopentanoperhydrophenanthrene），四個環分別為 A、B、C 及 D 環。而這些固醇類物質的區別主要是環的立體化學與環中的雙鍵、支鏈羧基及其官能基之分布與碳 -17 上之長短側鏈。

固醇類荷爾蒙調控生物體內許多重要的生理功能，但這類物質的水溶性極低，能進行反應的官能基相對少，立體結構複雜。脊椎動物雖然可以合成固醇類物質，卻無法降解這些固醇類物質，因此只能增進其水溶性以方便排出體外。

皮質類固醇（corticosteroids）屬於由膽固醇代謝來的固醇類激素，主要分為葡萄糖類皮質類固醇（glucocorticoid）及礦物質類皮質類固醇（mineralocorticoid）。在哺乳類身上，皮質類固醇參與了許多生理反應，包含離子滲透壓調控、能量代謝、呼吸作用及免疫反應等。

主要的葡萄糖類皮質類固醇為皮質醇（cortisol），負責身體代謝及生長；而醛固酮（aldosterone）為主要的礦物質類皮質類固醇，負責調控離子與水分之運輸。哺乳類動物的皮質類固醇主要是由腎上腺皮質合成。

固醇類在動物體中具有調控許多生理活動及內分泌系統之相關功能。因此，固醇類物質也被作為藥物使用，可有效減緩發炎症狀、關節炎以及過敏症，被認為是目前全世界藥物市場占有率最廣的產品之一。hydrocortisone、cortisone、prednisone 及 prednisolone 等是被廣泛應用的皮質類固醇藥物。

膽鹽（bile salts）在肝中由膽固醇合成而儲存在膽囊。膽鹽具有非極性和極性部分，作用很像肥皂，將大的球狀脂肪斷裂及乳化，乳液的形式對脂肪酶有較大的表面積（脂肪酶是消化脂肪的酶）。

7-Dehydrocholesterol（7-DC）為膽固醇以及維生素 D_3 之前驅物，若是經由 UVB 的照射就會破環形成維生素 D_3，但若是經由 7-DC reductase 催化即會反應形成膽固醇。

膽酸為人類四種主要膽汁酸中含量最豐富的一種，從它衍生的甘膽酸（glycocholic acid）和牛磺膽酸（taurocholic acid）是人類的主要膽汁酸。經由肝臟合成，隨膽汁排入到十二指腸內，作為消化液的組成部分之一，能促進對脂類物質的消化和吸收。

植物固醇主要存在於植物細胞膜中，在各種植物油、堅果及植物種子中含量豐富，植物固醇主要成分為 b- 穀固醇（b-sitosterol）、豆甾醇（stigmasterol）及菜油固醇（campesterol），其中以 b- 穀固醇為主，占總植物固醇的 60 至 90%。

植物固醇的結構與膽固醇的結構相似，適量攝入植物固醇和植物固烷醇可降低血液中的膽固醇。

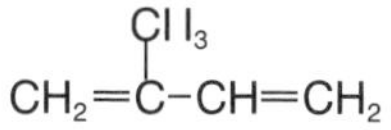

(a) 異戊二烯（Isoprene）

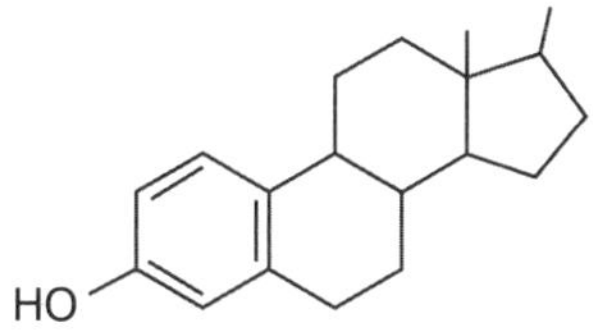

(b) 雌二醇（Estradiol） 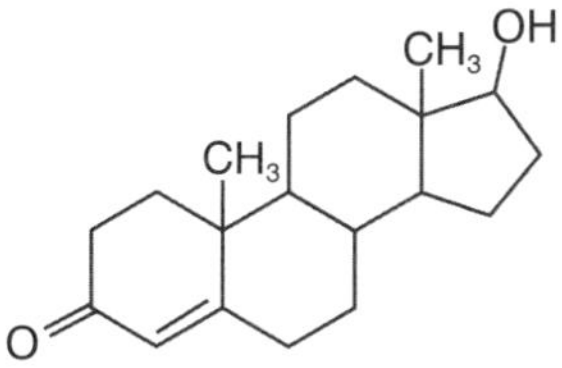　　(c) 睪固酮（Testosterone） 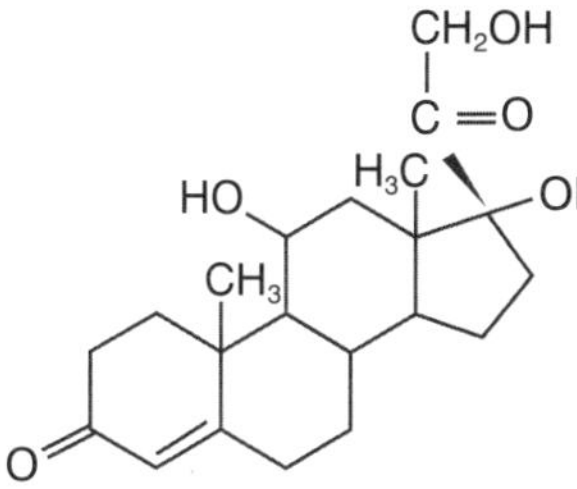　　(d) 皮質醇（Cortisol）

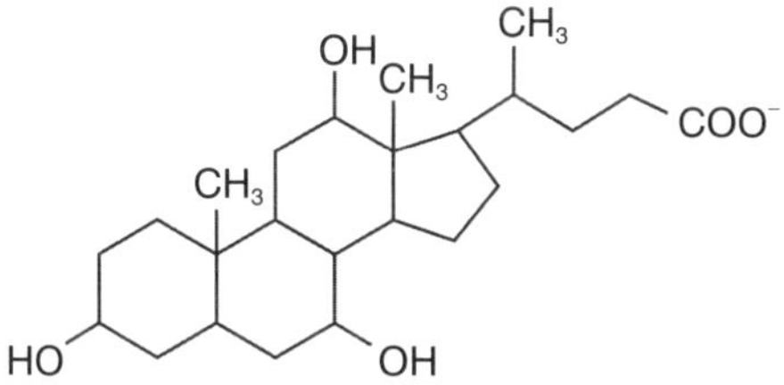

(e) 膽酸鹽（Cholate） 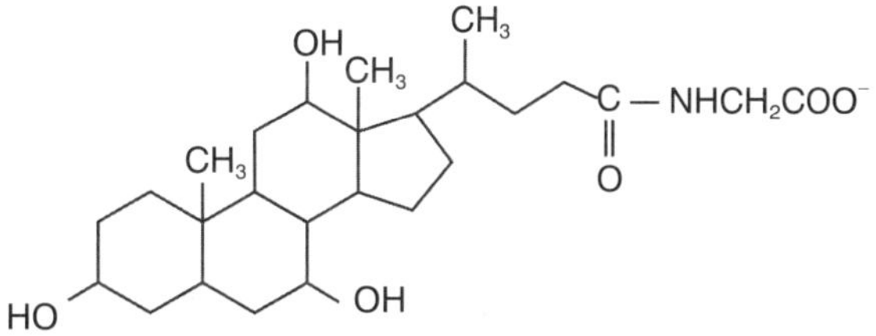　　　　　(f) 甘胺膽酸鹽（Glycocholate）

異戊二烯單元以及由膽固醇產生的各種生物活性產物的結構：(a) 異戊二烯，或稱 2- 甲基 -1,3-丁二烯，是固醇類環系統及其他**萜**種類的構建物；(b) 雌二醇，一種雌性激素；(c) 睪固酮，一種雄性激素；(d) 皮質醇，葡萄糖代謝的調節物；(e) 膽酸鹽，衍生自膽酸的膽汁鹽，以及 (f) 甘胺膽酸鹽，衍生自甘胺膽酸的膽汁鹽。

睪固酮合成

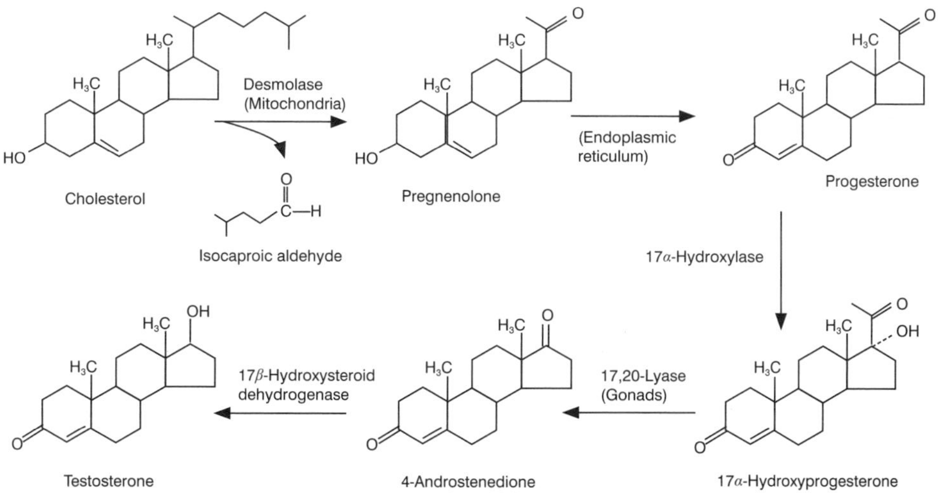

Part 5

酶

5.1 酶的性質和結構

生物細胞之所以能在常溫常壓下以極高的速度和很強的專一性進行化學反應是由於其中存在生物催化劑（biological catalyst），這就是酶（enzyme）。

酶是球形蛋白質，與其他蛋白質一樣，由胺基酸組成，具有兩性電解質的性質，並具有一、二、三、四級結構。會受到環境因素的作用而變化或沉澱，而喪失酶活性。酶中的蛋白質有的是簡單蛋白，有的是結合蛋白，後者為酶蛋白與輔助因子結合後形成的複合物。

酶的輔助因子包括金屬離子（例如 Fe、Cu、Zn、Mg、Ca、Na、K 等）及有機化合物，它們本身無催化作用，但一般在酶促反應中運輸轉移電子、原子或某些功能基團，如參與氧化還原或運載醯基的作用。有些蛋白質也具有此種作用，稱為蛋白輔酶。

酶的特性

1. 大部分的酶為蛋白質，因此高溫、酸、鹼或重金屬都可能使酶發生變性，而失去或降低原有的催化活性。
2. 影響酶作用的因子有酶濃度、基質濃度、pH 值、溫度與終產物的濃度等，適時與適度的調整各因子，才能使酶的催化作用達到最高效率。
3. 酶的催化作用是降低反應所需的活化能，而加速反應趨向平衡但不影響反應的平衡常數，因此酶與化學催化劑一樣，只影響化學反應的動力學性質而非熱力學性質，因此稱為「生物催化劑」。

酶催化的反應雖有數千種，但反應的類別可歸納為六大類，故酶可依其催化的反應類別分為六大類：(1) 氧化還原酶催化氧化還原反應；(2) 轉移酶催化官能基的轉移反應；(3) 水解酶催化水解反應；(4) 裂解酶催化鍵結切除的反應；(5) 異構化酶催化異構化反應；(6) 連接酶催化鍵結生成的反應。

催化作用：酶的催化效率高，以分子比表示，酶催化反應的反應速率比非催化反應高 $10^8 \sim 10^{20}$ 倍，比其他催化反應高 $10^7 \sim 10^{13}$ 倍。以轉換數 kcat 表示，大部分酶為 1000，最大的可達幾十萬，甚至一百萬以上，酶的作用具有高度的專一性（specificity），一種酶只能作用於一種或一類基質，比其他一般催化更加脆弱，容易失活，凡使蛋白質變性的因素都能使酶破壞而完全失去活性。

高度專一性：一種酶只能作用於某一類或某一種特定的物質。這就是酶作用的專一性（specificity）。

反應條件溫和：酶促反應一般要求在常溫、常壓、中性酸鹼度等溫和的條件下進行。因為酶是蛋白質，在高溫、強酸、強鹼等環境中容易失去活性。

可調控性：調控方式很多，包括抑制劑調節、回饋調節、共價修飾調節、酶原啟動及激素控制等。

酶催化的活性與輔酶、輔基和金屬離子有關，若將它們除去，酶就失去活性。

酶的立體異構物基質的專一性

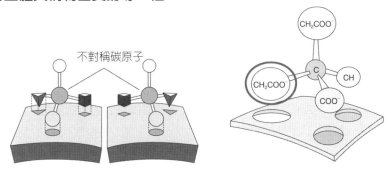

不對稱碳原子

絲胺酸蛋白酶表面的裂縫和口袋決定酶的專一性

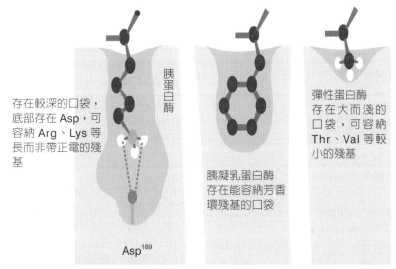

存在較深的口袋，底部存在 Asp，可容納 Arg、Lys 等長而非帶正電的殘基

胰蛋白酶

Asp^{189}

胰凝乳蛋白酶存在能容納芳香環殘基的口袋

彈性蛋白酶存在大而淺的口袋，可容納 Thr、Val 等較小的殘基

某些酶的 Kcat（轉換數）數值

Enzyme	$k_{cat}(sec^{-1})$
Catalase	40,000,000
Carbonic anhydrase	1,000,000
Acetylcholinesterase	14,000
Penicillinase	2,000
Lactate dehydrogenase	1,000
Chymotrypsin	100
DNA polymerase I	15
Lysozyme	0.5

Kcat（轉換數，the turnover number）：當酶與基質飽和，單位時間每個酶分子將基質轉換成產物數目。

5.2 酶的作用機轉

酶的活性中心是指結合基質和將基質轉化爲產物的區域，通常是相隔很遠的胺基酸殘基形成的三維實體。在反應過程中酶與基質接觸結合時，只限于酶分子的少數基團或較小的部位。

1. 結合部位：酶分子中與基質結合，使基質與酶的一定構形形成複合物的基團。酶的結合基團決定酶反應的專一性。

2. 催化部位：酶分子中催化基質發生化學反應，並將其轉變爲產物的基團。催化基團決定酶所催化反應的性質，同時也是決定反應的高效性。

3. 調控基團：酶分子中一些可與其他分子發生某種程度的結合，並引起酶分子空間構形的變化，對酶起啟動或抑制作用的基團。

從形體上看，活性中心（active site）往往是酶分子表面上的一個凹穴。構成酶的活性中心的胺基酸有天門冬胺酸（Asp）、麩胺酸（Glu）、絲胺酸（Ser）、組胺酸（His）、半胱胺酸（Cys）、離胺酸（Lys）等，它們的側鏈上分別含有羧基、羥基、咪唑基、硫基、胺基等極性基團。這些基團若經化學修飾，如氧化、還原、醯化、烷化等發生改變，則酶的活性喪失，這些基團就稱爲必需基團。對於需要輔因數的結合蛋白酶來說，輔酶（或輔基）分子或其分子上某一部分結構往往也是活性中心的組成部分。

酶與基質分子的結合

1. 中間產物學說：酶在催化基質發生變化之前，酶首先與基質結合成一個不穩定的中間產物 ES（中間絡合物）。由於 S 與 E 的結合導致基質分子內的某些化學鍵發生不同程度的變化，呈不穩定狀態，也就是其活化狀態，使反應的活化能降低。然後，經過原子間的重新鍵合，中間產物 ES 便轉變爲酶與產物。

2. 鎖鑰學說。

3. 誘導契合學說。

酶作用高效性機轉

1. 基質的形變和誘導契合：基質與活性中心結合時，酶蛋白會發生一定的構形改變，使反應所需要的酶分子中的催化基團與結合基團正確地排列並定位，以便能與基質楔合，使基質分子可以「靠近」及「定向」於酶。

2. 基質和酶的鄰近效應與定向效應：鄰近作用提高了酶活性中心的基質濃度，定向作用縮短了基質與催化基團間的距離，提高反應速度。

3. 酸鹼催化：通過暫態的向反應物提供質子或從反應物接受質子以穩定過渡態，加速反應。

4. 共價催化：基質與酶形成一個反應活性很高的共價中間物，這個中間物很容易變成轉變態，因此反應的活化能顯著降低。

5. 活性部位微環境的影響：酶活性中心是低介電區域，在非極性環境中兩個帶電基團之間的靜電作用比在極性環境中顯著增高，從而有利於同基質的結合。

6. 金屬離子催化。

鎖鑰學說（lock-and-key model）

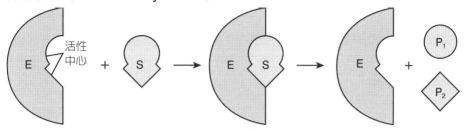

鎖鑰學說：認為整個酶分子的天然構像是具有剛性結構的，酶表面具有特定的形狀。酶與基質的結合如同一把鑰匙對一把鎖一樣。（E：酶，S：基質，P：產物）

誘導契合學說（induced fit model）

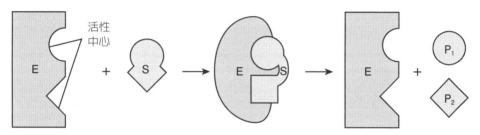

誘導契合學說：該學說認為酶表面並沒有一種與基質互補的固定形狀，而只是由於基質的誘導才形成了互補形狀。（E：酶，S：基質，P：產物）

胰蛋白酶原的活化

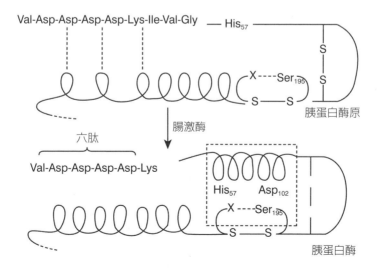

5.3 酶催化反應動力學

酶催化反應動力學主要研究酶反應的速率與影響反應速率的因子。

基質濃度的影響

Henri 和 Wurtz 提出了酶促化學反應的酶基質中間絡合物學說。該學說認為：當酶催化某一化學反應時，酶（E）首先需要和基質（S）結合生成酶基質中間錯合物，即中間複合物（ES），然後再生成產物（P），同時釋放出酶。

$$E + S \xrightleftharpoons[K_{\text{-}1}]{K_1} ES \xrightarrow{K_2} E + P$$

酵素反應的過程

K_1 = ES（酶與基質複合體）形成的速率常數

$K_{\text{-}1}$ = ES 分解的速率常數

K_2 = 產物生成與釋出的速率常數

Michaelis-Menten 方程式

1913 年 Michaelis 和 Menten 根據酶促反應的中間錯合物學說，推導出一個數學方程式，用來表示基質濃度與酶反應速度之間的量化關係，這個數學方程式稱為「米氏方程式」：

$$V = \frac{V_{\text{max}} [S]}{(K_m + [S])}$$

K_m值就代表著反應速度達到最大反應速度一半時的基質濃度。

米氏常數的應用

1. K_m 是酶的一個特徵性常數：也就是說 K_m 的大小只與酶本身的性質有關，而與酶濃度無關。

2. K_m 值還可以用於判斷酶的專一性和天然基質，K_m 值最小的基質往往被稱為該酶的最適基質或天然基質。

3. K_m 可以作為酶和基質結合緊密程度的一個度量指標，用來表示酶與基質結合的親和力大小。

4. 已知某個酶的 K_m 值，就可以計算出在某一基質濃度條件下，其反應速度相當於 V_{max} 的百分比。

5. K_m 值可以幫助推斷具體條件下某一代謝反應的方向和途徑，只有 K_m 值小的酶促反應才會在競爭中占優勢。

pH 對酶反應速率影響：大多數酶的活力都受其環境 pH 的影響，每種酶通常在一個較窄的 pH 範圍內具有催化活性，在某一特定 pH 時，酶反應具有最大反應速率，一般在 5.5～8.0 之間。

溫度對酶反應速率的影響：每一種酶都具有一個最適溫度，在最適溫度的兩側，反應速率都比較低。

酶濃度對酶反應速率的影響：酶催化反應速率正比於酶的濃度。Hg^{2+}、Ag^+ 或 Pb^{2+} 等重金屬離子，以及溶液中酶主要輔助因數的不溶解等因素，都會造成酶催化反應與米氏方程式偏離。

基質濃度對酶促反應速度的影響

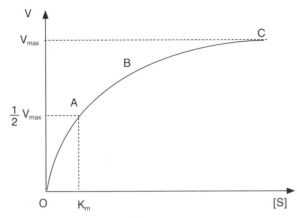

圖中：V 表示酶促反應速度；[S] 表示基質濃度；V_{max} 表示最大反應速度；K_m 表示米氏常數；$\frac{1}{2} V_{max}$ 表示最大反應速度的一半。

某些酶的 K_m 值

酶	基質	K_m(mM)
Carbonic anhydease	CO_2	12
Chymotrypsin	*N*-Benzoltyrosinamide Acetyl-L-tryptophanamide *N*-Formyltyrosinamide *N*-Acetyltyrosinamide Glycyltyrosinamide	2.5 5 12 32 122
Hexokinase	Glusoce Fructose	0.15 1.5
β-Galactosidase	Lactose	4
Glutamate dehydrogenase	NH_4^+ Glutamate *α*-Ketoglutarate NAD^+ NADH	57 0.12 2 0.025 0.018
Aspartate aminotransfrtase	Aspartate *α*-Ketoglutarate Oxaloacetate Glutamate	0.9 0.1 0.04 4

5.4 酶的調節

酶活性的調節，包括異位調節、酶原啟動、可逆共價修飾調節、同工酶。

異位調節（allosteric regulation）：又稱別構調節，酶分子的非催化部位與某些化合物可逆地非共價結合後發生構形的改變，進而改變酶的活性狀態。具有這種調節作用的酶稱為異位酶。

異位酶是由多個亞基組成的寡聚酶，除了有可以結合基質的酶的活性中心外，還有可以結合調節物的異位中心（調節中心）。兩個中心可能位於同一亞基上，也可能分別位於不同亞基上。活性中心負責酶對基質的結合與催化，異位中心則負責調節酶反應速度。

多數異位酶不止一個活性中心，活性中心間有協同效應，酶和一個基質結合後可以影響酶和另一個基質的結合能力；有的異位酶不止一個異位中心，可以接受不同化合物的調節。

正協同效應：酶的一個亞基與基質結合後，其他亞基與基質的結合能力加強，v-[S] 曲線為 S 形。

負協同效應：酶的一個亞基與基質結合後，其他亞基與基質的結合能力減弱，v-[S] 曲線為平坦的雙曲線。

酶原（zymogen）：有些酶在細胞內合成或初分泌時只是酶的無活性前體，此前體物質稱為酶原。酶原的啟動在一定條件下，酶原向有活性酶轉化的過程稱為酶原活化，此過程去掉一個或幾個特殊的肽鍵，從而使酶的構形發生一定的變化。其本質是使酶的活性中心形成或暴露的過程。

消化道內蛋白酶以酶原形式分泌，避免細胞產生的蛋白酶對細胞進行自身消化，並使酶在特定部位和環境中發揮作用；此外，酶原可視為酶的儲存形式，如凝血和纖維蛋白溶解酶類以酶原的形式在血液迴圈中運行，一旦需要便轉化為有活性的酶。

可逆的共價修飾（reversible covalent modification）：共價修飾包括磷酸化、腺苷醯化、尿苷醯化、ADP-糖基化、甲基化等。

蛋白質的磷酸化有非常重要的生理意義，主要以 P-O 鍵或 P-N 鍵連接，主要由蛋白激酶催化。

第一種類型是磷酸化酶及其他的一些酶，它們受 ATP 轉來的磷酸基的共價修飾，或脫下磷酸基，來調節酶活性。第二種類型是大腸桿菌麩胺醯胺合成酶及其他的一些酶，它們受 ATP 轉來的腺苷醯基的共價修飾，或酶促脫腺苷醯基，而調節酶活性。

同工酶：同功酶是指能催化同一種化學反應，但其酶蛋白本身的分子結構組成卻有所不同的一組酶。這類酶存在於生物的同一種屬或同一個體的不同組織中，甚至同一組織、同一細胞中。

這類酶由兩個或兩個以上的肽鏈聚合而成，其肽鏈可由不同的基因編碼，它們的生理性質及理化性質，如血清學性質、Km 值及電泳行為都是不同的。例如存在於哺乳動物中的五種乳酸脫氫酶（LDH），它們都催化同樣的反應，但對基質的 Km 值卻有顯著的區別。

異位酶與非調節酶動力學曲線的比較

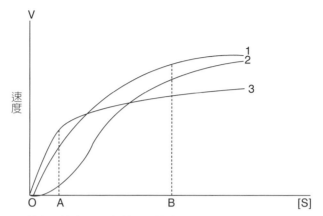

1：米氏酶；2：正協同異位酶；3：負協同異位酶

共價調節酶最典型的例子是動物組織的糖原磷酸化酶

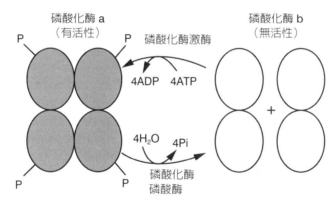

磷酸化酶 a 和磷酸化酶 b 的互變過程

酶的異位效應示意圖

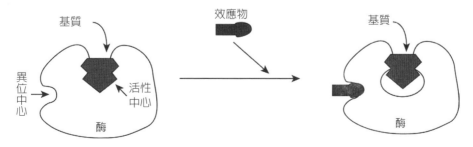

5.5 酶的分類

酶的種類很多，1961 年國際生化協會酶命名委員會根據酶所催化的反應類型將酶分為六大類，分別用 1～6 的編號來表示，再根據基質中被作用的基團或鍵的特點將每一大類分為若干個亞類，每個亞類可再分若干個亞 - 亞類，仍用 1、2、3 編號。故每一個酶的分類編號用用「.」隔開的四個數位組成。編號之前常冠以酶學委員會的縮寫 EC。酶編號的前三個數字表明酶的特性：反應性質、反應物（或基質）性質、鍵的類型，第四個數字則是酶在亞 - 亞類中的順序號。如 EC1.1.1.27 為乳酸：NAD+ 氧化還原酶。

根據催化的反應分類：

1. 氧化還原酶類（oxidoreductases）：催化生物氧化還原反應的酶，如脫氫酶、氧化酶、過氧化物酶、羥化酶以及加氧酶類。
2. 轉移酶類（transferases）：催化不同物質分子間某種基團的交換或轉移的酶，如轉甲基酶、轉胺基酶、已糖激酶、磷酸化酶等。
3. 水解酶類（hydrolases）：利用水使共價鍵分裂的酶，如澱粉酶、蛋白酶、酯酶等。
4. 裂解酶類（lyases）：由其基質移去一個基團而使共價鍵裂解的酶，如脫羧酶、醛縮酶和脫水酶等。
5. 異構酶類（isomerases）：促進異構體相互轉化的酶，如消旋酶、順反異構酶等。
6. 合成酶類（ligases）：促進兩分子化合物互相結合，同時使 ATP 分子中的高能磷酸鍵斷裂的酶，如麩醯胺酸合成酶。

根據蛋白質結構上的特點分類：

1. 單體酶（monomeric enzymes）：只有一條多肽鏈的酶，不能解離為更小的單位。其分子量為 13,000～35,000。屬於這類酶的為數不多，而且大多是促進基質發生水解反應的酶，即水解酶，如溶菌酶、蛋白酶及核糖核酸酶等。
2. 寡聚酶（oligomeric enzymes）：由幾個或多個亞基組成的酶。寡聚酶中的亞基可以是相同的，也可以是不同的。亞基間以非共價鍵結合，容易為酸、城、高濃度的鹽或其他的變性劑分離。寡聚酶的分子量從 35,000 到幾百萬。如磷酸化酶 a（phosphorylase a）、乳酸脫氫酶等。
3. 多酶複合體系（multienzyme system）：由幾個酶彼此嵌合形成的複合體。多酶複合體有利於細胞中一系列反應的連續進行，以提高酶的催化效率，同時便於機體對酶的調控。多酶複合體的分子量都在幾百萬以上。如丙酮酸脫氫酶系（pyruvate dehydrogenase system）和脂肪酸合成酶複合體（fatty acid synthetase complex）都是多酶體系。

依化學組成分類：

1. 簡單蛋白酶（simple proteinases）：酶的活性僅僅取決於它們的蛋白質結構，酶只由胺基酸組成，此外不含其他成分。如　酶、蛋白酶、澱粉酶、脂肪酶、核糖核酸酶等一般水解酶。
2. 結合蛋白酶（conjugated proteases）：除了蛋白質組分外，還含對熱穩定的非蛋白小分子物質。如轉胺酶（transaminases）、乳酸脫氫酶（lactate dehydrogenase，LDH）、碳酸酐酶（carbonic anhydrase）及其他氧化還原酶類（oxidoreductases）等。

酶的國際分類表 —— 大類及亞類
（表示分類名稱、編號，催化反應的類型）

1. 氧化還原酶類 （亞類表示基質中發生氧化基團的性質） 1.1 作用在—CH—OH 上 1.2 作用在—CH=O 上 1.3 作用在—CH—CH 上 1.4 作用在—CH—NH₂ 上 1.5 作用在—CH—NH 上 1.6 作用在 NADH, NADPH 上	4. 裂解酶類 （亞類表示裂解下來的基團與殘餘分子間鍵的類型） 4.1 C—C 4.2 C—O 4.3 C—N 4.4 C—S
2. 轉移酶類 （亞類表示基質中被轉移基團的性質） 2.1 一碳基團 2.2 醛或酮基 2.3 醯基 2.4 糖苷基 2.5 除甲基之外的烴基或醯基 2.6 含氮基 2.7 磷酸基 2.8 含硫基	5. 異構酶類 （亞類表示異構的類型） 5.1 消旋及差向異構酶 5.2 順反異構酶
3. 水解酶類 3.1 酯鍵 3.2 糖苷鍵 3.3 醚鍵 3.4 肽鍵 3.5 其他 C—N 鍵 3.6 酸酐鍵	6. 合成酶類 （亞類表示新形成鍵的類型） 6.1 C—O 6.2 C—S 6.3 C—N 6.4 C—C

酶的編號

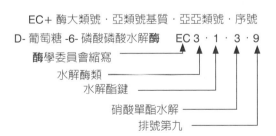

EC+ 酶大類號．亞類號基質．亞亞類號．序號

D- 葡萄糖 -6- 磷酸磷酸水解**酶**　　EC 3．1．3．9

酶學委員會縮寫
水解酶類
水解酯鍵
硝酸單酯水解
排號第九

5.6 酶作用專一性

酶的兩個最顯著的特性是高度的專一性和極高的催化效率。不同的酶具有不同程度的專一性。可以將酶的專一性分爲絕對、相對和立體專一性三種類型。

絕對專一性：有些酶的專一性是絕對的，即除一種基質以外，其他任何物質它都不起催化作用，這種專一性稱爲絕對專一性。若基質分子發生細微的改變，便不能作爲酶的基質。例如尿素酶只能分解尿素，對尿素的其他衍生物則完全不起作用。

延胡索酸酶只作用于延胡索酸（即反丁烯二酸）或蘋果酸（逆反應的基質），而對結構類似於這兩個酸的其他化合物不起作用。

相對專一性：一些酶能夠對在結構上相類似的一系列化合物起催化作用，這類酶的專一性稱爲相對專一性。它又可以分爲基團專一性和鍵專一性兩類。

以水解酶爲例說明這兩種類型的專一性。設 A、B 爲基質的兩個化學基團，兩者之間以一定的鍵連結，當水解酶作用時，反應如下：

$$A—B + H_2O \rightarrow AOH + BH$$

1. 基團專一性：有些酶除了要求 A 和 B 之間的鍵合適外，還對其所作用鍵兩端的基團具有不同的專一性。例如 A—B 化合物，酶常常對其中的一個基團（如 A）具有高度的甚至是絕對的專一性，而對另外一個基團（如 B）則具有相對的專一性。這種酶的專一性稱爲基團專一性。

例如 α-D- 葡萄糖苷酶能水解具有 α-1,4- 糖苷鍵的 D- 葡萄糖苷，這種酶對 α-D- 葡萄糖基團和 α- 糖苷鍵具有絕對專一性，而基質分子上的 R 基團則可以是任何糖或非糖基團（如甲基）。所以這種酶既能催化麥芽糖的水解，又能催化蔗糖的水解。

2. 鍵專一性：有些酶的專一性更低。它只要求基質分子上有適合的化學鍵就可以起催化作用，而對鍵兩端的 A、B 基團的結構要求不嚴，只有相對的專一性。例如酯酶對具有酯鍵（RCOOR'）的化合物都能進行催化，酯酶除能水解脂肪外，還能水解脂肪酸和醇所合成的酯類。這種專一性稱鍵專一性。

立體專一性：一種酶只能對一種立體異構體起催化作用，對其對映體則全無作用，這種專一性稱爲立體專一性。

自然界有許多化合物呈立體異構體存在；胺基酸和糖類有 D- 及 L- 型的異構體，如 D- 胺基酸氧化酶能催化許多 D- 胺基酸的氧化，但對 L- 胺基酸則完全不起作用。所以 D- 胺基酸氧化酶與 DL- 胺基酸作用時，只有一半的基質（D 型）被水解，可用此法來分離消旋化合物。

延胡索酸酶只催化延胡索酸（反丁烯二酸）加水生成蘋果酸，而不能催化順丁烯二酸的水合作用。

消化道內幾種蛋白酶的專一性

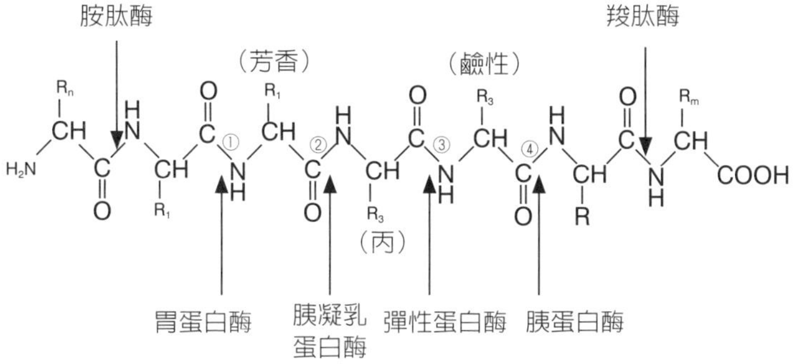

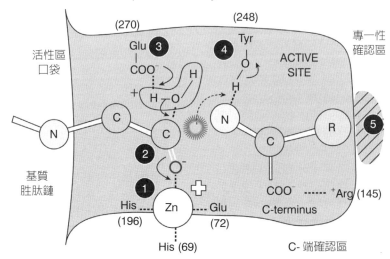

胺肽酶

（芳香）　（鹼性）

羧肽酶

胃蛋白酶　胰凝乳蛋白酶　彈性蛋白酶　胰蛋白酶

（丙）

酶的絕對專一性（absolute specificity）

$$
\underset{NH_2}{\overset{NH_2}{C}}=O \xrightarrow[\text{脲酶}]{H_2O} CO_2 + 2NH_3
$$

$$
\underset{NHCH_3}{\overset{NH_2}{C}}=O \xrightarrow[\text{脲酶}]{H_2O} X
$$

立體專一催化說（stereospecific catalysts）

（270）　（248）

專一性確認區

Glu ❸　Tyr ❹　ACTIVE SITE

活性區口袋

COO⁻

基質胜肽鏈

His ❶　Zn　Glu　C-terminus

His (196)　(72)

His (69)　　C- 端確認區

COO⁻ ------ ⁺Arg (145)

1948 年由 Ogston 提出，認為酵素和受質的結合位至少要有三個點（因為三個點將強迫酵素和受質以一定的方式結合），催化反應才會具專一性。

① Zn^{2+} 離子乃重要輔助因子，可吸住基質胜肽鍵上的 carbonyl 基，增強其極性，使②碳帶正電。

③ Glu 270 吸住水分子，放出 OH⁻ 攻擊 C⁺(2)，產生新的 C-OH 鍵。

④ Tyr 248-OH 上的質子，與氮 lone pair 電子產生新鍵，原來的胜鍵斷裂。

⑤附近的胺基酸與基質 C- 端的 R 基團，有專一性的結合，以辨別基質的極性；同時 Arg 145 與基質 C- 端的 -COOH 結合，確定基質蛋白質是以 C- 端進入活性區。

5.7 酶的抑制

酶是蛋白質，因此，凡能使蛋白質變性的任何作用都能使酶失活，如剪切力、非常高的壓力、輻照與有機溶劑混溶。同時也可以經由對酶的主活性中心基團修飾而使酶失活。在食品中，所有這些抑制方法都能有效控制酶的活性。

使酶活性下降，但並不引起酶蛋白變性的作用稱為抑制作用，導致酶發生抑制作用的物質稱為抑制劑（inhibitor）。所以，抑制作用不同於變性作用。

酶的抑制作用分類

1. 不可逆抑制作用：抑制劑通常以非常牢固的以共價鍵與酶發生共價結合，形成不解離的複合物，而使酶分子中的一些重要基團發生持久的不可逆變化，從而導致酶失活。
2. 可逆的抑制作用：抑制劑與酶蛋白的結合是可逆的，可採用透析或膠凝法除去抑制劑，恢復酶的活性。
(1) 競爭性抑制（competitive inhibition）：抑制劑與游離酶的活性位點結合，從而阻止基質與酶的結合，所以基質與抑制劑之間存在競爭反應。對於絕大多數競爭性抑制劑而言，其結構與基質結構十分類似，因此也能與酶的活性部位結合形成可逆的酶—抑制劑複合物，但酶—抑制劑複合物不能分解成產物，導致相應的酶促反應速度下降。
(2) 非競爭性抑制（noncompetitive inhibition）：非競爭性抑制劑不與酶的活性位點結合，而是與酶的其他部位相結合。這樣抑制劑就可以同等的與游離酶，或與酶-基質反應。由於這類抑制劑與酶活性部位以外的基團相結合，因此其結構與基質結構並無相似之處，而且不能用增加基質濃度的方法來解除這種抑制作用
(3) 反競爭性抑制（uncompetitive inhibiton）：抑制劑不能直接與游離酶結合，僅能與酶-基質複合物反應，形成一個或多個中間複合物。在單基質反應中比較少見，而常見於多基質反應中。胼類化合物對胃蛋白酶的抑制作用、氰化物對芳香硫酸酯酶的抑制作用、L-苯丙胺酸和L-同型精胺酸等多種胺基酸，對鹼性磷酸酶的抑制作用都屬於反競爭性抑制。

非專一性不可逆抑制劑主要包括以下六大類：
1. 有機磷化合物。
2. 有機汞、有機砷化合物：抑制含巰基的酶。
3. 重金屬鹽：能使酶蛋白變性而失活。
4. 烷化劑：與酶必需基團中的硫基、胺基、羧基、咪唑基和硫醚基等結合，從而抑制酶活性。
5. 硫化物、氰化物和CO：這類物質能經由與酶中金屬離子形成較為穩定錯合物的形式，來抑制酶的活性。
6. 青黴素（penicillin）：可通過與糖肽轉肽酶活性部位絲胺酸羥基共價結合的方式，使糖肽轉肽酶失活，導致細菌細胞壁合成受阻，從而損害細菌生長。

競爭性抑制（抑制程度取決於：基質及抑制劑的相對濃度）

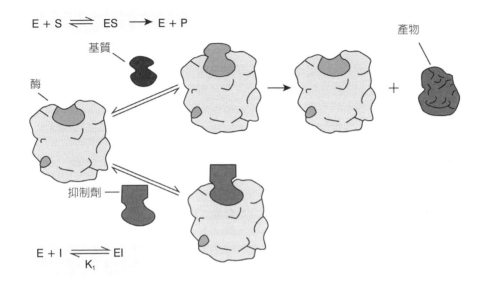

$$E + S \rightleftharpoons ES \longrightarrow E + P$$

基質

酶

產物

抑制劑

$$E + I \underset{K_1}{\rightleftharpoons} EI$$

非競爭性抑制

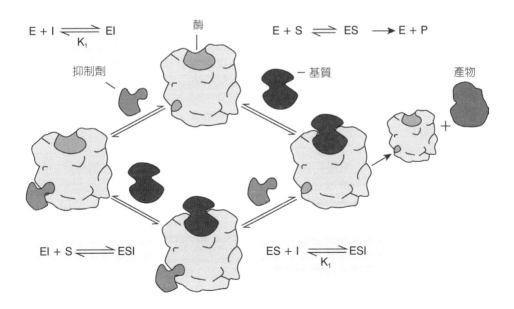

$$E + I \underset{K_1}{\rightleftharpoons} EI$$

$$E + S \rightleftharpoons ES \longrightarrow E + P$$

酶

抑制劑

基質

產物

$$EI + S \rightleftharpoons ESI$$

$$ES + I \underset{K_1}{\rightleftharpoons} ESI$$

5.8 維生素與輔酶

維生素是維持生物正常生命過程所必需的有機物，需要量很少，主要功能是作為輔酶的成分調節生物體代謝。

酶活性區經常需要較強的官能基來引發催化反應，但是 20 種胺基酸的官能基中，具有強荷電性者不到五個，因此部分酶加入的輔助因子或輔酶參與其構造，作為催化的重要反應基團。

輔助因子大多是指金屬離子而言，如 Zn^{+2}、Mg^{+2}、Mn^{+2}、Fe^{+2}、Cu^{+2}、K^+，以離子鍵結合在胺基酸上；而輔酶分子構造稍複雜而多樣，哺乳類多由維生素代謝而來，無法自行合成，如維生素 B 群、葉酸、菸鹼酸等。

輔酶的作用機制：

1. 改變酶構形：加入酶分子中，誘使改變其立體構形，而使得酶與受質的結合更有利於反應。
2. 協助催化反應：輔酶可作為另一受質來參與反應，但反應後輔酶的構形不變。通常輔酶作為某特定基團的轉移，可供給或接受官能基團（如 -CH$_3$、-COO、-NH$_2$ 等）或電子，這類輔酶最是常見。如維生素 B$_6$、輔酶 B$_{12}$。
3. 直接提供反應基團：提供一個強力的反應基團，吸引受質快速參加反應。如維生素 B$_1$。

硫胺素（維生素 B$_1$）和羧化輔酶：主要以焦磷酸硫胺素的形式存在，在 α-酮酸脫氫酶，丙酮酸脫羧酶，轉酮酶和磷酸酮糖酶中起輔酶的作用。硫胺素分子中噻唑環的 C-2 位置上的氫原子容易解離出一個質子而形成一個負碳離子，負碳離子與呈正碳離子的酮酸加成。其

加成物經電子重排發生脫羧基反應，以後醛基解離再生成負碳離子。

泛酸（維生素 B$_3$）和輔酶 A：是輔酶 A 和醯基載體蛋白的組成成分，它是乙醯化作用的輔酶。輔酶 A 是醯基轉移酶的輔酶。它所含的巰基可與醯基形成硫酯，在代謝中具傳遞醯基的作用。

菸鹼醯胺、菸鹼酸和輔酶：在體內菸鹼酸以菸鹼醯胺態存在，菸鹼醯胺核苷酸是一些催化氧化還原反應的脫氫酶的輔酶。菸鹼醯胺腺嘌呤二核苷酸（NAD$^+$）和菸鹼醯胺腺嘌呤二核苷酸磷酸（NADP$^+$）都是脫氫酶的輔酶，這兩個輔酶都傳遞氫，區別在於 NADPH，H$^+$ 一般用於生物合成代謝中的還原作用，提供生物合成作用所需的還原力，如脂肪酸合成，而 NADH，H$^+$ 則常用於生物分解代謝過程，如氧化磷酸化作用。

吡哆醇（維生素 B$_6$）和脫羧輔酶：輔酶形式：磷酸吡哆醛和磷酸吡哆胺。

核黃素（維生素 B$_2$）和黃素輔酶：化學結構中含有二甲基異咯 和核醇兩部分。核黃素是黃素蛋白（FP）的輔基，有黃素單核苷酸（FMN）和黃素腺嘌呤二核酸（FAD）兩種形式。核黃素輔酶的功能是作氧化還原作用。

葉酸和葉酸輔酶：四氫葉酸是一個傳遞一碳單位的輔酶。

鈷胺素（維生素 B$_{12}$）和輔酶 B$_{12}$：腺核苷鈷胺素（adenosylcobalamin, AdoCbl）稱為輔酶素 B$_{12}$，它參與許多酵素的催化反應，這些酵素統稱為輔酶素 B$_{12}$ 之相依酵素。

菸鹼醯胺腺嘌呤二核苷酸（NAD$^+$）和菸鹼醯胺腺嘌呤二核苷酸磷酸（NADP$^+$）之結構式及反應式

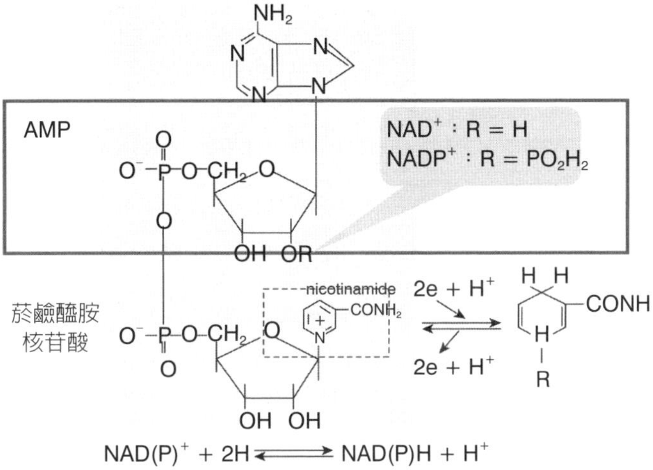

AMP

NAD$^+$：R = H
NADP$^+$：R = PO$_2$H$_2$

菸鹼醯胺核苷酸

nicotinamide

$2e + H^+$

$2e + H^+$

$NAD(P)^+ + 2H \rightleftharpoons NAD(P)H + H^+$

黃素單核苷酸（FMN）和黃素腺嘌呤二核酸（FAD）之結構式及反應式

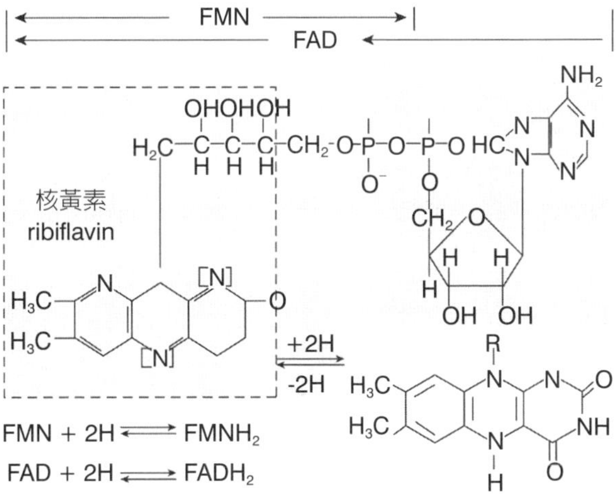

FMN

FAD

核黃素
ribiflavin

+2H
-2H

$FMN + 2H \rightleftharpoons FMNH_2$
$FAD + 2H \rightleftharpoons FADH_2$

輔助因子之金屬離子與對應的酶

金屬離子	酶	金屬離子	酶
Fe^{2+} 或 Fe^{3+}	cytochrome oxidase	Mg^{2+}	hexokinase
	catalase		glucose-6-phosphatase
	peroxidase	Mn^{2+}	arginase
Cu^{2+}	cytochrome oxidase	K$^+$	pyruvate kinase

Part 6
核酸

6.1 核酸的性質

核酸（nucleic acid）由於在細胞核中呈現酸性，故稱之。核酸是以核苷酸為單元所聚成的巨分子。是細胞內分子量最大的功能性分子，包括 DNA 及 RNA。

DNA 的穩定性：DNA 的溶液呈黏稠狀，但實際上 DNA 的雙螺旋結構僵直而有剛性，易斷成碎片，這也是目前難以獲得完整大分子 DNA 的原因。溶液狀態的 DNA 易受 DNA 酶作用而降解，抽乾水分的 DNA 性質十分穩定。

核酸的水解：核酸分子中的磷酸二酯鍵可在酸或鹼性條件下水解切斷。

1. 酸水解：糖苷鍵比磷酸酯鍵更易水解，特別是嘌呤與去氧核糖之間的糖苷鍵很容易水解。
2. 鹼水解：通常用於 RNA 水解，DNA 的鹼水解比較困難。
3. 酶水解：核酸酶是指所有可以水解核酸的酶。依據基質不同分類，DNA 酶（DNase）：專一降解 DNA。RNA 酶（RNase）：專一降解 RNA。依據切割部位不同，核酸內切酶：分為限制性核酸內切酶和非特異性限制性核酸內切酶。核酸外切酶：5' → 3' 或 3' → 5' 核酸外切酶。

兩性解離：在中性 pH 條件下，參與氫鍵的 -NH$_2$ 基均不帶電荷，這是雜環電子共軛以及氫鍵共同作用的結果，否則雙螺旋結構不會穩定。

核酸含酸性的磷酸基團，又含弱鹼性的鹼基，為兩性電解質，可發生兩性解離；核酸相當於多元酸，pH 大於 4 時，呈陰離子狀態。

核酸吸收光譜：核酸分子含有嘌呤環和嘧啶環的共軛雙鍵，對紫外有強烈的吸收，核酸的最大吸收波長為 260nm。

變性（denaturation）：核酸雙螺旋區的多聚核苷酸鏈間的氫鍵斷裂，變成單鏈結構的過程。

能夠引起核酸變性的因素有：溫度升高；酸鹼度改變（pH>11.3 或 <5.0）；有機溶劑如甲醛和尿素、甲醯胺等；低離子強度。

核酸變性後理化性質變化：增色效應；粘度下降；比旋度下降；浮力密度升高；酸鹼滴定曲線改變；生物活性喪失。

DNA 變性後，由於雙螺旋解體，鹼基堆積已不存在，藏於螺旋內部的鹼基暴露出來，這樣就使得變性後的 DNA 對 260nm 紫外光的吸光率比變性前明顯升高（增加），這種現象稱為增色效應（hyperchromic effect）

復性（renature）：變性 DNA 在適當的條件下，兩條彼此分開的單鏈可以重新締合成為雙螺旋結構，其物理性質和生物活性隨之恢復的過程。對於熱變性的 DNA，在緩慢冷卻的條件下可重新結合恢復雙螺旋結構，稱為黏著（anneal）。

分子雜交（hybridization）：根據變性和復性的原理，將不同來源的 DNA 變性，若這些異源 DNA 之間在某些區域有相同的序列，則黏著條件下能形成 DNA-DNA 異源雙鏈，或將變性的單鏈 DNA 與 RNA 經復性處理形成 DNA-RNA 雜合雙鏈。

核酸的沉降特性：溶液中的核酸分子在引力場中可以下沉。不同構形的核酸（線形、開環、超螺旋結構）、蛋白質及其他雜質在超高速離心機的強大引力場中，沉降的速率有很大差異，所以可以用超高速離心法純化核酸，或將不同構形的核酸進行分離，也可以測定核酸的沉降常數與分子量。

DNA 的變性

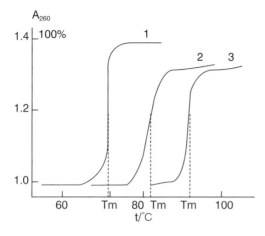

DNA 的變性發生在一個很窄的溫度範圍內，通常把熱變性過程中 A_{260} 達到最大值一半時的溫度稱為該 DNA 的熔解溫度，用 Tm 表示。

Tm 的大小與 DNA 分子中（G＋C）的百分含量成正相關，測定 Tm 值可推算核酸鹼基相成及判斷 DNA 純度。

Tm：熔解溫度（melting temperature）

某些 DNA 的 Tm 值

Poly d(A-T)	DNA	Poly d(G-C)
1	2	3

RNA 鹼解反應過程

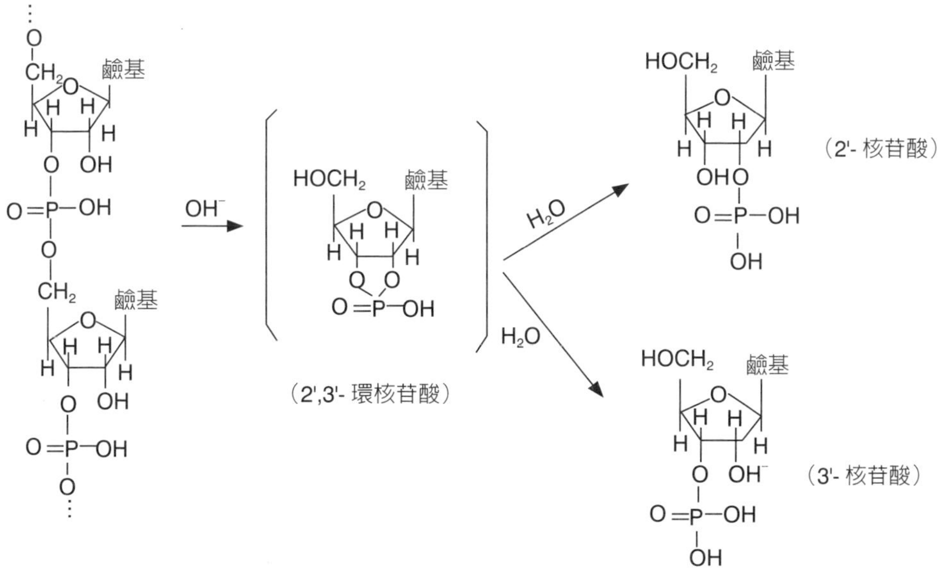

（2',3'-環核苷酸）

（2'-核苷酸）

（3'-核苷酸）

6.2 核苷酸的結構

核酸的基本結構單位是核苷酸（nucleotide），核酸是由幾百甚至幾千萬個核苷酸聚合而成的生物大分子，又稱多聚核苷酸（polynucleotide）。核酸經部分水解可產生核苷酸，如經完全水解則產生磷酸、鹼基和戊糖。

每分子核苷酸含有一分子磷酸、一分子含氮鹼基和一分子戊糖。含氮鹼基是兩種母體化合物嘌呤和嘧啶的衍生物。

嘌呤（pyrimidine）和嘧啶（purine）。它們是含氮的雜環化合物，所以稱為鹼基，也稱含氮鹼。

核酸中的嘌呤是嘌呤的衍生物。DNA 和 RNA 中含有相同的兩種主要的嘌呤：腺嘌呤（adenine）和鳥糞嘌呤（guanine），分別用 A 和 G 表示。RNA 和 DNA 均含這兩種嘌呤鹼基，它們都是嘌呤的 2 位或 6 位碳原子上的氫被胺基或酮基取代而形成的。核酸中還含有一些修飾嘌呤（稀有嘌呤），如次黃嘌呤、N6- 甲基腺嘌呤、7- 甲基鳥糞嘌呤等。

核酸中的嘧啶是嘧啶的衍生物，有三種，即胞嘧啶（cytosine）、尿嘧啶（uracil）和胸腺嘧啶（thymine），分別用 C、U 和 T 表示。RNA 中含有的是胞嘧啶和尿嘧啶，DNA 含有胞嘧啶和胸腺嘧啶。從結構上看，它們都是在嘧啶的 2 位碳原子上由酮基取代氫，在 4 位碳原子上由胺基或酮基取代氫而形成的。同樣，核酸中也含有一些修飾（稀有）嘧啶，如 5- 甲基胞嘧啶、4- 硫尿嘧啶、二氫尿嘧啶等。

鹼基都具有芳香環的結構特徵。嘌呤環和嘧啶環均呈平面或接近於平面的結構。鹼基的芳香環與環外基團可以發生酮式—烯醇式或胺式—亞胺式互變異構。

戊糖不同而分為兩大類的。DNA 所含的戊糖是 β-D-2'- 去氧核糖，RNA 所含的戊糖是 β-D- 核糖。RNA 中還含有少量的修飾戊糖，即 D-2'-O- 甲基核糖。核酸中的這些戊糖均以 β- 呋喃型環狀結構存在。

核酸是含磷的生物大分子，任何核酸都含有磷酸，所以核酸呈酸性，可與 Na+、多胺、組蛋白結合。核酸中的磷酸參與形成 3',5'- 磷酸二酯鍵，使核酸連成多核苷酸鏈。

鹼基與戊糖以糖苷鍵形成核苷（nucleoside），核苷再與磷酸以磷酸酯鍵形成核苷酸。

核苷由戊糖和鹼基縮合而成，並以糖苷鍵連接。糖環上的 C1' 與嘧啶鹼的 N1 或與嘌呤鹼的 N9 相連接。所以糖與鹼基之間的連鍵是 N-C 鍵，稱為 N- 糖苷鍵。

核苷中的戊糖羥基被磷酸酯化，就形成核苷酸。核苷酸分成核糖核苷酸與去氧核糖核苷酸兩大類。核苷酸是核苷的磷酸酯。作為 DNA 或 RNA 結構單元的核苷酸分別是 5'- 磷酸 - 去氧核糖核苷和 5'- 磷酸 - 核糖核苷。

有些核酸中還含有修飾鹼基或稀有鹼基，這些鹼基大多是在上述嘌呤或嘧啶鹼的不同部位被甲基化或進行其他的化學修飾而形成的衍生物。一般這些鹼基在核酸中的含量稀少，在各種類型核酸中的分布也不均一。DNA 中的修飾鹼基主要見於噬菌體 DNA，如 5- 甲基胞嘧啶（m^5C），5- 羥甲基胞嘧啶 hm^5C；RNA 中以 tRNA 含修飾鹼基最多，如 1- 甲基腺嘌呤（m^1A），2,2- 二甲基鳥嘌呤（m_2^2G）和 5,6- 二氫尿嘧啶（DHU）等。

常見的核苷酸

鹼基	核糖核苷酸	去氧核糖核苷酸
腺嘌呤（A）	腺嘌呤核苷酸（adenosine monophosphate, AMP）	腺嘌呤脫氧核苷酸（deoxyadenosine monophosphate, dAMP）
鳥嘌呤（G）	鳥嘌呤核苷酸（guanosine monophosphate, GMP）	鳥嘌呤脫氧核苷酸（deoxyguanosine monophosphate, dGMP）
胞嘧啶（C）	胞嘧啶核苷酸（cytidine monophosphate, CMP）	胞嘧啶脫氧核苷酸（deoxycytidine monophosphate, dCMP）
尿嘧啶（U）	尿嘧啶核苷酸（uridine monophosphate, UMP）	
胸腺嘧啶（T）		胸腺嘧啶脫氧核苷酸（deoxythymidine monophosphate, dTMP）

嘌呤（雙環）和嘧啶（單環）之結構式

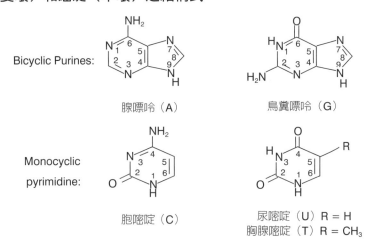

Bicyclic Purines:

腺嘌呤（A）

鳥糞嘌呤（G）

Monocyclic pyrimidine:

胞嘧啶（C）

尿嘧啶（U）R = H
胸腺嘧啶（T）R = CH_3

核苷酸（nucleotide）及核苷（nucleoside）的差別

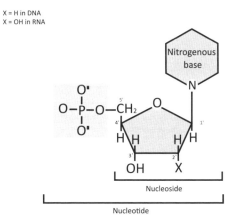

6.3 核酸的功能

核酸是生物特有的重要的大分子化合物，廣泛存在於各類生物細胞中。遺傳現象即源於核酸上所攜帶的遺傳訊息。

核酸的組成單位核苷酸（nucleotides）也是生物體各種生物化學成分代謝轉換過程中的能量「貨幣」（如 ATP），而具有傳遞激素及其他細胞外刺激的化學信號能力的環化核苷酸（如 cAMP），被譽為生物體的第二信使。

核苷酸是一系列酶的輔助因數和代謝中間體。因此，核酸及其組成單位在生物的個體發育、生長、繁殖、遺傳和變異等生命過程中扮演著重要的作用。

核酸分去氧核糖核酸（deoxyribonucleic acid, DNA）和核糖核酸（ribonucleic acid, RNA）兩大類。所有生物細胞都含有這兩類核酸。它們是各種有機體遺傳訊息的載體。生物體中的各種蛋白質，以及每種細胞的組成都是細胞中核酸序列編碼的資訊產物。每種蛋白質的胺基酸順序和 RNA 的核苷酸順序都是由細胞中的 DNA 的核苷酸順序決定的。含有合成一個功能性生物分子（蛋白質或 RNA）所需資訊的 DNA 片段可以看成是一個基因（gene）。

DNA 主要集中在細胞核內，粒線體和葉綠體也含有 DNA。RNA 主要分布在細胞質中。病毒只含 DNA，或只含 RNA。

核糖核酸（RNA）按其功能的不同分為三大類：

1. **核糖體 RNA**（ribosomal RNAs, rRNAs）：約占 RNA 總量的 80%，它們與蛋白質結合構成核糖體的骨架。核糖體是蛋白質合成的場所，所以 rRNAs 的功能是作為核糖體的重要組成成分參與蛋白質的生物合成。rRNAs 是細胞中含量最多的一類 RNA，且分子量比較大，代謝都不活躍，種類僅有幾種，原核生物中主要有 5S rRNAs、16S rRNAs 和 23S rRNAs 三種，真核生物中主要有 5S rRNAs、5.8S rRNAs、18S rRNAs 和 28S rRNAs 四種。

2. **傳訊 RNA**（messenger RNAs, mRNAs）：約占 RNA 總量的 5%。mRNAs 是以 DNA 為範本合成的，又是蛋白質合成的範本。它是攜帶一個或幾個基因訊息到核糖體的核酸。由於每一種多肽都有一種相應的 mRNAs，所以細胞內 mRNAs 是一類非常不均一的分子。

3. **轉送 RNA**（transfer RNAs, tRNAs）：約占 RNA 總量的 15%。tRNAs 的分子量在 2.5×10^4 左右，由 70～90 個核苷酸組成，因此它是最小的 RNA 分子。它的主要功能是在蛋白質生物合成過程中把 mRNA 的資訊準確地翻譯成蛋白質中胺基酸順序的適配器（adapter）分子，具有轉運胺基酸的作用，並以此胺基酸命名。此外，它在蛋白質生物合成的起始作用中，在 DNA 反轉錄合成中及其他代謝調節中也有重要作用。細胞內 tRNAs 的種類很多，每一種胺基酸都有其相應的一種或幾種 tRNAs。

在細胞中還含有其他的 RNA，如真核細胞中還有少量核內小 RNA（small nuclear RNA, snRNAs）、染色體 RNA（chRNAs）。

基因體學和蛋白質體學相互間的關聯

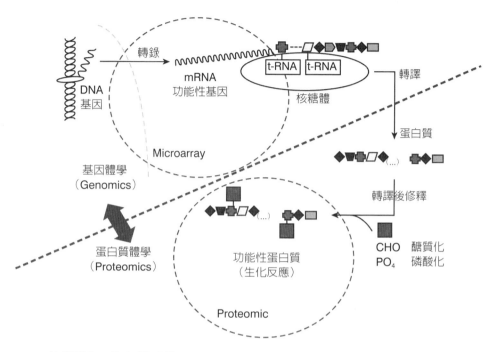

RNA 的種類、分布與功能

	細胞核和胞液	粒線體	功能
核蛋白體 RNA	rRNA	mt rRNA	核蛋白體組分
信使 RNA	mRNA	mt rRNA	蛋白質合成模板
轉運 RNA	tRNA	mt tRNA	轉運胺基酸
核內不均一 RNA	HnRNA		成熟 mRNA 的前體
核內小 RNA	SnRNA		參與 hnRNA 的剪接、轉運
核仁小 RNA	SnoRNA		rRNA 的加工、修飾
胞漿小 RNA	scRNA/7SL-RNA		蛋白質內質網定位合成的信號識別體的組分

6.4 DNA的結構

DNA 的鹼基組成

DNA 由四種主要的鹼基即腺嘌呤、鳥糞嘌呤、胞嘧啶和胸腺嘧啶組成，此外，也還含有少量稀有鹼基。各種生物的 DNA 的鹼基組成具有如下規律：

1. 所有 DNA 中腺嘌呤與胸腺嘧啶的含量（mol）相等，即 A=T；鳥嘌呤與胞嘧啶（包括 5- 甲基胞嘧啶）的含量（mol）相等，即 G=C。因此，嘌呤的總數等於嘧啶的總數，即 A+G=C+T。
2. DNA 的鹼基組成具有種的特異性，即不同生物種的 DNA 具有自己獨特的鹼基組成。
3. DNA 的鹼基組成沒有組織的特異性，沒有器官的特異性。
鹼基互補配對原則：嘌呤與嘧啶配對，且腺嘌呤（A）只能與胸腺嘧啶（T）配對，鳥糞嘌呤（G）只能與胞嘧啶（C）配對。如一條鏈上某一鹼基是 C，另一條鏈上與它配對的鹼基必定是 G。

DNA 的一級結構

由數量極其龐大的四種去氧核糖核苷酸，通過 3',5'- 磷酸二酯鍵彼此連接起來的直線形或環形分子。由於去氧戊糖中 C-2' 上不含羥基，C-1' 與鹼基相連，所以唯一可能的是形成 3',5'- 磷酸二酯鍵。所以，DNA 沒有側鏈。

DNA 的二級結構

兩條多核苷酸鏈反向平行盤繞所生成的雙螺旋結構。通常情況下，DNA 的二級結構分兩大類：一類是右手螺旋，如 A-DNA 和 B-DNA；另一類是左手螺旋，即 Z-DNA。

Watson-Crick 雙螺旋結構模型（B-DNA）。其基本特點是：

1. DNA 分子是由兩條反平行的去氧核苷酸長鏈繞同一中心軸相纏繞，形成右手雙螺旋，一條 5' → 3'，另一條 3' → 5'。
2. DNA 分子中的去氧核糖和磷酸彼此通過 3'、5'- 磷酸二酯鍵相連接，排在外側，構成 DNA 分子的骨架，嘌呤與嘧啶位於雙螺旋的內側。
3. 鹼基平面與縱軸垂直，糖環平面與縱軸平行，兩條核苷酸鏈之間依靠鹼基間的氫鍵相結合，形成鹼基對螺圈之間主要靠鹼基平面間的堆積力維持。
4. 每個鹼基相對於其相鄰的鹼基對都繞螺旋軸旋轉約 36 度。每圈螺旋 10.4nt，鹼基堆積距 0.34nm，雙螺旋平均直徑 2nm。
5. 雙螺旋體中的兩條鏈彼此環繞形成一條窄溝（約 12nm 寬）和一條寬溝（約 22nm 寬），雙鏈沿右手方向的，即順時針方向轉動。

DNA 的三級結構

線形結構 DNA 的兩端有黏末端，可以借助於 DNA 連接酶將互補的黏末端連接起來，成為環形 DNA。環狀結構進一步扭曲成為更複雜的三級結構。

包括線狀 DNA 形成的紐結、超螺旋（superhelical form）和多重螺旋以及環狀 DNA 形成的結、超螺旋和連環等多種類型，其中超螺旋是最常見的，所以，DNA 的三級結構主要是指雙螺旋進一步扭曲形成的超螺旋。這種摺疊應該是高度有序的，因為它們不僅要適合它們所處的細小空間，而且這種摺疊和包裝還得允許 DNA 能被接近以進行複製和轉錄。

不同螺旋形式 DNA 分子主要參數比較

雙螺旋	A—DNA	B—DNA	Z DNA
鹼基傾角 / (°)	20	6	7
鹼基間距 / nm	0.26	0.34	0.37
螺旋直徑 / nm	2.4	2.0	1.8
每輪鹼基數	11	10	12
螺旋方向	右	右	左

DNA 結構圖

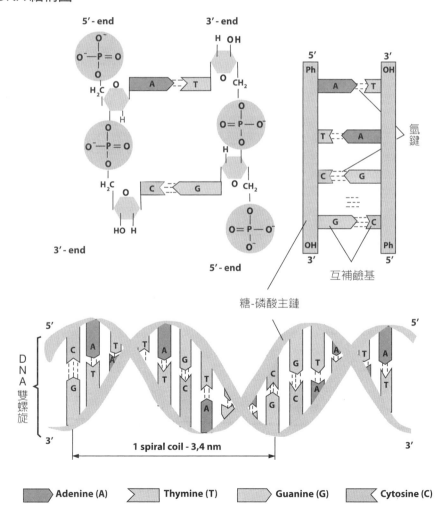

6.5 RNA的結構

RNA 通常以單鏈形式存在，但也可形成局部的雙螺旋結構。RNA 分子的種類較多，分子大小變化較大，功能多樣化。

RNA 中所含的四種基本鹼基是：腺嘌呤、鳥糞嘌呤、胞嘧啶和尿嘧啶。此外還有幾十種稀有鹼基。RNA 的鹼基組成，不像 DNA 那樣具有嚴格的 A=T，G=C 的規律。

tRNA 的鹼基組成中，腺嘌呤的含量近似於尿嘧啶的含量，鳥糞嘌呤的含量近似於胞嘧啶的含量。這與 tRNA 結構中雙螺旋結構所占比例較大是一致的。腫瘤病毒 RNA 是雙鏈結構，其鹼基組成有嚴格的 A=U，G=C 的關係。

RNA 的一級結構為直線形多聚核苷酸，相對分子品質的差別極大。組成 RNA 的諸核苷酸之間的連鍵也為 3',5'-磷酸二酯鍵。RNA 為單鏈分子，它通過自身回折而使得可以彼此配對的鹼基（A=U，G=C）相遇，形成氫鍵，同時形成雙螺旋結構。不能配對的鹼基區形成突環（loop）被排斥在雙螺旋結構之外。

RNA 中的雙螺旋區每匝有 11 對鹼基組成，這是與 DNA 原雙螺旋結構不同的。RNA 中雙螺旋結構的穩定因素也主要是鹼基堆集力，其次才是氫鍵。每一段雙螺旋區至少需要有 4～6 對鹼基，才能保持穩定。

tRNA 的結構

1. 分子由 70～90 個核苷酸殘基組成。鹼基組成中有較多的稀有鹼基。
2. 在 3' 末端有一段以 -CCA 為主的單鏈區，由 7 對鹼基組成，稱胺基酸臂（amino acid arm）。
3. 二級結構都呈三葉草形。由五部分組成：胺基酸受體臂由 7 對鹼基組成，富含鳥糞嘌呤，末端為 -CCA。蛋白質生物合成時，胺基酸活化後，連接於這一末端的腺苷酸上。二氫尿嘧啶環由 8～12 個核苷酸組成，以具有兩個二氫尿嘧啶（核苷酸）分子為其特徵。反密碼環由 8～12 個核苷酸組成。環的中間是反密碼子，由三個鹼基組成。在遺傳信息的翻譯過程中起重要作用。額外環由 3～18 個鹼基組成。不同的 tRNA，這個環的大小不一樣，所以是 t RNA 分類的重要指標。

假尿嘧啶核苷─胸腺嘧啶核糖核苷環（TψC 環）（IV）由 7 個核苷酸組成，經由 5 對鹼基組成的雙螺旋區（TψC 臂）與 tRNA 的其餘部分相連，除個別 tRNA 外，所有的 tRNA 中此環必定含有 -T-ψ-C- 鹼基序列。

4. tRNA 具有倒 L 形的三級結構，其生物學功能與其三級結構有密切的關係。目前認為胺醯 tRNA 合成酶是結合於倒 L 形的側臂上的。

mRNA 的結構

絕大多數真核細胞 mRNA 在 3'- 末端有一段長約 200 個殘基的多聚腺苷酸，這一段 polyA（polyadenylic acid，多聚 A 尾）是轉錄後逐個添加上去的，原核生物的 mRNA 一般無 polyA。polyA 的結構與 mRNA 從核轉移至胞質的過程有關。

真核細胞 mRNA 5'- 末端還有一個極為特殊的「帽子」結構：5'-m^7G-5'ppp5'-N_m-3'-P，即 5'- 末端的鳥糞嘌呤 N7 被甲基化，具有抗核酸酶水解的作用，與蛋白質合成的起始有關。

rRNA 的結構

5S rRNA 也具有類似三葉草形的結構，其他 rRNA 也是由部分雙螺旋結構和部分突環相間排列組成的。

3 種 RNA 結構圖

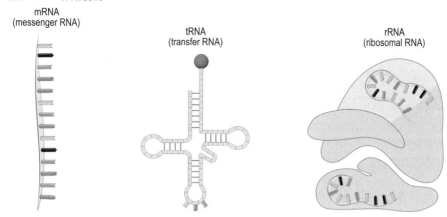

mRNA
(messenger RNA)
tRNA
(transfer RNA)
rRNA
(ribosomal RNA)

tRNA 的結構圖

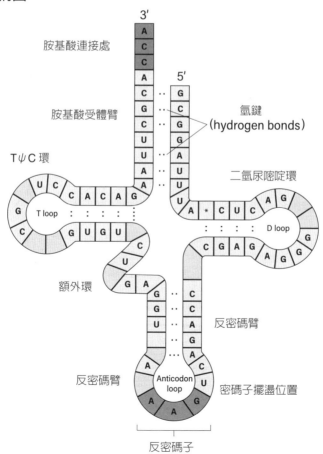

3′
5′
胺基酸連接處
胺基酸受體臂
氫鍵
(hydrogen bonds)
TψC 環
T loop
二氫尿嘧啶環
D loop
額外環
反密碼臂
反密碼臂
Anticodon
loop
密碼子擺盪位置
反密碼子

6.6 核酸蛋白質複合體

在生物體內核酸常與蛋白質結合成複合體即核蛋白體而存在。比較重要的核蛋白體有：病毒、染色體、核糖體。

病毒：是非細胞形態的生物，主要由蛋白質與核酸組成，有的病毒還含有脂類及糖類物質，一個完整的病毒單位稱為病毒粒。

病毒粒中核酸位於內部，蛋白質包裹著核酸，這層蛋白質外殼稱為衣殼。衣殼由許多亞基組成，每一亞基稱為衣粒。病毒核酸也分兩類：DNA 和 RNA。含 DNA 的病毒，稱 DNA 病毒，含 RNA 的病毒稱 RNA 病毒。尚未發現既含 DNA 又含 RNA 的病毒。

病毒對宿主細胞的侵染性是由核酸決定的，衣殼蛋白的作用有兩方面：一是與病毒的宿主專一性有關；二是起保護核酸免受損傷的作用。有的病毒（如多瘤病毒、SV-40、腺病毒等）能引起侵染細胞的轉化而成為癌細胞。

1. 植物病毒：外形常呈棒狀，大部分植物病毒含單鏈 RNA（如煙草花葉病毒等），但也有含雙鏈 RNA 的植物病毒，由於它有可能作為植物基因工程的基因載體，所以受到很大的重視。

2. 噬菌體（bacteriophage）：是以細菌與放線菌為宿主的病毒。

3. 動物病毒：一般較植物病毒大，含 DNA 或 RNA。有的還有脂蛋白被膜，或稱套膜，如流感病毒、皰疹病毒等。被膜表面帶有許多突起，其成分是糖蛋白，具有許多功能，如與宿主細胞的識別等。

染色體（chromosomes）：真核細胞的細胞核基因體包裹形成功能性的單元，稱為染色體。在真核細胞的核蛋白複合體稱為染色質（chromatin），染色質的主要成分是 DNA 分子及組織蛋白（histone）、非組織蛋白等 2 類蛋白質。

染色質的基本生物化學組成：如以 DNA 為 100，則組織蛋白為 114，非組織蛋白為 33，RNA 為 7。

1. 組織蛋白：是鹼性蛋白，富含鹼性胺基酸（如精胺酸、離胺酸等），相對分子量較小，10 至 20kd，根據組蛋白所含鹼性胺基酸的不同，將組蛋白分成五類：Ⅰ（H,F1），Ⅱ b2（H2b,F2b），Ⅱ b1（H2a,F2a2），Ⅲ（H3,F3），Ⅳ（H4,F2a1）。在進化位置上相差極遠的生物的組蛋白，其胺基酸成分仍十分相似，只差 1～2 個胺基酸。

2. 非組織蛋白：這類蛋白數目十分龐大，有的是酸性蛋白。包含各種各樣的酶，如 DNA 聚合酶、RNA 聚合酶、多核苷酸連接酶、核酸水解酶類、蛋白酶類、蛋白激素等等。

核糖體（ribosomes）：是 RNA（65%）與蛋白質（35%）的組合。是細胞內蛋白質合成（RNA 轉譯）的地方。

核醣核酸蛋白酶（ribonucleoprotein enzymes）：由蛋白質與核酸組成的酶有核醣核酸酶、端粒酶、胜肽基轉移酶。

小胞核核糖核蛋白（small nuclear ribonucleoproteins, snRNPs）：在細胞核中由蛋白質與小胞核核糖核酸（snRNAs）構成的粒子，細胞質中類似的粒子稱 scRNPs。某些 snRNPs 和剪接作用有密切關係。

病毒類型

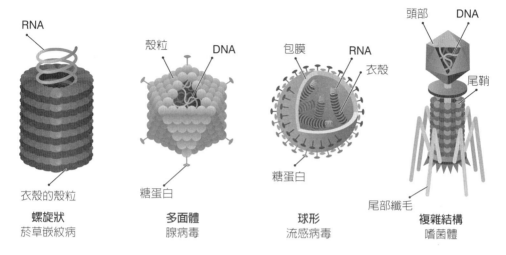

RNA

衣殼的殼粒

螺旋狀
菸草嵌紋病

殼粒　　DNA

糖蛋白

多面體
腺病毒

包膜　　RNA

衣殼

糖蛋白

球形
流感病毒

頭部　　DNA

尾鞘

尾部纖毛

複雜結構
噬菌體

核小體

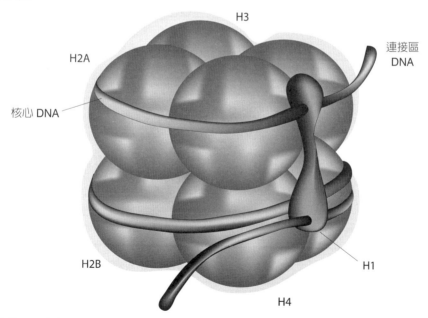

H3

連接區
DNA

H2A

核心 DNA

H2B

H1

H4

核小體是組成真核生物染色質的基本單位。是由 DNA 與 4 對組織蛋白組成的複合物，其中有 H2A 和 H2B 的二聚體兩組以及 H3 和 H4 的二聚體兩組。另外還有一種 H1 負責連結兩個核小體之間的 DNA。

6.7 游離核苷酸

細胞中有一些以游離形式存在的核苷酸。多磷酸核苷酸以及它們的衍生物，具有重要的生理功能。如 5'- 腺苷酸（adenosine monophosphate, AMP）可進一步磷酸化形成腺嘌呤核苷二磷酸（腺二磷，adenosine diphosphate, ADP）和腺嘌呤核苷三磷酸（簡稱腺三磷，adenosine triphosphate, ATP）。

ATP 是生物體內分布最廣和最重要的一種核苷酸衍生物。

ADP 中含有一個高能磷酸鍵，ATP 中含有兩個高能磷酸鍵。高能磷酸鍵水解時釋放出的能量為 30kJ/mol，而普通磷酸鍵能為 14kJ/mol。生物獲得的能量可轉換成 ATP，當需要能量時，ATP 中的高能鍵水解，將貯存的能量釋放出來，可參與多種生物合成反應。

除 ADP、ATP 外，生物體中的其他 5'- 去氧核苷酸也可以進一步磷酸化為相應的核苷二磷酸和核苷三磷酸以及去氧核苷二磷酸和去氧核苷三磷酸，並都具有各自的生理功能。例如 UDP 作為葡萄糖的載體參與多糖的合成；CDP 作為膽鹼的載體參與磷酸的合成；各種核苷三磷酸和去氧核苷三磷酸分別是合成 RNA 和 DNA 的前體。

GTP（鳥嘌呤核糖核苷三磷酸）是生物體內游離存在的另一種重要的核苷酸衍生物。它具有 ATP 類似的結構，也是一種高能化合物。GTP 主要是作為蛋白質合成中磷醯基供體。在許多情況下，ATP 和 GTP 可以相互轉換。

此外，在生物細胞中，還存在著環化核苷酸，其中研究得最多的是 3',5'- 環腺苷酸（3',5'-cyclic adenosine monophosphate, cAMP）。它是由腺苷酸上的磷酸與核糖的 3',5' 碳原子形成雙酯環化而成的，其中 3' 位的酯鍵為高能磷酸鍵，水解後可釋放 49.7kJ/mol 自由能。

cAMP 具有放大激素作用信號的功能，所以在細胞代謝調節中起重要作用。此外，3',5'- 環鳥苷酸（3',5'-cyclic guannosinemonophosphate, cGMP）也是一種具有代謝調節作用的環化核苷酸。

cAMP 和 cGMP 的主要功能是作為細胞之間傳遞資訊的信使。cAMP 和 cGMP 的環狀磷酯鍵是一個高能鍵。在 pH 7.4 條件下，cAMP 和 cGMP 的水解能約為 43.9 kj/mol，比 ATP 水解能高得多。

cAMP 及 cGMP 普遍存在於動、植物及微生物細胞中，含量極微，但具有極重要的生理功能。細胞內環化 AMP 的合成按下列途徑進行：

$$\text{ATP} \xrightarrow[\text{—PPi}]{\text{腺苷酸環化酶}} \text{cAMP}$$

$$\xrightarrow{\text{cAMP 磷酸二酯酶}} \text{5'-AMP}$$

細胞內 cAMP 的濃度取決於這兩種酶活力的高低，cAMP 及 cGMP 分別具有放大激素作用信號及縮小激素作用信號的功能，稱為細胞內二級信使。cAMP 也參與大腸桿菌中 DNA 轉錄的調控。此外，2',3'- 環化核糖核苷酸 cNMP 是 RNA 酶解或城解的中間產物。

生物體中還存在著一些核苷酸的衍生物，它們在生命活動中也起著重要的作用。如菸鹼醯胺腺嘌呤二核苷酸、菸鹼醯胺腺嘌呤二核苷酸磷酸、黃素單核苷酸、黃素腺嘌呤二核苷酸和輔酶 A 等，都是核苷酸的衍生物，它們在生物體中作為輔酶或輔基參與代謝作用。

ATP、ADP 及 AMP 之結構式

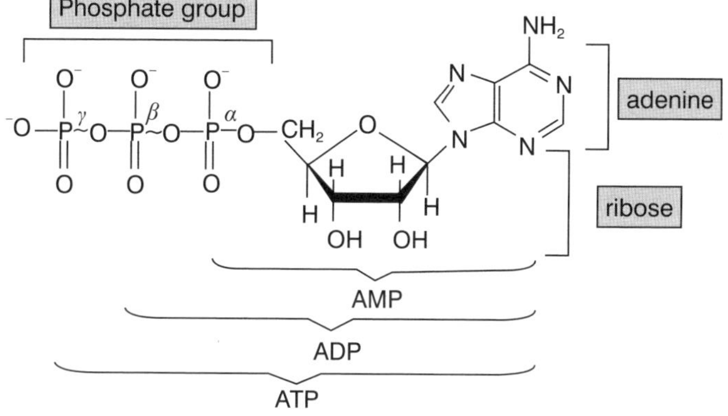

Phosphate group

AMP

ADP

ATP

adenine

ribose

cAMP 及 cGMP 之結構式

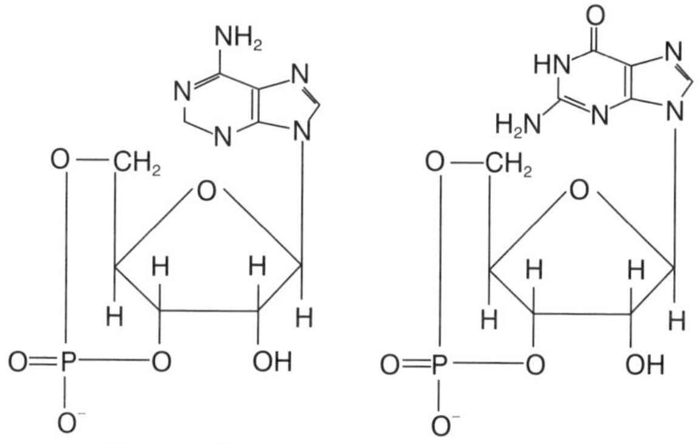

3', 5'-cAMP

3', 5'-cGMP

NAD⁺ 生合成路徑

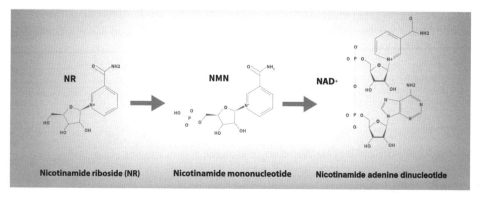

Nicotinamide riboside (NR)   Nicotinamide mononucleotide   Nicotinamide adenine dinucleotide

菸鹼醯胺腺嘌呤二核苷酸（nicotinamide adenine dinucleotide, NAD）簡稱輔酶Ⅰ，它出現在細胞很多代謝反應中。**NAD** 由兩個核苷酸組成，所以叫二核苷酸，一個含有腺嘌呤，另一種含有菸鹼醯胺。

Part 7
代謝

7.1 代謝的途徑

生物體內各類物質代謝途徑，相互影響，相互轉化。醣、脂類和蛋白質之間可以互相轉化，當醣代謝失調時會立即影響到蛋白質代謝和脂類代謝。

代謝（metabolism）是生命最基本的特徵之一，泛指生物與周圍環境進行物質交換、能量交換和資訊交換的過程。

生物一方面不斷地從周圍環境中攝取能量和物質，通過一系列生物反應轉變成自身組織成分，即「同化作用」（assimilation）；另一方面，將原有的組成成份經過一系列的生化反應，分解爲簡單成分重新利用或排出體外，即「異化作用」（dissimilation），通過上述過程不斷地進行自我更新。特點是：特異、有序、高度適應和靈敏調節、代謝途徑逐步進行。

代謝的內容

1. 物質代謝和能量代謝：
(1)物質代謝：重點討論各種生理活性物質（如糖、蛋白質、脂類、核酸等）在細胞內發生酶促反應的途徑及調控機轉，包含舊分子的分解和新分子的合成。
(2)能量代謝：重點討論光能或化學能在細胞內向生物能（ATP）轉化的原理和過程，以及生命活動對能量的利用。

能量代謝和物質代謝是同一過程的兩個方面，能量轉化寓於物質轉化過程之中，物質轉化必然伴有能量轉化。

2. 合成代謝與分解代謝：
(1)合成代謝：活細胞從外環境中取得原料，合成自身的結構物質、貯存物質、生理活性物質及各種次生物質的過程是合成代謝，也叫生物合成。是需要供應能量的過程。
(2)分解代謝：有機物質在細胞內發生分解的作用過程。分解過程中的許多中間產物，可供作生物合成的原料。伴隨分解代謝釋放出化學能並轉化爲細胞能夠利用的生物能（ATP）。

3. 代謝途徑：無論物質代謝還是能量代謝，分解代謝還是合成代謝，一般都是由多種酶催化的連續反應過程。所謂代謝途徑就是細胞中由相關酶類組成的完成特定代謝功能的連續反應體系。細胞中具有某種代謝途徑也就是指具有其酶系。

4. 生物的營養類型：
(1)自養與異養：碳源是爲細胞生物合成提供碳素營養的物質。有些生物利用無機物二氧化碳作爲碳源，這類生物稱爲自養生物。有些生物需要現成的有機物作爲碳源，稱之爲異養生物。
(2)光能與化學能：根據不同生物對能源的要求，可分爲光能營養型和化能營養型。光能營養型是直接利用光能，經由光合磷酸化作用合成ATP；化學能營養型是利用現成有機物或無機物，經由氧化磷酸化反應合成 ATP。
(3)需氧與厭氧：不同生物對分子氧的依賴關係也有很大區別，據此可分爲需氧生物、厭氧生物和兼性生物。

主要分解代謝途徑輪廓圖

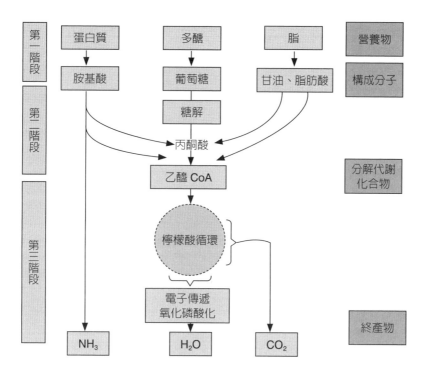

代謝的概念及內涵

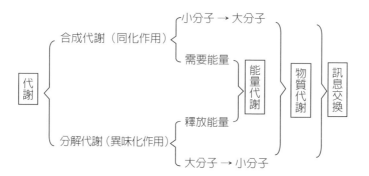

7.2 代謝的生化反應

生物體利用 6 種生化反應完成代謝作用：

氧化還原反應：是代謝中最常見的反應，在氧化還原反應中要有 2 個反應物分子，電子提供者（還原劑）及電子接受者（氧化劑），催化氧化還原反應的酶稱為氧化還原酶。

反應過程中，分子或原子（離子）間電子的轉移更顯而易見。某一原子（或離子）氧化狀態的改變，必有另一原子（或離子）氧化狀態相對應的改變；即某一物質被氧化，就必然有另一物質被還原。

基團轉移反應：包括一個化學官能基從一個分子轉移到另一個分子，或在單一分子內基團的轉移。生化上最重要的轉移基團是磷酸基（phosphoryl group, $-PO_3^{-2}$），通常來自於 ATP。

常見的轉移酶有胺基轉移酶、甲基轉移酶（transmethylases）、醯基轉移酶（acyltransferase）、激酶（kinase）及磷酸化酶。

水解反應：水與化合物反應，該化合物分解為兩部分，水中的 H^+ 加到其中的一部分，而羥基（-OH）加到另一部分，因而得到兩種或兩種以上新的化合物的反應過程。

代謝中最常見的是酯、醯胺、糖苷鍵的斷裂。胞外水解酶都屬簡單蛋白酶。水解酶所催化的反應多數是不可逆的。

非水解的裂解反應：分子並非利用水分子來造成裂解，最常見的是碳 - 碳鍵結的斷裂。催化這個反應的酶稱為裂解酶（lyase）。過程中通常會形成一個新的雙鍵或一個新的環狀結構。催化基質分子中 C-C（或 C-O、C-N 等）化學鍵斷裂。

異構化和重組反應：包括分子內氫原子的移動造成雙鍵位置個改變及分子內官能基之間的重組。這 2 種反應都可把基質分子轉變成它們的異構物。

在幾何異構化反應（geometric isomerization），「產物」的所有原子都與「反應物」的同一個原子鍵結，但是「產物」的化學鍵的空間位置改變了；位置異構化反應（positional isomerization），「產物」有 1 個或 1 個以上的「取代基」或「官能基」分子群的位置，與在「反應物」的原本位置不同。

異構化反應過程中，沒有損失或增加任何原子，因此，異構化反應前後的原子數與種類都一樣。

重組反應的原子銜接順序改變，這會改變「官能基」或「取代基」的種類。

鍵結形成反應：很多類型的生化鍵結形成反應，是利用 ATP 來生成分子間的新鍵結。催化連結 2 個分離分子的酶稱為接合酶（ligase）或合成酶（synthetase）。

在生物體中碳 - 碳鍵結通常經由一安定的碳陰離子與來自酮類、酯類或二氧化碳之羧基官能基反應生成。

DNA 接合酶都可以藉由形成磷酸雙脂鍵將 DNA 在 3' 端的尾端與 5' 端的前端連在一起，將 DNA 之間的微弱氫鍵轉變成共價鍵（磷酸二酯鍵），組成一個更大的 DNA 分子。

異構化作用和重組反應的例子

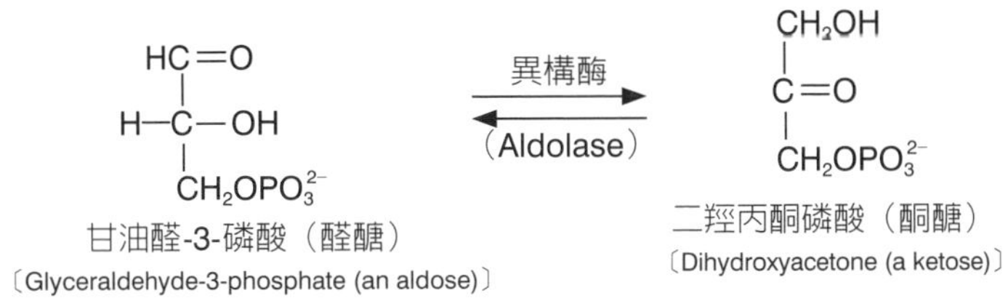
異構酶
(Aldolase)
甘油醛-3-磷酸（醛醣）
〔Glyceraldehyde-3-phosphate (an aldose)〕
二羥丙酮磷酸（酮醣）
〔Dihydroxyacetone (a ketose)〕

(a)

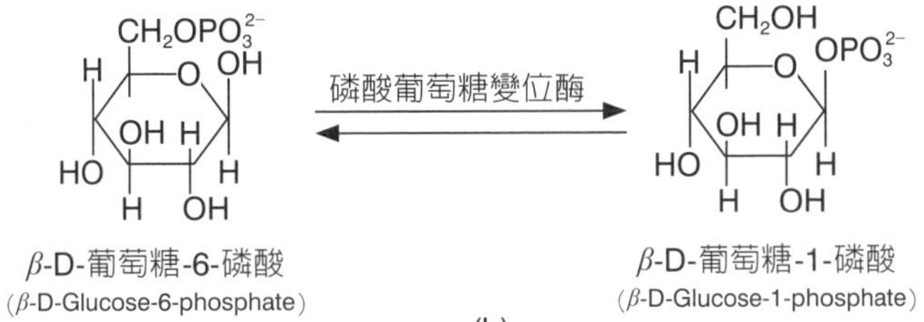
磷酸葡萄糖變位酶
β-D-葡萄糖-6-磷酸
（β-D-Glucose-6-phosphate）
β-D-葡萄糖-1-磷酸
（β-D-Glucose-1-phosphate）

(b)

(a) 一個醛醣重組成一個酮醣。(b) 葡萄糖 6-磷酸重組成葡萄糖 1-磷酸。兩種反應皆存在於醣類裂解路徑中。

非水解之裂解反應的例子

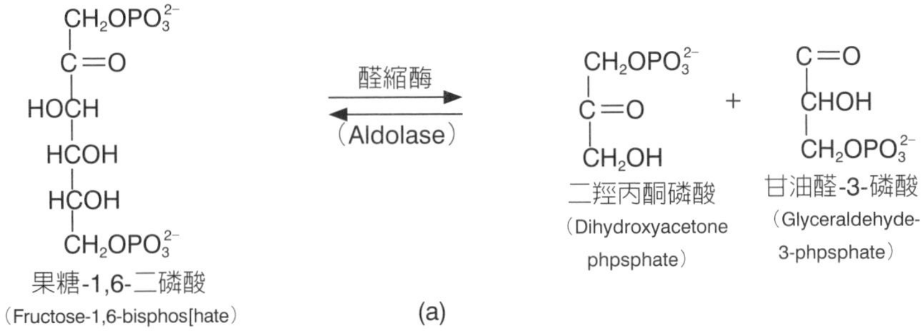
醛縮酶
(Aldolase)
果糖-1,6-二磷酸
（Fructose-1,6-bisphos[hate）
二羥丙酮磷酸
（Dihydroxyacetone phpsphate）
甘油醛-3-磷酸
（Glyceraldehyde-3-phpsphate）

(a)

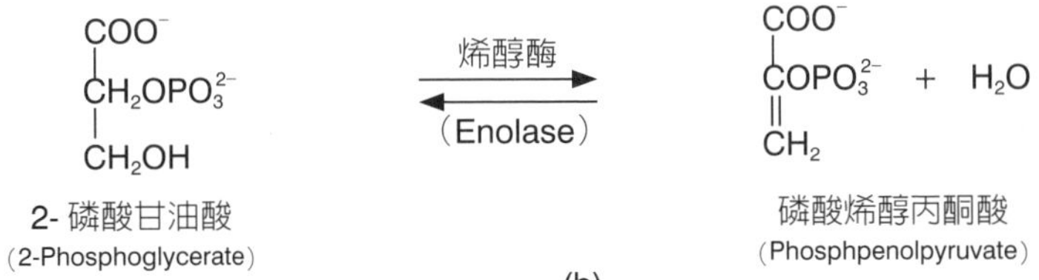
烯醇酶
(Enolase)
2- 磷酸甘油酸
（2-Phosphoglycerate）
磷酸烯醇丙酮酸
（Phosphpenolpyruvate）

(b)

(a) 果糖-1,6 二磷酸裂解成二羥丙酮磷酸和甘油醛-3-磷酸。(b)2-磷酸甘油酸的脫水反應。這兩種反應都來自於醣類的醣解作用。

7.3 生物能量學

熱力學定律：研究能量轉換及能量與其他物質交互作用的科學稱爲熱力學，化學反應均遵守熱力學定律。細胞中進行的諸多代謝反應，也遵守熱力學定律。

熱力學第一定律：就是能量守衡定律，說明能的形式只能互相轉變不能消滅。第一定律的數學運算式是：$\Delta U = Q-W$（Q 代表在過程中吸收的熱量，W 代表體系所做的功，ΔU 代表內能的變化）。

熵（entropy）：用 S 表示，代表一個體系散亂無序的程度。一個體系當變爲更混亂時，它的熵增加。

熱力學第二定律：只有當體系及其周圍的熵之和增加時，過程才能自發地進行。對於自發過程 ΔS 體系 $+\Delta S$ 環境 >0。

根據熱力學第二定律，可以瞭解在生物體內哪些過程可能發生，推測哪些因素是某一過程發生的條件。

如形成一個高度有序的生物結構是可能的，因爲這種體系的熵減少被周圍環境的熵增加所補償；生物體內部所有不可逆過程的發生是可能的，它可不斷地從周圍環境吸取負熵來維持生存，新陳代謝使機體成功地向周圍環境釋放正熵。

自由能：當化學反應發生時，可以用來作功的能量稱爲自由能（free energy）。其基本方程式爲：$\Delta G = \Delta H - T\Delta S$（$\Delta G$ 是恆溫、恆壓下自由能的變化，ΔH 是體系焓的變化，ΔS 是體系熵的變化；$\Delta H = \Delta U + P\Delta V$，$\Delta U$ 是體系內能的變化）。

自由能變化 ΔG 是判斷一個化學反應能否向某個反向進行的根據，ΔG 是負值表示反應可自發進行。ΔG 和反應的速度、變化的途徑無關，也不說明反應的速率如何。

自由能的變化（ΔG）：產物的自由能與反應物的自由能之差，與反應轉變過程無關。

標準自由能的變化（ΔG^0）：298K，101.3KPa，反應物濃度爲 1mol/L，pH = 0。生化反應中標準自由能的變化（$\Delta G^{0'}$）：298K，101.3KPa，反應物濃度爲 1mol/L，pH=7。

高能化合物：生化反應中，在水解時或基團轉移反應中可釋放出大量自由能（>21 千焦 / 摩爾）的化合物。

生物能量貨幣——ATP：生物體內的許多磷酸化合物，其磷酸基團水解時可釋放出大量的自由能，這類化合物稱爲高能磷酸化合物。

在 pH=7 環境中，ATP 分子中的三個磷酸基團完全解離成帶 4 個負電荷的離子形式（ATP^{-4}），具有較大勢能，加之水解產物穩定，因而水解自由能很大（$\Delta G^{0'} = -30.5$ 千焦 / 摩爾）。

ATP 是產能反應和需能反應之間最主要的能量介質。放能反應通過氧化磷酸化反應合成 ATP，貯存能量；需能反應，則通過 ATP 水解供應之。

由 ΔG 值可以預測反應是否可能發生，如 A → B 的反應

反應種類	ΔG	能量	A → B 是否能自行發生
放能反應	ΔG < 0	放出自由能	可自然發生
吸能反應	ΔG > 0	吸收自由能	不可自然發生，需供應能量才能發生
反應達平衡態	ΔG = 0	沒有變化	達平衡狀態不再發生任何的淨改變

磷酸化 ATP-ADP 循環：從食物中轉換和吸收能量，使磷酸基團鍵形成

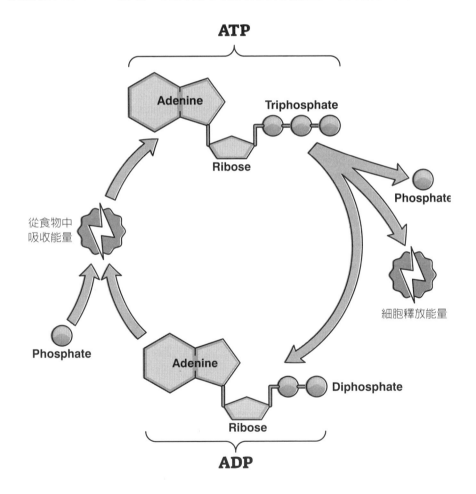

7.4 代謝調節

代謝調節（metabolic regulation），是生物為適應環境需要而形成的一種生理機能。進化程度愈高的生物，其調節系統就愈複雜。

細胞內調節：

1. 細胞膜結構和酶的空間分布對代謝的調節：各種酶促反應是在複雜的膜結構中進行的，各類酶在細胞中有各自的空間分布，即酶的分布具有區域性。因此，酶催化的中間代謝反應不僅得以進行，各不互擾，且能互相協調和制約。

2. 酶的生物合成與降解對代謝的調節：直接參加代謝調節的關鍵性酶類稱調節酶。機體必須保持調節酶的一定含量，防止過剩和不足，才能維持其代謝機能的正常運行。通過改變酶分子合成或降解的速度可調節細胞內酶的濃度從而影響代謝的速度。

(1) 酶蛋白合成的誘導與阻遏：酶作用的基質或產物，以及激素或藥物都可影響酶的合成。能加強酶合成的作用稱誘導作用；反之則稱為阻遏作用。基質、激素以及外源的某些藥物常對酶的合成有誘導作用，而酶催化作用的產物則往往對酶的合成有阻遏作用。

(2) 酶分子降解速度的調節：從而達到調節酶促反應的速度。只是這類調節在細胞中的重要性不如誘導和阻遏。

3. 酶活性對代謝的調節：酶活性的調節是以酶分子的結構為基礎的。因為酶的活性強弱與其分子結構密切相關。一切導致酶分子結構改變的因素都可影響酶的活性。有的改變使酶活性增高，有的使酶活性降低。

4. 相反單向反應對代謝的調節：催化向合成方向進行的是一種酶，催化向分解方向進行的則是另一種酶。

荷爾蒙的調節：荷爾蒙（激素）調節代謝反應的作用是通過對酶活性的控制和對酶及其他生化物質合成的誘導作用來完成的。要達到這兩種目的，機體需要經常保持一定的荷爾蒙水準。

1. 荷爾蒙的生物合成對代謝的調節：荷爾蒙的產生是受多級控制的，腺體激素的合成和分泌受腦垂體荷爾蒙的控制，垂體荷爾蒙的分泌受下丘腦神經荷爾蒙的控制。丘腦還要受大腦皮質協調中樞的控制。當血液中某種荷爾蒙含量偏高時，有關荷爾蒙由於回饋抑制效應，即對腦垂體激素和下丘腦釋放荷爾蒙的分泌起抑制作用，減低其合成速度。

2. 荷爾蒙對酶活性的影響：細胞膜上有各種荷爾蒙受體，荷爾蒙與膜上專一性受體結合所成的絡合物，能活化膜上的腺苷酸環化酶。活化後的腺苷酸環化酶能使 ATP 環化形成 cAMP。cAMP 能將荷爾蒙從神經、基質等得來的各種刺激資訊傳到酶反應中去，故稱 cAMP 為第二信使。

3. 荷爾蒙對酶合成的誘導作用。

神經的調節：整個活體內的代謝反應則由中樞神經系統所控制。中樞神經系統對代謝作用的控制與調節有直接的，亦有間接的。直接的控制是大腦接受某種刺激後直接對有關組織、細胞或器官發出資訊，使它們興奮或抑制以調節其代謝，凡由條件反射所影響的代謝反應都受大腦直接控制。

酶的磷酸化與脫磷酸化

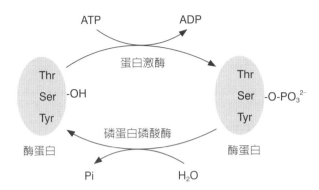

酶活性對代謝調節的形式

形式	說明
抑制作用	1. 簡單抑制：指一種代謝產物在細胞內累積多時，由於物質作用定律的關係，可抑制其本身的形成。僅是物理化學作用，而未牽涉到酶本身結構上的變化 2. 回饋抑制：指酶促反應終產物對酶活力的抑制。在多酶系反應中產生，一系列酶促反應的終產物對第一個酶起抑制作用，它即可控制終產物的形成速度，又可避免一系列不需要的中間產物在機體中堆積
活化作用	如對無活性的酶原即可用專一的蛋白水解酶將掩蔽酶活性的一部分切去，對另一些無活性的酶，則用激酶使之致活，對被抑制物抑制的酶則用活化劑或抗抑制劑解除其抑制
變構作用	某些物質如代謝產物，能與酶分子上的非催化部位（調節位）作用，使酶蛋白分子發生構形改變，從而改變酶活性（啟動或抑制）這類調節稱為變構調節或別位調節
共價修飾	在調節酶分子上以共價鍵連上或脫下某種特殊化學基因所引起的酶分子活性改變

代謝調控原則（控制酶即可控制代謝路徑）

原則	說明
一個基因一個酶	細胞的代謝途徑極為複雜，但並非細胞所有的代謝路徑都在進行；而進行中的每一步代謝，都由某一種酶負責催化反應
速率決定步驟	控制該酶的活性或生合成量，即可控制該步驟反應的快慢；若此反應為某一系列代謝路徑的速率決定步驟（rate-limiting step），則可控制這整條代謝途徑
可逆或不可逆	大部分酶反應是可逆的，有時為了使反應保持在某一方向，則成為不可逆反應；不可逆反應大多與消耗 ATP 的反應耦合
代謝路徑可互通	許多代謝路徑間若有共同的中間物，則可互通，也可能有旁支或小路相連；因此若某條重要路徑失效，細胞通常不會立刻死亡，而會互補保持一種動態的穩定狀況

7.5 能量代謝的荷爾蒙調節

胰島素（insulin）的是由胰臟 β 細胞所分泌之荷爾蒙，其作用主要在維持血糖恆定及碳水化合物、蛋白質和脂肪的代謝。

當血中葡萄糖濃度上升會刺激胰臟 β 細胞分泌胰島素進入血液循環，一方面抑制肝醣分解作用（glycogenolysis）、醣質新生作用（gluconeogenesis）與脂質的分解（lipolysis），一方面則刺激肝醣合成（glycogen synthesis）及脂質生成（lipogenesis），促進葡萄糖轉為肝醣及脂肪儲存於肌肉、脂肪組織與肝臟中。

吃飽後，β 細胞代謝葡萄糖使 ATP 濃度上升，造成 ATP-gated 鉀離子通道關閉，使得電荷不平衡，因此 voltage-gated 鈣離子通道打開，細胞內鈣離子濃度上升，引發囊泡移動胞吐分泌胰島素。

瘦素（leptin）由成熟脂肪細胞分泌出的荷爾蒙。瘦素抑制食慾（作用在下視丘）、增加能的消耗，並且透過下視丘中的瘦素受體（leptin receptor）增加胰島素敏感性，瘦素和瘦素受體異常會引起肥胖和糖尿病。

當瘦素到達大腦中的下視丘，影響中樞神經，抑制 neuropeptide Y（NPY）的作用，因 NPY 是具有刺激食慾的食慾興奮荷爾蒙，因此能夠藉由抑制食慾興奮荷爾蒙達到減弱食慾的表現。

升糖素（glucagon）是由胰臟 α 細胞分泌的荷爾蒙，其生理作用多與胰島素作用相反。血中胰島素濃度乃調控 α 細胞分泌升糖素之重要因素。

在低血糖時，血糖濃度下降而胰島素分泌也因而減少，此一變化會增加 α 細胞升糖素的分泌。相反地，進食之後血糖濃度上升與胰島素分泌增加，則會減少 α 細胞升糖素的分泌。

生理作用為增加肝醣分解、增加肝臟糖質新生、減少肝醣合成、促進肝臟脂肪酸氧化與酮體生成等。

胰島素對於升糖素的調節機制，可視為胰島細胞內之旁分泌調節路徑（intra-islet paracrine regulatory pathway）。此調節機制亦稱為雙荷爾蒙恆定關係（bihormonal homeostatic relationship）。

腸泌素（incretins）包括數種荷爾蒙，其中最主要的是胃抑素（gastric inhibitory polypeptide，或稱 glucosedependent insulinotropic polypeptide, GIP）與升糖素類似胜肽（glucagon-like peptide 1, GLP-1）。GIP 可刺激 β 細胞分泌胰島素、調節脂質代謝，但不會抑制升糖素或胃排空。

腎上腺素（epinephrine）由腎上腺接收交感神經訊號而分泌，作用與升糖素大致相同，但是是受到壓力而活化，而不是飢餓狀態。主要用於回應短期的刺激，可增加 cAMP 濃度，促進三酸甘油脂的水解。促進肌肉和肝臟將肝糖分解為葡萄糖升高血糖。

禁食狀態下升糖素（glucagon）對肝之作用。TAG（三酸甘油酯）

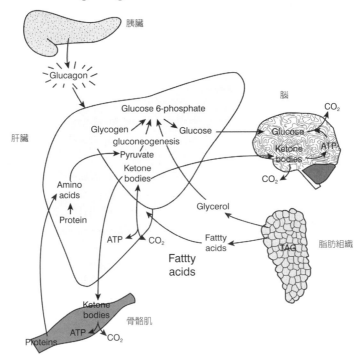

飽食後胰島素（insulin）對肝之作用

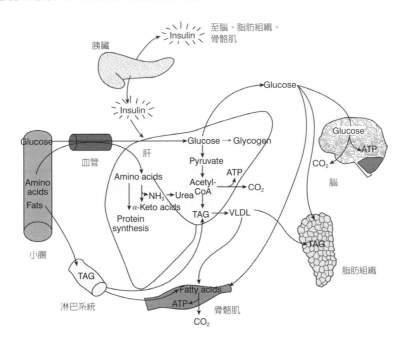

7.6 能量代謝與器官間的關係

腦：沒有作爲能量儲存的脂肪及蛋白質用於分解代謝，葡萄糖是腦主要的供能物質，每天消耗葡萄糖約 100g，主要由血糖供應。腦是好氧器官，無法行無氧呼吸。長期飢餓血糖供應不足時，腦主要利用由肝生成的酮體供能。

骨骼肌

無氧系統：不需要氧氣的參與，只使用醣類（包括葡萄糖及肝醣）做爲燃料，而因爲此路徑利用葡萄糖製造 ATP，所以也叫做糖酵解作用；又在此過程中會乳酸的產生，因此又稱乳酸系統。無氧系統可視受質不同分解成乳酸及兩個或三個 ATP，約爲有氧系統的 5%，此系統的好處爲能快速提供 ATP。

有氧系統：需要氧的參與，使用的燃料包含三大類營養素（醣類、蛋白質、脂肪），且沒有乳酸的產生。此過程在粒線體中進行，並牽涉到兩種代謝途徑：克氏循環及電子傳遞鏈。柯氏循環（Cori cycle）就是能量於骨骼肌組織、肝臟之間的循環。在新陳代謝過程中，乳酸（lactate）可經由無氧糖解反應（anaerobic glycolysis）於肌肉組織中產生，而部分的乳酸會進入肝臟中，並進一步產生成糖質新生反應（gluconeogenesis）產生葡萄糖（glucose）。而葡萄糖又可回到肌肉組織中，再次利用後產生乳酸，以此循環。

心肌：完全的好氧器官（aerobic organ），含有大量的粒線體，優先利用脂肪酸，心肌在飽食狀態下不排斥利用葡萄糖，餐後數小時或飢餓時利用脂肪酸和酮體，運動中或運動後則利用乳酸。

肝臟：與肝臟有關的代謝主要爲：(1) 儲存能量（肝醣、三酸甘油脂）、(2) 合成並輸出脂肪酸、葡萄糖、酮體、(3) 調解血中葡萄糖含量、(4) 糖質新生。酮體由脂肪酸氧化而來，有 acetoacetate、acetone 及 b-hydroxybutyrate 三種型式。

4 個影響血糖濃度的因素：glucose transporter（GLUT2，一種葡萄糖通道）、hexokinase（glucokinase）、肝醣合成酶（glycogen synthase）、肝醣磷酸化酶（glycogen phosphorylase）。肝醣合成酶使葡萄糖合成肝醣，磷酸化使之活性降低，去磷酸化使之活性增加。肝醣磷酸化酶使肝醣分解爲葡萄糖，磷酸化使之活性增加，去磷酸化使之活性降低。

脂肪組織：重要的能量儲存庫，儲存三酸甘油脂，並可將三酸甘油脂轉爲脂肪酸及甘油輸出。當葡萄糖濃度高時，脂肪組織會進行三酸甘油脂的合成，低時則進行分解，並輸出脂肪酸及甘油。分解後產生的脂肪酸由血中白蛋白（albumin）運送。

腎臟：可進行糖質新生和生成酮體兩種代謝。腎髓質無粒線體，主要靠糖酵解供能；腎皮質主要靠脂肪酸及酮體有氧氧化供能。

血液：紅血球沒有粒線體，行無氧糖解（anerobic glycolysis），以乳酸做能量來源。

能量代謝與脊椎動物主要器官間的依存關係

	儲存的能量	主要使用的能量	輸出的能量
大腦	無	葡萄糖（休息時） 酮體（長期飢餓時； 長期指至少一星期）	無
骨骼肌 （休息時）	肝醣	脂肪酸	無
骨骼肌 （運動時）	無	葡萄糖（運動前期葡萄糖來自肝 糖，後期來自脂肪酸）	乳酸（lactate） 丙胺酸（alanine）
心肌	無	脂肪酸 酮體（長期飢餓時）	無
肝臟	肝臟 三酸甘油酯	胺基酸、葡萄糖、脂肪酸	脂肪酸、葡萄 糖、酮體
脂肪組織	三酸甘油酯	脂肪酸	脂肪酸、甘油

心臟的能量代謝

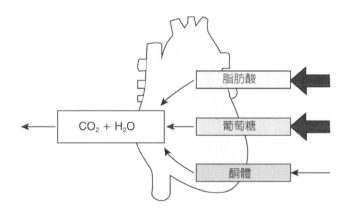

脂肪組織的能量代謝

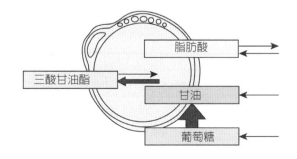

7.7 飢餓與肥胖的代謝壓力

飢餓的代謝壓力

在飢餓（starvation）的初期階段，血液中的葡萄糖開始下降，胰腺分泌升糖素（glucagon），使肝臟釋放葡萄糖。當進入持續的飢餓階段時，組織使用的能量來源從葡萄糖轉移到白色脂肪組織（white adipose tissue）中脂肪酸。

長期饑餓狀態下，大腦和心臟開始使用酮體（ketone body），同時，儲存的脂質和葡萄糖被消耗殆盡。肌肉的蛋白質降解，以產生足夠的能量供給大腦和心臟。長期以酮體當作能量來源會導致酸中毒。

細胞自噬（autophagy）是生物體內高度保留的途徑，它可降解細胞內的蛋白質、胞器，讓細胞適應飢餓或營養缺乏等逆境。

肥胖的代謝壓力

過度的能量攝取是導致肥胖的主要原因，當能量攝取大於消耗時，能量便以脂肪形式儲存於脂肪組織中，促使脂肪細胞產生肥大及增生的情形，而脂肪細胞的異常擴大易導致局部缺氧（microhypoxia）現象，造成細胞內壓力，此時脂解作用（lipolysis）會上升，造成大量游離脂肪酸出現，同時提高瘦素的分泌。

脂肪組織的作用不僅僅是儲存能量，同時也扮演一個分泌器官的角色，釋放多種胜肽、補體因子（complement factors）及細胞素（cytokines）進入循環，而這些因子就是肥胖造成第 2 型糖尿病、心血管疾病形成的主要因素。

脂肪組織主要分成兩大類，一類為白色脂肪組織（white adipose tissue）由白色脂肪細胞（white adipocytes）組成，主要以三酸甘油脂型式儲存脂質；另一類為棕色脂肪組織（brown adipose tissue）由棕色脂肪細胞（brown adipocytes），以小型油滴形式儲存脂質，當脂肪組織受到刺激時，棕色脂肪細胞能快速代謝進而產生能量。

糖尿病的分類約可分為：

1. 第 1 型糖尿病，又稱為胰島素依賴型糖尿病（insulin-dependent diabetes mellitus, IDDM）：特徵為 β 細胞的大量損壞，導致胰島素完全缺乏。
2. 第 2 型糖尿病，又稱為非胰島素依賴型糖尿病（non-insulin-dependent diabetes mellitus, IDDM）：胰島素阻抗及相對的胰島素缺乏為其特性。
3. Impaired glucose homeostasis：介於正常與糖尿病之間的代謝異常階段，患者傾向罹患糖尿病及心血管疾病。
4. 妊娠糖尿病（gestational diabetes mellitus, GDM）：指懷孕期間發生的葡萄糖不耐。

胰島素阻抗（insulin resistance）和 β 細胞的功能異常是第 2 型糖尿病的主要特徵，胰島素阻抗是指周圍組織對胰島素之敏感性下降，減少胰島素抑制肝臟葡萄糖新生的作用，以及降低骨骼肌與脂肪對葡萄糖的利用能力。

除了胰島素阻抗外，脂質代謝異常（dyslipidemia）、高血壓與肥胖，更被視為第 2 型糖尿病的主要病因。

正常飲食與飢餓狀態下，能量儲存、使用示意圖

	高血糖（餐後）	低血糖（餐前）	飢餓
肝臟	Glucose → Fatty acids / Glycogen; Fatty acids → Triacylglycerols → VLDL	Fatty acids → CO₂ + H₂O; Glycogen → Glycogenolysis → Glucose	Amino acids → Gluconeogenesis; Fatty acids → β-oxidation → Ketogenesis → Ketone bodied / Glucose
脂肪組織	Fatty acids → Triacylglycerols	Triacylglycerols → Fatty acids, glycerol	Triacylglycerols → Fatty acids, glycerol
骨骼肌	Glucose → Glycolysis / Glycogen → Lactate	Triacylglycerols → Fatty acids, glycerol; Fatty acids → β-oxidation → Ketogenesis → Ketone bodies	Triacylglycerols → Fatty acids, glycerol; Fatty acids → Ketone bodies; Proteins → Proteolysis → Amino acids
心臟	Fatty acids → β-oxidation → CO₂ + H₂O	Fatty acids → β-oxidation → CO₂ + H₂O	Ketone bodies → Citric acid cycle → CO₂ + H₂O
腦	Glucose → Glycolysis / Citric acid cycle → CO₂ + H₂O	Glucose → Glycolysis / Citric acid cycle → CO₂ + H₂O	Ketone bodies → Citric acid cycle → CO₂ + H₂O

脂肪細胞

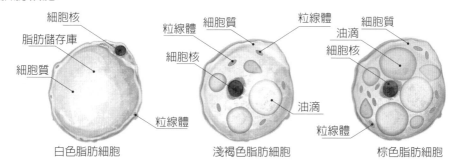

白色脂肪細胞　　淺褐色脂肪細胞　　棕色脂肪細胞

Part 8
醣類代謝

8.1 糖解

糖的無氧氧化稱爲糖解（glycolysis）。糖解是葡萄糖經果糖 -1,6- 二磷酸和甘油酸 -3- 磷酸轉變爲丙酮酸（pyruvate），同時產生 ATP 的一系列反應。這一過程無論在有氧或厭氧的條件下均可進行，是所有生物體進行葡萄糖分解代謝所必須經過的共同階段。

能量投資階段
(the energy investment phase)

步驟 1. 葡萄糖的磷酸化：葡萄糖被 ATP 磷酸化形成葡萄糖 -6- 磷酸（Glu-6-P），即第一個磷酸化反應，這個反應由己糖激酶（hexokinase）催化，屬轉移酶。Mg^{2+} 會和磷酸根嵌合，加速磷酸化。

步驟 2. 果糖 -6- 磷酸的生成：是磷酸己糖的同分異構化反應，由磷酸葡萄糖異構酶（glucose-6-phosphate isomerase）催化葡萄糖 -6- 磷酸異構化爲果糖 -6- 磷酸（Fru-6-P），即醛糖轉變爲酮糖。

步驟 3. 果糖 -1,6- 二磷酸的生成：果糖 -6- 磷酸被 ATP 磷酸化爲果糖 -1,6-二磷酸（Fru-1,6-bP），即第二個磷酸化反應，這個反應由磷酸果糖激酶（phosphofructokinase-1, PFK-1）催化，是糖酵解過程中的第二個不可逆反應。PFK-1 是一種變構酶，是初步調控糖解的調節性酶。需要輔因子 Mg^{2+}。

步驟 4. 果糖 -1,6- 二磷酸的裂解：裂解爲甘油醛 -3- 磷酸（G3P）和二羥丙酮磷酸（dihydroxyacetone phosphate, DHAP），反應由醛縮酶（frucyose-1,6-biphosphate aldolase）催化。這 2 個產物爲三碳磷酸糖。

步驟 5. 二羥丙酮磷酸的異構化：在三碳糖磷酸異構酶（triose phosphate isomerase）的催化下迅速異構化爲甘油醛 -3- 磷酸（G3P），甘油醛 -3- 磷酸可以直接進入糖解的後續反應。

能量產生階段
(the energy generation phase)

步驟 6. 1,3- 二磷酸甘油酸的生成：在有 NAD^+ 和 H_3PO_4 時，甘油醛 -3- 磷酸被甘油醛 -3- 磷酸脫氫酶催化，進行氧化脫氫，生成 1,3- 二磷酸甘油酸（1,3-biphosphoglycerate, 1,3bPG），爲高能化合物。

步驟 7. 3- 磷酸甘油酸和第一個 ATP 的生成：磷酸甘油酸激酶（phosphoglycerate kinase）催化 1,3-二磷酸甘油酸分子 C_1 上高能磷酸基團到 ADP 上，生成 3- 磷酸甘油酸（3-phosphoglycerate, 3-PG）和 ATP。這個反應屬基質層次磷酸化。

步驟 8. 3- 磷酸甘油酸異構化爲 2- 磷酸甘油酸：磷酸甘油酸異構酶催化 3-磷酸甘油酸 C_3 上的磷酸基團轉移到分子內的 C_2 上，生成 2- 磷酸甘油酸（2-phosphoglycerate, 2-PG）。該反應實際是分子內的重排，磷酸基團位置的移動。

步驟 9. 磷酸烯醇丙酮酸的生成：在有 Mg^{2+} 或 Mn^{2+} 存在的條件下，由烯醇化酶（enolase）催化 2- 磷酸甘油酸脫去一分子水，生成磷酸烯醇丙酮酸（phosphoenolpyruvate, PEP），爲高能化合物。

步驟 10. 丙酮酸和第二個 ATP 的生成：在 Mg^{2+} 或 Mn^{2+} 的參與下，丙酮酸激酶（pyruvate kinase）催化磷酸烯醇丙酮酸的磷酸基團轉移到 ADP 上，生成烯醇丙酮酸和 ATP。而烯醇丙酮酸很不穩定，迅速重排形成丙酮酸（Pyr）。

糖解整個過程的總反應可表示爲：葡萄糖 + 2ADP + 2Pi + 2NAD$^+$ → 2 丙酮酸 + 2ATP + 2NADH + 2H$^+$ + 2H$_2$O

第 1 階段消耗 2 個 ATP，步驟 1 及 3 爲不可逆反應，是糖質新生和糖解的調控點。第 2 階段生成 4 個 ATP 及 2 個 NADH，步驟 10 爲不可逆反應，是糖質新生和糖解的調控點。

糖解過程

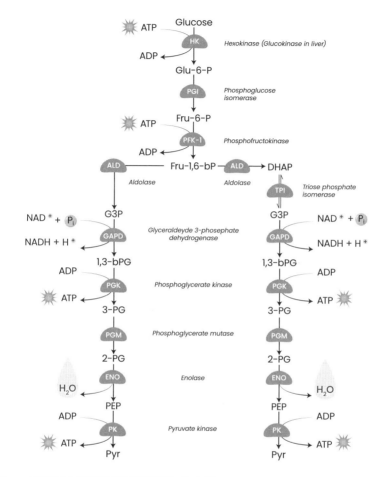

葡萄糖 -6- 磷酸是多種代謝路徑的分支點

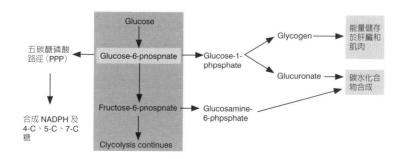

8.2 肝糖代謝

肝糖（glycogen）又稱糖原，是動物體內糖的儲存形式之一，是生物體能迅速動用的能量儲備。肌肉中含 180 至 300g，主要供肌肉收縮所需，肝臟中含 70 至 100g，維持血糖濃度水準，降低血管滲透壓。

肝糖合成：肝糖是葡萄糖的聚合物，具有 α-1,4- 糖苷鍵和多重的分支藉 α-1,6- 糖苷鍵連結。肝糖合成（glycogensis）是由葡萄糖分子合成肝糖，它發生在多醣類的消化產生高濃度葡萄糖時。

肝糖合成開始於糖解作用第一個反應所得到的葡萄糖 -6- 磷酸（glucose-6-phosphate），經磷酸葡萄糖變位酶（phosphoglucomutase）催化轉變成其異構物葡萄糖 -1- 磷酸（glucose-1-phosphate），並利用高能量尿苷三磷酸（uridine triphosphate, UTP）活化，透過 UDP-glucose pyrophosphorylase 產生尿苷二磷酸（uridine diphosphate, UDP) - 葡萄糖。最後再利用肝醣合成酶（glycogen synthase, GS）形成聚合物，同時也需要 transglycosylase 製造肝糖中的分支（1 → 6）。

肝醣合成酶（glycogen synthase, GS）為肝醣合成之主要催化酶，其活性會受到肝醣合成酶激酶（glycogen synthase kinase-3, GSK-3）磷酸化而被抑制，當有胰島素刺激下，經由 PI3 Kinase 的下游激酶 PKB（Akt）及 aPKC 皆可藉由磷酸化來活化肝醣合成激酶（GSK3），以抑制 GSK-3，進而促進 GS 活性，以增加肝醣合成。

肝糖分解

肝糖分解作用（glycogenolysis）是當血糖被耗盡時，肝糖分解成為葡萄糖的過程。葡萄糖分子逐一的由肝糖鏈末端被移下，並磷酸化產生葡萄糖 -1-磷酸。這個過程需要肝糖磷酸化酶（glycogen phosphorylase），但是這個酶無法分解 α（1 → 6）鍵結，因此還需要重要的「去支鏈酶」，其中 α（1 → 4）glucantransferase 會去除 3 個殘基接到另一個分支上，形成新的 α（1 → 4）鍵結，接著 α（1 → 6）glucosidase 去除殘基，最後就可被磷酸化酶分解。

葡萄糖 -1- 磷酸經磷酸葡萄糖變位酶轉變成葡萄糖 -6- 磷酸，它進入糖解作用的路徑產生 ATP。只有在肝臟和腎臟中的細胞具有葡萄糖 -6- 磷酸酶，可水解葡萄糖 - 磷酸而產生自由的葡萄糖。

骨骼肌的肝醣磷酸化酶以兩種互相轉變的形式存在：肝醣磷酸化酶 a（glycogen phosphorylase a），它具有催化的活性，以及肝醣磷酸化酶 b（glycogen phosphorylase b），它較缺乏活性。

當肌肉回復到休息狀態時，第二個酶磷酸化酶 a 磷酸酶（phosphorylase a phosphatase），也稱為磷蛋白磷酸酶 1（phosphoprotein phosphatase 1, PP1），此酶會將磷酸化酶 a 上的磷醯基移除，而將之轉變成較不具活性的磷酸化酶 b。

肝醣儲積症（glycogen storage disease）就是肝醣無法順利轉化成葡萄糖，而堆積在體內的遺傳代謝疾病。人體的肝臟和肌肉有大量的肝醣，肝醣貯積症對這兩種器官組織影響最大。其明顯症狀是肝臟的肝醣代謝受阻礙，因而出現肝脾腫大以及血糖過低的現象。肌肉的肝醣代謝異常，無法製造提供肌肉收縮所需的能量，導致肌肉無力及抽筋。

肝糖生成

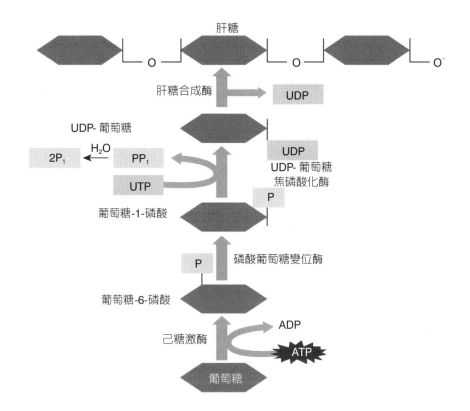

肝糖
O
O
O⁻
肝糖合成酶
UDP
UDP- 葡萄糖
H2O
2P1
PP1
UDP
UDP- 葡萄糖
焦磷酸化酶
UTP
P
葡萄糖-1-磷酸
P
磷酸葡萄糖變位酶
葡萄糖-6-磷酸
ADP
己糖激酶
ATP
葡萄糖

肝糖磷酸化反應

CH2OH
OH
HO
OH
O
n
殘基
非還原端
P
OPO3
+
n – 1
殘基
α-D-Glucose-1-phosphate

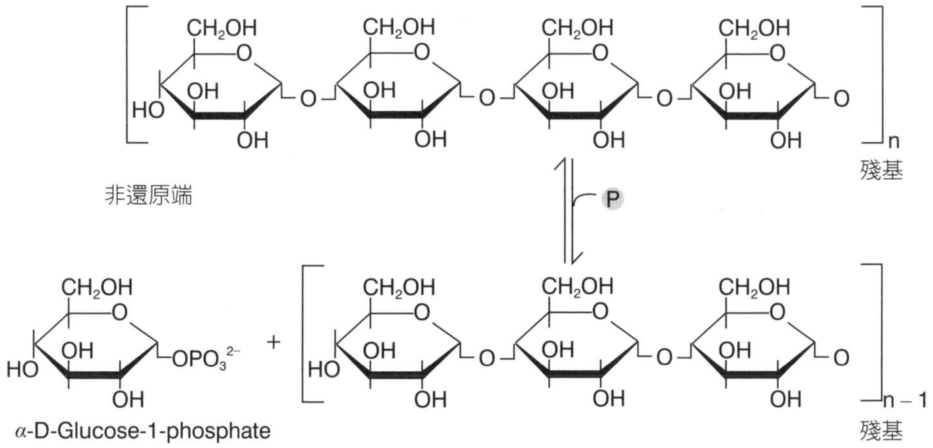

8.3 檸檬酸循環

檸檬酸循環（citric acid cycle），又稱克氏循環（Krebs cycle），因為檸檬酸有三個羧基，也稱三羧酸循環（tricarboxylic acid cycle，TCA 循環）。檸檬酸循環不僅是糖代謝的主要途徑，也是蛋白質、脂肪氧化分解代謝的最終途徑。丙酮酸的氧化可分為兩個階段：丙酮酸氧化為乙醯 -CoA（acetyl- CoA）和乙醯 -CoA 的乙醯基部分經過檸檬酸循環被徹底氧化為 CO_2 和 H_2O，同時釋放出大量能量。

步驟 1.醇醛縮合反應（aldol condensation）：在檸檬酸合成酶（citrate synthetase）的催化下，乙醯 -CoA 與草乙酸縮合生成檸檬酸 -CoA，然後高能硫酯鍵水解形成 1 分子檸檬酸（citrate）並釋放 CoA-SH。

步驟 2.檸檬酸異構化（isomerization）：檸檬酸先脫水生成順式烏頭酸（cis-aconitate），然後再加水生成異檸檬酸。反應由順烏頭酸酶（cis-aconitase）催化。

步驟 3.氧化脫羧反應（oxidative decarboxylation）：在異檸檬酸脫氫酶（isocitrate dehydrogenase）的催化下，異檸檬酸被氧化脫氫，生成草醯琥珀酸（oxalosuccinate）。草醯琥珀酸脫羧生成 α- 酮戊二酸（α-ketoglutarate）脫去 1 分子 CO_2。

步驟 4.氧化脫羧反應：由 α- 酮戊二酸脫氫酶複合體（α-ketoglutarate dehydrogenase complex）催化，α-酮戊二酸氧化脫羧生成琥珀醯 -CoA（succinyl-CoA），產生 1 分子 $NADH+H^+$ 和 1 分子 CO_2。

步驟 5.基質層次磷酸化（substrate-level phosphorylation）：琥珀醯 -CoA 在琥珀酸硫激酶催化下，高能硫酯鍵水解釋放的能量使 GDP 磷酸化生成 GTP，同時生成琥珀酸。

步驟 6.FAD 依賴脫氫反應（FAD-dependent dehydrogenation）：在琥珀酸脫氫酶的催化下，琥珀酸被氧化脫氫生成延胡索酸（fumarate），酶的輔基 FAD 是氫受體。

步驟 7.碳碳雙鍵的水合反應（hydration）：在延胡索酸酶的催化下，延胡索酸水合生成蘋果酸（malate）。

步驟 8.脫氫反應：在蘋果酸脫氫酶的催化下，蘋果酸氧化脫氫生成草乙酸，NAD^+ 是氫受體。

檸檬酸循環中 8 種酶催化 8 步驟反應的總反應式為：乙醯 -CoA + $3NAD^+$ + FAD + ADP（或 GDP）+ Pi + $2H_2O$ → $2CO_2$ + $3NADH/3H^+$ + $FADH_2$ + ATP（或 GTP）+ CoA-SH

1 個檸檬酸循環產生 1 分子的高能磷酸（ATP 或 GTP），而 ATP 或 GTP 經過磷酸化，加上 3 分子 NADH 及 1 分子 $FADH_2$，能提供電子傳遞鏈所需的能量。

檸檬酸循環主要的調控：

1. 檸檬酸合成酶：檸檬酸合成酶是檸檬酸循環的關鍵限速酶，該酶催化乙醯 CoA 和草乙酸生成檸檬酸。ATP 是此酶的變構抑制劑，它能提高檸檬酸合成酶對其基質乙醯 -CoA 的 Km 值，即當 ATP 水準高時，有較少的酶被乙醯 -CoA 所飽和，因而合成的檸檬酸就少。而作為基質的草乙酸和乙醯 CoA 濃度高時，可啟動檸檬酸合成酶。

2. 異檸檬酸脫氫酶：ATP、琥珀酸 -CoA 和 NADH 抑制異檸檬酸脫氫酶的活性；而 ADP 是該酶的變構啟動劑，能增大此酶對底物的親和力。

3. α- 酮戊二酸脫氫酶複合體：該酶受 ATP 及其所催化的反應產物琥珀醯 -CoA、NADH 的抑制。

檸檬酸循環

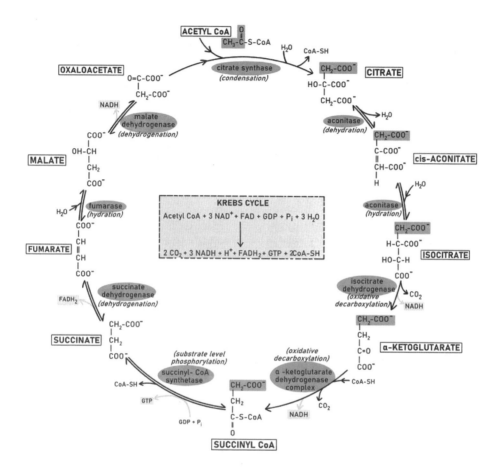

丙酮酸經過丙酮酸脫氫酶複合物的催化被氧化為乙醯輔酶 A

$\Delta G^{\circ\prime} = -33.4\,kJ/mol$

8.4 糖質新生

糖質新生（gluconeogenesis）是由丙酮酸合成葡萄糖的過程，為糖解的逆反應，需消耗能量（4ATP+2GTP+2NADH），肝、腎皮質是主要的糖質新生器官。自然界中糖的合成的基本來源是綠色植物及光能細菌進行光合作用，從無機物 CO_2 及 H_2O 合成糖，異養生物不能從無機物合成糖，必須從食物中獲得。

動物體的某些組織，如腦，幾乎完全是以葡萄糖為主要燃料的，在長時間處於饑餓狀態時，必須由非糖的化合物形成葡萄糖以保證存活；另外，在劇烈運動時糖質新生作用也是重要的。高等植物油料作物種子萌發時，脂肪酸氧化分解產生的甘油和乙醯 CoA 能向糖轉變。其中的乙醯 CoA 經過乙醛酸循環轉變為琥珀酸，再由琥珀酸生成草乙酸，然後通過葡萄糖異生作用合成葡萄糖，以供幼苗生長利用。糖質新生過程如下：

1. 丙酮酸生成磷酸烯醇丙酮酸

(1)丙酮酸羧化酶催化丙酮酸（pyruvate）羧化成草乙酸（oxaloacetate）：丙酮酸羧化酶（pyruvate carboxylase）是一個生物素蛋白，以生物素（biotin）為輔酶，另外還需乙醯 CoA 和 Mg^{2+} 作為輔助因子，反應消耗一分子 ATP。丙酮酸羧化酶存在於粒線體內，而糖解是在細胞質中進行的，因此，丙酮酸需從細胞質轉移到粒線體內才能羧化成草乙酸，後者只有在轉變為蘋果酸後才能再進入細胞質。蘋果酸再經細胞質中的蘋果酸脫氫酶轉變成草醯乙酸。

(2)磷酸烯醇丙酮酸羧激酶催化草乙酸形成磷酸烯醇丙酮酸（pho-sphoenolpy0ruvate, PEP）：草乙酸在磷酸烯醇丙酮酸羧激酶（PEP carboxykonase, PEPCK）的催化下由 GTP 提供磷酸基，脫羧生成 PEP。

2. 果糖-1,6-二磷酸生成果糖-6-磷酸：該反應由果糖二磷酸酶（fructose-1,6-biphosphatase）催化，水解 C1 上的磷酸酯鍵，生成果糖-6-磷酸。果糖二磷酸酶是變構酶，受 AMP 變構抑制。當生物體內 AMP 濃度很高時，說明生物體內能量缺少，需糖解產生能量。因此，高濃度的 AMP 抑制果糖二磷酸酶的活性，不能進行糖異生作用而進行糖解，產生的丙酮酸進入檸檬酸循環，生成大量 ATP，供給生物體能量。但該酶受 ATP、檸檬酸變構啟動。

3. 葡萄糖-6-磷酸生成葡萄糖：該反應由葡萄糖-6-磷酸酶（glucose-6-phosphatase）催化，將葡萄糖-6-磷酸的磷酸酯鍵水解，生成葡萄糖。

葡萄糖新生的化學計量關係為：

$$2 \text{ 丙酮酸（3C）} + 4ATP + 2GTP + 2NADH + 6H_2O \rightarrow \text{葡萄糖（6C）} + 4ADP + 2GDP + 6Pi + 2NAD^+$$

除了丙酮酸外，乳糖、甘油、丙胺酸、丙酸鹽（propionate）等也是糖質新生的前驅物。

肌肉無法進行糖質新生，所以肌肉收縮產生的乳酸會由血液帶至肝臟進行糖質新生。糖質新生產生的葡萄糖，則轉送回肌肉合成肝糖和作為糖解作用的原料，此循環稱為柯氏循環（Cori cycle）。

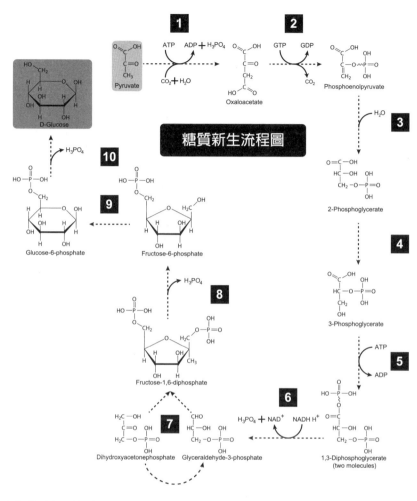

糖質新生流程圖

乳酸循環（柯氏循環）

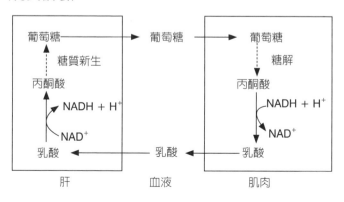

8.5 五碳醣磷酸路徑

五碳醣磷酸路徑（pentose phosphate pathway, PPP）的主要特點是葡萄糖直接氧化脫氫和脫羧，不必經過糖解和檸檬酸循環，脫氫酶的輔酶不是 NAD^+ 而是 $NADP^+$，產生的 NADPH 作為還原力以供生物合成用，而不是傳遞給 O_2，沒有 ATP 的產生與消耗。

五碳醣磷酸路徑的中間產物為許多化合物的合成提供原料。如 5- 磷酸核糖是合成核苷酸的原料，也是 NAD^+、$NADP^+$、FAD 等的組分；4- 磷酸赤蘚糖可與糖酵解產生的中間產物磷酸烯醇式丙酮酸合成莽草酸，最後合成芳香族胺基酸。此外，核酸的降解產物核糖也需由磷酸戊糖途徑進一步分解。

在細胞溶質中進行，整個途徑可分為氧化階段和非氧化階段：氧化階段從 6- 磷酸葡萄糖氧化開始，直接氧化脫氫脫羧形成 5- 磷酸核糖；非氧化階段是磷酸戊糖分子在轉酮酶和轉醛酶的催化下互變異構及重排，產生 6- 磷酸果糖和 3- 磷酸甘油醛。此階段產生中間產物：C_3、C_4、C_5、C_6 和 C_7 糖。

不可逆的氧化脫羧階段

1. 葡萄糖 -6- 磷酸的脫氫反應：在葡萄糖 -6- 磷酸脫氫酶（glucose-6-phosphate dehydrogenase）作用下，以 $NADP^+$ 為輔酶，催化葡萄糖 -6- 磷酸脫氫，生成 6- 磷酸葡萄糖酸內酯（6-phosphogluconolactone）及 NADPH。

2. 6- 磷酸葡萄糖酸內酯的水解反應：在 6- 磷酸葡萄糖酸內酯酶（6-phospho-gluconolactonase）催化下，6- 磷酸葡萄糖內酯水解，生成 6- 磷酸葡萄糖酸（6-phosphogluconate）。

3. 6- 磷酸葡萄糖酸的脫氫脫羧反應：在 6- 磷酸葡萄糖酸脫氫酶（6-phosphogluconate dehydrogenase）作用下，以輔酶 $NADP^+$ 為氫受體，催化 6- 磷酸葡萄糖酸氧化脫羧，生成核酮糖 -5- 磷酸（ribulose-5-phosphate）和另一分子 NADPH。

可逆的非氧化分子重排階段

4. 核酮糖 -5- 磷酸的異構化反應：磷酸五碳糖異構酶（phosphopentose isomerase）催化核酮糖 -5- 磷酸轉變為核糖 -5- 磷酸（ribose-5-phosphate），而磷酸五碳糖表異構酶（phosphopentose epimerase）催化核酮糖 -5- 磷酸轉變為木酮糖 -5- 磷酸（xylulose-5-phosphate）。

5. 轉酮反應：轉酮酶（transketolase）催化木酮糖 -5- 磷酸上的乙酮醇基（羥乙醯基）轉移到 5- 磷酸核糖的第一個碳原子上，生成甘油醛 -3- 磷酸（glyceraldehyde-3-phosphate）和景天庚酮糖 -7- 磷酸（sedoheptulose-7- phosphate）（C5+C5 → C3+C7）。在此，轉酮酶轉移一個二碳單位，二碳單位的供體是酮糖，而受體是醛糖。

6. 轉醛反應：轉醛酶（transaldolase）催化景天庚酮糖 -7- 磷酸上的二羥丙酮基轉移給甘油醛 -3- 磷酸，生成赤蘚糖 -4- 磷酸（erythrose-4-phosphate）和果糖 -6- 磷酸（fructose-6-phosphate）（C7+C3→C4+C6）。轉醛酶轉移一個三碳單位，三碳單位的供體也是酮糖，而受體是也醛糖。

7. 轉酮反應：轉酮酶催化木酮糖 -5- 磷酸上的乙酮醇基（羥乙醯基）轉移到赤蘚糖 -4- 磷酸的第一個碳原子上，生成甘油醛 -3- 磷酸和果糖 -6- 磷酸（C5+C4 → C3+ C6）。此步反應與步驟 5 相似，轉酮酶轉移的二碳單位供體是酮糖，受體是醛糖。

從 6 分子葡萄糖 -6- 磷酸開始進入反應，那麼經過第一階段的兩次氧化脫氫及脫羧後，產生 6 分子 CO_2 和 6 分子核酮糖 -5- 磷酸與 12 分子的 $NADPH+H^+$。

五碳醣磷酸路徑

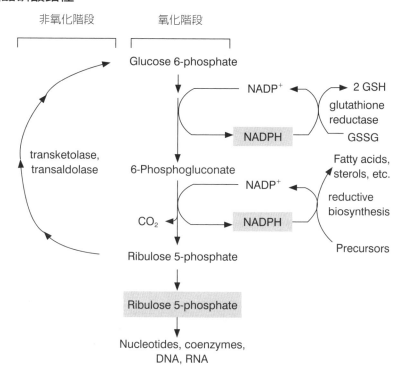

五碳醣磷酸路徑的非氧化反應

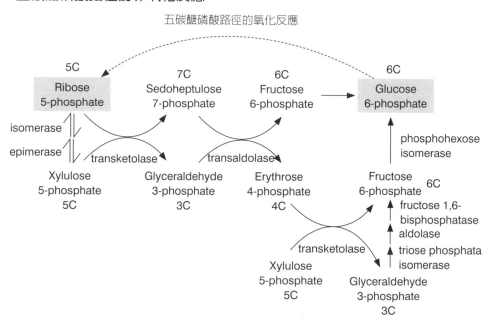

8.6 雙醣和多醣的降解

醣類代謝爲生物提供重要的能源和碳源。生存活動所需的能量，主要由醣類物質分解代謝提供的，1g 葡萄糖經徹底氧化分解可釋放約 16.74kJ 的能量。醣類代謝的中間產物還爲胺基酸、核苷酸、脂肪酸、甘油的合成提供碳原子或碳骨架。

雙醣的酶促降解

蔗糖的水解：由蔗糖酶催化，此酶也稱轉化酶（invertase），蔗糖水解後產生 1 分子葡萄糖和 1 分子果糖。

麥芽糖的水解：麥芽糖酶催化 1 分子麥芽糖水解產生 2 分子 α-D- 葡萄糖。植物中還存在 α- 葡萄糖苷酶，此酶也可催化麥芽糖的水解。

乳糖的水解：由乳糖酶催化，生成 1 分子半乳糖和 1 分子葡萄糖。

澱粉的水解

能夠催化澱粉 α-1,4- 糖苷鍵以及 α-1,6- 糖苷鍵水解的酶叫澱粉酶（amylase），主要包括 α- 澱粉酶、β- 澱粉酶以及 R- 酶。

1. α- 澱粉酶又稱 α-1,4- 葡聚糖水解酶。這是一種內切澱粉酶（endoamylase），可以水解直鏈澱粉或肝糖分子內部的任意 α-1,4- 糖苷鍵。直鏈澱粉，水解產物爲葡萄糖和麥芽糖、麥芽三糖以及低聚糖的混合物；支鏈澱粉，則直鏈部分的 α-1,4- 糖苷鍵被水解，而 α-1,6- 糖苷鍵不被水解，水解產物爲葡萄糖和麥芽糖、麥芽三糖等寡聚糖類以及含有 α-1,6- 糖苷鍵的短的分支部分—α- 極限糊精（limit dextrin）的混合物。

2. β- 澱粉酶又稱 α-1,4-葡聚糖基 - 麥芽糖基水解酶。這是一種外切澱粉酶（exoamylase），從澱粉分子週邊的非還原性末端開始，每間隔一個糖苷鍵進行水解，生成產物爲麥芽糖。直鏈澱粉，水解產物幾乎都是麥芽糖；支鏈澱粉，水解產物爲麥芽糖和多分支糊精（β- 極限糊精）。

α- 澱粉酶是需要與 Ca^{+2} 結合而表現活性的金屬酶，β- 澱粉酶是含硫基的酶。α- 澱粉酶和 β- 澱粉酶中的 α 和 β 並不是指其作用的 α- 或 β- 糖苷鍵。

3. R- 酶又稱爲去分支酶（debranching enzyme），它可作用於澱粉的 α-1,6- 糖苷鍵。

澱粉的磷酸解

澱粉除了可以被水解外，也可以被磷酸解（phosphorolysis）。

1. α-1,4- 糖苷鍵的降解：澱粉磷酸化酶可作用於澱粉的 α-1,4- 糖苷鍵，從非還原端依次進行磷酸解，每次釋放 1 分子葡萄糖-1-磷酸。

2. α-1,6- 糖苷鍵的降解：支鏈澱粉經過磷酸解完全降解需三種酶的共同作用。這三種酶是磷酸化酶、轉移酶和 α-1,6- 糖苷酶。首先，磷酸化酶（phosphorylase）從非還原性末端依次降解並釋放出 1 分子葡萄糖-1-磷酸，直到在分支點以前還剩 4 個葡萄糖殘基爲止。然後轉移酶（transferase）將一個分支上剩下的 4 個葡萄糖殘基中的 3 個葡萄糖殘基轉移到另一個分支上，並形成一個新的 α-1,4- 糖苷鍵。最後，α-1,6- 糖苷酶（α-1,6-glucosidase）降解暴露在外的 α-1,6- 糖苷鍵。這樣，原來的分支結構就變成了直鏈結構，磷酸化酶可繼續催化其磷酸解，生成葡萄糖-1-磷酸。

肝糖的降解也是通過磷酸解，由磷酸化酶和轉移酶以及 α-1,6-糖苷酶共同作用。

糖的消化過程

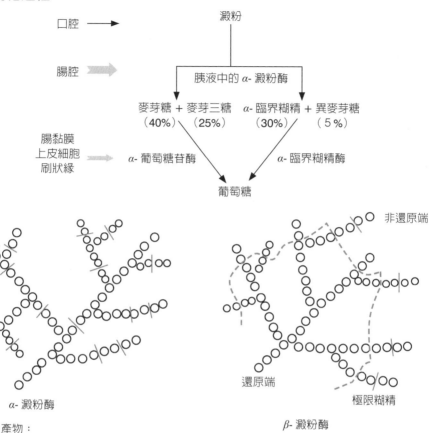

口腔 ⟶ 澱粉

腸腔 ⟹ 胰液中的 α- 澱粉酶

麥芽糖 + 麥芽三糖　α- 臨界糊精 + 異麥芽糖
（40%）　（25%）　（30%）　（5％）

腸黏膜
上皮細胞　⟹　α- 葡萄糖苷酶　　　　α- 臨界糊精酶
刷狀緣

葡萄糖

非還原端

還原端

極限糊精

α- 澱粉酶

產物：
糊精、嘉糖、少量麥芽糖

β- 澱粉酶

產物：
麥芽糖、極限糊精

乳糖的水解由乳糖酶催化，生成 1 分子半乳糖和 1 分子葡萄糖

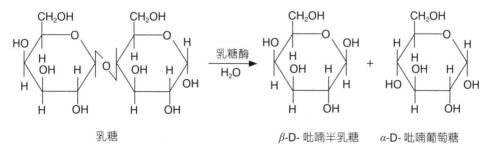

乳糖　　　　　　　　　　β-D- 吡喃半乳糖　　α-D- 吡喃葡萄糖

8.7 丙酮酸的代謝命運

丙酮酸是代謝反應的中心分支點，和被甘油醛三磷酸催化的反應息息相關。

在確定糖酵解後丙酮酸的命運時，需要問兩個問題。(1) 是否存在氧氣，即有氧條件。(2) 是否存在粒線體以促進 TCA 循環和 ETC。

在有氧條件下，存在粒線體時，從一個分子的葡萄糖中產生的兩個丙酮酸分子將被轉運到細胞的粒線體，並進入 TCA 循環。然後，通過 TCA 和 ETC 產生能量，並在 ETC 中再生 NAD^+。

丙酮酸不能輕易進入 TCA 循環，因此必須轉化為替代化合物。丙酮酸通過酶丙酮酸脫氫酶被轉化為粒線體基質中的乙醯輔酶 A。丙酮酸脫氫酶是由三個亞基組成的酶複合物。它還需要五個輔助因子，以有效催化丙酮酸向乙醯輔酶 A 的轉化。這 5 個輔助因子是 Co-A、thiamine pyrophosphate（TPP）、硫辛酸酯、FAD 和 NAD^+。在此過程中，丙酮酸中的碳原子流失而形成二氧化碳。此外，NAD^+ 被還原為 NADH 以促進丙酮酸氧化為乙醯輔酶 A。因此，該反應是氧化脫羧。

在反應結束時，2 個丙酮酸分子形成 2 個乙醯基 Co-A 分子 + 2 個二氧化碳 + NADH 分子。該反應也是不可逆的。形成乙醯輔酶 A 後，將其結合到粒線體基質中的草乙酸中，從而在 TCA 循環中形成檸檬酸。這發生在植物，動物和某些微生物細胞中，其基本要求是要存在有氧條件並存在粒線體。

丙酮酸也可以轉化為草乙酸，其也進入 TCA 循環以產生能量。該反應由依賴於生物素的酶—丙酮酸羧化酶催化。

丙酮酸發生羧化反應以形成草乙酸。這是補充 TCA 循環中間體並提供糖質新生的基質的重要過程。

在厭氧條件下和粒線體不存在的情況下，會發生發酵反應。發酵可以經由兩種方法發生，形成乙醇或乳酸。發酵的主要目的是再生細胞中 NAD^+ 的有限供應，以繼續進行包括糖解在內的反應。

在酵母細胞中，發酵分兩個步驟進行。2 個丙酮酸分子轉化為 2 個乙醇分子和 2 個二氧化碳分子。首先，丙酮酸被丙酮酸脫羧酶轉化為乙醛。該酶利用類似的輔因子如 TPP，也可以利用鎂離子。在這種脫羧中，釋放出二氧化碳。然後經由酒精脫氫酶將乙醛轉化為乙醇。在此過程中，NADH 被氧化為 NAD^+，因此進行了氧化還原反應。

在劇烈運動過程中，骨骼肌無法獲得充足的氧氣供應，因此，在某些缺氧狀態下，肌肉必須進行無氧呼吸。在這些情況下，骨骼肌進行發酵以將丙酮酸轉化為乳酸。該過程對於補充 NAD^+ 的供應至關重要，以確保糖解持續進行。但是，乳酸對細胞有毒，因為它會引起 pH 值變化並導致酸中毒。

在發酵反應中，丙酮酸通過乳酸脫氫酶被轉化為乳酸。這是一個可逆的反應。在此過程中，NADH 被氧化為 NAD^+，這有助於將丙酮酸還原為乳酸。發酵形成乳酸也發生在紅血球中。紅血球缺乏粒線體，因此無法進行 TCA 循環和 ETC，因此它依賴於糖解來產生能量。這意味著產生乳酸以確保 NAD+ 的快速再生以繼續糖酵解途徑。

丙酮酸（pyruvate）的三個代謝命運

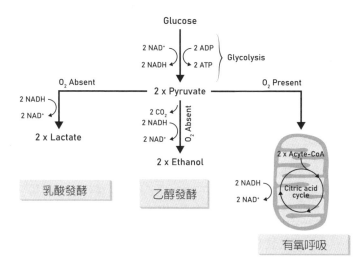

丙酮酸生成乳酸之反應式

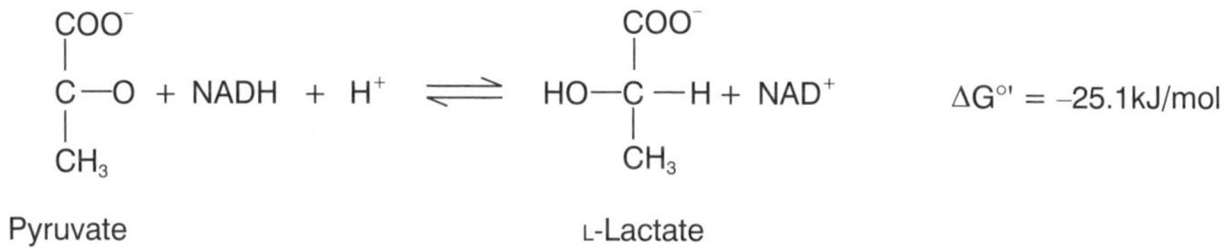

$$
\begin{array}{c}
\text{COO}^- \\
| \\
\text{C}-\text{O} \\
| \\
\text{CH}_3
\end{array}
+ \text{NADH} + \text{H}^+
\rightleftharpoons
\begin{array}{c}
\text{COO}^- \\
| \\
\text{HO}-\text{C}-\text{H} \\
| \\
\text{CH}_3
\end{array}
+ \text{NAD}^+
\qquad \Delta G^{\circ\prime} = -25.1\,\text{kJ/mol}
$$

Pyruvate　　　　　　　　　　L-Lactate

丙酮酸生成乙醇之反應式

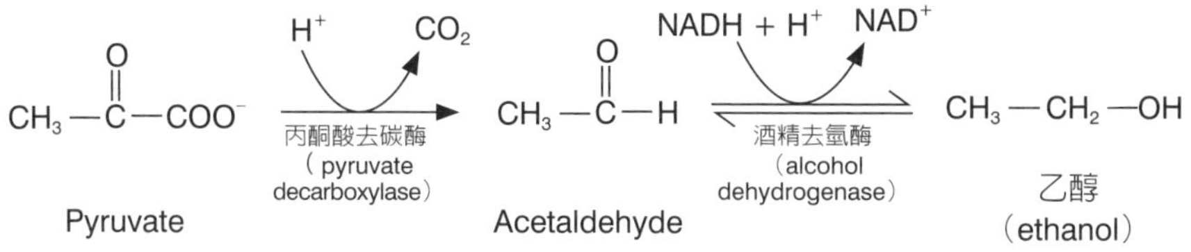

$$
\begin{array}{c}
\text{O} \\
\| \\
\text{CH}_3-\text{C}-\text{COO}^-
\end{array}
\xrightarrow[\substack{\text{丙酮酸去碳酶} \\ (\text{pyruvate} \\ \text{decarboxylase})}]{\text{H}^+ \quad \text{CO}_2}
\begin{array}{c}
\text{O} \\
\| \\
\text{CH}_3-\text{C}-\text{H}
\end{array}
\xrightarrow[\substack{\text{酒精去氫酶} \\ (\text{alcohol} \\ \text{dehydrogenase})}]{\text{NADH} + \text{H}^+ \quad \text{NAD}^+}
\text{CH}_3-\text{CH}_2-\text{OH}
$$

Pyruvate　　　　　　　　　　Acetaldehyde　　　　　　　　乙醇
　　　　　　　　　　　　　　　　　　　　　　　　　　（ethanol）

8.8 乙醛酸循環

乙醛酸循環（glyoxylate cycle）為油類種子萌發的特有代謝路徑，在油脂的代謝中扮演了不可或缺的角色。它使萌發的種子將儲存的三酸甘油酯經由乙醯輔酶 A 轉變為葡萄糖。此路徑由產生乙醛酸（glyoxylate）來節省檸檬酸循環會損失的 2 個 CO_2。

在種子萌發過程中，乙醛酸循環關鍵酶異檸檬酸裂解酶（isocitrate lyase, ICL）及蘋果酸合成酶（malate synthase, MLS）的酶活性及基因表現受到外加碳水化合物所抑制。

一個乙醯輔酶A與草乙酸（oxaloacetate，源自於粒線體）結合形成檸檬酸（citrate，六碳），並由此進入乙醛酸循環。檸檬酸接著被轉變成異檸檬酸（isocitrate），異檸檬酸接下來在 ICL 催化下，分解成一分子的琥珀酸（succinate，四碳）以及一分子的乙醛酸（glyoxylate，二碳）。其中琥珀酸會回到粒線體中參與檸檬酸循環，用以再生草乙酸，而草乙酸是維持乙醛酸循環運轉的必備物質。

乙醛酸則和另一個分子的乙醯輔酶 A 結合產生蘋果酸（malate），蘋果酸接著進入細胞質，蘋果酸於細胞質中首先被氧化成草乙酸，接續再去羧化形成磷酸烯醇丙酮酸（phosphoenolpyruvatem, PEP）。

乙醛酸循環中有兩個特有酵素：ICL 負責將異檸檬酸裂解為琥珀酸和乙醛酸；另一個為 MLS，負責將乙醯基與乙醛酸縮合形成蘋果酸。蘋果酸生成後會由乙醛酸循環體送到細胞溶質中，經由蘋果酸脫氫酶（malate dehydrogenase）快速地氧化成草乙酸，然後進入糖質新生作用，經過一系列酶的作用，合成蔗糖運移至生長中之組織而被利用。

由於動物不進行乙醛酸循環，因此，動物無法從乙醯輔酶 A 中產生大量的葡萄糖，而植物和細菌則可以。結果，這些生物可以將乙醯輔酶 A 從脂肪轉變為葡萄糖，而動物則不能。但是，繞過脫羧作用（和基質層次的磷酸化）有其成本。乙醛酸循環的每一圈產生一個 NADH 而不是三個 NADH。

乙醛酸循環的淨反應如下

$$2\text{Acetyl-CoA (2C)} + NAD^+ + 2H2O \rightarrow \text{Succinate (4C)} + 2CoA + NADH + 2H^+$$

乙醛酸體（glyoxysomes）是一種特殊的過氧化小體（peroxisomes），並非存在於所有植物組織中，只在發芽期間在富含脂質的種子中發育。乙醛酸體包含負責脂肪酸 b- 氧化的大量酶，檸檬酸合成酶、異檸檬酸裂合酶、蘋果酸合成酶、氫化酶等。

在種子萌發的前幾天，子葉細胞中乙醛酸體的特徵酶（ICL 和 MLS）迅速增加，而過氧化小體的特徵酶（oxidase 和 catalase）沒有出現。當子葉逐漸由黃色變為綠色過程中，乙醛酸體特徵酶的含量急劇下降，而過氧化物酶體的特徵酶開始增加，並最終占主要地位。

植物細胞中的過氧化小體和乙醛酸體是同一細胞器在不同發育階段的不同表現形式。

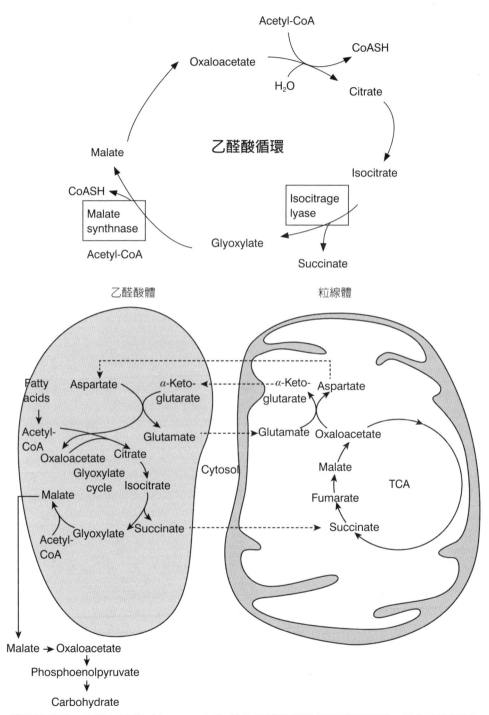

種子萌發時，三酸甘油酯（fatty acid）送入乙醛酸體進行乙醛酸循環，產生的琥珀酸
（succinate）跨膜進入粒線體。

Part 9
脂質代謝

9.1 甘油磷脂的代謝

甘油磷脂（glycerophospholipid 或 phosphoglyceride）又稱磷酸甘油酯，是磷脂酸衍生物。哺乳動物中，甘油磷脂和三酸甘油酯的合成有兩個共同的前驅物：醯基輔酶 A（acyl-CoA）和甘油 -3- 磷酸（glycerol-3-phosphate）。

甘油磷脂的生合成

甘油激酶（glycerokinase）催化甘油的磷酸化，形成甘油 -3- 磷酸，然後在 1 和 2 位置進行 2 次脂肪酸的加成，催化酶為 acyl transferase，以 ACP（acyl carrier protein）攜帶脂肪酸，形成脂鍵並釋放 ACP，得到磷脂酸（phosphatidic acid），此路徑在真核及原核生物皆可進行。

在真核生物尚可進行以下兩種路徑得到磷脂酸：(1) 開始於酵解產生的二羥丙酮磷酸（dihydroxyacetone phosphate, DHAP），在第一個碳上以脂鍵接上一個脂肪酸，接下來，NADPH 使 C2 上的酮基還原，C2 再接上一個脂肪酸。(2)diacylglycerol（DAG）以 ATP 為原料，在第三個碳上進行磷酸根的替換。

磷脂醯乙醇胺（phosphatidylethanolamine, PE）俗稱腦磷脂的合成：首先乙醇胺（ethanolamine）生成磷酸乙醇胺，然後再與胞苷三磷酸（cytidine triphosphate, CTP）生成胞苷二磷酸乙醇胺（CDP- 乙醇胺），這是其活性形式。磷脂酸水解掉磷酸，生成甘油二酯，最後與 CDP- 乙醇胺生成磷脂醯乙醇胺，放出 CMP。

磷脂醯膽鹼（phosphatidylcholine, PC）俗稱卵磷脂的合成：可以利用已有的膽鹼（choline），這個過程與腦磷脂合成類似。膽鹼先磷酸化，再連接 CDP 作為載體，最後與甘油二酯生成磷脂醯膽鹼。也可以將 PE 進行三次甲基化，生成 PC。供體是 S- 腺苷甲硫胺酸（S-adenosyl-L-methionine, AdoMet），由磷脂醯乙醇胺甲基轉移酶（phosphatidylethanolamine N-methyltransferase, PEMT）催化。

這種合成腦磷脂或卵磷脂的途徑稱之為 CDP- 乙醇胺途徑或 CDP- 膽鹼途徑。

磷脂醯絲胺酸（phosphatidylserine, PS）可通過 PE 或 PC 與絲胺酸的鹼基交換生成。體內磷脂醯絲胺酸合成是通過 Ca^{+2} 啟動的醯基交換反應生成，由磷脂醯乙醇胺與絲胺酸反應生成磷脂醯絲胺酸和乙醇胺。

磷脂醯肌醇（phosphatidylinositol, PI）肌醇（Inositol）與 CDP- 二酰基甘油（CDP-diacylglycerol）反應形成。磷脂醯甘油（Phosphatidylglycerol, PG）甘油 -3- 磷酸與 CDP- 二酰基甘油反應形成磷脂酰甘油磷，同時 CMP 被釋放。

在磷脂醯肌醇和磷脂醯甘油的合成過程中，CDP 被用作二脂醯甘油的載體。由 CDP- 二脂醯甘油合酶（CDS）催化。此途徑最後合成的二磷脂醯甘油（diphosphatidylglycerol, DPG）就是心磷脂（cardiolipin, CL）。

甘油磷脂的水解需要磷脂酶（phospholipases）。根據水解的位點，磷脂酶分為四種活性，稱為磷脂酶 A1、A2、C 和 D。存在於動物、植物、細菌、真菌中。在動物小腸內對卵磷脂分解起作用的磷脂酶主要是磷脂酶 A1、磷脂酶 A2、磷脂酶 B。

磷脂酶 A1 廣泛存在於動物細胞內，能專一性地作用於卵磷脂①位酯鍵，生成 2- 脂醯甘油磷酸膽鹼（簡寫為 2- 脂醯 GDP）和脂肪酸。磷脂酶 A2 主要存在於蛇毒及蜂毒中，也發現在動物胰臟內以酶原形式存在，專一性地水解卵磷脂②位酯鍵，生成 1- 脂醯甘油磷酸膽鹼（1- 脂醯 GDP）和脂肪酸。

磷脂酶 A1 與磷脂酶 A2 作用後的這兩種產物都具有溶血作用，因此稱為溶血卵磷脂（lysophosphoglyceride），使紅細胞膜破裂而發生溶血。

在真核生物中生成磷脂酸（phosphatidic acid）的三種途徑

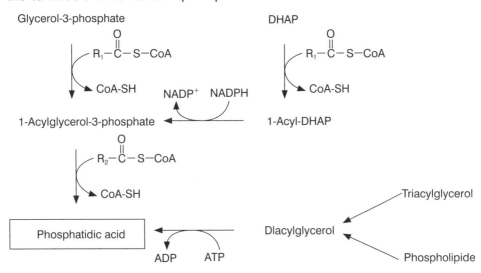

甘油磷脂生合成路徑

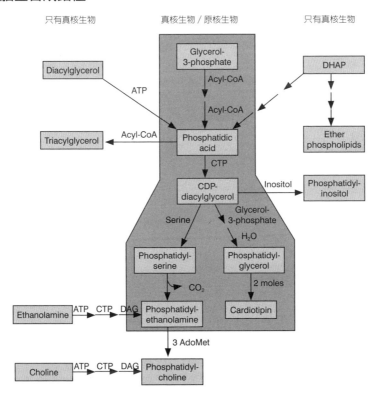

9.2 神經鞘脂的代謝

神經鞘脂（sphingolipids）爲以神經鞘胺醇（sphingosine）作爲基礎骨架，經反應而成之脂肪酸家族，其成員包含神經鞘磷脂（sphingomyelin）、神經醯胺（ceramide）、鞘胺醇（sphingosine）、sphingosine-1-phosphate（S1P）及ceramide-1-phosphate（C1P），皆具有調控細胞增生、分化、移動及存活之功能。

神經鞘脂主要以神經鞘磷脂形式存在於細胞中，以含量排序依次爲神經醯胺、鞘胺醇及 S1P，每種差距達 10-100 倍。神經鞘脂中與訊息傳導相關之分子，可經水解成 sphingomyelin、glycosphingolipids 或新生 ceramide 而開始，後續水解爲鞘胺醇，並磷酸化產生 S1P。

S1P 可透過結合蛋白使之活化或與專一受體結合，或進一步影響基因轉錄，而達到調控細胞訊息傳導之功能。

神經鞘脂生合成途徑，起源自內質網。一開始，絲胺酸（serine）及棕櫚酯醯輔酶 A（palmitoyl-CoA）作爲起始物，藉由 pyridoxalphosphate-dependent serine palmitoyl 轉移酶催化而結合生成 3-ketosphinganine，接著 NADPH-dependent 還原酶將其還原成 D-erythro-sphinganine，隨後神經醯胺合成酶再將其醯化成 D-erythro-dihydroceramide，然後 dihydroceramide desaturase 導入，形成 D-erythro-ceramide，最終在高爾基氏體轉化下得到神經鞘脂。

神經鞘磷脂（sphingomyelin）爲眞核細胞神經鞘脂成員中含量最多的。神經鞘磷脂不僅存在胞器的膜上，也在細胞膜上有大量的分布。神經鞘磷脂主要由 ceramide 與 phosphatidycholine（PC）經神經鞘磷脂合成酶（sphingomyelin synthase, SMS）作用而得，其除具有神經醯胺的疏水端，爲緻密之結構，並有來自 phosphatidylcholine（PC）的 phosphocholine 的極性端，因具有兩性脂肪之特性故可存在於脂雙層。

神經節苷脂（ganglioside）是由醣鞘磷脂（glycosphingolipids）和一個或以上的唾液酸（sialic acid）再連接一個糖基（sugar chain）所組成的一個分子。出現且聚集在細胞膜表面，被發現普遍存在於神經系統中，占 phospholipids 的 6%。神經節苷脂構成細胞膜並且能調控細胞訊號傳遞。

神經醯胺由長碳鏈與 sphingosine 組成，經醯化作用後形成醯胺鍵。Ceramide 最著名的功能爲細胞內訊號傳遞，對細胞分化、增生、細胞凋亡等扮演重要之角色。

合成神經鞘脂的途徑

1. 從頭合成路徑：發生在內質網及內質網相關的細胞膜上，如核膜周圍、粒線體相關細胞膜。開始於棕櫚酸（palmitate）及絲胺酸（serine）的集合，藉由 serine-palmitoyl transferase（SPT）的作用生成 3-Ketosphinganine。3-Ketosphinganin 經酵素作用後形成 sphinganine 再由（Dihydro）ceramide synthase（CerS）作用而形成 dihydroceramide，最終 dihydroceramide desaturase（DEGS）作用分解產生神經醯胺。

2. Sphingomyelinase（SMase）pathway：發生在基質膜中，利用酵素分解細胞膜上的 sphingomyelin，神經醯胺是經由 SMase 將 sphingomyelin 水解而產生。

3. 補救路徑：sphingolipids 及 glycosphingolipids 降解後形成 sphingosine，再藉由 ceramide synthase 的作用而產生神經醯胺。

神經鞘脂的合成

NADPH + H⁺

$CH_3-(CH_2)_n-C-S-CoA$ (with O double bond)

Serine

CoA—SH, CO₂

NADP⁺

CoA—SH

Palmitoyl-CoA

3-Ketosphinganine

Sphinganine

Ceramide,
sphinganine as the long-chain base

Desaturation
(in animals)　2[H]

UDP-glucose

UDP

Cerebroside
(glucosylceramide)

Ceramida,
sphingosine as the long-chain base

Phosphatidylcholine

Diacylglycerol

Sphingomyelin

神經鞘脂代謝遺傳疾病

疾病	缺陷的酶	累績的中間體
GM₁ gangliosidosis	1. β-Galactosidase	GM₁ ganglioside
Tay-Sachs disease	2. β-N-Acetylhexosaminidase A	GM₂ (Tay-Sachs) ganglioside
Fabry's disease	3. α-Galactosidase A	Trihexosylceramide
Gaucher's disease	4. β-Glucosidase	Glucosylceramide
Niemann-Pick disease (Types A and B)	5. Sphingomyelinase	Sphingomyelin
Farber's lipogranulomatosis	6. Ceramidase	Ceramide
Cloboid cell leukodystrophy (Krabbe's disease)	7. β-Galactosidase	Galactosylceramide
Metachromatic leukodystrophy	8. Arylsulfatase A	3-Sulfogalactosyl-ceramide
Sandhoff disease	9. N-Acetylhexosaminidase A and B	GM₁ ganglioside and globoside

9.3 膽固醇的代謝

膽固醇（cholesterol）是組成細胞膜的重要成分，可調控細胞膜流動性，影響細胞內外物質的滲透作用，也與細胞膜上訊息傳導物質有關；也是膽汁、固醇類賀爾蒙、維生素 D_3、紅血球及神經組織等生理代謝物質的重要前驅物。膽固醇亦可經細胞利用後，代謝成膽酸及膽鹽，可幫助食物中脂質的消化。

膽固醇的生合成

1. 兩個乙醯輔酶 A（acetyl CoA）（2C）經由 thiolase 生成一個乙醯乙醯輔酶 A（acetoacetyl-CoA）（4C）。
2. 一個乙醯輔酶 A（2C）與一個乙醯乙醯輔酶 A（4C）經由 HMG-CoA synthase 結合形成 3-hydroxy-3-methylglutaryl-CoA (HMG-CoA) (6C)。HMG-CoA 也是酮體的前驅物。
3. HMG-CoA（6C）隨後加上 2NADPH + H^+ 被 HMG-CoA reductase（HMGR）將之還原成 mevalonic acid（6C），其為所有類異戊二烯型（isoprenoid）包括膽固醇之代謝產物生合成所需的前驅物。
4. mevalonic acid（6C）經由 ATP 的參與，以及 mevalonate diphosphate decarboxylase 作用，轉換成 isopentenyl pyrophosphate (IPP)(5C)。Isopentenyl pyrophosphate 亦可由 isopentenyl pyrophosphate isomerase 催化形成 3,3-dimethyallyl pyrophosphate (DMPP)(5C)。
5. 兩個 5 碳之 isopentenyl pyrophosphate(5C) 及 3,3-dimethyallyl pyrophosphate (DMPP)(5C) 聚合成 10 碳的 geranyl pyrophosphate (GPP)(10C)，其再與一個 isopentenyl pyrophosphate（5C）合成為 farnesyl pyrophosphate (FPP)(15C)。
6. 兩個 farnesyl pyrophosphate（15C）再進一步透過 squalene synthase 合成一個 30 碳的長鏈結構鯊烯（squalene）（30C）。

7. 鯊烯（30C）經由加氧酶（monooxygenase）及環化酶（cyclase）等多個酵素催化後形成 30 碳分子羊毛脂醇（lanosterol）（30C）。
8. 其隨後去掉 3 個碳分子後被環化形成 27 碳之膽固醇前驅物 7-dehydrocholesterol（27C），再經過 7-dehydrocholesterol reductase（DHCR7）反應形成 27 碳分子結構之膽固醇（27C）。

各步驟的碳數如下

1. 5C → 10C：IPP + DMAPP → geranyl pyrophosphate（GPP）

2. 10C → 15C：GPP + IPP → farnesyl pyrophosphate（FPP）

3. 15C → 30C：2FPP → squalene（鮫鯊烯）

膽固醇會被 cytochrome P450（一種單氧化酶）為主的酵素經多個步驟轉換為孕酮（progesterone），再轉換為 androstenedione，最後形成睪固酮。

中間產物 isoprenoids（包含 IPP、GPP 及 FPP）也被用於合成非固醇類的重要分子，如 isopentenyl-PP 會合成 dimethylallyl-PP（carotenoids 合成起始物）和 isopentenyl adenine（與 tRNA 有關）；farnesyl-PP 則被用於合成 dolichol（與 protein glycosylation 有關）ubiquinone（即 coenzyme Q，在粒線體進行 oxidative phosphorylation 反應，合成 ATP）、heme A（為血紅素中，攜帶鐵離子的輔因子）及 Ras（為訊息傳遞路徑之重要分子，與細胞生長有關）；FPP 也會與 isopentenyl-PP 作用後生成 geranylgeranyl-PP，修飾特定蛋白質。因此，若 HMG-CoA reductase 受到抑制，上述相關生理分子的合成，將亦受到影響，進而導致嚴重的副作用（如橫紋肌溶症或肌毒性的產生）。

膽固醇生合成

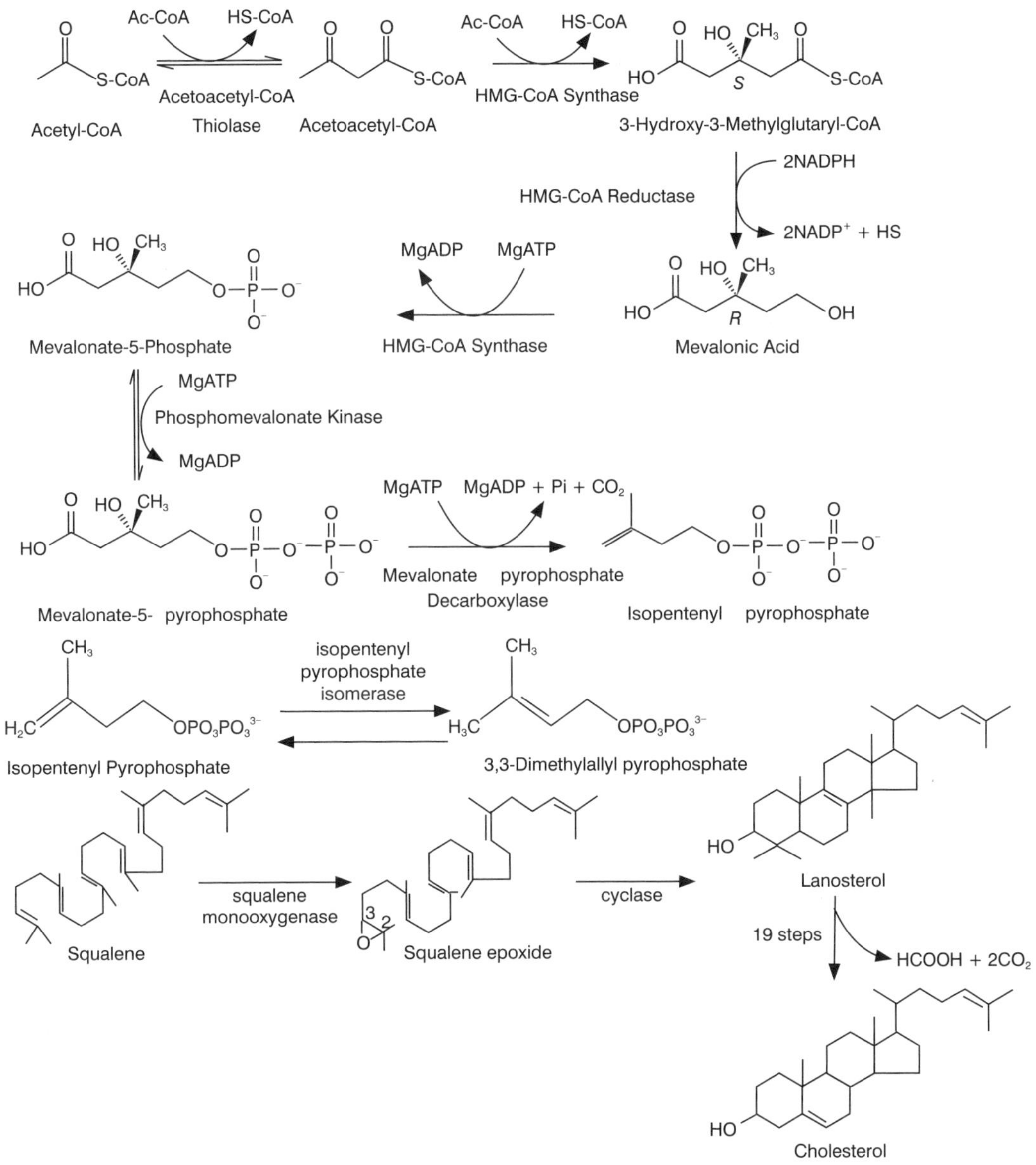

Acetyl-CoA　Thiolase　Acetoacetyl-CoA　Acetoacetyl-CoA

HMG-CoA Synthase

3-Hydroxy-3-Methylglutaryl-CoA

HMG-CoA Reductase

2NADPH

2NADP$^+$ + HS

Mevalonate-5-Phosphate

HMG-CoA Synthase

MgADP　MgATP

Mevalonic Acid

Phosphomevalonate Kinase

MgATP

MgADP

Mevalonate-5- pyrophosphate

MgATP　MgADP + Pi + CO_2

Mevalonate　pyrophosphate
Decarboxylase

Isopentenyl　pyrophosphate

isopentenyl
pyrophosphate
isomerase

Isopentenyl Pyrophosphate

3,3-Dimethylallyl pyrophosphate

Squalene

squalene
monooxygenase

Squalene epoxide

cyclase

Lanosterol

19 steps

HCOOH + $2CO_2$

Cholesterol

9.4 脂肪的代謝與運輸

脂肪和其他營養分有一不同處是脂肪不溶於水。而小腸的水溶液環境為營養分主要吸收部位。因此，脂肪在小腸必須經過乳化後，才能被動物消化吸收。

食物由胃進入十二指腸後刺激膽囊收縮素（cholecystokinin, CCK）之分泌，使膽囊釋出肝臟所分泌之膽鹽，乳化脂肪，使脂肪球體積變小，以利於胰液中之胰解表脂酶（pancreatic lipase）及輔解脂酶（colipase）共同作用，將脂肪進一步水解成游離脂肪酸、甘油及單酸甘油酯，這些水解產物與膽鹽形成微膠粒（micelle）後，較易溶於小腸之水溶液環境中，利於小腸細胞以滲透方式將之吸收。

在哺乳類動物，脂質以被動擴散方式（passive diffusion）通過腸細胞刷狀緣（brush border），與脂肪酸結合蛋白質（fatty acid binding protein）結合後被攜帶進入細胞中之內質網進行再酯化作用（re-esterification），與膽酸結合後以乳糜微粒（chylomicrons）的形式進入淋巴系統及循環系統。

膽酸常與甘胺酸、牛磺酸以醯胺鍵鍵結形成膽鹽。膽鹽為一種膽固醇的衍生物，比起膽固醇多了 3 個 OH，一面為疏水性面，包圍三酸甘油酯。另一面為親水性面，與水解三酸甘油酯的胰解表脂酶或其他由消化道分泌的水解酶結合。

對哺乳動物而言，被帶入內質網之脂肪酸，經過再酯化作用，與膽酸形成乳糜微粒，乳糜微粒再經由細胞外釋作用（exocytosis）送至細胞間隙，匯集後進入淋巴系統，經由左鎖骨下靜脈，大靜脈而到心臟，最後送至各組織器官。

脂質在動物體內主要是靠血液中脂蛋白（lipoprotein）運送。脂蛋白是脂質與蛋白質的混合物，大多為球狀。其中載脂蛋白（apolipoprotein 或 apoprotein）、磷脂、膽固醇的親水端在外側，三酸甘油酯與膽固醇脂在內部。

脂蛋白含蛋白比例越高密度越大，依密度分為：
1. 乳糜微粒：運輸三酸甘油酯，位於消化道的微血管與淋巴管。
2. VLDL：運輸肝臟合成的三酸甘油酯。
3. LDL：運輸膽固醇，將膽固醇由肝臟送往周邊組織。
4. HDL：運輸膽固醇，將膽固醇由周邊組織送往肝臟。

乳糜微粒主要由小腸細胞分泌，由約 90% 的三酸甘油酯、少量的磷脂、膽固醇及蛋白質所組成，食物中的脂溶性維生素即是透過乳糜微粒被吸收；VLDL 主要由肝臟分泌，小腸細胞亦分泌少量，脂質組成與乳糜微粒類似，IDL、LDL 則是 VLDL 經一連串脂蛋白質解脂酶（lipoprotein lipase）作用代謝而成的產物；HDL 主要由肝臟分泌，小腸亦分泌少量，其中 50% 的重量為蛋白質，三酸甘油酯只占少量。

載脂蛋白與脂類結合就是脂蛋白，載脂蛋白可做為酶的輔因子、受體的配體及與脂類形成脂蛋白，調控脂蛋白的運輸與代謝。

C-II 是脂蛋白脂酶（lipoprotein lipase）的輔酶，主要分布在 VLDL 與乳糜微粒。A-I 是磷脂醯膽鹼-膽固醇醯基脂轉移酶（lecithin-cholesterolacyltransferase）的輔酶，HDL 中的主要載脂蛋白。

B-100 與 apoE 是細胞膜上 LDL 受體的配體。A-I 是 HDL 受體的配體。

血漿脂蛋白的組成特點

		乳糜微粒	VLDL	LDL	HDL
密度		<0.95	0.95～1.006	1.006～1.063	1.063～1.210
組成	脂類	含 TG 最多， 80～90%	含 TG 50～70%	含膽固醇及其酯 最多，40～50%	含脂類 50%
	蛋白質	最少，1%	5～10%	20～25%	最多，約 50%
載脂蛋白組成		apoB48、E、A-Ⅰ、A-Ⅱ、 A-Ⅳ、C-Ⅰ、C-Ⅱ、C-Ⅲ	apoB-100、C-Ⅰ、 C-Ⅱ C-Ⅲ、E	apoB-100	apoA-Ⅰ、A-Ⅱ

膽汁酸的結構

膽酸

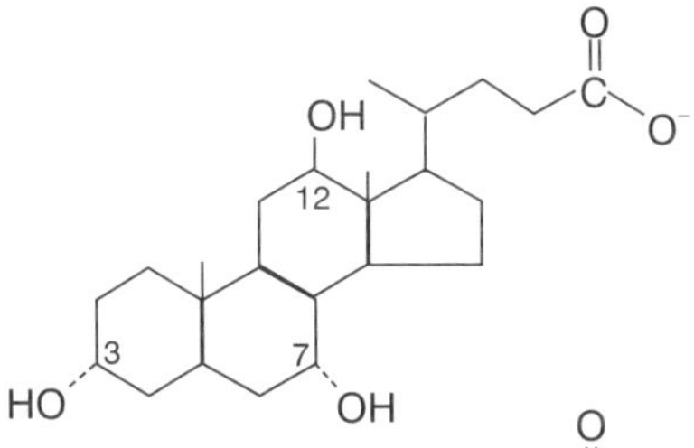

甘胺膽酸

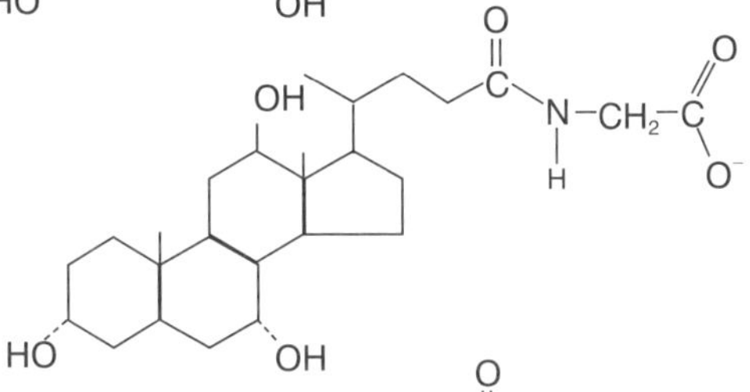

牛磺膽酸

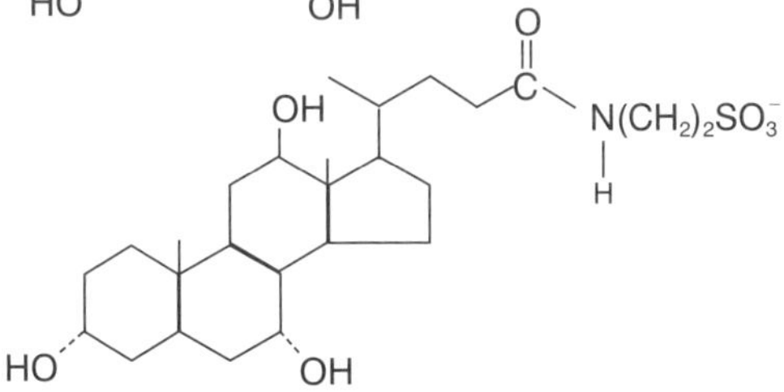

低密度脂蛋白（LDL）的結構

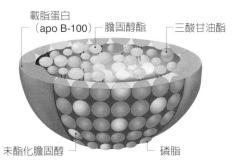

載脂蛋白
（apo B-100）　膽固醇酯　三酸甘油酯

未酯化膽固醇　磷脂

9.5 脂肪酸的生合成

脂肪酸的主要合成路徑爲粒線體內的丙酮酸（pyruvate）氧化成乙醯輔酶A（acetyl-CoA）後與草乙酸（oxaloacetate）形成檸檬酸（citrate），而後再經由ATP-檸檬酸分解酶（ATP-citratelyase）分解成乙醯輔酶A與草醯乙酸。經由乙醯輔酶A羧化酶（acetyl-CoA carboxylase）可將乙醯輔酶A羧化爲丙二醯輔酶A（malony-CoA），進而形成棕櫚酸（palmitic acid）。棕櫚酸可經由脂肪酸合成酶（fatty acid synthase, FAS）的參與而增長，反覆延長與去飽和即可形成其他較長鏈或是不飽和脂肪酸。

乙醯輔酶A是在粒線體合成，可以從丙酮酸的氧化作用合成，或從脂肪酸的氧化作用合成，或者從一些胺基酸碳骨架的降解作用合成。

1. 啟動

脂肪酸的合成作用是發生在細胞質中，而乙醯輔酶A無法通過粒線體膜，所以乙醯輔酶A必須先轉爲檸檬酸後才能通過粒線體膜，進入細胞質。而在細胞質中，檸檬酸裂解酶（citrate lyase）會將檸檬酸轉爲草醋酸和乙醯輔酶A。這個反應是需要克氏循環中的檸檬酸合成才可產生逆反應，而且需要消耗ATP。

脂肪酸的合成過程是由起始者分子-乙醯輔酶A和數個malonyl CoA連續性的組合，而malonyl CoA是丙二酸（malonic acid）的輔酶A衍生物。基本上，脂肪酸中所有的碳均是由乙醯輔酶A而來，因爲malonyl CoA是由乙醯輔酶A和二氧化碳所形成的。

此合成反應發生於細胞質中，由乙醯輔酶A羧化酶（acetyl CoA carboxylase）所催化，此酵素是一個含有biotin當成輔基（prosthetic group）的複合型酵素。在羧化作用（carboxylationreactions）的反應中，biotin的角色結合羧基進入分子結構中。ATP的供應會把一個羧基轉給乙醯輔酶A。

2. 裝載

在脂肪合成作用中，需要酶形成的複合物，稱爲脂肪酸合成酶系統（fatty acid synthase system）。此酶系統最主要的成分是醯基攜帶蛋白（acyl carrier protein, ACP）和縮合酶（condensing enzyme, CE），這兩種酶都有游離的硫氫基（-SH group，sulfhydryl group），會阻止乙醯輔酶A和丙二醯輔酶A產生結合反應。

ACP的結構類似輔酶A，這是由泛酸經由β-alanine結合硫胺基乙醇（thioethanolamine）和磷酸而來。

在脂肪酸鏈開始進行延長作用之前，丙二醯基（malonyl group）和乙醯基（acetyl group）必須結合兩個硫氫基（sulfhydryl group）。乙醯輔酶A會轉移到ACP上，去掉輔酶A，形成acetyl-ACP。然後，乙醯基會再一次轉移到縮合酶的硫氫基後，可得到acetyl-CE和SH-ACP，然後malonyl CoA再結合到ACP上得到malonyl-ACP。

3. 脂肪酸鏈的延伸

(1) 縮合：乙醯基（acetyl group）上的碳醯基碳（carbonyl carbon）結合到malonyl-ACP上的C2結合，產生縮合反應後，丙二醯基羧基（malonyl carboxyl group）會以二氧化碳的形式被除去。(2) 還原：利用NADPH作爲氫原子的提供者使β-酮類（β-ketone）被還原，C=O還原成C-O。(3) 脫水：醇類脫去一分子水後，形成一個雙鍵。(4) 雙鍵還原：以NADPH當作還原劑，將雙鍵還原，形成丁醯基-ACP（butyryl-ACP）。

脂肪酸合成酶系統的產物是棕櫚酸。之後，可以利用脂肪酸延長作用來生成硬脂酸（stearic acid）和較長鏈的偶數碳飽和脂肪酸。延長作用是由羧基端插入2個碳原子。此外，由去飽和反應（desaturation），棕櫚酸和硬脂酸可轉變成相對應的Δ^9-單元不飽和脂肪酸-棕櫚油酸（palmitoleic acid）和油酸（oleic acid）。

脂肪酸鏈的延伸——反應 1、2

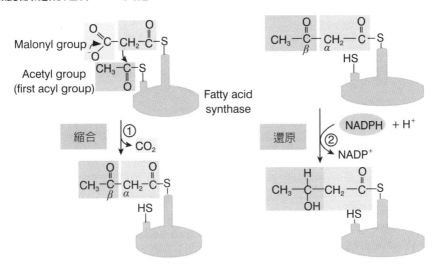

脂肪酸鏈的延伸——反應 3、4

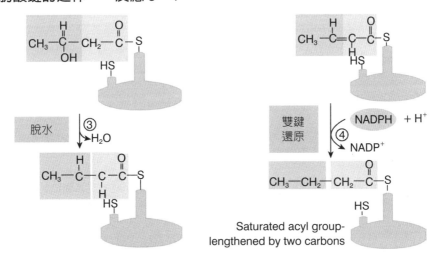

脂肪酸合成總反應

生成 7 分子丙二醯輔酶（malonyl-CoA） 7Acetyl-CoA + 7CO$_2$ + 7ATP → 7Malonyl-CoA + 7ADP + 7Pi
7 次循環的縮合、還原、脫水、雙鍵還原 Acetyl-CoA + 7Malonyl-CoA + 14NADPH + 14H$^+$ → Palmitate（16C）+ 7CO$_2$ + 8CoA + 14NADP$^+$ + 6H$_2$O
總反應 8Acetyl-CoA + 7ATP + 14NADPH + 14H$^+$ → Palmitate + 8CoA + 7ADP + 7Pi + 14NADP$^+$ + 6H$_2$O

9.6 脂蛋白的代謝

膽固醇為兩性脂質，無法直接溶解於血漿中，故必須先與血漿中脂蛋白（lipoprotein）結合形成親水性脂蛋白才可溶解，如 HDL-cholesterol（HDL-C）及 LDL-cholesterol（LDL-C）。

HDL-C 功能為將膽固醇從血管週邊組織運回至肝臟，而 LDL-C 是將膽固醇從肝臟運送至血管週邊組織供其他體細胞使用。

人體約有 70 至 80% 膽固醇是與 LDL 結合，故肝臟可藉由調節 LDL receptor（LDLR）活性以調節血液中膽固醇含量；當人體血液中膽固醇含量過多時，LDLR 活性會增加而增加結合之膽固醇，以減少血液內膽固醇含量。

脂蛋白質解脂酶（lipoprotein lipase, LPL）位於脂肪組織、骨骼肌及心肌微血管內皮細胞表面上。在小腸上皮細胞中形成之乳糜微粒所含脂質中 90% 為三酸甘油酯，經脂蛋白質解脂酶水解成脂肪酸及甘油。

脂肪酸進入組織中進行 β- 氧化作用（β-oxidation）產生能量或經酯化作用形成三酸甘油酯儲存，有些則與血液中白蛋白（albumin）結合運輸至其他組織；而甘油經血液循環至肝臟受甘油激酶（glycerol kinase）作用，形成甘油 -3- 磷酸（glycerol-3-phosphate）與脂肪酸酯化形成甘油酯（glyceride）。

來自腸道之乳糜微粒及來自肝臟或腸道的 VLDL，均為富含三酸甘油酯的脂蛋白質，其在循環系統運輸時，經脂蛋白質解脂酶作用水解所富含之三酸甘油酯，而分別形成乳糜微粒殘基（chylomicron remnants）及中間密度脂蛋白（intermediate density lipoprotein, IDL）。乳糜微粒殘基，則經由肝臟表面之乳糜微粒殘基接受體（chylomicron remnants receptor）或 LDL- 接受體（蛋白元 B/E 接受體）進入肝中分解代謝，至於 IDL 則透過低密度脂蛋白質接受體（LDL receptor）進入肝臟分解代謝；或者 IDL 再經脂蛋白質分解酶作用，將其三酸甘油酯分解成甘油及脂肪酸，此時 IDL 轉變為低密度脂蛋白質（LDL）。

VLDL 經一連串脂蛋白質解脂酶之作用形成 LDL，此脂蛋白質只含少量之三酸甘油酯，LDL 之作用是傳送膽固醇至周圍組織，並調節這些組織細胞之膽固醇合成。

LDL 經由 LDL 接受體進入肝臟或其他組織，經水解形成初生 HDL（nascent HDL），再經由卵磷酯：膽固醇醯基轉移酶（lecithin:cholesterol acyltransferase, LCAT）作用，最後形成 HDL，經由 LCAT，組織細胞中多餘的膽固醇被移除併入 HDL，血液中 HDL 則可藉由肝臟表面之 HDL 接受體進入肝臟代謝，形成膽酸釋放至腸道；所以 HDL 可將膽固醇由非肝臟組織運送至肝臟進行代謝，最後排出體外。

脂蛋白脂解酶（LPL），位於肝臟外組織的毛細血管內皮，主要功用在於催化水解存在於血液中的乳糜微粒與 VLDL 中的三酸甘油酯；經結合其他脂蛋白原作用，可提供游離脂肪酸給予體內組織利用。

脂蛋白脂解酶亦可作為脂蛋白接受者的配位基或是橋梁，藉此促進脂蛋白顆粒的吸收。但當缺乏或是 LPL 活性過低時都會導致高三酸甘油酯血症或高血脂症。

LDL 經由 LDL 受體胞吞進入細胞代謝示意圖

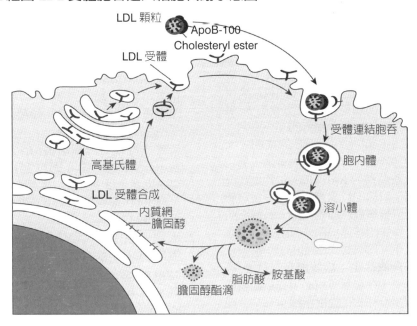

脂蛋白代謝三種關鍵酶的比較

關鍵酶	脂蛋白脂酶 （LPL）	肝脂酶 （HL）	卵磷脂膽固醇脂醯轉移酶 （LCAT）
分布	脂肪、心肌、肺及乳腺等肝外組織	肝實質細胞合成，轉運到肝竇內皮細胞	肝實質細胞合成，分泌入血
作用部位	毛細血管內皮細胞表面	肝竇內皮細胞表面	血漿
啟動劑	apo C II	apo A II	apo A I
功能	水解 CM、VLDL 的 TG	水解 HDL、IDL 的 TG	使膽固醇酯化進入 HDL 核心

高脂蛋白血症分型

分型	脂蛋白變化	血脂變化	
		三酸甘油酯	膽固醇
I	CM ↑	↑ ↑ ↑	↑
IIa	LDL ↑		↑ ↑
IIb	LDL ↑、VLDL ↑	↑ ↑	↑ ↑
III	IDL ↑	↑ ↑	↑ ↑
IV	VLDL ↑	↑ ↑	
V	VLDL ↑、CM ↑	↑ ↑ ↑	↑

9.7 脂肪酸的氧化分解

脂肪酸的 β- 氧化作用是指脂肪酸在一系列酶的作用下,在 α, β- 碳原子之間斷裂,β- 碳原子氧化成羧基,生成含 2 個碳原子的乙醯 -CoA 和較原來少 2 個碳原子的脂肪酸。脂肪酸的 β- 氧化過程是在粒線體中進行的。

β- 氧化作用並不是一步完成的,而是要經過活化、轉運,然後再進入氧化過程。脂肪酸的 b-oxidation 發生在肝臟及其他組織的粒線體內,中、短鏈脂肪酸可直接穿過粒線體內膜,長鏈脂肪酸須經特殊的轉運機制才可進入粒線體內被氧化,即肉鹼 (carnitine) 轉運。

脂肪酸的活化:脂肪酸在進行 β- 氧化降解前,在細胞質內必須先被啟動成脂醯 -CoA,該反應由脂醯 -CoA 合成酶 (acyl-CoA synthetase) 催化,需要 ATP 和 CoA 參與。形成一個活化的脂醯 -CoA 需消耗 2 個高能磷酸鍵的能量。

脂肪酸經粒線體膜外至膜內的轉運:脂醯 -CoA 不能直接穿過粒線體內膜,因此需要一個轉運系統。轉運脂醯 -CoA 的載體是肉鹼,由離胺酸衍生而成,它可將脂肪酸以醯基形式從粒線體膜外轉運至膜內。

fatty acyl-CoA 透過肉鹼醯基轉移酶 I (carnitine acyltransferase I) 催化,和粒線體外膜上的肉鹼結合形成 fatty acyl-carnitine 進入膜間腔 (fatty acyl-CoA 也可以直接通過粒線體外膜,再轉換成 fatty acyl-carnitine,因為外膜不具有選擇性)。fatty acyl-carnitine 進入膜間腔,利用 fatty acyl-carnitine/carnitine transporter 可以再進入粒線體基質 (matrix) 中。粒線體內膜上的肉鹼醯基轉移酶 II (carnitine acyltransferase II) 會再將 fatty acyl-carnitine 轉回 fatty acyl-CoA,轉回來的肉鹼會再送回膜間腔。

脂肪酸 β- 氧化作用

1. **脫氫**:脂醯 -CoA 在脂醯 -CoA 脫氫酶 (acyl-CoA dehydrogenase) 的催化下,在 C^2 和 C^3 (即 α、β 位) 之間脫氫,形成反式 -Δ^2- 烯醯輔酶 A (trans-Δ^2-enoyl-CoA)。在粒線體基質中發現有三種脂醯 -CoA 脫氫酶,分別對短、中、長鏈的脂肪酸起專一反應。這 3 種酶均為黃素蛋白,可與 FAD 緊密結合,但只催化反式異構體的生成。

2. **水合**:反式 -Δ^2- 烯醯輔酶 A 在烯醯 -CoA 水合酶 (enoyl CoA hydratase) 催化下,在雙鍵上加水生成 L-β- 羥醯基 -CoA (L-β-hydroxyacyl-CoA)。

3. **脫氫**:在 β- 羥醯基 -CoA 脫氫酶 (L-β-hydroxyacyl CoA dehydrogenase) 催化下,在 L-β- 羥醯基 -CoA 的 C^3 羥基上脫氫氧化成 b-酮醯輔酶 A (β-ketoacyl-CoA),反應以 NAD+ 為輔酶。

4. **硫醇裂解**:在硫解酶 (thiolase),或稱醯基輔酶 A 乙醯轉移酶 (acyl-CoA acetyltransferase),催化下 b-酮醯 -CoA 被第二個 CoA-SH 分子硫解,產生乙醯 -CoA 和比原來脂醯 -CoA 少 2 個碳原子的脂醯-CoA。

脂肪酸的分解 (β-oxidation) 與合成的差異:(1) 位置:脂肪酸合成位置在細胞質,β-oxidation 則在粒線體與過氧化體 (peroxisome)。(2) 酶:催化合成與 β-oxidation 的酶不同。(3)Thioester linkage 不同:脂肪酸合成 acyl-carrier 是 ACP 蛋白,而 β-oxidation 則是 CoA-SH。(4)Electron carriers: β-oxidation 可以產生 NADH 與 FADH2,脂肪酸合成則消耗 NADPH。

脂肪酸通過肉鹼運輸進入粒線體

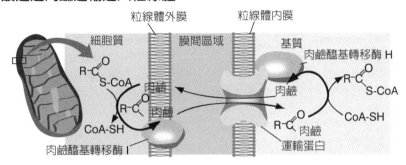

脂肪酸的 β 氧化

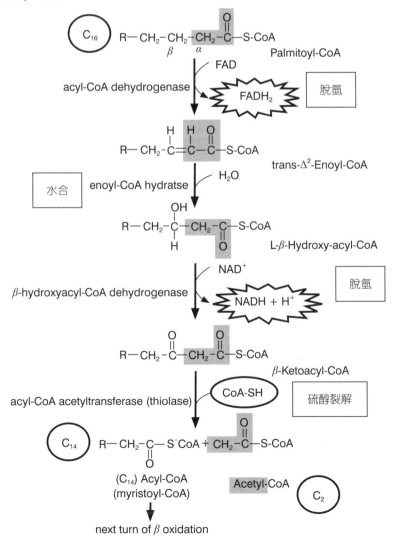

9.8 酮體的代謝

酮體（ketone body）主要是在肝臟細胞中的粒線體中生成。發生生酮作用是對血液中葡萄糖濃度低下或是細胞中的碳水化合物儲備（如肝糖）耗竭情況下作出做出的一種反應。酮體的生成作用便啟動以使儲存在脂肪酸中的能量釋放出來。脂肪酸在 β- 氧化中被酶降解而形成乙醯輔酶 A。

生酮作用（ketogenesis）產生溢流路徑（overflow pathway），脂肪酸代謝高於碳水化合物代謝。產生酮體之主要的前驅物是長鏈脂肪酸。

當飢餓或高脂肪飲食時，當各種糖類被用盡之後，血糖值下降，胰島素也下降，而胰島素可抑制脂肪組織分解，於是當胰島素下降時，長鏈脂肪酸由儲存的脂肪三酸甘油酯中被釋放出來，並與白蛋白結合運輸傳送。

脂肪酸則自肝臟釋放後，依血漿濃度而橫越肝臟細胞膜成為游離自由脂肪酸，與胞體結合蛋白質結合，在肝臟中，長鏈脂肪酸之新陳代謝途徑除可重新酯化而形成 triacylglycerol 和 phospholipids，並一般傾向於脂肪合成外，也可經由粒線體 carnitine acyltransferase 系統進入粒線體。

進入粒線體則進行脂肪酸的氧化（β-oxidation），形成 acetyl- CoA，當長期處於飢餓狀態時，acetyl-CoA 會堆積（因為 TCA 循環的中間產物被耗盡，無法進行 TCA 循環），因此 acetyl-CoA 在 β-ketothiolase 催化下，兩個 acetyl-CoA 分子縮合成 acetoacetyl-CoA，acetoacetyl-CoA 再經由 Hydroxymethylglutaryl- CoA（HMG-CoA）路徑與 acetyl-CoA 合成 3-hydroxy-3-methylglutaryl- CoA（HMG-CoA）。

HMG-CoA 在 HMG-CoA lyase 催化下生成乙醯乙酸酯（acetoacetate）或稱酮醋酸，乙醯乙酸酯再被 (1) acetoacetate decarboxylase 分解成丙酮（acetone）及 CO_2。或 (2) 在 β-hydroxybutyrate dehydrogenase 催化，並消耗 NADH，生成 β- 羥基丁酸（β-hydroxybutyrate）。

乙醯乙酸酯、丙酮、β- 羥基丁酸合稱為酮體。其中丙酮會隨呼吸呼出體外，乙醯乙酸酯及 β- 羥基丁酸被送進血液循環，作為心臟、骨骼肌、腎臟及腦的能量來源。

在正常的生理的條件下，酮體於血中濃度是低的，大量增加酮體則快速發生在以下之狀況：(1) 禁食；(2) 運動之後；(3) 高脂肪飲食消耗；(4) 懷孕末期；(5) 大部分哺乳動物之乳兒期，包括人類。

酮體的轉化：肝臟產生的乙醯乙酸酯及 β- 羥基丁酸經由血液循環，送至周邊組織進行代謝，會經由生酮作用的逆反應轉變回 acetyl-CoA，接下來就可進入 TCA 循環代謝產生能量。

糖尿病患者因無法代謝醣類，所以只好代謝脂肪，導致體內酮體大增，體內丙酮隨呼吸排出，由於丙酮具有揮發性臭味，所以糖尿病患者可能有體臭。

當血中酮體的含量大於 0.5mM，且有長時間的低血糖及低胰島素含量，即為酮症（ketosis）。酮酸是脂肪分解過程中的產物，當人體內的脂肪大量分解的時候，大量的酮酸會從肝臟進入血液中，血液中的酸性代謝產物增多，血液 pH 值下降，進而導致酮酸中毒（ketoacidosis）。

酮體生合成路徑

$$2\ CH_3\overset{O}{\overset{\|}{C}} - SCoA$$

Thiolase

CoA ← CoA

$$CH_3\overset{O}{\overset{\|}{C}} - CH_2 - \overset{O}{\overset{\|}{C}} - SCoA$$
Acetoacetyl-CoA

$$H_2O\ +\ CH_3\overset{O}{\overset{\|}{C}} - CoA$$

HMG-CoA synthase

CoA

$$O^- - \overset{O}{\overset{\|}{C}} - CH_2 - \overset{CH_3}{\underset{OH}{\overset{|}{C}}} - CH_2 - \overset{O}{\overset{\|}{C}} - SCoA$$

3-Hydroxy-3-methylglutaryl-CoA (HMG-CoA)

HMG-CoA lyase

$$CH_3\overset{O}{\overset{\|}{C}} - SCoA$$

$$CH_3\overset{O}{\overset{\|}{C}} - CH_2 - \overset{O}{\overset{\|}{C}} - O^-$$
Acetoacetate

β-Hydroxybutyrate dehydrogenase

CO_2 ← NADH + H^+　NAD$^+$

$$CH_2 - \overset{O}{\overset{\|}{C}} - CH_3$$
Acetone

$$CH_3 - \overset{H}{\underset{OH}{\overset{|}{C}}} - CH_2 - \overset{O}{\overset{\|}{C}} - O^-$$
β-Hydroxybutyrate

酮體的轉化

$$CH_3 - \overset{H}{\underset{OH}{\overset{|}{C}}} - CH_2 - COO^-$$
β-Hydroxybutyrate

NAD$^+$ ‖ NADH + H^+

β-Hydroxybutyrate dehydrogenase

$$CH_3\overset{O}{\overset{\|}{C}} - CH_2 - COO^-$$
Acetoacetate

Succinyl-CoA

Succinate ←

β-Ketoacyl-CoA transferase

$$CH_3\overset{O}{\overset{\|}{C}} - CH_2 - \overset{O}{\overset{\|}{C}} - SCoA$$
Acetoacetyl-CoA

CoA → CoA

Thiolase

$$CH_3\overset{O}{\overset{\|}{C}} - SCoA$$
2 Acetyl-CoA

9.9 三酸甘油酯的代謝

大多數哺乳類動物中，葡萄糖是脂質生成作用的主要受質。脂肪細胞中主要以三酸甘油酯（triglyceride, TG, triacylglycerol）作為脂質的儲存形式。TG 由一分子的甘油（丙三醇，glycerol）與三分子脂肪酸所構成。

三酸甘油酯生合成：脂肪細胞中缺乏甘油激酶（glycerol kinase, GyK），無法直接利用甘油合成 TG；因此脂肪細胞以糖酵解作用的中間產物二羥丙酮磷酸（dihydroxyacetone phosphate, DHAP）為前驅物，透過甘油 -3- 磷酸去氫酶（glycerol-3-phosphate dehydrogenase, GPDH），利用 NADH 將 DHAP 還原，而得甘油 -3- 磷酸（glycerol-3-phosphate, G3P）。甘油 -3- 磷酸再分別與 3 個醯基 -CoA（acyl-CoA）作用接上 3 個游離脂肪酸形成 TG。

GPDH 於 TG 合成途徑中擔任關鍵指標；當二氫氧基丙酮磷酸（dihydroxyacetone phosphate, DHAP）直接被醯化時，於脂肪細胞合成三酸甘油酯下，GPDH 為最主要的作用酶。

三酸甘油酯分解：TG 的水解過程，經三個連續反應而完成，此反應由三種酵素所催化：三酸甘油酯脂質分解酶（adipose triglyceride lipase, ATGL）、荷爾蒙敏感性脂質分解酶（hormone-sensitive lipase, HSL）與單酸甘油酯脂質分解酶（monoglyceride lipase, MGL），於此三種酵素依序作用之下將 TG 分解為甘油與脂肪酸（fatty acids）。

首先 ATGL 與 HSL 初步分解 TG 形成雙酸甘油酯（diglycerides）與脂肪酸，HSL 又對雙酸甘油酯作用產生單酸甘油酯（monoglycerides）與脂肪酸，最後 MGL 將單酸甘油酯分解成甘油與脂肪酸。

脂肪細胞中 TG 的分解，牽涉於脂肪分解酶、細胞膜上的運輸、脂肪酸鍵結蛋白與油滴相關聯的蛋白質。

脂解作用產生之甘油在脂肪組織中不易被利用，因此會釋放至血漿中，被含有高甘油激酶活性的組織所利用，如肝臟、腎臟等，循糖代謝途徑轉換為 ATP 或是循糖質新生途徑轉為葡萄糖。

脂肪分解作用所產生的游離脂肪酸，可在脂肪組織中被醯基 CoA 合成酶（acyl-CoA synthase）再次催化轉變為醯基 -CoA，與甘油 -3- 磷酸再酯化成 TG；若脂肪分解速率大於再酯化速率，游離脂肪酸會被釋放至血漿中，與白蛋白（albumin）結合後輸送至其他組織，進行脂肪酸氧化產生能量。

在脂解酶的活性探討中，雖然 HSL 具分解 TG 與雙酸甘油酯的活性，但是它對於雙酸甘油酯的分解作用遠高於 TG 達 10 倍左右。也就是說，ATGL 仍然控制著大部分 TG 的分解作用，為細胞中分解 TG 的關鍵性酵素，分解 TG 形成雙酸甘油酯以促使 HSL 分解雙酸甘油酯，若提高 ATGL 的表現量則會促進脂肪酸與甘油的釋放。

脂肪組織的代謝傾向於合成 TG。而 Insulin 之作用可促進葡萄糖進入脂肪組織合成 TG。胰島素促進脂質的合成作用。胰島素促進脂質的合成作用，主要是透過抑制 TG lipase，可水解 TG。

三酸甘油酯生合成途徑

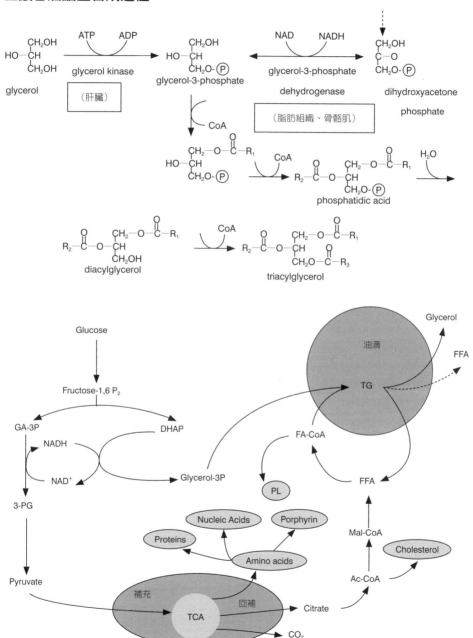

模型說明 Glycerolipid/free fatty acid cycle（GL/FFA 循環）在胞質 NAD 再氧化、糖解作用、回補／回補和生物合成反應中的作用。GL/FFA 循環需要持續供應 Gly3P，它是透過磷酸二羥丙酮（DHAP）還原從葡萄糖產生的。此過程導致 3- 磷酸甘油醛（GA-3P）氧化為 3- 磷酸甘油酸（3-PG）過程中糖解過程中產生的 NADH 被再氧化。

Part 10
核苷酸代謝

10.1 核苷酸代謝途徑

核苷酸為構成核酸（DNA、RNA）之基本單位，DNA 與 RNA 是由核苷酸以共價方式鍵結而成，其功能為影響基因訊息的儲存、傳遞與表現。

核苷酸在機體內廣泛分布，具有多種功能：(1) 核苷酸是構成核酸的基本單位，這是其最主要功能。(2) 儲存能量：核苷酸三磷酸，尤其是 ATP 是細胞的主要能量形式。(3) 參與代謝和生理調節：許多代謝過程受到體內 ATP、ADP 或 AMP 的調節。(4) 組成輔酶，如腺嘌呤核苷酸可作為 NAD^+、$ANDP^+$、FMN、FAD 及 CoA 等的組成成分。

核苷酸以核蛋白（nucleoprotein）的形式存在，核蛋白會被蛋白酶（protease）分解為胜肽及核酸，而核酸進而再被核酸酶切斷形成核苷酸，接著核苷酸（NT）會因其磷酸基被特異性核苷酸酶（nucleotidases）和非特異性磷酸酶（phosphatases）催化而形成核苷（nucleosides），小腸中之核苷酶（nucleosidases）最後再進一步將核苷上的醣類切除形成最終產物，如嘌呤或嘧啶，即含氮鹼基。核苷和含氮鹼基則可由腸道黏膜直接吸收。

含氮鹼基之嘌呤代謝成尿酸，嘧啶則進入尿素循環。

分解核酸的酶，按其作用位置可分為核酸外切酶和核酸內切酶。

1. 核酸外切酶：作用於核酸鏈的末端，逐個水解下核苷酸。有些核酸外切酶只作用於 DNA，稱為去氧核糖核酸外切酶，另一些則只作用於 RNA，稱為核糖核酸外切酶；但有些核酸外切酶可以同時作用於 DNA 和 RNA。有些核酸外切酶從核酸鏈的 3' 端開始，生成 5'- 核苷酸（如蛇毒核酸外切酶）；另一些則從 5' 端開始而生成 3'- 核苷酸（如脾核酸外切酶）；也有一些核酸外切酶可從 5' 端或 3' 端開始而生成 5'- 核苷酸。

2. 核酸內切酶核酸內切酶催化水解多核苷酸鏈內部的磷酸二酯鍵。有的核酸內切酶只作用於 DNA，有的只作用於 RNA，有的可同時作用於 DNA 和 RNA。

核苷酸合成途徑有兩種，即從頭合成路徑（de novo pathway）和補救合成路徑（salvage pathway）。

從頭合成是利用磷酸核糖、胺基酸、單碳單位（C）及二氧化碳（CO_2）等簡單原料合成核苷酸，是核苷酸合成的主要途徑。幾乎所有原料都可以直接或間接從食物胺基酸中獲得。因此一般認為，由於體內活躍的從頭合成（主要在肝臟），健康動物幾乎不需要外源性核苷酸。

某些組織器官（如腦、小腸上皮，淋巴細胞等）由於從頭合成能力有限，正常情況下，其核苷酸代謝池（metabolic pool）的維持，賴於肝臟中從頭合成的核苷酸或利用食物中 解的核苷或鹼基進行補救合成。

代謝途徑如圖①至⑦所示。回收再利用的補救合成路徑如圖❶至❺所示。

補救合成過程較簡單，消耗能量亦較少。由二種特異性不同的酶參與嘌呤核苷酸的補救合成。

腺嘌呤磷酸核糖轉移酶（adenine phosphoribosyl transterase, APRT）催化 5- 磷酸核糖 -1α- 焦磷酸（PRPP）與腺嘌呤合成腺嘌呤核苷單磷酸（AMP）；人體由嘌呤核苷的補救合成只能通過腺苷激酶催化，使腺嘌呤核苷生成腺嘌呤核苷酸。

核苷酸的代謝與再利用

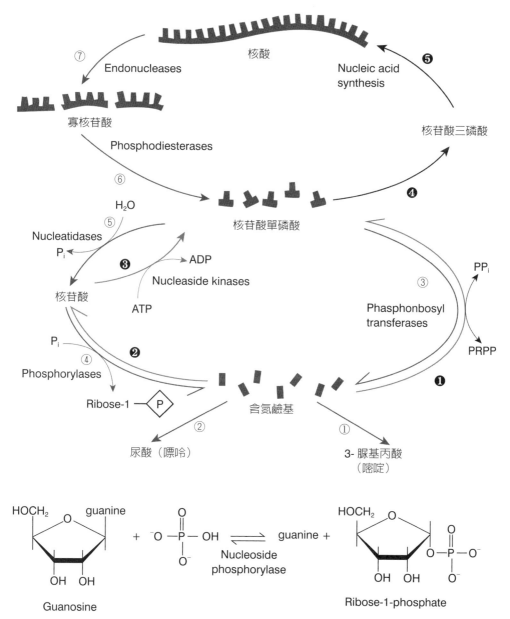

磷酸化酶（phosphorylase）在五碳糖上接上磷酸根，將鳥糞嘌呤核苷（guanosine）之鳥糞嘌呤（guanine）分離。

10.2 嘌呤生合成

體內嘌呤核苷酸的合成並非先合成嘌呤鹼基，然後再與核糖及磷酸結合，而是在磷酸核糖的基礎上逐步合成嘌呤核苷酸。

嘌呤核苷酸的從頭合成主要在胞液中進行，可分為兩個階段：首先合成次黃嘌呤核苷酸（inosine monophosphate, IMP）；然後經由不同途徑分別生成 AMP 和 GMP。

IMP 的合成

IMP 的合成包括 11 個步驟反應，從 PRPP 經過 10 個酶，成為一個環狀複合體（purinosome）。

嘌呤核苷酸合成的起始物為 α-D-核糖 -5- 磷酸，是磷酸戊糖途徑代謝產物。嘌呤核苷酸生物合成的第一步是由磷酸核糖焦磷酸激酶（ribose phosphate pyrophosphohinase）催化，與 ATP 反應生成 5- 磷酸核糖 - 焦磷酸（5-phosphorlbosyl α-pyrophosphate, PRPP）。此反應中 ATP 的焦磷酸根直接轉移到 5- 磷酸核糖 C1 位上。PRPP 同時也是嘧啶核苷酸、組胺酸、色胺酸合成的前體。此酶為一變構酶，受多種代謝產物的變構調節。如 PPi 和 2,3-DPG 為其變構啟動劑。ADP 和 GDP 為變構抑制劑。

由 IMP 生成 AMP 和 GMP

生成的 IMP 並不堆積在細胞內，而是迅速轉變為 AMP 和 GMP。AMP 與 IMP 的差別僅是 6 位酮基被胺基取代。AMP 由兩個步驟反應完成：(1) 天門冬胺酸的胺基與 IMP 由腺苷酸代琥珀酸合成酶催化，相連生成腺苷酸琥珀酸（adenylosuccinate），GTP 水解供能。(2) 在腺苷酸琥珀酸裂解酶作用下脫去延胡索酸生成腺嘌呤核苷酸（AMP）。

GMP 的生成也由二步反應完成：(1) IMP 由次黃嘌呤核苷酸脫氫酶催化，以 NAD$^+$ 為受氫體，氧化生成黃嘌呤核苷酸（xanthosine monophosphate, XMP）。(2) 麩胺醯胺提供醯胺基取代 XMP 中 C_2 上的氧生成鳥糞嘌呤核苷酸（GMP），此反應由 GMP 合成酶催化，由 ATP 水解供能。

核苷單磷酸磷酸化生成核苷二磷酸和核苷三磷酸

要參與核酸的合成，核苷單磷酸必須先轉變為核苷二磷酸，再進一步轉變為核苷三磷酸。

核苷二磷酸由鹼基特異的核苷單磷酸激酶（nucleoside monophosphate kinase）催化，由相應的核苷單磷酸生成。

嘌呤核苷酸從頭合成的調節

從頭合成是體內合成嘌呤核苷酸的主要途徑。此過程要消耗胺基酸及 ATP。在大多數細胞中，分別調節 IMP，ATP 和 GTP 的合成，不僅調節嘌呤核苷酸的總量，而且使 ATP 和 GTP 的水準保持相對平衡。

IMP 途徑的調節主要在合成的前二步反應，即催化 PRPP 和 PRA 的生成。核糖磷酸焦磷酸激酶受 ADP 和 GDP 的回饋抑制。磷酸核糖醯胺轉移酶受到 ATP、ADP、AMP 及 GTP、GDP、GMP 的回饋抑制。ATP、ADP 和 AMP 結合酶的一個抑制位點，而 GTP、GDP 和 GMP 結合另一抑制位點。

與從頭合成不同，補救合成過程較簡單，消耗能量亦較少。由二種特異性不同的酶參與嘌呤核苷酸的補救合成。腺嘌呤磷酸核糖轉移酶（Adenine phosphoribosyl transterase, APRT）催化 PRPP 與腺嘌呤合成 AMP：人體由嘌呤核苷的補救合成只能通過腺苷激酶催化，使腺嘌呤核苷生成腺嘌呤核苷酸。

嘌呤分子中各原子的來源

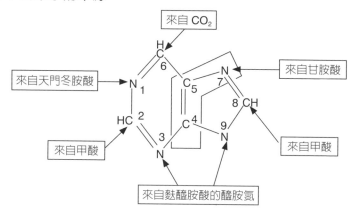

GMP 及 AMP 的合成

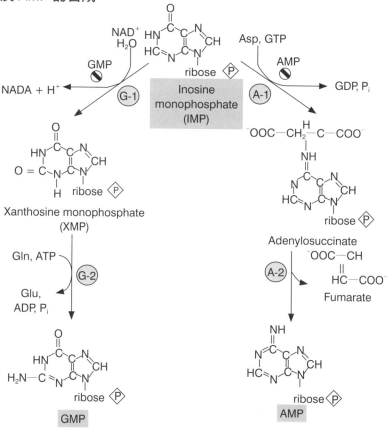

從 IMP 分兩條路徑，分別合成出 GMP 及 AMP：
G-1：IMP dehydrogenase。G-2：GMP synthetase。A-1：adenylosuccinate synthetase。A-2：
    adenylosuccinate lyase
⊖：抑制

10.3　嘌呤的降解

嘌呤在脫胺酶的作用下脫去胺基，腺嘌呤脫胺後生成次黃嘌呤（hypoxanthine），然後，在黃嘌呤氧化酶（xanthine oxidase）作用下，將次黃嘌呤氧化成黃嘌呤。黃嘌呤氧化酶是一種黃素蛋白，含 FAD、鐵和鉬；鳥嘌呤脫胺後直接生成黃嘌呤（xanthine）。

黃嘌呤進一步氧化爲尿酸（uric acid），尿酸在尿酸氧化酶（urate oxidase，一種含銅酶）作用下降解爲尿囊素（allantoin）和 CO_2，尿囊素在尿囊素酶（allantoinase）作用下水解爲尿囊酸（allantoic acid），尿囊酸進一步在尿囊酸酶（allantoicase）的作用下水解爲尿素和乙醛酸。

不同種類生物降解嘌呤鹼基的能力不同，因而代謝產物的形式也各不相同。人類、靈長類、鳥類、爬蟲類以及大多數昆蟲體內缺乏尿酸酶，故嘌呤代謝的最終產物是尿酸；人類及靈長類以外的其他哺乳動物體內存在尿酸氧化酶，可將尿酸氧化爲尿囊素，故尿囊素是其體內嘌呤代謝的終產物。

某些硬骨魚體內存在尿囊素酶，可將尿囊素氧化分解爲尿囊酸；在大多數魚類、兩棲類中的尿囊酸酶，可將尿囊酸進一步分解爲尿素及乙醛酸；而氨是甲殼類、海洋無脊椎動物等體內嘌呤代謝的終產物，因這些動物體內存在　酶，可將尿素分解爲氨和二氧化碳。

體內嘌呤核苷酸的分解代謝主要在肝臟、小腸及腎臟中進行。正常生理情況下，嘌呤合成與分解處於相對平衡狀態，所以尿酸的生成與排泄也較恒定。

當人體內核酸大量分解時，血中尿酸水準升高，當超過 0.48mmol/L 時，尿酸鹽將過飽合產生結晶而導致關節炎、尿路結石及腎疾患，稱爲痛風。

臨床上常用 allopurinol 治療痛風。結構與次黃嘌呤類似，只是分子中 N_8，與 C_2 互換了位置，可與次黃嘌呤競爭黃嘌呤氧化酶，從而抑制尿酸的生成。

尿酸產生太多主要是 3 種酶缺失造成：glucose-6-phosphatase、PRPP synthetase 及 HGPRT。

嚴重複合性免疫不全症（severe combined immune deficiency, SCID）是因腺嘌呤核苷去胺酶（adenosine deaminase, ADA）及嘌呤核苷磷酸化酶（purine nucleoside phosphorylase）異常導致 T 細胞和 B 細胞有缺陷。患者因爲缺乏免疫功能而導致細菌、病毒及黴菌的嚴重重複性感染。嬰兒多在 3 至 6 個月大時出現症狀，主要表現爲生長遲緩。

萊希－尼亨症候群（Lesch-Nyhan syndrome）是一種 X 染色體性聯隱性遺傳疾病，主要因次黃嘌呤 - 鳥嘌呤磷醣基核苷轉移酶（hypoxanthine-guanine phosphoribosyl transferase，HPRT 或 HGPRT）先天性缺乏所引起。無法將次黃嘌呤轉變爲次黃嘌呤核苷酸（inosine monophosphate, IMP）。當缺乏 IMP 時，身體就必須加強從頭合成路徑（purine de novo biosynthesis）以獲得 IMP，過多的次黃嘌呤又經黃嘌呤氧化酶（xanthine oxidase）的分解，進一步產生大量的尿酸。臨床特徵是高尿酸血症、舞蹈症、指痙症、智力障礙和不自主自身摧殘行爲的產生。

嘌呤的降解

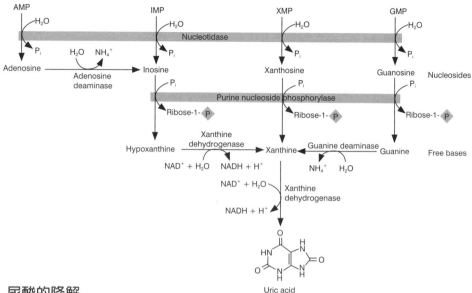

尿酸的降解

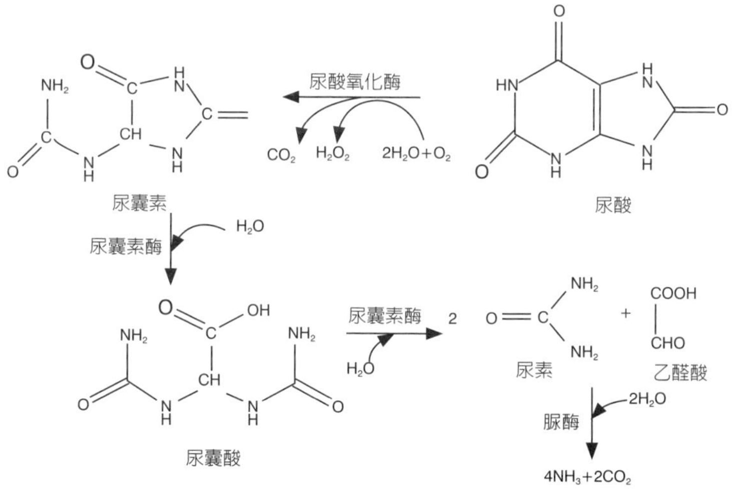

Allopurinol 與 hypoxanthine

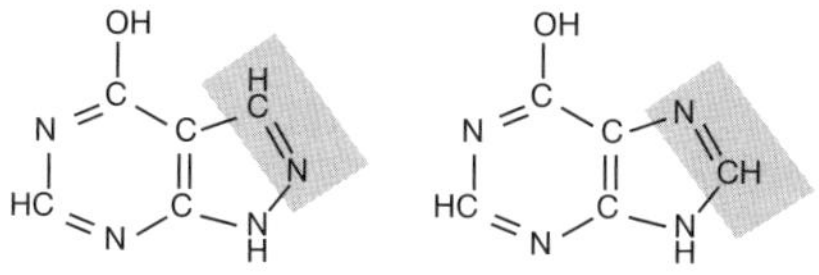

Allopurinol

Hypoxanthine
(enol form)

結構與次黃嘌呤（hypoxanthine）很相似的 allopurinol，對黃嘌呤氧化酶有很強的抑制作用，可用來治療痛風

10.4 嘧啶生合成與降解

　　構成嘧啶環的 N_1、C_4、C_5 及 C_6 均由天門多胺酸提供，C_3 來源於 CO_2，N_3 來源於麩醯胺酸。

　　嘧啶核苷酸與嘌呤核苷酸的合成有所不同。生物體先利用小分子化合物形成嘧啶環，然後再與核糖磷酸結合形成嘧啶核苷酸。首先形成的是尿苷單磷酸（UMP），然後再轉變為其他嘧啶核苷酸。

　　UMP 的合成是從胺甲醯磷酸與天門多胺酸合成胺甲醯天門多胺酸開始的，由天門多胺酸轉胺甲醯基酶（aspartate transcarbamylase, ATCase）催化；然後經環化，脫水生成二氫乳清酸，並經脫氫作用形成乳清酸，至此已形成嘧啶環。乳清酸與 PRPP 提供的 5- 磷酸核糖結合，形成乳清酸核苷酸，再經脫羧作用就生成了尿苷酸。

1. 合成胺基甲醯磷酸（carbamoyl phosphate）：嘧啶合成的第一步是生成胺基甲醯磷酸，由胺基甲醯磷酸合成酶 II（carbamoyl phosphate synthetase II , CPS- II）催化 CO_2 與穀氨醯胺的縮合生成。
2. 合成甲醯天門多胺酸（carbamoyl aspartate）：由天門多胺酸胺基甲醯轉移酶（aspartate transcarbamoylase, ATCase）催化天門多胺酸與胺基甲醯磷酸縮合，生成胺基甲醯天門多胺酸（carbamoyl aspartate）。此反應為嘧啶合成的限速步驟。ATCase 是限速酶，受產物的回饋抑制。不消耗 ATP，由胺基甲醯磷酸水解供能。
3. 閉環生成二氫乳清酸（dihydroortate）：由二氫乳清酸酶（dihyolroorotase）催化胺基甲醯天門多胺酸脫水、分子內重排形成具有嘧啶環的二氫乳清酸。
4. 二氫乳清酸的氧化：由二氫乳清酸脫氫酶（dihydroorotate dehyolrogenase）催化，二氫乳清酸

氧化生成乳清酸（orotate）。此酶需 FMN 和非血紅素 Fe^{2+}，位於粒線體內膜的外側面，由醌類（quinones）提供氧化能力，嘧啶合成中的其餘 5 種酶均存在於胞液中。

5. 獲得磷酸核糖：由乳清苷酸焦磷酸化酶催化下，乳清酸與 5- 磷酸核糖（PRPP）反應，生成乳清酸核苷酸（orotidine-5'-monophosphate, OMP）。由 PRPP 水解供能。Mg^{2+} 可活化該反應。
6. 脫羧生成 UMP：由 OMP 脫羧酶（OMP decarboxylase）催化 OMP 脫羧生成 UMP。

　　UMP 在尿苷酸激酶的作用下，可轉變為尿苷二磷酸（UDP），後者在尿嘧啶核苷二磷酸激酶的作用下轉變為尿苷三磷酸（UTP），然後經胺基化生成胞苷三磷酸（CTP）。

嘧啶核苷酸從頭合成的調節

　　在動物細胞中，ATCase 不是調節酶。嘧啶核苷酸合成主要由 CPS- II 調控。UDP 和 UTP 抑制其活性，而 ATP 和 PRPP 為其啟動劑。

嘧啶的降解

　　嘧啶在生物體內降解。分解過程比較複雜，包括水解脫胺基作用、胺化、還原、水解和脫羧基作用等。不同種類生物分解嘧啶的過程不同。

　　胞嘧啶先經水解脫胺轉變為尿嘧啶。尿嘧啶或胸腺嘧啶降解的第一步是加氫還原反應，生成的產物是二氫尿嘧啶或二氫胸腺嘧啶，然後經連續兩次水解作用，前者產生 CO_2、NH_3 和 β- 丙胺酸，後者產生 CO_2、NH_3 和 β- 胺基異丁酸。β- 丙胺酸和 β- 胺基異丁酸脫去胺基轉變為相應的酮酸，併入檸檬酸循環進一步代謝。β- 丙胺酸亦可用於泛酸和輔酶 A 的合成。

兩種胺基甲醯磷酸合成酶的比較

	胺基甲醯磷酸合成酶 I	胺基甲醯磷酸合成酶 II
分布	粒線體（肝臟）	胞液（所有細胞）
氮源	胺	麩醯胺酸
變構啟動劑	N- 乙醯麩胺酸	無
回饋抑制劑	無	UMP（哺乳類動物）
功能	尿素合成	嘧啶合成

嘧啶的從頭合成

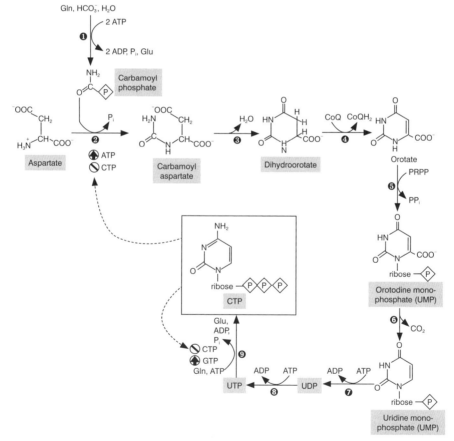

❶ carbamoyl phosphate synthetase, ❷ aspartate transcarbamoylase, ❸ dihydroorotase, ❹ dihydroorotate dehydrogenase, ❺ orotate phosphoribosyltransferase, ❻ OMP decarboxylase, ❼ UMP kinase, ❽ nucleoside diphosphate kinase, ❾ CTP synthetase.

10.5 去氧核糖核苷酸生合成

核醣核酸還原為去氧核糖核酸

核醣核苷酸還原酶（ribonucleotide reductase, RRM）廣泛的存在活體生物的細胞之中，其作用是將核醣核苷酸（ribonecleotide）還原成去氧核醣核苷酸（deoxyribonucleotide），使得 5 號碳帶有雙磷酸的核糖核苷酸（5'-diphosphate）轉換成 2 號碳上去氧的核糖核苷酸（2'-deoxynucleotide）。

核糖核苷酸還原酶是由核苷二磷酸還原酶、硫氧還蛋白和硫氧還蛋白還原酶組成。RRM 是由一個較大單元（subunit）RRM1 和一個較小單元 RRM2 所組成一個異二聚體四聚體，RRM 催化去氧核醣核苷酸的合成反應，而去氧核醣核苷酸又是 DNA 的前驅物質，因此 RRM 在 DNA 合成及修復中扮演關鍵的角色，也在調控細胞的增生與分化以及固定 DNA 和細胞質的比率中扮演重要的角色。

在核糖核苷酸還原酶作用下，核糖核苷二磷酸（NDP）核糖部分的 2'- 羥基被氫原子取代，轉變成脫氧核糖核苷二磷酸（dNDP）。

dTTP 的生合成

從頭合成路徑：(1) 可以 UDP 或 CDP 為原料。(2) 以胸腺嘧啶合成酶（thymidine synthetase）將 dUMP 轉變成 dTMP。

補救路徑：(1) 藉由胸腺嘧啶激酶（thymidine kinase）將去氧尿嘧啶（deoxyuridine）接上磷酸根後轉變為 dUMP。(2) 或藉由胸腺嘧啶激酶將去氧胸腺嘧啶（deoxythymidine）接上磷酸根後轉變為 dTMP。

胸腺嘧啶合成酶將 dUMP 轉變成 dTMP

脫氧胸腺嘧啶核苷酸（dTMP）是由脫氧尿嘧啶核苷酸（dUMP）甲基化生成，dTMP 與 dUMP 在結構上僅差在 C_5 上的一個甲基。

dUMP 甲基化生成 dTMP 由胸腺嘧啶合成酶（thymidylate synthetase, TS）催化，N^5, N^{10}- 甲烯 -THF（5,10-methylene-THF）提供甲基。N^5, N^{10}- 甲烯 -THF 提供甲基後生成的二氫葉酸（DHF）又可以再經二氫葉酸還原酶的作，重新生成四氫葉酸（THF）。

葉酸在 DNA 代謝中發揮重要作用，生物體內葉酸缺乏將導致去氧單磷酸尿苷（dUMP）合成去氧單磷酸胸腺苷（dTMP）的反應被阻斷，造成尿嘧啶大量累積並造成錯誤摻入 DNA 鏈，引起點突變，有可能導致 DNA 單鏈或雙鏈的斷裂、染色體斷裂及微核的形成。

二氫葉酸還原酶（dihydrofolate reductase, DHFR）是以還原態菸鹼醯胺腺嘌呤二核苷酸磷酸（nicotinamide adenine dinucleotide phosphate, NADPH）作為輔酶，將受質 DHF 催化還原成 THF。

THF 經由絲胺酸羥基轉移酶（serine hydroxymethyl transferase）作用催化受質絲胺酸（serine）使四氫葉酸結構上的 N^5 及 N^{10} 的位置甲基化（methylation）形成一個環化結構，形成亞甲基四氫葉酸（5,10-Methylenetetrahydrofolate）。

藉由抑制二氫葉酸還原酶調控去氧胸腺核苷酸的合成，進而阻斷核苷酸的代謝路徑，促使細胞體內的 DNA 因前驅物匱乏而無法正常複製及修復的功能。開啟了二氫葉酸還原酶對抗菌機制與抗腫瘤藥物的相關研究。胺甲蝶呤（methotrexate）為 DHFR 的抑制劑常作為抗腫瘤藥物。

在細胞質中含有 thymidine kinase 1 可將胸腺嘧啶磷酸化成 dTMP；deoxycytidine kinase 可將去氧胞苷（deoxycytidine）、去氧鳥苷（deoxyguanosine）、去氧腺苷（deoxyadenosine）磷酸化成 dCMP、dGMP、dAMP。

在粒線體中含有 thymidine kinase 2 可將胸腺嘧啶及去氧胞苷磷酸化成 dTMP 及 dCMP；deoxyguanosine kinase 可將去氧鳥苷、去氧腺苷磷酸化成 dGMP、dAMP。

核糖核苷酸的還原反應

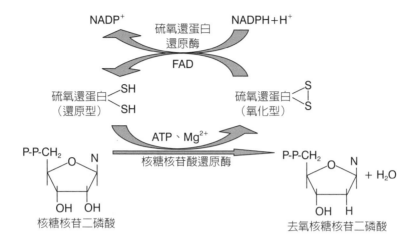

NADP+
硫氧還蛋白
還原酶
NADPH+H+
FAD
硫氧還蛋白
(還原型)
SH
SH
硫氧還蛋白
(氧化型)
S
S
ATP、Mg2+
核糖核苷酸還原酶
P-P-CH2
O
N
OH OH
核糖核苷二磷酸
P-P-CH2
O
N
OH H
+ H2O
去氧核糖核苷二磷酸

dTMP 的生合成

O
HN
O
N
Deoxyribose
P
dUMP
Thyrnidylate
synthase
O
HN
CH3
O
N
Deoxyribose
P
dTMP
H
H2N
N
N
HN
N
CH2
O
H2C
N
R
5,10-Methylene-THF
H
H2N
N
N
HN
N
CH2
O
NH
O
DHF
NADPH + H+
Dihydrofolate
Reductase
NADP+
Aminopterin
Methotrexate
Trimethoprim
Glycine
Serine
hydroxymethyltransferase
Serine
H
H2N
N
N
HN
N
H
CH2
O
HN
R
THF

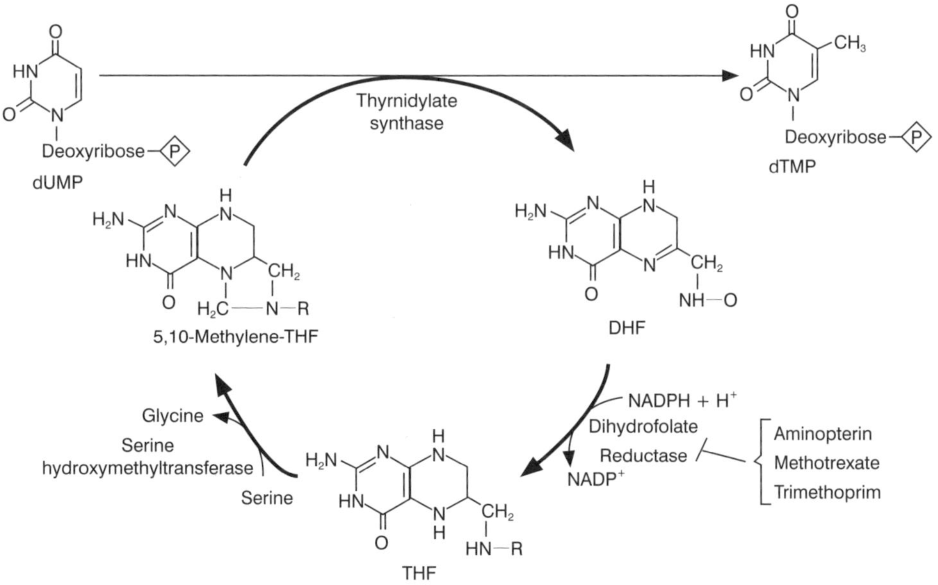

Part 11
胺基酸與含氮化合物代謝

11.1 胺基酸生合成

人體不能合成的胺基酸稱為必需胺基酸，如離胺酸、甲硫胺酸、色胺酸、蘇胺酸、白胺酸、異白胺酸、纈胺酸和苯丙胺酸。能合成的胺基酸稱為非必需胺基酸。

胺基酸可經過多種途徑合成，其共同特點是胺基主要由麩胺酸提供，而它們的碳架來自糖代謝（包括糖酵解、檸檬酸循環或磷酸戊糖途徑）的中間產物。

丙胺酸族：丙胺酸、纈胺酸和白胺酸。它們的共同碳架來源是糖酵解產物丙酮酸。丙酮酸經轉胺、縮合等作用生成胺基酸。丙酮酸還可以轉變為 α- 酮異戊二酸和 α- 酮異己酸。由 2 分子丙酮酸縮合並放出 1 分子 CO_2，再經幾步反應，便可生成 α- 酮異戊酸，並以此作為碳架經轉胺反應後生成纈胺酸；由 α- 酮異戊酸經幾步反應可生成 α- 酮異己酸，以此作為碳架，從麩胺酸獲得胺基即生成白胺酸。

絲胺酸族：絲胺酸、甘胺酸和半胱胺酸。絲胺酸是由糖酵解中間產物 3- 磷酸甘油酸合成的。3- 磷酸甘油酸首先被氧化成 3- 磷酸羥基丙酮酸，然後經轉胺作用生成 3- 磷酸絲胺酸，水解後產生絲胺酸。

天門冬胺酸族：天門冬胺酸、天門冬醯胺酸、甲硫胺酸、蘇胺酸、離胺酸和異白胺酸。它們的共同碳架是檸檬酸循環中的草乙酸，草乙酸經轉胺反應就可生成天門冬胺酸，然後天門冬胺酸再經天多醯胺合成酶催化即可生成天門冬醯胺。天門冬胺酸可以合成動物最重要的必需胺基酸離胺酸，還可轉變為甲硫胺酸、蘇胺酸，蘇胺酸又可轉變為異白胺酸。此反應過程複雜，主要的中間產物

是 β- 天門冬胺酸半醛。

麩胺酸族：麩胺酸、麩醯胺酸、脯胺酸和精胺酸。它們的共同碳架是檸檬酸循環的中間產物 α- 酮戊二酸，它可直接生成麩胺酸並進一步生成麩胺醯胺。麩胺酸還可作為前軀物生成脯胺酸。麩胺酸先被還原為麩胺醯半醛，這反應要求 ATP、NAD（P）H 和 Mg^{2+} 參加，麩胺醯半醛的 γ- 醛基和 α- 胺基自發可逆地形成環式 Δ'- 二氫吡咯 -5- 羧酸，後者被還原為脯胺酸。

芳香族胺基酸：苯丙胺酸、酪胺酸和色胺酸，它們的碳架來自於糖解的中間產物磷酸烯醇丙酮酸（phosphoenolpyruvic acid, PEP）和磷酸戊糖途徑中的赤蘚糖 -4- 磷酸（erythrose 4-phosphate）。兩種糖代謝中間產物縮合，形成的七碳糖失去磷醯基，再經環化、脫水等作用產生莽草酸（shikimic acid）。這種由莽草酸生成芳香族胺基酸和其他多種芳香族化合物的過程，稱為莽草酸途徑（shikimic acid pathway）。莽草酸經磷酸化後，再與 PEP 反應，以後生成分支酸（chorismic acid）；分支酸後面分為兩條途徑，一條途徑可以生成色胺酸，另一條途徑可生成預苯酸（prephenic acid），由預苯酸可轉變成苯丙胺酸和酪胺酸。

組胺酸：合成過程較複雜，它是由 ATP、磷酸核糖焦磷酸（phosphoribosyl pyrophosphate, PRPP）、麩胺酸和麩醯胺酸合成的。由 PRPP 與 ATP 縮合成磷酸核糖 ATP（PR-ATP），再進一步轉化為咪唑甘油磷酸，然後形成組胺醇，由組胺醇再轉化為組胺酸。

除蘇胺酸和離胺酸外，其他胺基酸的胺基都可經由轉胺作用得到

$$
\begin{array}{c}
\text{COOH} \\
| \\
\text{CHNH}_2 \\
| \\
\text{CH}_2 \\
| \\
\text{CH}_2 \\
| \\
\text{COOH}
\end{array}
\boxed{\text{麩胺酸}}
\quad + \quad
\begin{array}{c}
\text{CH}_0 \\
| \\
\text{C}=\text{O} \\
| \\
\text{COOH}
\end{array}
\text{丙酮酸}
\quad \xrightleftharpoons[\hspace{1cm}]{\text{轉胺酶}} \quad
\begin{array}{c}
\text{COOH} \\
| \\
\text{C}=\text{O} \\
| \\
\text{CH}_2 \\
| \\
\text{CH}_2 \\
| \\
\text{COOH}
\end{array}
\text{α-酮戊二酸}
\quad + \quad
\begin{array}{c}
\text{CH}_3 \\
| \\
\text{CHNH}_2 \\
| \\
\text{COOH}
\end{array}
\boxed{\text{丙胺酸}}
$$

哺乳動物半胱胺酸（cysteine）的生物合成

$$^-\text{OOC}-\text{CH}-\text{CH}_2-\text{CH}_2-\boxed{\text{SH}} \;+\; \text{HOCH}_2{}^{P}-\overset{\overset{+}{\text{NH}_3}}{\text{CH}}-\text{COO}^-$$

$$\underset{\text{Homocysteine}}{\boxed{{}^+\text{NH}_3}} \qquad\qquad \text{Serine}$$

cystathionine β-synthase $\downarrow$ PLP / $\blacktriangle$ H$_2$O

$$^-\text{OOC}-\text{CH}-\text{CH}_2-\text{CH}_2-\boxed{\text{S}}-\text{CH}_2-\overset{\overset{+}{\text{NH}_3}}{\text{CH}}-\text{COO}^-$$

$$\boxed{{}^+\text{NH}_3}$$

Cystathionine

cystathionine γ-lyase $\downarrow$ H$_2$O / PLP $\boxed{\text{NH}_4^+}$

$$^-\text{OOC}-\underset{\overset{\|}{\text{O}}}{\text{C}}-\text{CH}_2-\text{CH}_3 \;+\; \text{HS}-\text{CH}_2-\overset{\overset{+}{\text{NH}_3}}{\text{CH}}-\text{COO}^-$$

$$\text{α-Ketobutyrate} \qquad\qquad \boxed{\text{Cysteine}}$$

麩胺酸的生合成

$$^-\text{O}-\underset{\overset{\|}{\text{O}}}{\text{C}}-\text{CH}_2-\text{CH}_2-\underset{\overset{\|}{\text{O}}}{\text{C}}-\underset{\overset{\|}{\text{O}}}{\text{C}}-\text{O}^- \;+\; \boxed{\text{NH}_4^+} \;+\; \boxed{\text{NADH}} \;+\; \boxed{\text{H}^+} \;\rightleftharpoons$$

α-酮基戊二酸

$$^-\text{O}-\underset{\overset{\|}{\text{O}}}{\text{C}}-\text{CH}_2-\text{CH}_2-\underset{\overset{|}{{}^+\text{NH}_3}}{\overset{\overset{\text{H}}{|}}{\text{C}}}-\underset{\overset{\|}{\text{O}}}{\text{C}}-\text{O}^- \;+\; \boxed{\text{NAD}^+} \;+\; \boxed{\text{H}_2\text{O}}$$

$$\boxed{\text{麩胺酸}}$$

11.2 胺基酸代謝

天然胺基酸分子都含有 α- 胺基和 α-羧基，因此各種胺基酸都有其共同的代謝途徑。胺基酸分解代謝的第一步就是脫胺基作用（deamination），胺基酸脫去胺基後，形成酮酸和胺。

氧化脫胺基：α- 胺基酸在胺基酸氧化酶的催化下氧化生成 α- 酮酸並產生胺的過程稱為氧化脫胺基作用（oxidative deamination）。動物體內有兩種胺基酸氧化酶，即對 L- 胺基酸有專一性的L- 胺基酸氧化酶和對 D- 胺基酸有專一性的 D- 胺基酸氧化酶，它們都是以FMN 和 FAD 為輔酶的氧化脫胺酶。

在有分子氧存在的情況下，胺基酸氧化酶也能催化輔酶的氧化，反應產生有毒性的過氧化氫，可被過氧化氫酶降解。

在胺基酸代謝中起重要作用的脫胺酶是 L- 谷胺酸脫氫酶。L- 谷胺酸脫氫酶在動植物及大多數微生物中普遍存在，是脫胺活力最高的酶，它催化 L- 谷胺酸脫胺生成 α- 酮戊二酸，其輔酶是NAD$^+$ 或 NADP$^+$。

轉胺作用：胺基酸的轉胺基作用是指在轉胺酶（aminotransferase）的催化下，α- 胺基酸和 α- 酮酸之間發生的胺基轉移反應。使原來的胺基酸轉變成相應的酮酸，而原來的酮酸轉變成相應的胺基酸。

轉胺酶種類很多，在動物、植物及微生物中分布很廣。大多數轉胺酶對α- 酮戊二酸或麩胺酸是專一的。最重要並且分布最廣泛的天門冬胺酸轉胺酶（aspartate aminotransferase, AST）也稱麩胺酸草乙酸轉胺酶（glutamic oxaloacetate transaminase, GOT）和丙胺酸轉胺酶（alanine aminotransferase, ALT）也稱麩胺酸丙酮酸轉胺酶（glutamic pyruvate transaminase, GPT），當肝臟細胞受損會將其釋放，可作為肝功能指標。

轉胺酶以磷酸吡哆醛（維生素 B$_6$）為輔酶，參與將 α- 胺基轉移給 α- 酮戊二酸的反應。

脫羧基作用：胺基酸在胺基酸脫羧酶作用下脫去羧基，生成 CO$_2$ 和胺類化合物，胺基酸脫羧酶輔酶為磷酸吡哆醛。胺基酸脫羧酶的專一性很強，除個別胺基酸外，一種胺基酸脫羧酶一般只對一種胺基酸起脫羧作用。

有些胺基酸脫羧後形成的胺類化合物，是組成某些維生素或激素的成分。如天冬胺酸脫羧後生成 β- 丙胺酸，它是 B 族維生素泛酸的組成成分。色胺酸脫胺脫羧後的產物可轉變成植物生長激素（吲哚乙酸）。

有些胺基酸可先被羥基化，然後脫去羧基。例如酪胺酸在酪胺酸酶（tyrosinase）催化下被羥化生成 3,4- 二羥苯丙胺酸（3,4-dihydroxyphenylalanine，多巴（dopa）），後者脫去羧基生成 3,4- 二羥苯乙胺（3,4-dihydroxyphenylamine，多巴胺（dopamine））

胺基酸脫羧後生成的胺類，有許多具有藥物作用，如組胺又稱組織胺，可以降低血壓，又是胃液分泌的刺激劑，酪胺可升高血壓等。絕大多數胺類對動物有毒，但體內有胺氧化酶，能將胺氧化為醛和胺。醛可進一步氧化成脂肪酸，胺可合成尿素等，也可形成新的胺基酸。

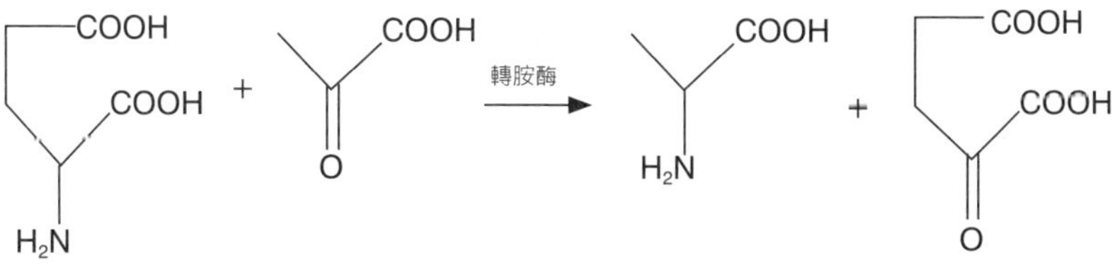

麩胺酸 　　　　丙酮酸 　　　　丙胺酸 　　　　α- 酮戊二酸

麩胺酸的胺基轉移給丙酮酸，使丙酮酸變為丙胺酸，原來的麩胺酸變成 α- 酮戊二酸。

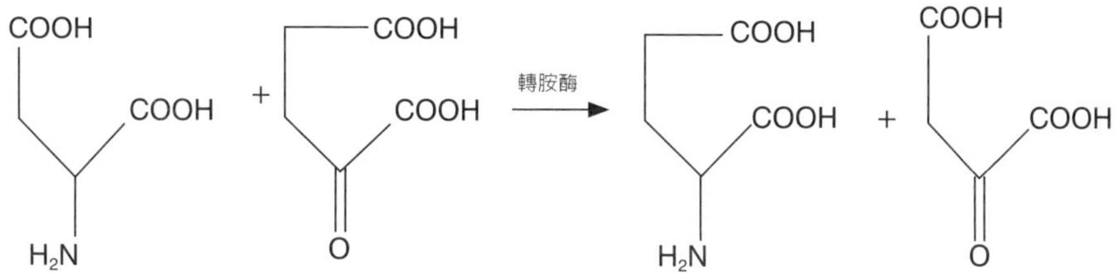

天門冬胺酸 　　　α- 酮戊二酸 　　　麩胺酸 　　　草醯乙酸

天門冬胺酸的胺基也可以轉移給 α- 酮戊二酸，使後者變為麩胺酸，而天門冬胺酸則變為草乙酸。

聯合脫胺基作用示意圖

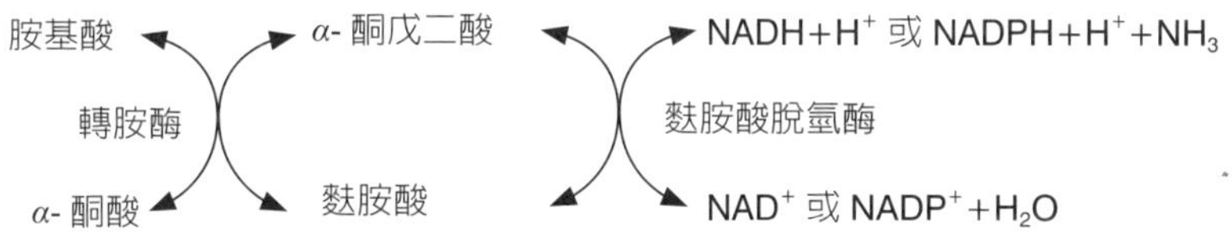

胺基酸 → α- 酮戊二酸 → NADH+H$^+$ 或 NADPH+H$^+$+NH$_3$

轉胺酶　　　　　　　　麩胺酸脫氫酶

α- 酮酸 ← 麩胺酸 ← NAD$^+$ 或 NADP$^+$+H$_2$O

酪胺酸生成多巴和多巴胺的反應式

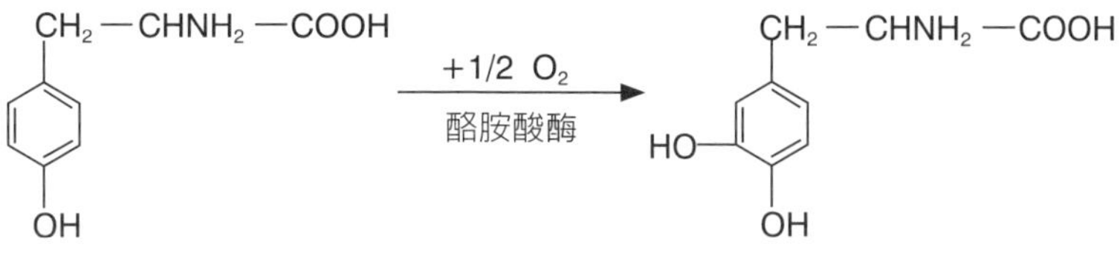

酪胺酸 　　$\xrightarrow[\text{酪胺酸酶}]{+1/2\ O_2}$　　 多巴

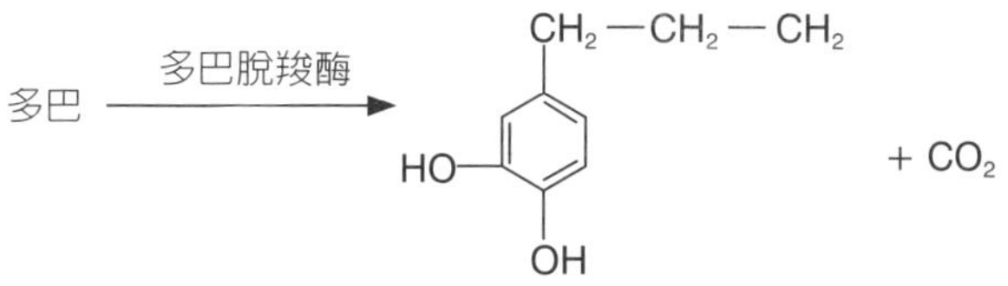

多巴 　$\xrightarrow[\text{多巴脫羧酶}]{}$　 多巴胺 　+ CO$_2$

11.3 氮的排泄

代謝產生的氨，以及消化道吸收來的氨進入血液，形成血氨。氨具有毒性，腦組織對氨的作用尤為敏感。體內的氨主要在肝合成尿素而解毒。

多數陸棲動物是排尿素（ureotelic）動物，將胺基上之氮以尿素形式排出；鳥類和爬蟲類則是排尿酸（uricotelic）動物，將胺基上之氮以尿酸排除。

尿素循環（urea cycle）又稱 Krebs Henseleit 循環。

1. 胺基甲醯磷酸（carbamoyl phosphale）的合成：在 Mg^{2+}、ATP 及 N-乙醯麩胺酸（N-acetyl glutamatic acid）存在時，氨與 CO_2 可在胺基甲醯磷酸合成酶 I（carbamoyl phosphale synthetase I, CPS-I）的催化下，合成胺基甲醯磷酸。

2. 瓜胺酸（citrulline）的合成：在鳥胺酸轉胺甲醯酶（存在於粒線體中）催化下，胺甲醯磷酸與鳥胺酸（ornithine）縮合成瓜胺酸，反應部位在粒線體。然後胺甲醯磷酸在鳥胺酸轉胺甲醯酶催化下，將胺甲醯基轉移給鳥胺酸形成瓜胺酸。

3. 合成精胺酸琥珀酸（argininosuccinate）：瓜胺酸在 ATP 與 Mg^{2+} 的存在下，通過精胺酸合成酶的催化與天門多胺酸縮合為精胺酸琥珀酸，同時產生 AMP 及焦磷酸。天門多胺酸在此作為胺基的供體。

4. 合成精胺酸（arginine）：精胺酸琥珀酸經由精胺酸琥珀酸合成酶的催化形成精胺酸和延胡索酸（fumarate）。延胡索酸經檸檬酸循環變為草乙酸。草乙酸與麩胺酸進行轉胺作用又可變回為天門多胺酸。

5. 生成尿素（urea）：精胺酸在精胺酸酶（arginase）的催化下水解產生尿素和鳥胺酸。此酶的專一性很高，只對 L- 精胺酸有作用，存在於排尿素動物的肝臟中，反應部位在胞液。鳥胺酸可再進入粒線體並參與瓜胺酸的合成。尿素作為代謝終產物排出體外。

尿素分子中的 2 個氮原子，1 個來自氨，1 個則來自天門多胺酸，而天門多胺酸又可由其他胺基酸通過轉胺基作用而生成。由此，尿素分子中 2 個氮原子的來源雖然不同，但都直接或間接來自各種胺基酸。還可看到，尿素合成是一個耗能的過程，合成 1 分子尿素需要消耗 4 個高能磷酸鍵。

除了粒線體中以氨為氮源，通過 CSP-I 合成胺甲醯磷酸，並進一步參與尿素合成之外，在胞液中還存在 CPS-II，它以麩胺醯胺的醯胺基為氮源，催化合成胺甲醯磷酸，並進一步參與嘧啶的合成。

尿素合成的調節

1. 食物：高蛋白質膳食時尿素合成加快，反之，低蛋白質膳食時尿素的合成速度減慢。

2. 胺基甲醯磷酸合成酶 I：受到 N- 乙醯麩胺酸的異位調控，精胺酸促進 AGA 的合成，因此精胺酸濃度高時，尿素合成加速。

3. 尿素合成酶系的調節：所有參與反應的酶中，精胺酸帶琥珀酸合成酶活性最低，是尿素合成的限速酶。

檸檬酸循環和尿素循環之聯結

由於精胺琥珀酸酶所產生的延胡索酸亦是檸檬酸循環裡的中間產物，因此原則上這兩個循環是可互相聯結的，併稱為「Krebs 雙循環」。

尿素循環（urea cycle）示意圖

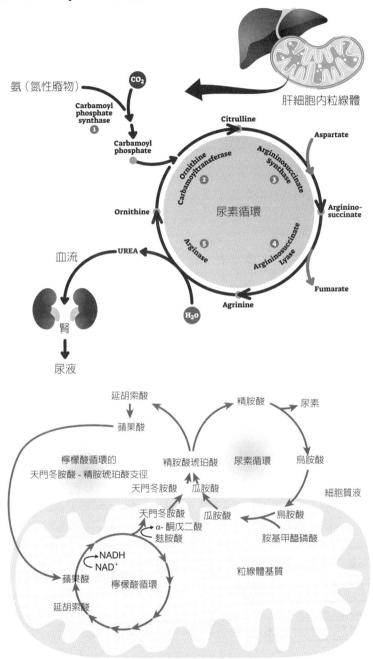

尿素循環和檸檬酸循環之間的聯結。將尿素循環和檸檬酸循環連結起來的反應途徑，亦被稱為天門冬胺酸－精胺琥珀酸支徑。

11.4 生物固氮作用

經由固氮微生物將大氣中的氮轉換成氨的過程即為生物固氮作用（nitrogen fixation）。每年生物固氮的總量占地球上固氮總量的 90 % 左右，所以生物固氮在地球的氮循環中具有十分重要的功能。然而只有少數生物能利用氮氣作為營養源，將氮分子還原成氨再轉換成胺基酸和蛋白質。

固氮酶：微生物在固氮過程中 N_2 會被還原成銨，銨再轉變成有機形式。還原反應主要是由兩種蛋白質所組成的固氮酶複合物（dinitrogenase）所催化。複合物結構 I：Fe-Mo protein（固氮酶 nitrogenase）含鉬（釩）、鐵之蛋白結構，鉬鐵主要是由 Mo-Fe 輔因子提供，結構 II：Fe-protein（固氮酶還原酶 nitrogenase reductase）為含鐵不含鉬之蛋白結構。

氮一般以含有鍵能較高的 N≡N 三鍵的 N_2 形式存在於自然界中，必須將這三鍵的化學鍵完全破壞才能把該雙原子分子中的兩個氮原子分開，氮氣的 N≡N 鍵能為 225kcal/mol（940.5KJ/mol）是化學上極為穩定的鍵。

梭菌及根瘤菌的氧化還原蛋白為鐵氧還蛋白（ferredoxin），含鐵及硫。固氮菌的氧化還原蛋白為黃素氧還蛋白（flavodoxin）。

固氮作用是被固氮酶複合體所催化：鐵氧化還原蛋白（ferredoxin）自呼吸作用的基質獲得電子，然後將鐵蛋白還原；還原的鐵蛋白將電子傳遞給鉬鐵蛋白，此時會催化氮氣和氫的還原作用。

固氮酶中的鐵蛋白（Fe protein）的 1-2 分子與鐵鉬蛋白（Fe-Mo protein）相連，在固氮的過程中，由於氮分子為一個極穩定的結構，因此需要很高的能量才能將之裂解以進行固氮。

氮氣與固氮酶中的鉬原子結合後，與鉬原子結合的氮原子會帶正電，不與鉬原子連結的氮原子帶負電，而後抓取氫離子與氮結合，此時為了符合八隅體，氮氮（N≡N 鍵）會由三鍵變成雙鍵，此時不與鉬原子連結的氮原子上的孤電子對（lone pair）會去抓取另一個氫離子後，不與鉬原子結氮原子上會帶正電，而氮氮（N=N 鍵）會因為要穩定電荷從雙鍵變成單鍵，不與鉬原子連結的氮原子上的孤電子對會再重複與剛剛相同的動作，促使氮氮單鍵斷裂，而分離出一分子的氨。氮原子上的孤電子對會再重複與剛剛相同的動作，促使另一分子的氨脫離。

固氮酶對 N_2 無專一性，也可還原氰化物（CN-）、乙炔（CH≡CH）等化合物。乙炔經過固氮酶複合物的還原後，產物為乙烯（$CH_2 = CH_2$）。

氮循環（nitrogen cycle）：氮在自然界中有多種存在形式，其中數量最多的是大氣中的氮氣。除了少數原核生物外，其他生物無法直接利用氮氣作營養源。構成氮循環的主要環節是：生物體有機氮的同化作用（assimilation）、氨化作用（ammonification）、硝化作用（nitrification）、反硝化（脫氮）作用（denitrification）和固氮作用。

生物固氮過程的反應式

$$N_2 + 8H^+ + 8e^- + 16ATP \rightarrow$$
$$2NH_3 + H_2 + 16ADP + 16P_1$$

固氮酶複合體

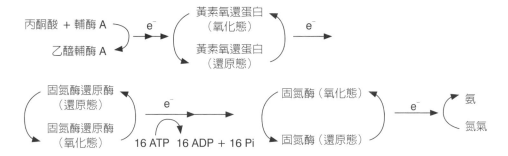

Cys：半胱胺酸　His：組胺酸

固氮作用所涉及的電子傳遞與酶系統

丙酮酸 + 輔酶 A ─── e⁻ ──→ 黃素氧還蛋白（氧化態）
乙醯輔酶 A ──→ 黃素氧還蛋白（還原態）── e⁻ ──→

固氮酶還原酶（還原態）── e⁻ ──→ 固氮酶（氧化態）── e⁻ ──→ 氨
固氮酶還原酶（氧化態）　16 ATP　16 ADP + 16 Pi　固氮酶（還原態）　氮氣

氮循環過程

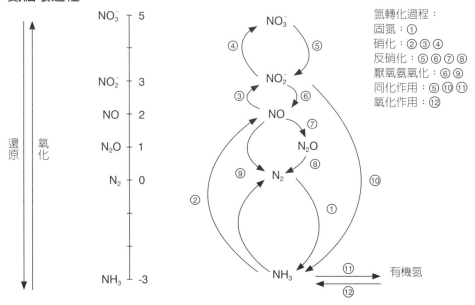

11.5 個別胺基酸的代謝

單碳單位（C1 unit，one carbon unit）：某些胺基酸代謝過程中產生的只含有一個碳原子的基團。單碳單位生成和轉移的代謝稱為單碳單位代謝。

體內單碳單位有多種形式，甲基（methyl，$-CH_3$）、甲烯基（methylene，$-CH_2$）、甲炔基（methenyl，$-CH=$）、甲醯基（formyl，$-CHO$）及亞胺甲基（formimino，$-CH=NH$）等。它們可分別來自甘胺酸、組胺酸、絲胺酸、色胺酸、甲硫胺酸等。

這種反應需要單碳單位轉移酶參加，這一類酶的輔酶為四氫葉酸（tetrahydrofolate, THF），它的功能是起著攜帶一碳基團的作用。

含硫胺基酸：體內的含硫胺基酸有三種，即甲硫胺酸、半胱胺酸和胱胺酸。甲硫胺酸中含有 S- 甲基，通過各種轉甲基作用可以生成多種含甲基的重要生理活性物質，如腎上腺素、肌酸、肉毒鹼等。但是，甲硫胺酸在轉甲基之前，首先必須與 ATP 作用，生成 S- 腺苷甲硫胺酸。此反應由甲硫胺酸腺苷轉移酶催化。

半胱胺酸含有硫基（$-SH$），胱胺酸含有二硫鍵（$-S-S-$），二者可以相互轉變。

含硫胺基酸氧化分解均可以產生硫酸根；半胱胺酸是體內硫酸根的主要來源。例如，半胱胺酸直接脫去硫基和胺基，生成丙酮酸、NH_3 和 H_2S；後者再經氧化而生成 H_2SO_4。體內的硫酸根一部分以無機鹽形式隨尿排出，另一部分則經 ATP 活化成活性硫酸根，即 3'-磷酸腺苷 -5'- 磷酸硫酸（3'-phospho-adenosine-5'-phosphosulfate, PAPS）

芳香族胺基酸：包括苯丙胺酸、酪胺酸和色胺酸。苯丙胺酸的主要代謝是經羥化作用，生成酪胺酸。催化此反應的酶是苯丙胺酸羥化酶（phenylalanine hydroxyfase）。苯丙胺酸羥化酶是一種加單氧酶，其輔酶是四氫生物蝶呤，催化的反應不可逆，因而酪胺酸不能變為苯丙胺酸。酪胺酸還可在酪胺酸轉胺酶的催化下，生成對羥苯丙酮酸，後者經尿黑酸等中間產物進一步轉變成延胡索酸和乙醯乙酸，二者分別參與糖和脂肪酸代謝。

酪胺酸代謝的另一條途徑是合成黑色素（melanin）。在黑色素細胞中酪胺酸酶（tyrosinase）的催化下，酪胺酸羥化生成多巴，後者經氧化、脫羧等反應轉變成吲哚 -5，6- 醌。黑色素即是吲哚醌的聚合物。

色胺酸除生成 5- 羥色胺外，本身還可分解代謝。在肝中，色胺酸通過色胺酸加氧酶（tryptophane oxygenase，又稱吡咯酶（pyrrolase））的作用，生成一碳單位。色胺酸分解可產生丙酮酸與乙醯乙醯輔酶 A。

支鏈胺基酸：包括白胺酸、異白胺酸和纈胺酸。首先經轉胺基作用，生成各自相應的 a- 酮酸（a-keto acid），其後分別進行代謝，經過若干步驟，纈胺酸分解產生琥珀酸單醯輔酶 A；白胺酸產生乙醯輔酶 A 及乙醯乙醯輔酶 A；異亮胺酸產生乙醯輔酶 A 及琥珀酸單醯輔酶 A。

一碳單位的來源及互相轉變

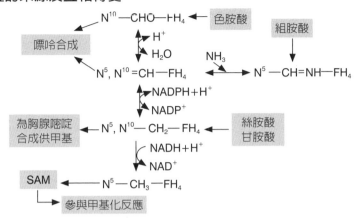

甲硫胺酸循環（methionine cycle）

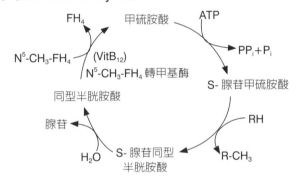

同型半胱胺酸可以接受 N^5- 甲基四氫葉酸提供的甲基，重新生成甲硫胺酸，形成一個循環過程。藉由這個循環的 S- 腺苷甲硫胺酸（SAM）提供甲基，以進行體內廣泛存在的甲基化反應。

纈胺酸（valine）、異白胺酸（iso leucine）和白胺酸（leucine）的代謝

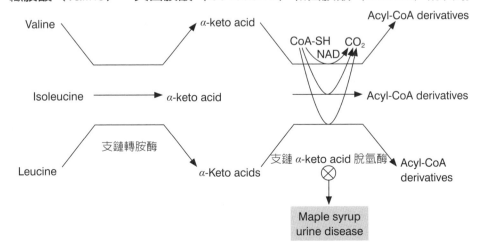

11.6 胺基酸含碳骨架代謝的輔酶

胺基酸分解代謝常見的反應類型是單碳轉移（one-carbon transfers），這種反應通常需要輔酶參與：生物素、四氫葉酸，或 S- 腺嘌呤核苷甲硫胺酸。

輔因子參與轉移不同氧化狀態的單碳基團：生物素轉移最高氧化態的單碳，如 CO_2；四氫葉酸轉移中度氧化態的單碳基團，但有時也轉移甲基；而 S- 腺嘌呤核苷甲硫胺酸則是轉移甲基，即最高還原態的碳。後兩種輔因子在胺基酸和核苷酸的代謝上特別重要。

四氫葉酸（tetrahydrofolate, H_4 folate）是由具取代基的喋呤（6- 甲基喋呤）、p- 胺基苯甲酸、和麩胺酸所構成。人體無法合成，必須從食物或腸內微生物獲得。

葉酸是其氧化態，為哺乳動物的一種維生素，可被二氫葉酸還原酶（dihydrofolate reductase）經兩個步驟轉變成為四氫葉酸。三種氧化狀態的單碳轉移，其單碳基團都鍵結在 N-5 或 N-10，或 N-5 及 N-10 的位置上。輔因子帶的最高還原態為一個甲基，中度氧化態者帶有一個亞甲基，而最高氧化態者則帶著一個次甲基、甲醯基或亞甲胺基。

參與絲胺酸、甘胺酸、甲硫胺酸、組胺酸的代謝，**S- 腺嘌呤核苷甲硫胺酸**：ATP 和甲硫胺酸在甲硫胺酸腺嘌呤核苷轉移酶（methionine adenosyl transferase）作用下合成產生的 S- 腺嘌呤核苷甲硫胺酸（S-adenosylmethionine, adoMet），是生物甲基轉移較佳的輔酶。

這個反應，乃由甲硫胺酸上親核性硫原子作用於 ATP 核糖部分之 5' 碳原子，而非磷原子上；所釋出的三磷酸被此酶分解為單磷酸根（Pi）和雙磷酸根（PPi），而雙磷酸根繼續被無機焦糖酸酶（inorganic pyrophosphatase）分解。因此在這個反應中，三個磷酸鍵（包括二個高能鍵在內）均被打斷。在其他已知反應中，將 ATP 之三磷酸根打斷的反應只發生在輔酶 B_{12} 的合成過程。

將甲基自 S- 腺嘌呤核甲硫胺酸上轉移至其接受者，便形成 S- 腺嘌呤核苷高半胱胺酸（S-adenosylhomocysteine），再被分解為高半胱胺酸（homocysteine）和腺苷。

甲硫胺酸的再生可經由甲硫胺酸合成酶（methionine synthase）的作用，將一個甲基轉移至高半胱胺酸；甲硫胺酸可再轉變為 S- 腺嘌呤核甲硫胺酸，以完成一個活化甲基循環。

四氫生物喋呤（tetrahydrobiopterin）和四氫葉酸中的喋呤相似，亦是胺基酸代謝的另一個輔因子，但不參與單碳基團之轉移，而是參與氧化反應。

生物素（biotin）為丙酮酸羧化酶（pyruvate carboxylase）的輔酶，接在酶的離胺酸上，協助把 CO_2 帶入 pyruvate（3C）增加一個碳變成草乙酸（4C）。生物素是可以循環的，會來自於藉由生物素輔酶（biotinidase）將生胞素（biocytin）蛋白水解降解（proteolytically degraded）的羧化酶中。

胺基酸單碳轉移過程中，部分重要的輔酶

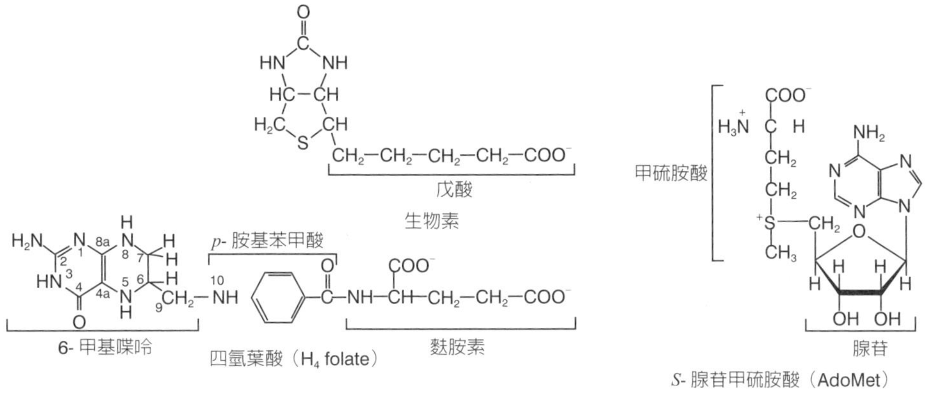
戊酸
生物素
p- 胺基苯甲酸
6- 甲基喋呤
四氫葉酸（H4 folate）
麩胺素
甲硫胺酸
腺苷
S- 腺苷甲硫胺酸（AdoMet）

四氫葉酸的角色

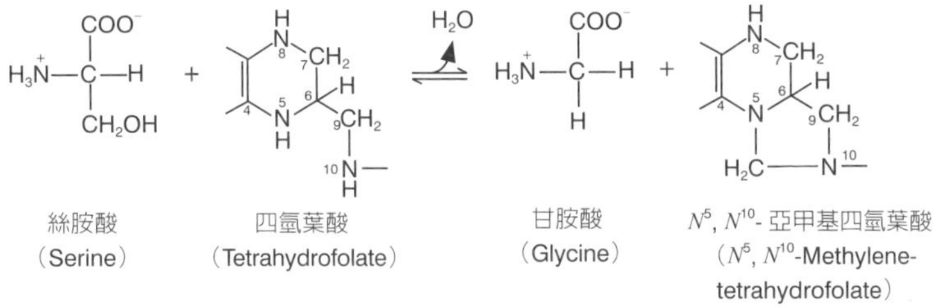
絲胺酸
（Serine）
四氫葉酸
（Tetrahydrofolate）
甘胺酸
（Glycine）
N5, N10- 亞甲基四氫葉酸
（N5, N10-Methylene-
tetrahydrofolate）

四氫葉酸提供的一個碳單位

一碳單位	位置	相對氧化態
甲基－CH_3	N-5	最還原態
亞甲基－CH_2－	N-5, N-10	介於中間
甲醯基－COH	N-5 或 N-10	最氧化態

生物素（biotin）的作用機轉

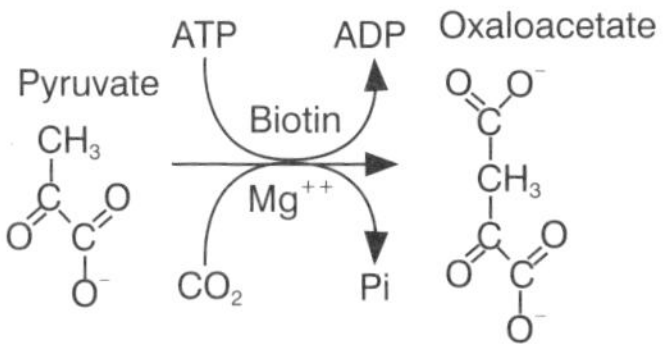
Pyruvate
ATP
ADP
Oxaloacetate
Biotin
Mg++
CO2
Pi

11.7 胺基酸分解路徑

20 種胺基酸的碳骨架以六大類中間產物進入檸檬酸循環，用於糖質新生或生成酮。

胺基酸的碳骨架透過乙醯輔酶 A、α-酮戊二酸、琥珀醯輔酶 A、延胡索酸，及草乙酸等五種中間產物進入檸檬酸循環。有些則被分解為丙酮酸，再轉變成為乙醯輔酶 A 或草乙酸。

可產生丙酮酸的胺基酸為丙胺酸、半胱胺酸、甘胺酸、絲胺酸、酥胺酸和色胺酸。白胺酸、離胺酸、苯丙胺酸、和色胺酸可經乙醯乙醯輔酶 A 再轉變成乙醯輔酶 A。異白胺酸、白胺酸、酥胺酸和色胺酸則可直接產生乙醯輔酶 A。

支鏈胺基酸（異白胺酸、白胺酸及纈胺酸）和其他胺基酸不同，僅在非肝臟組織被分解，如肌肉、脂肪、腎臟，和腦部。

1. 第一類：丙酮酸（pyruvate）。丙胺酸、色胺酸、半胱胺酸、絲胺酸、甘胺酸、和蘇胺酸等 6 種胺基酸。碳骨架會部分或全部代謝為丙酮酸。丙酮酸可再被代謝為乙醯輔酶 A，然後進入檸檬酸循環被氧化，或形成草醯乙酸及參與糖質新生作用，因此同時具有生酮與生糖的特性。

2. 第二類：乙醯輔酶 A。苯丙胺酸、酪胺酸、異白胺酸、白胺酸、色胺酸、蘇胺酸和離胺酸等 7 種胺基酸。分解為乙醯乙醯輔酶 A 和 / 或乙醯輔酶 A 的胺基酸，會在肝臟中產生酮體，因乙醯乙醯輔酶 A（acetoacetyl CoA）在肝臟轉變為乙醯乙酸，再轉變為丙酮和 β- 羥基丁酸。所以這些是生酮（ketogenic）

胺基酸。那些可被代謝為丙酮酸、α- 酮戊二酸、琥珀醯輔酶 A、延胡索酸和 / 或草醯乙酸的胺基酸，再轉變為葡萄糖和肝醣。所以它們是生糖（glucogenic）胺基酸。

3. 第三類：α- 酮戊二酸（α-ketoglutarate）。脯胺酸、麩胺酸、麩醯胺酸、精胺酸、和組胺酸等 5 種胺基酸。

4. 第四類：琥珀醯輔酶 A（succinyl-CoA）。甲硫胺酸、異白胺酸、蘇胺酸和纈胺酸等 4 種胺基酸。甲硫胺酸透過 S- 腺嘌呤甲硫胺酸將甲基轉給需要的接受者，剩下的四個碳原子中有三個變為丙醯輔酶 A（琥珀醯輔酶 A 的前驅物）的丙酸。異白胺酸則是進行轉胺反應所產生的 α- 酮酸接著進行氧化脫羧反應。

5. 第五類：延胡索酸（fumarate）。苯丙胺酸及酪胺酸。

6. 第六類：草乙酸（oxaloacetate）。天門冬醯胺酸和天門冬胺酸的碳骨架最終以草乙酸的形式進入檸檬酸循環。天門冬醯胺酸是被天門冬醯胺酸酶（asparaginase）催化水解成為天門冬胺酸，而天門冬胺酸進行與 α- 酮戊二酸的轉胺反應，變成麩胺酸和草乙酸。

胺基酸依用於糖質新生或生成酮，分為生酮性胺基酸及生糖性胺基酸。生酮性胺基酸共有 7 種，即蘇胺酸、色胺酸、酪胺酸、白胺酸、離胺酸、異白胺酸、苯丙胺酸。上述 7 種胺基酸外的胺基酸即為生糖性胺基酸。而蘇胺酸、色胺酸、酪胺酸、異白胺酸、苯丙胺酸亦為生糖性胺基酸（雙向）。

胺基酸分解代謝路徑

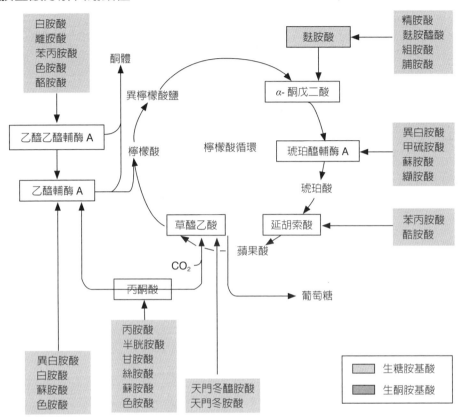

酪胺酸的進一步代謝與合成某些神經傳遞物質有關

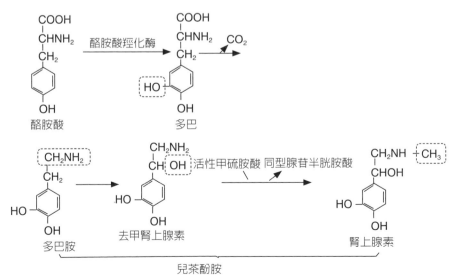

11.8 蛋白質異化

蛋白質的異化產物胺基酸，不僅能重新合成蛋白質，而且是許多重要生物分子的前驅物，如嘌呤、嘧啶、卟啉、某些維生素和激素等。當攝取的胺基酸過量時，胺基酸可以發生脫胺基作用，產生的酮酸可以通過糖異生途徑轉變爲葡萄糖，也可以通過三羧酸循環氧化成二氧化碳和水，提供所需能量。

高等植物體中也含有蛋白酶類，種籽及幼苗內都含有活性蛋白酶，葉和幼芽中也有蛋白酶，某些植物的果實中含有豐富的蛋白酶。

蛋白質的消化吸收：蛋白質的消化開始於胃，胃中的主要蛋白質水解酶是胃蛋白酶（相對分子量 33,000），是由胃粘膜的主細胞以胃蛋白酶原（相對分子量 40,000）的形式分泌的。胃蛋白酶原由胃蛋白酶自身啟動轉變爲活性胃蛋白酶。它的啟動是在酸性 pH 條件下，從它的多肽鏈的 N- 末端以六個肽段形式水解下 42 個胺基酸殘基。

胃蛋白酶作用的特異性是比較廣的，但是優先作用於含有芳香族胺基和蛋胺酸、亮胺酸殘基組成的肽鍵。水解後的產物除少數胺基酸外主要是肽類。

胰液含有糜蛋白酶原和胰蛋白酶原，羧肽酶原 A 和 B 以及彈性蛋白酶原等。糜蛋白酶原（相對分子品質 24,000）借助於游離胰蛋白酶和糜蛋白酶的作用，將其酶原中含有的四個二硫鍵水解斷開二個，並脫去分子中的兩個二肽轉變爲糜蛋白酶。糜蛋白酶水解由芳香胺基酸羧基組成的肽鍵。

胰蛋白酶原（相對分子品質爲 24,000）由腸激酶從 N- 末端水解下一個六肽轉變爲胰蛋白酶。胰蛋白酶水解

由精胺酸和賴胺酸羧基組成的肽鍵分解蛋白質的酶有多種，其專一性不明顯，一般可分爲肽酶和蛋白酶兩類。肽酶作用於肽鏈的羧基末端（羧肽酶）或胺基末端（胺肽酶），每次分解出一個胺基酸或二肽；蛋白酶則作用於肽鏈的內部，生成長度較短的含胺基酸分子數較少的多肽鏈。

蛋白酶類：蛋白酶水解多肽的部位可分爲蛋白酶（proteinase）和肽酶（peptidase）兩個亞亞類。

肽酶又稱肽鏈端解酶（exopeptidase），肽酶只作用於多肽鏈的末端，將蛋白質多肽鏈從末端開始逐一水解成胺基酸。作用於胺基端的稱胺肽酶（aminopeptidase），作用於羧基端的稱羧肽酶（carboxypeptidase），作用於二肽的稱爲二肽酶（dipeptidase）。還有些肽酶每次水解下一分子二肽。

蛋白酶又稱肽鏈內切酶（endopeptidase），它可作用於肽鏈內部的肽鍵，生成長度較短的含胺基酸分子數較少的肽鏈。蛋白酶對不同胺基酸所形成的肽鍵有專一性。例如胰蛋白酶水解由鹼性胺基酸的羧基所形成的肽鍵，胰凝乳蛋白酶水解由芳香族胺基酸的羧基所形成的肽鍵，而胃蛋白酶能迅速水解由芳香族胺基酸的胺基和其他胺基酸形成的肽鍵，也能較緩慢地水解其他一些胺基酸（如亮胺酸）和酸性胺基酸參與形成的肽鍵。

細胞內蛋白質降解

1. 溶酶體途徑：無選擇地降解蛋白質。
2. 泛肽（ubiguitin）途徑：對選擇降解的蛋白質加以標記。

肽酶的種類

名稱	作用特徵	反應
α- 胺醯肽水解酶類（α-aminoacyl peptide hydrolase）	作用於多肽鏈的胺基末端（N- 末端），生成胺基酸	胺醯肽＋ H_2O →胺基酸＋肽
二肽水解酶類（dipeptide hydrolase）	水解二肽	二肽＋ H_2O → 2 胺基酸
二肽基肽水解酶類（dipeptidylpeptide hydrolase）	作用於多肽鏈的胺基端，生成二肽	二肽基多肽＋ H_2O →二肽＋多肽
肽基二肽水解酶類（peptidyldipeptide hydrolase）	作用於多肽鏈的羧基末端（C- 末端），生成二肽	多肽基二肽＋ H_2O →多肽＋二肽
絲胺酸羧肽酶類（serine carboxypeptidase）	作用於多肽鏈的羧基末端生成胺基酸，在催化部位含有對有機氟、有機磷敏感的絲胺酸殘基	肽基 -L- 胺基酸＋ H_2O →肽＋ L- 胺基酸
金屬羧肽酶類（metallo-carboxypeptidase）	作用於多肽鏈的羧基末端生成胺基酸，其活性要求二價陽離子	肽基 -L- 胺基酸＋ H_2O →肽＋ L- 胺基酸

蛋白質降解的泛肽途徑

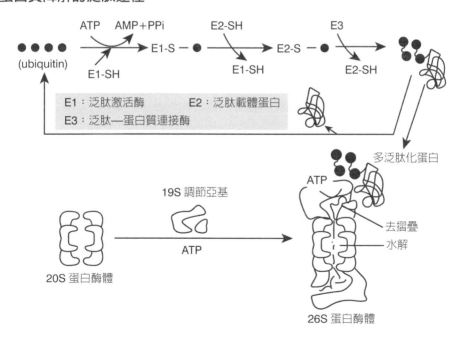

11.9 胺基酸的代謝疾病

高血氨症（hyperammonemia）和氨中毒（ammonia poisoning）：當肝功能嚴重損傷時，尿素合成障礙，導致血氨濃度升高，稱高血氨症，高血氨症時可引起腦功能障礙，稱氨中毒。

尿素合成酶的遺傳缺陷也可導致高血氨症。高血氨患者，出生時並無明顯異樣，不過開始進食餵奶後，便會有嘔吐、餵食困難、吸吮力變差，接著呼吸變得急促、顯得倦怠、有時會哭鬧不安、體溫不穩、肌肉張力增強或減弱，意識狀況逐漸惡化而至昏迷，常會出現痙攣。

苯酮尿症（phenylketonuria）：正常情況下苯丙胺酸（phenylalanine）代謝的主要途徑是轉變成酪胺酸（tyrosine）。當苯丙胺酸羥化酶先天性缺乏時，苯丙胺酸不能正常地轉變成酪胺酸，體內的苯丙胺酸蓄積，並可經轉胺基作用生成苯丙酮酸（phenylpyruvate），後者進一步轉變成苯乙酸（phenylacetate）等衍生物。此時，尿中出現大量苯丙酮酸等代謝產物，稱為苯酮尿症。苯丙酮酸的堆積到中樞神經系統有毒性、故患兒的智力發育障礙。

苯酮尿症可分為食物型與藥物型兩種。食物型的病患要避免吃含苯丙胺酸的食物，如魚、肉、蛋、奶、豆類食物。藥物型的患者除需嚴格限制飲食外，還須補充一些神經傳導物質。

白胺酸代謝異常症（leucine metabolic disease，三羥基三甲基戊二酸血症）：是一種非常罕見的遺傳疾病，患者由於體內無法合成酵素來分解白胺酸（leucine），導致體內堆積有害人體的有機酸，患者常會因酸中毒而致智障或死亡。患者另一項生理缺陷是無法製造酮體（ketone body），患有此病的嬰兒出生一年內可能會有低血糖症狀。當嬰兒成長餵食蛋白質食物時，有機酸增加可能造成酸中毒。

楓糖尿症（maple syrup urine disease）：是支鏈胺基酸代謝異常的罕見疾病，屬於體染色體隱性遺傳疾病。楓糖尿症是因體內缺少支鏈甲型酮酸脫氫酶（branched-chain α-keto acid dehydrogenase），使得支鏈胺基酸（纈胺酸、白胺酸、異白胺酸）的代謝無法進行去羧基反應（decarboxylation），因而這三個支鏈胺基酸堆積在體內產生毒性，對腦細胞造成傷害，同時也產生了特殊的體味。

白化症（albinism）：是一群的遺傳疾病總稱，病因主要是細胞將酪胺酸（tyrosine）轉化成黑色素（melanin）的過程中，出現代謝缺損，導致黑色素製造不足或完全缺乏。其中第一型是第11對染色體的酪胺酸酶（tyrosinase）基因異常造成。病症以眼睛及皮膚為主：視力模糊、畏光、眼球震顫、視小凹發育不良，以及視神經纖維接連錯誤等；在皮膚則因為黑色素減少，容易被陽光曬傷及發生皮膚癌。

黑尿症（alkaptonuria）：造成黑尿症的缺陷是因為一個代謝酪胺酸（tyrosine）的 homogentisate 1,2 dioxygenase（HGD）異常。失去活性的 HGD 會增加尿黑酸（homogentisic acid）的循環濃度和尿液的排出量，導致尿液接觸空氣後會轉為深色。尿黑酸氧化後會使尿黑酸聚合物會色素沉澱在結締組織中（軟骨、心臟瓣膜和鞏膜），導致骨關節炎的發生。

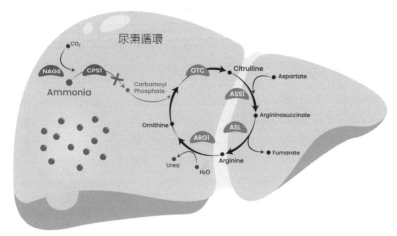

高血氨症第一型（hyperammonemia type1）：因 carbonyl phosphate synthase 1（CPS1）
缺乏，沒辦法將 CO_2、NH_4^+ 合成為 carbonyl phosphate 的時候，粒線體會堆積很多的
ornithine，而無法進行尿素循環。

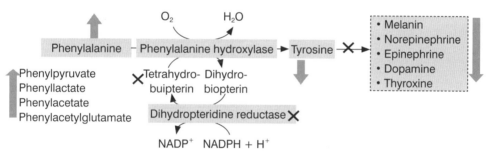

苯酮尿症（phenylketonuria）的致病機轉：苯丙胺酸羥化酶缺乏，導致苯丙胺酸無法轉換成
酪胺酸，而在體內大量堆積，產生許多有毒的代謝產物（如尿中出現大量的 phenylpyruvate、
phenylacetate、phenyllactate，使尿液和身體會出現腐臭味）。

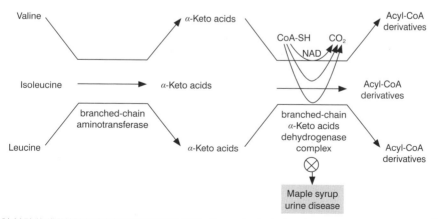

支鏈胺基酸的代謝如缺乏支鏈甲型酮酸脫氫酶（branched-chain α-keto acid dehydrogenase）
會引起楓糖尿症。

Part 12
生物氧化

12.1　生物氧化的概念

醣、蛋白質、脂肪等在生物細胞裡進行氧化分解，最終生成 CO_2 和 H_2O，同時釋放大量能量的過程稱生物氧化（biological oxidation）。

生物氧化實際上是需氧細胞呼吸作用中的一系列氧化還原作用。生物氧化在活細胞內進行，而且必須在有酶參加和在適宜的溫度、pH 等條件下進行，放出的能主要以 ATP 及磷酸肌酸形式儲存起來，供需要時使用。

生物氧化的特點：生物氧化與有機物質在體外燃燒（或非生物氧化）的化學本質是相同的，都是加氧、去氫、失去電子，最終的產物都是 CO_2 和 H_2O，並且有機物質在生物體內徹底氧化伴隨的能量釋放與在體外完全燃燒釋放的能量總量相等。

生物氧化的特點是：

1. 生物氧化是在活細胞內、在體溫、常壓、近於中性 pH 及有水環境介質中進行的，是在一系列酶、輔酶和中間傳遞體的作用下逐步進行的。

2. 生物氧化時，氧化還原過程逐步進行，能量逐步釋放。

3. 生物氧化的主要方式是脫氫和電子轉移的反應，脫下的氫最後與氧形成水。生物氧化過程產生的能量通常都先儲存在一些特殊的高能化合物中，主要是腺苷三磷酸，即 ATP。

生物氧化的方式：對真核生物而言，生物氧化進行的場所是在粒線體內，因為丙酮酸氧化脫羧、脂肪酸 β- 氧化、三羧酸循環在粒線體的襯質（matrix）中進行，呼吸鏈的各種組分分布在粒線體的內膜上，合成 ATP 的酶也結合在粒線體內膜上。

生物氧化的功能是為生物體的生命活動提供能量，非光合生物體只能利用化學能，而某些光合生物如植物、某些光合細菌則可以利用光能。

化學能是化合物的屬性，化學能主要以鍵能的形式貯存在化合物的原子間的化學鍵上，原子間的化學鍵靠電子以一定的軌道繞核運轉來維持。

氧化還原電位較高的體系，其氧化能力較強；氧化還原電位較低的，其還原能力較強，因此，根據氧化還原電位大小，可以預測任何兩個氧化 - 還原體系如果發生反應時其氧化 - 還原反應向哪個方向進行。

自由能：能夠用於做功的能量就稱為自由能。生物氧化反應近似於在恒溫、恒壓狀態下進行，過程中發生的能量變化可以用自由能變化 $\triangle$ G 表示。$\triangle$ G 表達從某個反應可以得到多少可利用的能量，也是衡量化學反應的自發性的標準。

當 $\triangle$ G 為正值時，反應是吸能的，不能自發進行，必須從外界獲得能量才能被動進行，但其逆反應則是自發的；當 $\triangle$ G 是負值時，反應是放能的，能自發進行，自發反應進行的推動力與自由能的降低成正比。

在生物體內，並不是有電位差的任何兩體系間都能發生反應，因為生物體是高度組織的，氫（電子）通過組織化的各中間傳遞體按順序傳遞，能量的釋放才能逐步進行。

生物氧化的方式：

1. 加氧反應：物質分子中直接加入氧分子或氧原子，這種物質即被氧化。

2. 脫氫反應：從作用物分子中脫下一對質子和一對電子。

3. 加水脫氫反應：向作用物分子中加入水分子，同時脫去兩個質子和兩個電子，其總結果是基質分子中加入一個來自水分子的氧原子。

4. 脫電子反應：從作用物分子中脫下一個電子。

生物體中某些重要氧化-還原體系的標準氧化-還原電位 E_0' pH = 7.0，25～30°C

標準氧化-還原電位	E_0' (V)
乙酸 + $2H^+$ + $2e^-$ ⇌ 乙醛 + H_2O	−0.58
$2H^+$ + $2e^-$ ⇌ H_2	−0.421
α-酮戊二酸 + CO_2 + $2H^+$ + $2e^-$ ⇌ 異檸檬酸	−0.38
乙醯乙酸 + $2H^+$ + $2e^-$ ⇌ β-羥丁酸	−0.346
NAD^+ + $2H^+$ + $2e^-$ ⇌ NADH + H^+	−0.320
$NADP^+$ + $2H^+$ + $2e^-$ ⇌ NADPH + H^+	−0.324
乙醛 + $2H^+$ + $2e^-$ ⇌ 乙醇	−0.197
丙酮酸 + $2H^+$ + $2e^-$ ⇌ 乳酸	−0.185
FAD + $2H^+$ + $2e^-$ ⇌ $FADH_2$	−0.180
FMN + $2H^+$ + $2e^-$ ⇌ $FMNH_2$	−0.180
草醯乙酸 + $2H^+$ + $2e^-$ ⇌ 蘋果酸	−0.166
延胡索酸 + $2H^+$ + $2e^-$ ⇌ 琥珀酸	−0.031
2 細胞色素 b (Fe^{3+}) + $2e^-$ ⇌ 2 細胞色素 b (Fe^{2+})	+0.030
氧化型輔酶 Q + $2H^+$ + $2e^-$ ⇌ 還得型輔酶 QH_2	+0.10
2 細胞色素 c_1 (Fe^{3+}) + $2e^-$ ⇌ 2 細胞色素 c_1 (Fe^{2+})	+0.22
2 細胞色素 c (Fe^{3+}) + $2e^-$ ⇌ 2 細胞色素 c (Fe^{2+})	+0.25
2 細胞色素 a (Fe^{3+}) + $2e^-$ ⇌ 2 細胞色素 a (Fe^{2+})	+0.29
2 細胞色素 a_3 (Fe^{3+}) + $2e^-$ ⇌ 2 細胞色素 a_3 (Fe^{2+})	+0.385
$\frac{1}{2} O_2$ + $2H^+$ + $2e^-$ ⇌ H_2O	+0.816

註：細胞色素類和輔酶 Q 的電勢因它們所處的粒線體膜中狀態或分離提純不同而有所不同。

存儲於 ATP 分子焦磷酸鍵中的化學能

$$ADP + Pi \xrightarrow[\text{生物能（水解或磷醯化）}]{\substack{\text{光 能（光合作用—光合磷酸化）}\\\text{化學能（生物氧化—氧化磷酸化）}}} ATP$$

$$ATP + H_2O \longrightarrow ADP + Pi \qquad \triangle G = -31kJ/mol$$
$$ATP + H_2O \longrightarrow AMP + PPi \qquad \triangle G = -31kJ/mol$$

12.2　粒線體

在所有眞核細胞中存在長約 $2\sim3\mu m$ 的棒狀小顆粒。粒線體是進行氧化磷酸化、檸檬酸循環及脂肪氧化作用的唯一部位。在原核細胞中完全不存在，其質膜是電子傳遞及氧化磷酸化的部位。

所有粒線體都由一個雙層膜系統組成。外膜與內膜分隔開並包圍著內膜。內膜向內皺摺，稱爲脊（cristae），內膜以內稱爲基質（matrix），摺疊可以增加粒線體內膜的表面積以增強效率。

呼吸鏈電子傳遞系統的所有酶類，即黃素蛋白、琥珀酸脫氫酶、細胞色素 b、c、c1、a 及 a3 都埋藏在內膜中。此外內膜的內側上有一些球體連接在柄上，並向襯質突出，這些球體即氧化磷酸化的偶聯因數。

每個粒線體內約有 $2\sim10$ 組 mtDNA（mitochondrial DNA），每個 mtDNA 包含 16,569 個鹼基對，共攜帶 37 個基因，可用來製造 13 種多肽鏈（polypeptides）、22 種 transfer RNA（tRNA）與 2 種核醣體 RNA（ribosomal RNA, rRNA）。

rRNA 及 tRNA 皆將用來協助合成粒線體內 13 個多肽鏈，而此 13 個多肽鏈與建構粒線體內膜上數個蛋白質複合體。分別是粒線體 NADH 去氫酶（NADH dyhydrogenase）上的 7 個次單元蛋白（ND1、ND2、ND3、ND4、ND4L、ND5 及 ND6）、細胞色素 c 氧化酶（cytochrome c oxidase）的 3 個次單位（COX I ~ COX III）、ATP 合成酶（ATP synthase）的 2 個次單位（ATPase 6 與 ATPase 8）及細胞色素 b（cytochome b）。

粒線體主要的功能是在細胞代謝的過程中以有氧呼吸中製造能量，在尿素循環中也是必要的角色之一，除此之外，粒線體也參與了代謝脂肪酸、合成血紅素、嘧啶與磷脂質等。

細胞的能量工廠： 粒線體爲細胞中能量生成的主要場所。營養素會經由輸送蛋白的作用送進細胞中代謝，代謝的中間產物丙酮酸（pyruvate），最後會被送入粒線體中進行檸檬酸循環（TCA cycle），而整個代謝過程中所合成的 NADH 及 FADH2，會經由電子傳遞鏈上複合體（complex）I~IV 進行電子轉移的動作，並且在粒線體的膜間空隙生成大量的氫離子（H^+），當氫離子的濃度到達一定的閾值時，氫離子會被複合體 V 的作用送回基質，且伴隨 ADP 轉換成 ATP 的反應，而達到能量生合成的作用。

細胞凋亡： 當粒線體遇到環境的氧化壓力提高，粒線體受損後，膜電位也會改變，膜電位的改變除了提高粒線體的膜通透性之外，這種去極化的粒線體也會被粒線體的自噬作用所鎖定而降解。粒線體動力學（mitochondrial dynamics）與細胞凋亡有關。

粒線體 DNA 單倍體（haplotype）： 在人類遺傳學，粒線體 DNA 單倍體，依據粒線體 DNA 多形性來分型是一系列具相似遺傳訊息且多樣化多形性之集合。粒線體 DNA 多形性變異，允許人類適應較爲寒冷的氣候；但在現今環境，粒線體基因多形性可能與體能、代謝及疾病密切相關。有研究發現粒線體單倍體（haplotype）可能影響精子活動能力、敗血症的存活率、罹患巴金森氏症之感受性和代謝相關疾病之風險。

粒線體 DNA 序列圖

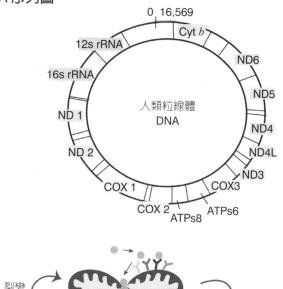

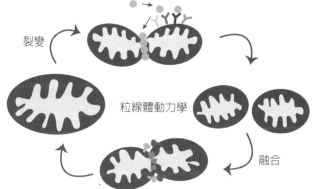

粒線體裂變和融合係透過一系列分子維持動態平衡。粒線體裂變可以產生粒線體碎片，增加粒線體數量，促進粒線體運動和分裂，促進粒線體自噬清除受損粒線體，調節粒線體數量和品質）。粒線體過度分裂會導致細胞凋亡。

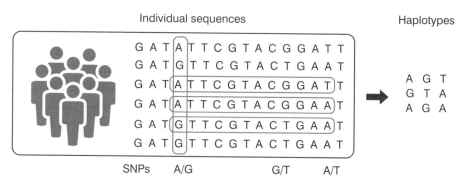

單倍型（haplotype）是作為單一區塊遺傳的 SNP 組。基因組中緊密相連的 SNP（A 或 G、G 或 T、A 或 T），在生育過程中，個體可以根據其父母的 SNP 圖譜繼承三種不同單倍型（AGT、GTA、AGA）之一。

12.3 電子傳遞鏈

電子傳遞鏈（electron transport chain）主要由下列 5 類電子載體組成：菸鹼醯胺脫氫酶類、黃素脫氫酶類、鐵硫蛋白類、細胞色素類及輔酶 Q（泛醌），都是疏水性分子。除脂溶性輔酶 Q 外，其他組分都是結合蛋白質，通過其輔基的可逆氧化還原傳遞電子。

菸鹼醯胺脫氫酶類（nicotinamide dehydrogenases）以 NAD^+ 和 $NADP^+$ 爲輔酶，

催化脫氫時，其輔酶 NAD^+ 或 $NADP^+$ 先和酶的活性中心結合，然後再脫下來。它與代謝物脫下的氫結合而還原成 NADH 或 NADPH。

黃素脫氫酶類（flavin dehydrogenases）是以 FMN 或 FAD 作爲輔基。FMN 或 FAD 與酶蛋白結合是較牢固的。催化的反應是將基質脫下的一對氫原子直接傳遞給 FMN 或 FAD 而形成 $FMNH_2$ 或 $FADH_2$。

鐵硫蛋白類（iron-sulfur proteins）的分子中含非卟啉鐵與對酸不穩定的硫，二者成等量關係，排列成硫橋，然後再與蛋白質中的半胱胺酸連接。因其活性部分含有兩個活潑的硫和兩個鐵原子，稱爲鐵硫中心。

鐵硫蛋白在粒線體內膜上與黃素酶或細胞色素形成複合物，它們的功能是以鐵的可逆氧化還原反應傳遞電子。

輔酶 Q（coenzyme Q, CoQ, ubiquinone）是一類脂溶性的化合物，分子中的苯醌結構能可逆地加氫和脫氫。

細胞色素（cytochromes，cellular pigments）是一類以鐵卟啉衍生物爲輔基的結合蛋白質，因有顏色，稱爲細胞色素（Cyt-Fe）。細胞色素的種類較多，存在于高等動物粒線體電子傳遞鏈中的細胞色素有 b、c_1、c、a 和 a_3。

細胞色素 c 爲粒線體內膜外側的外周蛋白，其餘的均爲內膜的整合蛋白。細胞色素 c 容易從粒線體內膜上溶解出來。不同種類的細胞色素的輔基結構與蛋白質的連接方式是不同的。

在典型的粒線體呼吸鏈中，細胞色素的排列順序依次是：$b \rightarrow c_1 \rightarrow c \rightarrow aa_3 \rightarrow O_2$。

NADH 呼吸鏈（respiratory chain）：應用最廣，糖、蛋白質、脂肪三大燃料分子分解代謝中的脫氫氧化反應，絕大部分是通過 NADH 呼吸鏈完成。中間代謝物上的兩個氫原子經以 NAD^+ 爲輔酶的脫氫酶作用，使 NAD^+ 還原成爲 $NADH+H^+$，再經過 NADH 脫氫酶（以 FMN 爲輔基）、輔酶 Q、鐵硫蛋白、細胞色素 b、c_1、c、aa_3 到分子 O_2。一對高勢能電子通過 NADH 呼吸鏈傳遞到分子 O_2 產生 3 個 ATP。

FADH2 呼吸鏈：有些代謝中間物的氫原子是由以 FAD 爲輔基的脫氫酶脫氫，即底物脫下氫的初始受體是 FAD。如脂醯 CoA 脫氫酶、琥珀酸脫氫酶，脫下的氫通過 FAD 之後進入呼吸鏈，所以 $FADH_2$ 呼吸鏈又稱爲琥珀酸氧化呼吸鏈。代謝物脫下的一對氫原子經該呼吸鏈氧化放出的能量可生成 2 分子 ATP。

鐵硫蛋白的功能是以鐵的可逆氧化還原反應傳遞電子

$$Fe^{3+} \underset{-e^-}{\overset{+e^-}{\rightleftharpoons}} Fe^{2+}$$

半胱胺酸—S　　　　S　　　　S—半胱胺酸　　　　半胱胺酸—S　　　　S　　　　S—半胱胺酸
　　　　　Fe^{3+}　　Fe^{3+}　　　　　$\xrightarrow{+1e^-}$　　　　Fe^{3+}　　Fe^{2+}
半胱胺酸—S　　　　S　　　　S—半胱胺酸　　　　半胱胺酸—S　　　　S　　　　S—半胱胺酸

-0.18
$FADH_2$
↓

E_0'　NADH → FMN → CoQ → b → c_1 → c → aa_3 → O_2
　　-0.32　-0.06　$+0.1$　$+0.03$　$+0.22$　$+0.25$　$+0.29$　$+0.816$

電子遷移方向 ⟶
E_0'　低 ⟶ 高

電子傳遞鏈各組分在鏈中的位置、排列次序與其得失電子趨勢的大小有關。電子總是從對電子親和力小的低氧化還原電位流向對電子親和力大的高氧化還原電位。氧化還原電位 E0' 的數值越低，即失電子的傾向越大，越易成為還原劑，處在呼吸鏈的前面。

NADH、$FADH_2$ 呼吸鏈

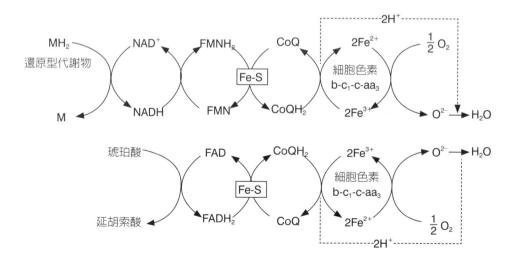

12.4 氧化磷酸化與解偶聯劑

伴隨著放能的氧化作用而進行的磷酸化稱為氧化磷酸化作用（oxidative phosphorylation）。氧化磷酸化作用是將生物氧化過程中放出能量轉移到 ATP 的過程。細胞內的 ATP 是由 ADP 磷酸化生成的，在這個過程中需要消耗化學能。ADP 的磷酸化主要有兩種方式：一種為受質層次磷酸化，另一種是電子傳遞鏈磷酸化，也稱氧化磷酸化。氧化磷酸化是機體產生 ATP 的主要形式。

受質層次磷酸化（substrate-level phosphorylation）：不需要氧氣及無機物等電子接受者，而是由化合物移去高能量的磷酸基並直接加到 ADP 生成 ATP。

電子傳遞鏈磷酸化（electron transport chain phosphorylation）：利用代謝物脫下的 2H（NADH+H^+ 或 FADH$_2$）經過電子傳遞鏈（呼吸鏈）傳遞到分子氧形成水的過程中所釋放出的能量，使 ADP 磷酸化生成 ATP 的作用。即 H 經呼吸鏈氧化與 ADP 磷酸化為 ATP 反應的偶合。

化學滲透偶合機轉（chemiosmotic-coupling mechanism）：P. Mitchell 於 1961 年提出，並於 1978 年獲得諾貝爾化學獎。其主要論點是認為呼吸鏈存在於粒線體內膜之上，當氧化進行時，呼吸鏈起質子泵作用，質子被泵出粒線體內膜的外側，造成了膜內外兩側間跨膜的質子電化學梯度（即質子濃度梯度和電位梯度，合稱為質子移動力），這種跨膜梯度具有的勢能被膜上 ATP 合成酶所利用，使 ADP 與 Pi 合成 ATP。

1. 呼吸鏈中遞氫載體和電子傳遞載體在粒線體內膜中是間隔交替排列的，並且都有特定的位置，催化反應是定向的。
2. 遞氫載體有氫泵的作用，當遞氫體

從粒線體內膜內側接受從 NADH+H^+ 傳來的氫後，可將其中的電子（2e^-）傳給位於其後的電子傳遞載體，而將兩個 H^+（質子）從內膜泵出到膜外側，在電子傳遞過程中，每傳遞一對電子就泵出 6 個 H^+。

3. 泵出膜的外側 H^+ 不能自由返回膜內側，因而使粒線體內膜外側的 H^+ 濃度高於內側，造成 H^+ 濃度的跨膜梯度，此 H^+ 濃度差使外側的 pH 較內側的 pH 低 1.0 左右，並使原有的外正內負的跨膜電位增高，此電位差中就包含著電子傳遞過程中所釋放的能量。

4. 利用粒線體內膜上的 ATP 合成酶的特點，將膜外側的 2H^+ 轉化成膜內側的 2H^+，與氧生成水，即 H^+ 通過 ATP 酶的特殊途徑，返回到基質，使質子發生逆向回流。由於 H^+ 濃度梯度所釋放的自由能，偶聯 ADP 與無機磷酸合成 ATP，質子的電化學梯度也隨之消失。

解偶聯劑：某些化合物能夠消除跨膜的質子濃度梯度或電位梯度，使 ATP 不能合成，這種既不直接作用於電子傳遞體也不直接作用於 ATP 合成酶複合體，只解除電子傳遞與 ADP 磷酸化偶聯的作用稱為解偶聯作用。這類化合物被稱為解偶聯劑（uncouplers）。如 2,4- 二硝基苯酚（2,4-dinitrophenol, DNP）就是一種化學解偶聯劑。

解偶聯蛋白（uncoupling protein）是存在於某些生物細胞粒線體內膜上的蛋白質，為天然的解偶聯劑。如動物的褐色脂肪組織的粒線體內膜上分布有解偶聯蛋白，這種蛋白構成質子通道，讓膜外質子經其通道返回膜內而消除跨膜的質子濃度梯度，抑制 ATP 合成而產生熱量以增加體溫。

受質層次磷酸化見於下列三個反應

(1)

$$1,3\text{-}二磷酸甘油酸 + ADP \underset{\xrightarrow{\hspace{1cm}}}{\overset{3\text{-}磷酸甘油酸激酶}{\longleftrightarrow}} 3\text{-}磷酸甘油酸 + ATP$$

(2)

$$磷酸烯醇式丙酮酸 + ADP \xrightarrow{\text{丙酮酸激酶}} 丙酮酸 + ATP$$

(3)

$$琥珀酸\ CoA + H_3PO_4 + GDP \underset{\xrightarrow{\hspace{1cm}}}{\overset{琥珀酰\ CoA\ 合成酶}{\longleftrightarrow}} 琥珀酸 + CoA + GTP$$

化學滲透假說簡單示意圖

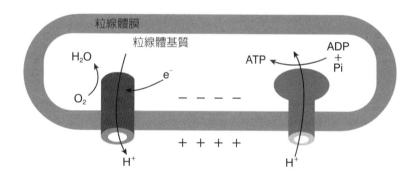

氧化磷酸化作用

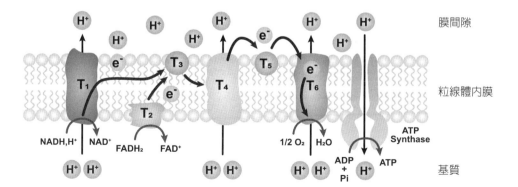

12.5 粒線體傳輸系統

呼吸鏈、生物氧化與氧化磷酸化都是在粒線體（mitochondria）內進行的。粒線體具有雙層膜的結構，外膜的通透性較大，內膜卻有著較嚴格的通透選擇性，通常通過外膜與細胞漿進行物質交換。

糖酵解作用是在胞漿液（cytosol）中進行的，在真核生物胞液中的 NADH 不能通過正常的粒線體內膜，要使糖酵解所產生的 NADH 進入呼吸鏈氧化生成 ATP，必須通過較為複雜的過程，據現在瞭解，粒線體外的 NADH 可將其所帶的 H 轉交給某種能透過粒線體內膜的化合物，進入粒線體內後再氧化。即 NADH 上的氫與電子可以通過一個所謂穿梭系統的間接途徑進入電子傳遞鏈。能完成這種穿梭任務的化合物有磷酸甘油和蘋果酸等。

磷酸甘油穿梭系統（glycerol-3-phosphate shuttle）：胞液中的 ADH 在兩種不同的 α- 磷酸甘油脫氫酶的催化下，以 α- 磷酸甘油為載體穿梭往返於胞液和粒線體之間，間接轉變為粒線體內膜上的 $FADH_2$ 而進入呼吸鏈。

在粒線體外的胞液中，糖酵解產生的磷酸二羥丙酮和 $NADH+H^+$，在以 NAD+ 為輔酶的 α- 磷酸甘油脫氫酶的催化下，生成 α- 磷酸甘油，α- 磷酸甘油可擴散到粒線體內，再由粒線體內膜上的以 FAD 為輔基的 α- 磷酸甘油脫氫酶（一種黃素脫氫酶）催化，重新生成磷酸二羥丙酮和 $FADH_2$，前者穿出粒線體返回胞液，後者 $FADH_2$ 將 2H 傳遞給 CoQ，進入呼吸鏈，最後傳遞給分子氧生成水並形成 ATP。

由於此呼吸鏈和琥珀酸的氧化相似，越過了第一個偶聯部位，因此胞液中 $NADH+H^+$ 中的兩個氫被呼吸鏈氧化時就只形成 2 分子 ATP，比粒線體中 $NADH+H^+$ 的氧化少產生 1 分子 ATP，也就是說經過這個穿梭過程每轉一圈要消耗 1 個 ATP。電子傳遞之所以要用 FAD 作為電子受體是因為粒線體內 NADH 的濃度比細胞質中的高，如果粒線體和細胞質中的 α- 磷酸甘油脫氫酶都與 NAD^+ 連接，則電子就不能進入粒線體。

蘋果酸 - 天門冬胺酸穿梭系統（malate-aspartate shuttle）：胞液中 $NADH+H^+$ 的一對氫原子經此穿梭系統帶入一對氫原子，由於經 NADH 氧化呼吸鏈進行氧化磷酸化，故可生成 3 分子 ATP。

NADH 在胞液蘋果酸脫氫酶（輔酶為 NAD^+）催化下將草乙酸（oxaloacetate）還原成蘋果酸，然後蘋果酸穿過粒線體內膜到達內膜襯質，經襯質中蘋果酸脫氫酶（輔酶也為 NAD^+）催化脫氫，重新生成草乙酸和 $NADH+H^+$；$NADH+H^+$ 隨即進入呼吸鏈進行氧化磷酸化，草乙酸經襯質中轉胺酶催化形成天門冬胺酸（aspartate），同時將麩胺酸（glutamate）變為 α- 酮戊二酸（α-ketoglutarate），天門冬胺酸和 α- 酮戊二酸通過粒線體內膜返回胞液，再由胞液轉胺酶催化變成草乙酸，參與下一輪穿梭運輸，同時由 α- 酮戊二酸生成的麩胺酸又回到襯質。上述代謝物均需經專一的膜載體通過粒線體內膜。粒線體外的 $NADH+H^+$ 通過這種穿梭作用而進入呼吸鏈被氧化，仍能產生 3 分子 ATP，此時每分子葡萄糖氧化共產生 38 分子 ATP。

磷酸甘油穿梭系統

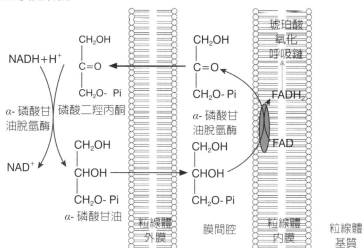

蘋果酸 - 天門冬胺酸穿梭系統

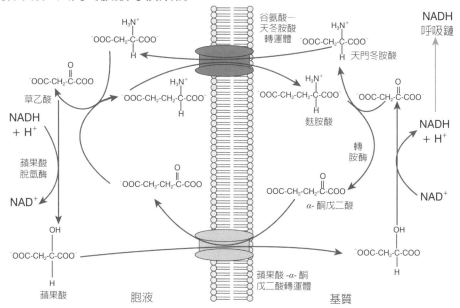

在骨骼肌、大腦裡（G3P shuttle）氧化代謝反應之能量產量

過程	NADH (p/o=2.5)	FADH₂ (p/o=1.5)	ATP or GTP	總 ATP
糖解作用	-	2	2	5
丙酮酸→ acetyl-CoA	2	-	-	5
檸檬酸循環	6	2	2	20
				30

12.6 ATP利用、轉移及儲存

ATP 的特點：是一種暫態自由能供體；ATP、ADP 和 Pi 始終處於動態平衡狀態；ATP 和 ADP 循環的速率非常快。

ATP 分子中有三個磷酸基團，分別形成兩個磷酸酐鍵和一個磷酸酯鍵，磷酸酐鍵不穩定。在生理 pH 下，ATP 約帶 4 個空間距離很近的負電荷，它們之間相互排斥，使磷酸酐鍵易水解。

體內有些合成反應不一定都直接利用 ATP 供能，而可以用其他三磷酸核苷。如 UTP 用於多糖合成、CTP 用於磷脂合成、GTP 用於蛋白質合成等。但物質氧化時釋放的能量通常是必須先合成 ATP，然後 ATP 可使 UDP、CDP 或 GDP 生成相應的 UTP、CTP 或 GTP，而 ATP 又轉化為 ADP。

在蛋白質、核酸和脂肪酸的生物合成中，許多反應是使 ATP 轉化生成 AMP。

ADP、Pi 與 ATP 的調節作用

當 ATP 高時，ADP、AMP 下降，氧化磷酸化速度減慢，NADH 堆積，TCA 循環速度減慢，ATP 合成降低；當 ATP 低時，ADP、AMP 升高，氧化磷酸化速度加快，TCA 循環速度加快，ATP 合成增加。

ADP/ATP 是限制氧化磷酸化速度的因素。通過 ATP 濃度對氧化磷酸化速率進行調控的現象稱為呼吸控制。

能量以不同形式（ATP、磷酸肌酸、醣類、脂質、蛋白質等）儲存，這些形式的能量以不同的生化機制產生能量，以供肌肉的收縮、鬆弛與移動所需，而這些能量代謝系統分為三大體系。

ATP-磷酸肌酸系統（ATP-PCr system, phosphagen system）：執行的是無氧動力（anaerobic power），反應物為 ATP 與磷酸肌酸之高能磷酸鍵，持續時間極短。肌肉收縮時，必須仰賴 ATP 分解其高能磷酸鍵以提供能量，然而體內 ATP 儲存量有限，若肌肉需要持續收縮，則需有其他能量來源產生 ATP 以供肌肉收縮。磷酸肌酸亦為儲存於肌肉中之高能化合物，當 ATP 被分解利用而產生 ADP 時，磷酸肌酸可快速地分解，提供能源。

乳酸系統（lactic acid system, anaerobic glycolysis）：反應物主要是肌肉肝醣。當氧氣不足以提供運動時之能量需求，或不足以維持大量的有氧糖解作用時，丙酮酸除可藉由轉胺作用形成丙胺酸（alanine）外，也可形成乳酸，以提供糖質新生作用（gluconeogenesis）所需之碳架，此形成乳酸之過程即為無氧糖解作用（anaerobic glycolysis）。

有氧系統（aerobic system）：反應物主要是肌肉肝醣、血糖與肝臟肝醣，可供 5-10 km 跑步之用，持續時間可達兩小時。肌肉肝醣被分解後，產生葡萄糖 -6- 磷酸（glucose-6-phosphate），經過糖解作用產生丙酮酸，伴隨著氧氣存在時，丙酮酸穿越粒線體膜，經由丙酮酸去氫酶（pyruvate dehydrogenase）催化進行去羧基作用（decarboxylation），形成乙醯輔酶 A（acetyl-CoA）進入克氏循環以產生能量。

當 ATP 水解產生 ADP 及 Pi（正磷酸）時或者當 ATP 水解產生 AMP 及 PPi（焦磷酸）時，即釋出大量的自由能。在這些反應中自由能變化約為 –30.54 kJ/mol。

體內能量的轉移、貯存和利用

$ATP + H_2O \rightleftharpoons ADP + Pi$　　　$\triangle G' = -30.54kJ/mol$

$ATP + H_2O \rightleftharpoons AMP + PPi$　　$\triangle G' = -30.54kJ/mol$

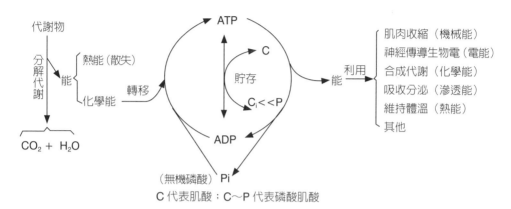

C 代表肌酸；C～P 代表磷酸肌酸

磷酸肌酸作為肌和腦組織的一種能量貯存形式

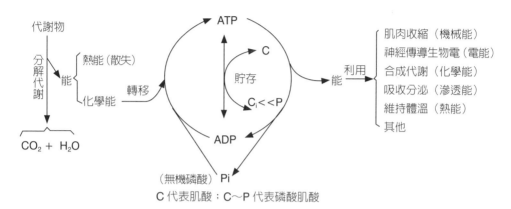

氧化代謝反應之能量產量

在肝臟、腎臟、心臟（malate-aspartate shuttle）

過程	NADH (p/o=2.5)	FADH$_2$ (p/o=1.5)	ATP or GTP	總 ATP
糖解作用	2	-	2	7
丙酮酸→ acetyl-CoA	2	-	-	5
檸檬酸循環	6	2	2	20
				32

12.7 電子傳遞鏈的載體組成

在電子傳遞鏈（electron transport chain）載體中，除輔酶 -Q 和細胞色素 c 外，其餘實際上形成嵌入內膜的結構化複合物（complex）。

複合物 I（NADH-coenzyme Q reductase, NADH dehydrogenase）：為 L 型結構，除了很多亞單位外，還含有 1 個 FMN- 黃素蛋白和至少 6 個鐵硫蛋白。它是電子傳遞鏈中最複雜的酶系，其作用是催化 NADH 脫氫，並將電子傳遞給輔酶 Q。

複合物 II（succinate- coenzyme Q reductase）：它含有 1 個 FAD 為輔基的黃素蛋白、2 個鐵硫蛋白和 1 個細胞色素 b。它的作用是催化琥珀酸脫氫，並將電子通過 FAD 和鐵硫蛋白傳給輔酶 Q。

複合物 III（coenzyme Q-cytochrome c oxidoreductase）：在粒線體內膜上以二聚體形式存在。每個單體含有 2 個細胞色素 b、一個細胞色素 c_1 和一個鐵硫蛋白。複合體 III 的作用是催化電子從輔酶 Q 傳給細胞色素 c，使還原型輔酶 Q 氧化而使細胞色素 c 還原。

Q 循環（the Q cycle）：QH_2+2cyt c （氧化型）+2H^+（間質）®Q+2cyt c（還原型）+4H^+（膜間腔）2QH_2 被氧化為 2Q，釋放 4H^+ 到內膜間腔，每個 QH_2 提供 1e 到 cyt c（通過 Fe-S 中心），另 1e 到 Q 分子（通過 cyt b），兩步還原成 QH2，還原反應還從基質中利用掉 2H^+。轉移的淨效應：QH_2 被氧化成 Q，2cyt c 被還原。

複合物 IV（cytochrome oxidase）：在粒線體內膜上以二聚體形式存在。每個單體含 1 個細胞色素 a，1 個細胞色素 a_3 和 2 個銅原子。其作用是將從細胞色素 c 接受的電子傳遞給分子氧而生成水，催化還原型細胞色素 c 氧化。

四種複合物在電子傳遞過程中協調作用。複合物 I、III、IV 組成主要的電子傳遞鏈，即 NADH 呼吸鏈，催化 NADH 的氧化；複合物 II、III、IV 組成另一條電子傳遞鏈，即 $FADH_2$ 呼吸鏈。輔酶 Q 處在這兩條電子傳遞鏈的交匯點上，它還接受其他黃素酶類脫下的氫。所以，輔酶 Q 在電子傳遞鏈中處於中心地位。

電子傳遞抑制劑：能夠阻斷電子傳遞鏈中某一部位電子傳遞的物質稱為電子傳遞抑制劑（inhibitors）。利用某種特異的抑制劑選擇性地阻斷電子傳遞鏈中某個部位的電子傳遞，是研究電子傳遞鏈中電子傳遞體順序以及氧化磷酸化部位的一種重要方法。已知的抑制劑有以下幾種：

魚藤酮（rotenone）：它是一種極毒的植物物質，可用作殺蟲劑，其作用是阻斷電子從 NADH 向 CoQ 的傳遞，從而抑制 NADH 脫氫酶，即抑制複合物 I。與魚藤酮抑制部位相同的抑制劑還有異戊巴比妥（amobarbital）、粉蝶黴素 A（pireicidin A）等。

抗黴素 A（antimycin A）：是由淡灰鏈黴菌分離出的抗菌素，有抑制電子從細胞色素 b 到細胞色素 c_1 傳遞的作用，即抑制複合物 III。

氰化物、硫化氫、一氧化碳和疊氮化物等：這類化合物能與細胞色素 aa_3 卟啉鐵保留的一個配位鍵結合形成複合物，抑制細胞色素氧化酶的活力，阻斷電子由細胞色素 aa_3 向分子氧的傳遞，這就是氰化物等中毒的原理。

電子傳遞鏈中被抑制劑所阻斷的部位

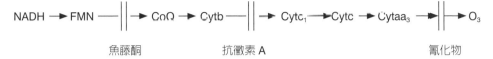

$$NADH \rightarrow FMN \xrightarrow{||} CoQ \rightarrow Cytb \xrightarrow{||} Cytc_1 \rightarrow Cytc \rightarrow Cytaa_3 \xrightarrow{||} O_3$$

魚藤酮　　　　　　　　抗黴素 A　　　　　　　　氰化物

NADH: CoQ 氧氧化還原酶

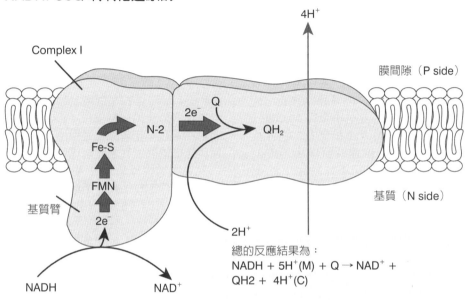

4H$^+$

Complex I

膜間隙（P side）

Q

2e$^-$

N-2　　QH$_2$

Fe-S

FMN

基質臂

2e$^-$

2H$^+$

基質（N side）

NADH　　　　　　NAD$^+$

總的反應結果為：
NADH + 5H$^+$(M) + Q → NAD$^+$ + QH2 + 4H$^+$(C)

電子傳遞鏈載體中作為呼吸嵌入轉運蛋白的示意圖

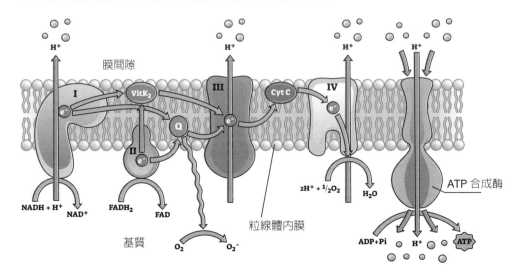

H$^+$　　　　　　　　　　H$^+$　　　　　　H$^+$　　　H$^+$

膜間隙

I　　VitK$_2$　　　III　　　Cyt C　　IV

e$^-$　　　　　　　　　　e$^-$　　　　　　e$^-$

Q

II

e$^-$

2H$^+$ + 1/2O$_2$　　H$_2$O

ATP 合成酶

NADH + H$^+$　NAD$^+$　　FADH$_2$　FAD

粒線體內膜

基質　　　　　O$_2$　　O$_2^-$

ADP+Pi　　H$^+$　　ATP

12.8 ATP合成酶

ATP 合成酶（synthase）複合體：粒線體內膜和脊的基質面上有許多排列規則的帶柄的球狀小體，稱爲基本顆粒，簡稱基粒。基粒由頭部、柄部和基部組成，也稱爲三聯體。

F1（頭部）：爲偶聯部位，由 3 個 α、β 二聚體組成，連接 F1 與 F0 的中央柄（central stalk）由 γ、δ、ε 次單元組成。F1 還含有一個熱穩定的小分子蛋白質，稱爲 F1 抑制蛋白（F1 inhibitor protein），分子量爲 10,000，專一地抑制 F1 的 ATP 酶活力。它可能在正常條件下起生理調節作用，防止 ATP 的無謂水解，但不抑制 ATP 的合成。

F1 的分子量共爲 370,000 左右，其功能是催化 ADP 和 Pi 發生磷酸化而生成 ATP。因爲它還有水解 ATP 的功能，所以又稱它爲 F1–ATP 酶。

F0（基部）：由 10～15 個 c 次單元及 1 個 a 次單元組成。爲嵌入粒線體內膜的疏水蛋白，至少含有 4 條多肽鏈，分子量共爲 70,000。F0 具有質子通道的作用，它能傳送質子通過膜到達 F1 的催化部位。

OSCP（旁枝柄部）：柄部連接 F1 和 F0，分子量爲 18,000。這種蛋白質沒有催化活力。F1 和 F0 之間的柄含有寡黴素敏感性蛋白（oligomycin sensitivity conferring protein, OSCP），因此，柄部簡稱 OSCP。OSCP 能控制質子的流動，從而控制 ATP 的生成速度。

F1、OSCP 和 F0 三部分統稱 ATP 合成酶（ATP synthase）或 F1- F0-ATPase 複合物（F1- F0- ATP synthase complex）或三聯體。因爲它是從粒線體內膜上分離出的第五個複合物，所以又稱爲複合物V。

F0 含有質子通道，鑲嵌在粒線體內膜中；F1 呈球狀，與 F0 結合後，F1 伸向粒線體膜內的襯質中。ATP 合成酶是氧化磷酸化作用的關鍵裝置，也是合成 ATP 的關鍵裝置。

中央柄與 F0 的環狀 c 次單元是 ATP 合成酶的「轉子」。其餘的次單元是「定子」，防止F1的3個二聚體滑動。

氧化磷酸化的偶聯部位：P/O 比值： 通過測定在氧化磷酸化過程中，氧的消耗與無機磷酸消耗之間的比例關係，可以反映底物脫氫氧化與 ATP 生成之間的比例關係。每消耗一摩爾氧原子所消耗的無機磷原子的摩爾數稱爲 P/O 比值。

自由能變化與 ATP 的生成部位： 合成 1 mol ATP 時，需要提供的能量至少爲 $\Delta G^{0'}=-30.5kJ/mol$，相當於氧化還原電位差 $\Delta E^{0'}=0.2V$。因此，在 NADH 氧化呼吸鏈中有三處可以生成 ATP，而在琥珀酸氧化呼吸鏈中，只有兩處可以生成 ATP。

氧化磷酸化的偶聯部位：

粒線體離體實驗測得的一些基質的 P/O 比值

基質	呼吸鏈的組成	P/O 比值	生成 ATP 數
β- 羥丁酸	$NAD^+ \rightarrow FMN \rightarrow CoQ \rightarrow Cyt \rightarrow O_2$	2.4～2.8	3
琥珀酸	$FAD \rightarrow CoQ \rightarrow Cyt \rightarrow O_2$	1.7	2
抗壞血酸	$Cyt\ c \rightarrow Cyt\ aa_3 \rightarrow O_2$	0.88	1
細胞色素 c	$Cyt\ aa_3 \rightarrow O_2$	0.61～0.68	1

ATP 合成酶（synthase）複合體結構圖

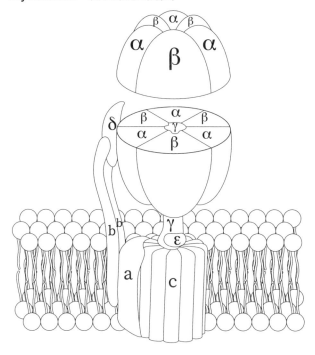

ATP 合成酶的工作機制

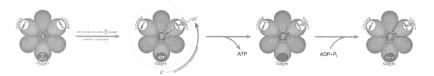

3 個二聚體接合位置有 3 種型態：L（loose）、T（tight）、O（open）。當質子通過 F0 時，c
次單元會旋轉，繼而使 γ 次單元以逆時針轉動。次單元會旋轉 120°，使 3 個二聚體型態改變。
T 位置變成 O 位置：ATP 釋放。O 位置變成 L 位置：ADP 與 Pi 結合。L 位置變成 T 位置：ADP
與 Pi 緊密接合。

Part 13
光合作用

13.1 葉綠素

葉綠素（chlorophyll）是自然界負責捕捉光能，以進行光合作用產生氧氣及醣類，進而建立地球上生物食物鏈的基礎之綠色色素，普遍存在於植物、藻類及光合細菌。

高等植物的葉綠素都與類囊膜（thylakoid membrane）上某些特殊蛋白質以非共價鍵結方式結合成色素蛋白複合體（pigment-protein complex），以提高捕捉日光能和光合作用效率。

高等植物的葉綠素分為 a 及 b 二種型式，即為葉綠素 a 及 b，兩者之化學結構大同小異。a 及 b 分布於所有的色素蛋白複合體，有些複合體只含 a，有些同時含有 a 和 b。

葉綠素的結構

葉綠素主要結構為為卟啉環（porphyrin ring）加上一個植醇鏈（phytol）所組成，卟啉環是由 4 個吡咯環（pyrrole）連接而成，擁有超過十個之共軛雙鍵，其中四個氮原子螯合一個鎂原子，形成極性較強的一端，能吸收可見光；植醇鏈則擁有 C-C 鍵及 C-H 鍵之直鏈分子，形成極性較弱的一端。葉綠素 a 與葉綠素 b 主要差別在於卟啉環 3 號碳的取代基不同，葉綠素 a 接的是甲基，而葉綠素 b 接的是醛基。

葉綠素的生成：不論葉綠素的化學結構為何，都由含五個碳的麩胺酸（glutamate）作為生合成之前驅物質，葉綠素合成途徑分為光合成途徑（light-dependent chlorophyll biosynthesis）及暗合成途徑（light-independent chlorophyll biosynthesis）生成，其中光合成為主要途徑。

葉綠素 a 與葉綠素 b 的光生合成過程中，首先形成的是卟啉環基本結構 protoporphyrin IX，之後鎂原子再嵌入形成 Mg protoporphyrin IX，進而轉化為原葉綠素內酯（protochlorophyllide），後續反應則需要光線與原葉綠素內酯氧化原還酶（protochlorophyllide oxidoreductase）參與，直到形成葉綠素 a 及葉綠素 b。

葉綠素的降解：植物葉綠素的崩解可分為兩個途徑，依其脫植醇或脫鎂順序不同而定。第一途徑先脫植醇後脫鎂原子，亦即葉綠素 a 或 b 經脫植醇葉綠素酶（chlorophyllase）催化為不含植醇（phytol chain）的脫植醇葉綠素（chlorophyllide）a 或 b，再進一步脫鎂成為脫植醇脫鎂葉綠素（pheophorbide）a 或 b，此反應由脫鎂葉綠素酶（Mg-dechelatase）所負責。

葉綠素崩解第二途徑則先脫鎂原子再脫植醇。葉綠素 a 或 b 經脫鎂葉綠素酶催化為不含鎂原子的脫鎂葉綠素（pheophytin）a 或 b，再進一步脫植醇成為脫植醇脫鎂葉綠素（pheophorbide）a 或 b，此反應由脫植醇葉綠素酶所負責。

脫植醇脫鎂葉綠素 a 或 b 並非葉綠素崩解的最終產物，其環狀的卟啉進一步經 pheophorbide a oxygenase 斷裂為仍含有共軛雙鍵的直鏈狀化合物，並繼續生成螢光葉綠素異化物（fluorescent chlorophyll catabolites, FCCs）。至此，葉片中綠色的色素完全被破壞、消失，老化葉片轉為淡白色或為其他葉色所掩蓋。產生的 FCCs 會由葉綠體中釋放到空泡中儲存；並且在此轉變成為非螢光葉綠素異化物（non-fluorescent chlorophyll catabolites, NCCs），最後成為更小分子而回歸大自然。

FCCs 與 NCCs 最大的不同處在於其共軛雙鍵上的變化，並且在變化的同時，也造成螢光的消失，此階段是葉綠素在植物體內崩解的最終階段。

血紅素和葉綠素在化學結構上的相似性

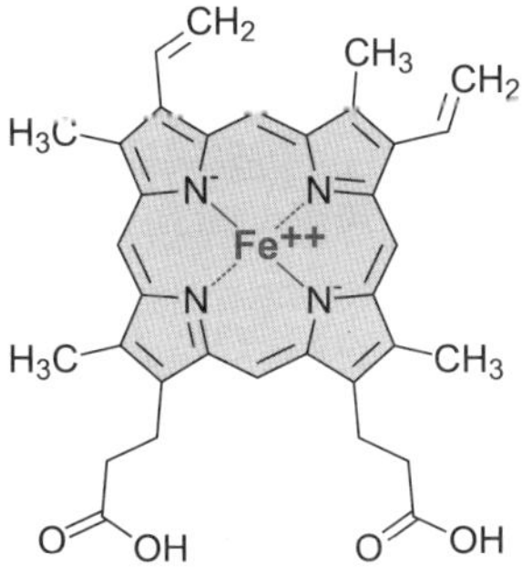

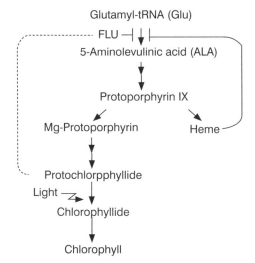

Heme B 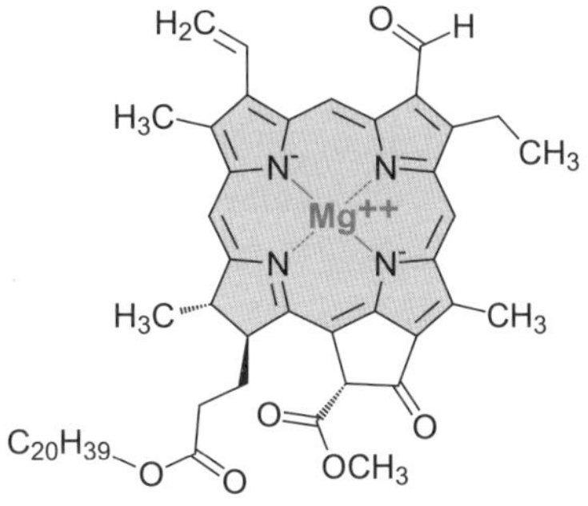　　　　　　　　**Chlorophyll** *b*

具有 4 個氮原子的平面卟啉環，結合鐵原子和鎂原子。

葉綠素生合成

Glutamyl-tRNA (Glu)

FLU

5-Aminolevulinic acid (ALA)

Protoporphyrin IX

Mg-Protoporphyrin　　　　　Heme

Protochlorpphyllide

Light

Chlorophyllide

Chlorophyll

葉綠素 a 合成的最後步驟

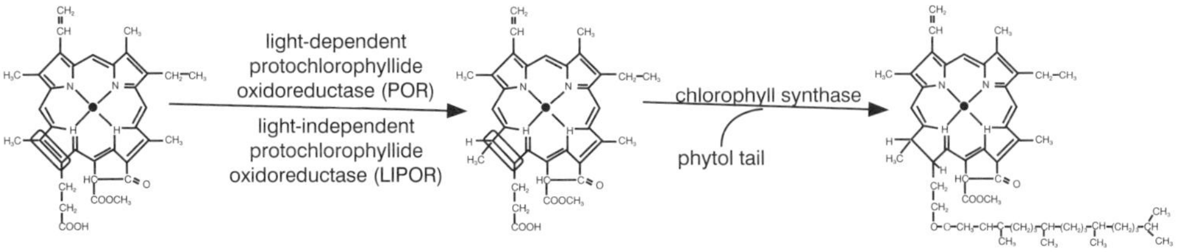

protochlorophyllide

light-dependent
protochlorophyllide
oxidoreductase (POR)

light-independent
protochlorophyllide
oxidoreductase (LIPOR)

chlorophyllide

chlorophyll synthase

phytol tail

chlorophyll a

葉綠素色素前驅原葉綠素內酯（protochlorophyllide）轉化為葉綠素內酯（chlorophyllide）可以透過光依賴性（POR）或光非依賴性（LIPOR）原葉綠素內酯氧化還原酶催化。當葉綠素合成酶將葉綠醇尾部添加到葉綠素上時，葉綠素 a 的合成就完成了。

13.2 葉綠體

葉綠體（chloroplast）的基本構造是由兩層套模（envelopes）包圍而成，內有類囊膜（thylakoid membrane），此三種膜系又將葉綠體區隔出三個空間：(1) 介於內外套膜間的膜間隙（intermembrane space）；(2) 套膜與類囊膜之間的漿質（stroma）；(3) 類囊體的內腔（lumen）。

類囊膜層疊（stacking）形成葉綠餅（grana），而葉綠餅之間有單層的漿質類囊膜（thylakoid）相互連結。

植物的光合作用可區分為兩互相關聯的反應，一為光誘導電子轉移反應或光反應（light-induced electron transfer reaction），另一則為固碳反應或暗反應（carbon fixation reaction）。前者在類囊膜上進行反應，需要光的誘導激發，藉由類囊膜上的葉綠素（chlorophyll）及輔助色團捕捉光能，再傳導至第二光系統（PS II）和第一光系統（PS I）的反應中心，促使光化學反應，將水分解產生氧氣，同時經過一連串電子傳遞過程，產生 ATP 和具有強還原力的 NADPH。後者則是在漿質中進行，不需光源即可反應，涉及將二氧化碳固定，轉變為碳水化合物，以供植物生長發育所需的養分和能量。

光合色素（photosynthetic pigments）：光能是進行光合作用的必要條件，主要是由光合色素擔任吸收捕捉光能的角色，其中包括葉綠素及類胡蘿蔔素。

葉綠素以非共價鍵結的方式與胜肽鏈結合，形成疏水性的色素蛋白質（pigment-protein），再以蛋白質複合體（multiprotein structural complexs）形式鑲嵌再在類囊膜的脂質相中。

在類囊膜上，超過 99% 的葉綠素扮演捕光天線（light-harvesting antenna）的角色，一個色素分子吸收一個光子再將能量以共振形式傳遞至其他能量接受者，此類蛋白質複體稱之為捕光葉綠素蛋白質複體（light-harvesting chlorophyll a/b binding protein complex, LHCP），而色素蛋白質複體質中的胜肽鏈可為葉綠素分子定位定向，使捕光及能量的傳遞更加有效率。

有些複合體只與葉綠素 a 結合，有些則同時與葉綠素 a 和 b 結合，上述兩葉綠素蛋白質複合體都含有數種類胡蘿蔔素。就目前文獻得知，葉綠素 a 是主要參與光化學反應的色素，而葉綠素 b 與類胡蘿蔔素則為輔助色素。

葉綠素 b 的功能可分三類：(1) 協助捕捉光子但未參與 primary 的光化學反應；(2) 在葉綠素 a 和類胡蘿蔔素分子間，扮演加速能量快速傳遞的角色；(3) 穩定與其鍵結的胜肽鏈，以避免降解（degradation）。

類胡蘿蔔素亦可區分兩大類型：(1) 不帶有氧原子的 a 和 β-carotene；(2) 帶有氧原子的葉黃素（xanthophylls），其中葉黃素包括有 neoxanthin（N）、violaxanthin（V）、taraxanthin（T）、antheraxanthin（A）、lutein（L）和 zeaxanthin（Z）等。它們除了協助捕捉光子外，同時可於強光下保護葉綠體（photoprotection），以避免過多的能量造成光氧化傷害（photo-oxidation damag）。

葉綠體（chloroplast）的基本構造

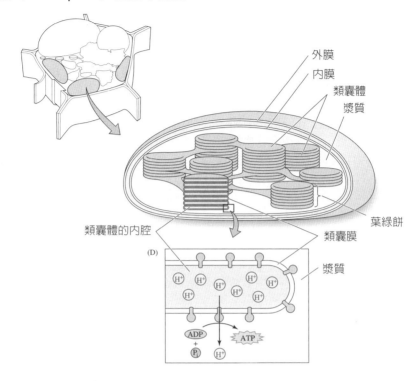

外膜
內膜
類囊體
漿質
葉綠餅
類囊體的內腔
類囊膜
漿質
(D)

葉綠素 a 及 b 的結構式

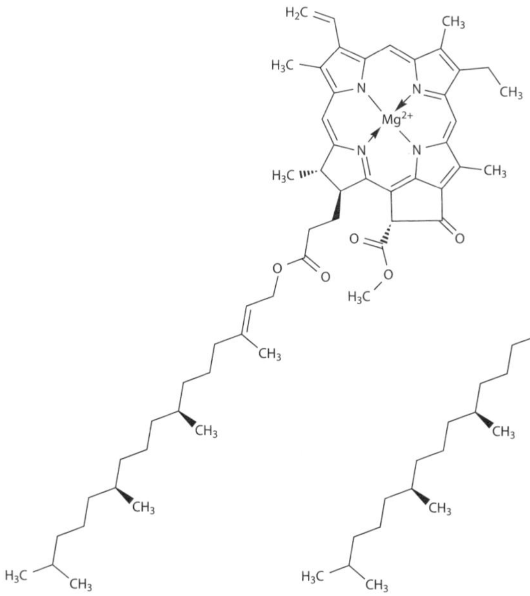

葉綠素 a 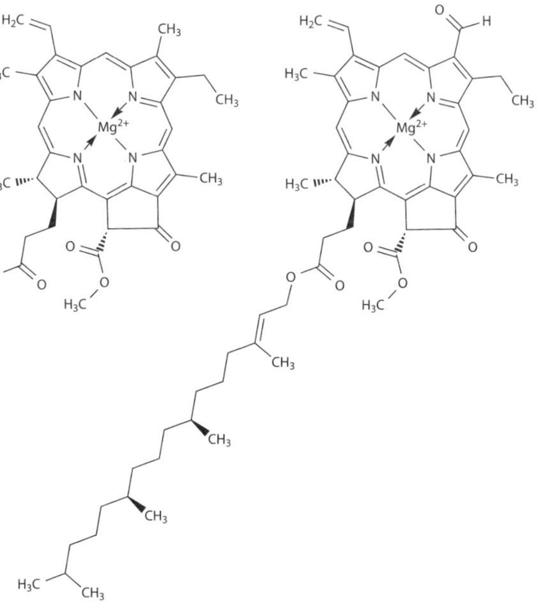　　　　葉綠素 b

13.3 光合作用的電子傳遞

光合作用是植物透過光能進行氧化還原反應，將二氧化碳跟水轉換成氧及碳水化合物的一個過程。

光合作用分為兩個階段，分別為光反應及暗反應，光反應是發生於葉綠體中的光合膜（photosynthetic membrane），將光能轉換成化學能，產生 $NADPH_2$ 還原劑及一個高能量的化合物 ATP；暗反應則發生於基質（stroma）中，利用光反應所產生的 $NADPH_2$ 和 ATP 連續進行生化還原反應將二氧化碳轉變成碳水化合物。

光合作用與呼吸作用為自然界中，兩個進行能量轉換的重要化學反應，二者的組成幾乎完全不同，但卻有相當類似的反應機制，皆是透過一系列的電子傳遞者，進行一連串的氧化還原反應，產生 proton motive force，以達到能量轉換的目的。

在具有光合作用能力的真核生物中，例如植物、藻類，其光合作用和呼吸作用分別在兩個不同胞器，葉綠體（chloroplast）與粒腺體（mitochondria）的膜系統中進行，但在原核生物的藍綠藻中，由於沒有胞器可分隔這兩個反應，故其光合作用和呼吸作用並存於細胞內的類囊膜（thylakoid membrane）上，並且共用一些成分，主要為 plastoquinone 和 cytochrome b6f complex。

因為光合作用和呼吸作用都是能夠產生能量的反應，為了避免產生過多而浪費的能量及造成細胞內過高的氧化壓力，這兩個反應必須嚴格地調控著。

光合作用之電子傳遞鏈過程：光合作用中的光反應經由光能轉變成化學能，產生碳還原所需的 NADPH 和 ATP。此為一個電子傳遞的過程，而光合作用整

個電子傳遞的過程發生在葉綠體類囊體膜上，葉綠體類囊體膜中包含光系統、細胞色素複合體（cyt b6/ f complex）和 NAD（P）H 去氫酶複合體，在光系統 II（PS-II）電子從水中被釋放最後經由光系統 I（PS-I）傳遞至 $NADP^+$。

電子從葉綠體類囊體膜上光系統 II 由水中被釋放傳遞至質體醌（plastoquinone），再由光系統 II 釋出後傳至細胞色素複合體。細胞色素複合體將電子傳到質體藍素（plastocyanin），然後擴散至類囊體膜的內腔表面。同時光系統 I 帶電子者鐵氧還蛋白（ferredoxin）將電子傳遞至鐵氧還蛋白：$NADP^+$ 氧化還原酶（ferredoxin: $NADP^+$ oxidoreductase），在電子傳遞的最終過程中與鐵氧還蛋白扮演著催化還原 $NADP^+$ 的角色。在內腔中光驅動質子蓄積，形成質子梯度橫越穿過葉綠體上類囊體膜，緊接著合成 ATP。

光反應中分光系統 I（photosystem I, PS I）和光系統 II（photosystem II, PS II），當吸光天線將光能傳送至 PS II 反應中心 P680，P680 被激發成 $P680^+$ 並且失去一個電子，而為了填補這個空缺，會將水分子分解轉換成氧氣，並且釋放出電子來填補，而失去的電子會傳遞至 PS I 反應中心 P700，通過一連串的載體傳遞至鐵氧化還原蛋白，將 $NADP^+$ 還原成 $NADPH_2$。

當 PS I 及 PS II 所引起的一連串電子傳遞而形成一個 pH 梯度，進而合成 ATP，此反應稱作光合磷酸化（photophosphorylation），暗反應是由卡爾文循環（Calvin cycle），利用光反應中所產生的 $NADPH_2$ 和 ATP 將二氧化碳固定轉化成碳水化合物。

光反應和暗反應的主要產物

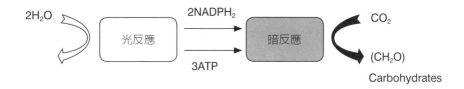

光反應示意圖

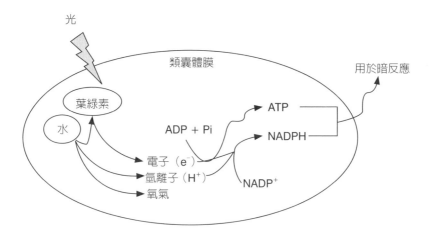

光合作用有效光之波長範圍

顏色	真空中波長（nm）
紅（red）	622-780
橘（orange）	597-622
黃（yellow）	577-597
綠（green）	492-577
藍（blue）	455-492
紫（purple）	390-455

13.4 碳的固定

　　根據二氧化碳固定路徑的不同，植物光合作用主要可分為三大類：C3、C4型以及 CAM 型植物。
1. C3 型：一般植物、藻類；路徑為卡爾文循環（Calvin cycle）。
2. C4 型：高溫／高水分／高可用光線環境；路徑為哈奇斯萊克路徑（Hatch-Slack pathway），又稱四碳路徑（C4 pathway）。
3. CAM 型：高溫／低可用水份環境；路徑為景天酸代謝（CAM, crassulacean acid metabolism）。

　　大部分的植物屬於 C3 型，能利用卡爾文循環合成碳水化合物。玉蜀黍、甘蔗以及高粱等禾本科作物則屬 C4 型植物，景天酸循環（CAM, Crassulacean Acid Metabolism）型植物，如仙人掌科、鳳梨科及部分蘭科植物。

　　在 C3 型植物中，主要利用 Rubisco（ribulose bisphosphate carboxylase）將 RuBP（ribulose bisphosphate）及 CO_2 固定後分解為 3-PG（3-phosphoglycerate），此為光合作用第一個中間產物，接著利用光反應所生成的 ATP 以及 NADPH，將 3-PG 合成 G3P（glyceraldehyde 3-phosphate），接著經過一連串步驟生成碳水化合物，如澱粉及蔗糖，再利用 ATP 將多餘的 G3P 還原成含五個碳的前驅物質 RuBP 即完成 Calvin 循環。

　　CAM 型與 C4 型植物的途徑非常類似，都是經由 PEPC（phosphoenolpyruvte carboxylase）來初步固定 CO_2 以提高使用效率，再經過 Calvin 循環以產生碳水化合物。

　　這兩型植物之間的主要差異在 C4 型作物在日間將 CO_2 初步固定在葉肉細胞後，卡爾文循環在維管束鞘細胞中完成；而 CAM 型植物則於夜間進行羧化作用（carboxylation），藉著 PEPC 的活性，將 PEP（phosphoenolpyruvte）與 CO_2 結合成為蘋果酸的前趨物草乙酸（oxaloacetic acid），並貯存在液胞中，白天的時候，由液泡中運輸出來，經過去羧化作用（decarboxylation），還原成蘋果酸，產生的 CO_2 進入卡爾文循環，而另一項產物丙酮酸（pyruvate）則是轉換成 PEP 後進行下一個循環。

　　CAM 型植物具有與 C3 及 C4 型作物不同的氣體交換方式，在夜間的時候打開氣孔，進行 CO_2 吸收，而在白天則關閉氣孔。

　　C3 型每同化 1 個 CO_2 要消耗 3 個 ATP 與 2 個 NADPH。初產物為磷酸丙糖，它可運出葉綠體，在細胞質中合成蔗糖。Rubisco 具有羧化與加氧雙重功能，O_2 和 CO_2 互為羧化反應和加氧反應的抑制劑。

　　光呼吸（photorespiration）是與光合作用隨伴發生的吸收 O_2 和釋放 CO_2 的過程。整個途徑要經過三種細胞器，即在葉綠體中合成乙醇酸，在過氧化體中氧化乙醇酸，在粒線體中釋放 CO_2。由於光呼吸與光合作用兩者的基質均起始於 RuBP，且都受 Rubisco 催化，因此，兩者的活性比率取決於 CO_2 和 O_2 的濃度比例。在 O_2 和 CO_2 並存的環境中，光呼吸是不可避免的。光呼吸釋放的 CO_2 可被光合再固定。

　　光合作用的進行受內外因素的影響，主要因素有部位、生育期、光照、CO_2 濃度、溫度和礦質元素。在適度範圍內提高光強、CO_2 濃度、溫度和礦質元素含量能促進光合作用。

植物固碳的光合作用過程之一，C4 型或 Hatch-Slack 路徑

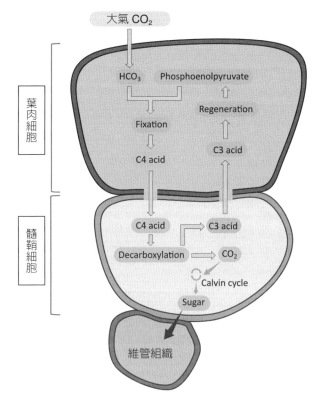

景天酸代謝（CAM）路徑

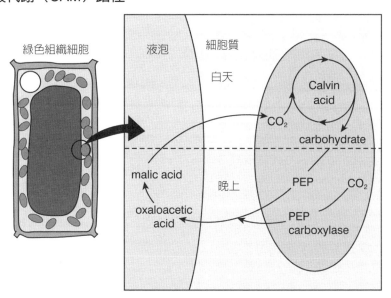

13.5 卡爾文循環

無論是光合自營或是化學自營細菌，雖使用不同的來源的能量，像是光及氧化礦物質來合成複雜的有機分子，但有個共通的特點，能夠抓取二氧化碳將之轉變爲有機物質。而將無機的二氧化碳轉變進入到有機循環的路徑，通常稱爲卡爾文循環（Calvin cycle）。

碳反應可分爲四大步驟，即二氧化碳的固定、磷酸甘油醛的還原、二磷酸核酮糖（ribulose-1,5-bisphosphate，RuBP）的再生、六碳糖的合成。

1. 二氧化碳的固定：當 CO_2 進入時，CO_2 會附著在 RuBP 上，而催化這起始步驟的酶是 1,5- 二磷酸核酮醣羧化酶 / 加氧酶（ribulose 1,5-bisphosphate carboxylase/oxygenase, RuBisCO），會去催化進行縮和反應，產生 6 個碳且不穩定的中間產物，並且立刻會分裂成兩分子的 3 碳化合物 3- 磷酸甘油酸（3-phosphoglycerate，3-PG）。其中一個分子上的羧基，含有由二氧化碳所得的碳。

植物 RuBisCO 是把二氧化碳轉化成生質物的主要酶，其分子結構非常複雜，包含了八個相同的大分子次體，各次體都擁有一個催化區；另外還有八個相同的小分子次體。光合細菌的 RuBisCO 構造則較爲簡單，只有兩個次體，比較類似於植物的大分子次體。

由於植物的 RuBisCO 的轉化數（turnover number）相當低，每個酶分子只能每秒固定三分子的二氧化碳，故必需含有極大量的 RuBisCO 才能有效的行使光合作用。因此，植物葉綠體中的水溶性蛋白質，RuBisCO 幾乎占了一半以上，成爲在自然界中最多量的重要酶之一。

2. **磷酸甘油醛的還原**：兩分子的 3-PG 會接收一個額外的磷酸根，接著 3- 磷酸甘油酸激酶（3-phosphoglycerate kinase）將 ATP 上的磷酸基團催化 3-PG，接著由 NADPH 所捐出的電子對，會使產生的 1,3- 二磷酸甘油酸（1,3-bisphosphoglycerate，1,3-BPG）生成磷酸甘油醛（glyceraldehyde 3-phosphate, G3P）。

3. **二磷酸核酮糖的再生**：大部分生成的磷酸三碳醣，都用作 RuBP 的再生，剩餘的才用在葉綠體的澱粉生成，或是直接送到細胞質中，轉生爲蔗糖以便在植物的生長組織中運送。在發育未完全的葉子中，大部分的磷酸三碳醣會進入糖解作用中被降解，以利產生能量。

在卡爾文循環中，固定二氧化碳的基質爲 RuBP，爲了維持固碳反應之進行，必須不斷的生成 RuBP。在此階段中，5 莫耳的 G3P 會經由一系列反應而生成 3 莫耳的 RuBP，如此卡爾文循環才可繼續進行。

4. **六碳糖的合成**：轉醛酶（transaldolase）首先催化一可逆的縮合反應，把甘油醛 3- 磷酸以及二羥丙酮磷酸合成爲果糖 1,6- 二磷酸（fructose 1,6-bisphosphate），再由果糖 1,6- 二磷酸酶（FBPase-1）裂解成果糖 6- 磷酸（fructose 6-phophate）及 pi。而此階段最爲關鍵性的醣類就爲果糖 6- 磷酸，在此決定是否再生回二磷酸五碳醣，或者繼續進入澱粉合成反應。

卡爾文循環（Calvin cycle）

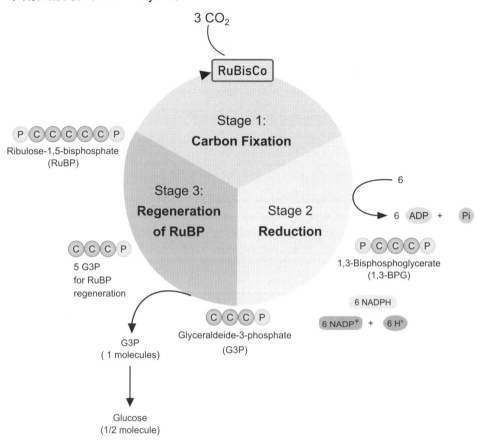

卡爾文循環的物質變化

二氧化碳的固定	二氧化碳 + 二磷酸核酮糖 + 水 → 磷酸甘油酸
磷酸甘油酸的還原	磷酸甘油酸 + ATP + NADPH → 磷酸甘油酸
二磷酸核酮糖的再生	磷酸甘油醛 + 水 + ATP → 二磷酸核酮糖
六碳糖的合成	磷酸甘油醛 + 水 → 葡萄糖

Part 14
生物膜

14.1 生物膜的功能

生物膜（biomembrane）是多功能的結構，是細胞不可缺少的多生物分子複合體。它有保護細胞、交換物質、傳遞資訊、轉換能量、運動和免疫等生理功能。

1. 保護功能：細胞質膜是細胞質與其外界之間的屏障，它能保護細胞不受或少受外界環境因素改變的影響，保持細胞的原有形狀和完整，使細胞保持其特定環境以適應它的特定目的。有鞘神經的細胞膜還有絕緣作用，有保證神經衝動沿著神經纖維傳播的作用。

2. 運輸功能：活細胞經常要與外界交換物質以維持其正常生活，從外選擇性地吸收所需要的養料，同時也要排出不需要的物質。生物膜轉移物質有的是耗能反應，有的是不耗能反應。

(1) 不耗能運輸：只憑被運輸物質自身的擴散作用而不需要從外部加入能量，又稱被動運輸。

(2) 耗能運輸：生物膜轉運作用有些是需要加入能量的，一般稱主動運輸。它可以逆濃度梯度進行。轉運所需的能量來源有的是依靠 ATP 的高能磷酸鍵，有的是靠呼吸鏈的氧化還原作用，有的則依靠代謝物（基質）分子中的高能鍵。

3. 訊息傳遞：高等動物神經衝動（訊息）的傳導和生物遺傳訊息（遺傳性）的傳遞都需要通過生物膜才能完成。

生物膜上有接受不同資訊的專一性受體，這些受體能識別和接受各種特殊訊息，並將不同訊息分別傳遞給有關靶細胞，產生相應的效應以調節代謝、控制遺傳和其他生理活動。

4. 能量轉換：生物體內的能量轉換有多種形式，例如食物儲存的化學能可變為熱能（食物氧化）或機械能（肌肉收縮），或轉為高能鍵能（氧化磷酸化），光能轉為化學能（如光合作用）以及化學能轉為電能（神經傳導）等都是較重要的能量轉換作用。真核細胞的氧化磷酸化主要在粒線體膜上進行。原核細胞（如細菌等）的氧化磷酸化反應則主要在細胞質膜上進行。

5. 免疫功能：吞噬細胞和淋巴細胞都有免疫功能，它們能區別與自己不同的異種細菌的外來物質，並能將有害細胞或病毒吞噬消滅，或對外物質（抗原）產生抗體免疫作用。

吞噬細胞之所以能起吞噬作用，是因為它的細胞膜對外來物有很強的親和力，能識別外來物並利用它自己細胞膜上的表在蛋白（動蛋白）的運動性將外來物吞噬。至於細胞的免疫性則是由於細胞膜上有專一性抗原受體，當抗原受體被抗原啟動，即引起細胞產生相應的抗體。

6. 運動功能：淋巴細胞的吞噬作用和某些細胞利用質膜內折將外物包圍入細胞內的胞飲作用都是靠生物膜的運動來進行的，許多原生動物及其他單細胞動物可用其細胞膜表面的纖毛或鞭毛有節奏地擺動而移動。

生物膜的被動運輸與主動運輸

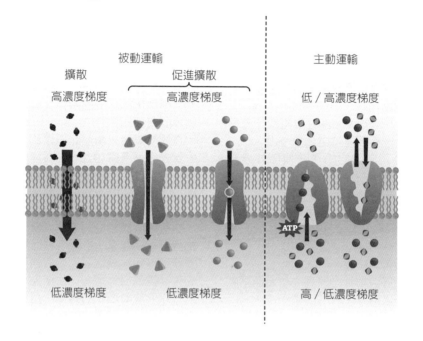

被動運輸

擴散

高濃度梯度

促進擴散

高濃度梯度

主動運輸

低／高濃度梯度

ATP

低濃度梯度

低濃度梯度

高／低濃度梯度

胞吞作用

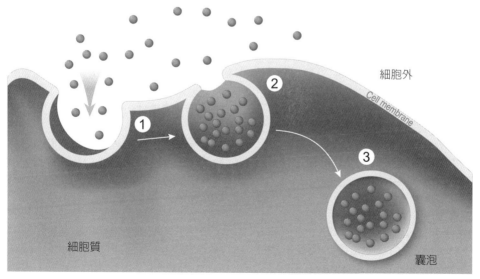

細胞外

Cell membrane

①　②　③

細胞質

囊泡

在吞噬作用過程中，細胞吞噬大顆粒，例如細菌、細胞碎片，甚至完整的細胞。

14.2 生物膜的構造

　　生物細胞膜的基本結構都是由雙層脂質（lipid bilayer）組成，細胞膜的外層爲親水性，而中間的內層則爲疏水性的區域。這種結構有兩種特性，第一是疏水性的區域除了一些小分子（H_2O、O_2、CO_2）之外，大部分帶電或帶有極性之分子，都不能自由任意進出。

　　單純雙磷脂的結構無法偵測外界環境，而且雙層脂質的結構比較軟，所以細胞膜上還有許多蛋白質嵌入。有的蛋白可以使膜堅固，而成爲細胞的骨架，有的還可作爲負責內外離子運輸的通道。

　　雙層脂質之特性：

1. 水浸潤著活細胞之外表，並充滿細胞大部分之內部。
2. 當周圍有水時，脂質分子會自然聚集。
3. 細胞膜中最豐富之脂質型態爲磷脂（phospholipids）。
4. 當許多磷脂分子被水包圍時，疏水性交互作用導致其脂肪酸尾部聚集起來。
5. 穿孔在能量上是不利的，因此穿孔之質膜會試圖自行修補。
6. 膜之脂質自我修復能力對可能面臨更大傷害是十分有用的。
7. 雙層脂質自我修補能力，使新形成的囊及原來之胞器均保持完整。
8. 周圍有水之脂質分子有自我組合以及自我修補之行爲。
9. 在雙層內，單獨之脂質分子會有些微移動。
10. 在雙層脂質內，脂質分子快速運動以及填塞方式之改變，因此形成液態膜（membrane fluidity）。

　　在含水環境中膜脂（主要是磷脂和糖脂）的偶極性質決定了膜具有一種特異的分子排列，使細胞內的親水性與疏水性部分分隔開。含有一個極性頭部及兩個非極性尾部組成的脂類具有形成雙層脂膜的特性。

　　在雙層膜中，脂類的極性頭部構成膜的外表面，暴露在含水的環境中，而非極性的尾部，由於疏水基團的引力，創造出一個內部的非極性環境，它對環境中的可溶於水的組分是不能透過的。

　　由雙層脂膜形成的連續的層將細胞或細胞壁包圍起來，形成各種生物膜，如質膜、核膜、液泡膜、內質網等。脂類的雙層排列另外還有一個優點，就是它們可以形成區域化的結構，這些區域是自我封閉的，使疏水的內部既處於含水的環境中，而又不致形成孔隙。

　　生物膜中含有大量不飽和脂肪酸是一個重要的生物結構特性。飽和脂肪酸通常表現爲直線構形的形式。反之，不飽和脂肪酸的烴鏈具有大約爲 30° 的屈折，靠雙鍵以順式（cis）構型維持分子的形狀，順式構型中的兩個或兩個以上的雙鍵可以形成多個屈折，從而明顯地縮短了分子的長度，不飽和脂肪酸這種構形上的特性，賦予膜以流動的性質。

　　在雙層膜形成過程中，飽和脂肪酸由於其分子直線的構形並且長度較長，排列緊密可以產生一種有序（序性高）的剛性結構。而不飽和脂肪酸由於其分子屈折多並且長度較短，乃產生一種無序（序性低）的柔性結構。這種結構我們稱之爲流動雙層膜。

具有親水性頭部和疏水性尾部的磷脂

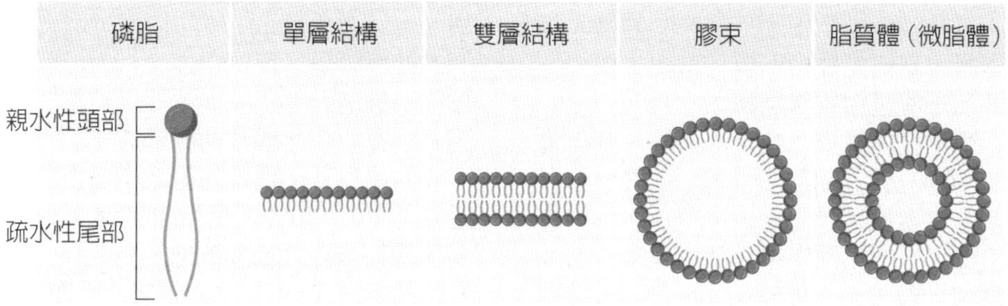

磷脂	單層結構	雙層結構	膠束	脂質體（微脂體）

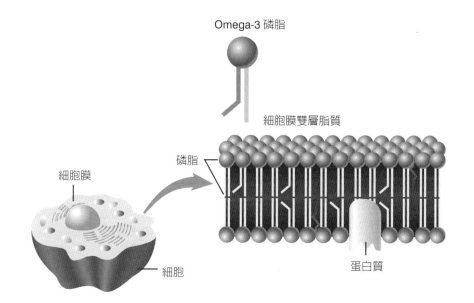

親水性頭部

疏水性尾部

細胞膜結構圖

Omega-3 磷脂

細胞膜雙層脂質

磷脂

細胞膜

細胞

蛋白質

14.3 生物膜的組成

細胞膜是動物細胞最外層的結構。細胞膜的結構主要由脂質（lipid）組成，外加一些蛋白質與醣類。

生物膜的組成因其來源而異，其乾重的 40% 左右為脂類，60% 左右為蛋白質，這兩種物質通過疏水交互作用等化學鍵以外的相互作用而結合成複合體。糖類一般占全部乾重的 1～10%，糖類以共價鍵或與脂類或與蛋白質相結合，而且含有糖類的分子大致上就被看作是脂質或蛋白質。

脂質主要由一個極性端接上兩條碳長鏈所構成，一般脂質碳鏈數量約為 14～24 個碳；細胞膜的性質可因脂質上碳鏈長短、極性端所接的官能基和碳鏈飽和程度有所不同。

細胞膜厚度大約 4～10 nm，主要由脂質長度所決定，會因為脂質的排列情形和脂質中所嵌入的膽固醇含量使得細胞膜厚度有稍微變化。在細胞膜上的脂質是以脂雙層（lipid bilayer）的形式排列，脂質的極性端朝外部，與水靠近。

極性端的部分可分成：磷脂酸（phosphatidic acid）、磷脂醯膽鹼（phosphatidyl choline）、磷脂醯乙醇胺（phosphatidyl ethanolamine）、磷脂醯絲胺酸（phosphatidyl serine）、磷脂醯肌醇（phosphatidyl inositol）與磷脂醯甘油（phosphatidyl glcerol），其中有帶電荷的為磷脂醯絲胺酸、磷脂醯肌醇和磷脂醯甘油。

在哺乳細胞的外層膜主要是由磷脂醯膽鹼、鞘磷脂（sphingomyelin）、磷脂醯乙醇胺和膽固醇所構成，內層主要是由磷脂醯乙醇胺和磷脂醯絲胺酸構成，在正常生理 pH 值的情況下哺乳細胞的外層膜是呈現電中性；相對於哺乳細胞，細菌的外層膜則主要是有帶負電的磷脂質如磷脂醯甘油所構成。

膜的蛋白質：在膜的組成中蛋白質占重量的 20～80%，膜蛋白通常可以分為周邊性蛋白（peripheral protein）和穿透性蛋白（integral protein）兩類。

周邊性蛋白附著在雙層脂膜的表面上，約占膜蛋白的 20～30%，能溶解於水，分布於雙層脂膜的外表層，主要通過靜電引力或凡得瓦力與膜結合。周邊性蛋白與膜的結合比較疏鬆，容易從膜上分離出來。

穿透性蛋白以非極性基團加到膜脂之中。穿透性蛋白可全部嵌入到膜的內部，或者局部插入膜內，一部分突出到雙分子脂層之外，或者跨過整個雙分子脂層（跨膜蛋白）。約占膜蛋白的 70～80%，不溶於水，主要靠疏水鍵與膜脂相結合，而且不容易從膜中分離出來。由於沒有水分子的影響，多肽鏈內形成氫鍵趨向大大增加，因此，它們主要以 α- 螺旋和 β- 摺疊形式存在，其中又以 α- 螺旋更普遍。

膜的醣類：生物膜中含有一定的寡糖類物質。它們大多與膜蛋白結合，少數與膜脂結合。糖類在膜上的分布是不對稱的，全部都處於細胞膜的外側。生物膜中組成寡糖的單糖主要有半乳糖、半乳糖胺、甘露糖、葡萄糖和葡萄糖胺等。有的膜蛋白質為糖蛋白，含有一個或多個糖殘基。其糖殘基部分總是位元於膜的外表面，這些表面上的糖殘基在細胞識別中很重要。

數種膜的脂質和蛋白質組成
（若總和低於 100%，所差之量可用碳水化合物補足）

膜的來源	重量百分率	
	脂質	蛋白質
髓磷脂	80	18
小鼠肝臟	52	45
人類紅血球（血漿）	43	49
玉米葉	45	47
粒線體（外層）	48	52
粒線體（內層）	24	76
大腸桿菌	25	75

膜蛋白中的醣類

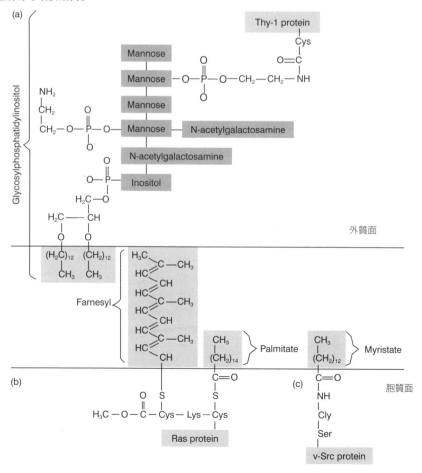

14.4 生物膜流動性

細胞膜流動性是脂質膜的重要特徵，維持適當的流動性對脂質膜正常功能十分重要。

膜的流體鑲嵌模型：關於膜的動態結構的觀點是 S. Jonathan Singer 與 Garth Nicholson 二人於 1972 年提出的，稱爲膜的流體鑲嵌模型（the fluid-mosaic model for membranes）。在這個模型中，雙分子脂層既是一個分子通透性障礙，又由於其流動性質（由不飽和脂肪酸所決定）作爲蛋白質的溶劑。

脂類 - 蛋白質的特異相互作用是膜蛋白進行生物功能所必需的，即脂類的功能不只作爲溶劑而已。膜的蛋白組分以各種鑲嵌形式溶合在膜中，如球蛋白可看成是飄浮在脂類雙分子層。

蛋白分子沿著雙分子層的平面可以移動。橫向擴散，即蛋白分子從膜的一面移向膜的另一面，只能以極慢的速度進行。

膜內球蛋白的流動性則源於脂類雙分子層的流動性，其中的碳氫鏈在生理溫度下是高度可流動的。在低溫下，水合的磷脂呈凝膠態，其中含有結晶狀的碳氫鏈不是垂直於膜平面，而是以一定角度傾斜，傾斜的角度則視水合程度而定，這些脂鏈上的 C-C 單鍵，即 σ 連鍵大部分是反式的平面構形，僅發生輕度扭曲振動。

細胞膜流動性的快慢因素影響：

1. 外在因素：如溫度增加會使膜流動性增快，壓力增加則使膜流動性變慢，脂質極性端造成的 pH 變化也會使流動性改變。
2. 細胞膜成分因素：如膽固醇、鞘磷脂、蛋白質與脂質比例、碳鏈飽和與不飽和比例和碳鏈長度，以上因素的增加都會造成流動性的變慢。膜流動性與細胞膜成分有極重要的關係，當細胞膜處於流動態時，碳數一樣的脂質，不飽和鍵數量較多的脂質流動速度較快；而當不飽和鍵數量相同或是沒有不飽和鍵時，碳數越短的脂質流動速度較快；碳數短比不飽和鍵增多造成的流動性改變較大。此外，分子排列的緊密度也會影響細胞膜流動速度。

當溫度上升時，碳氫鏈的分子運動逐漸增加，直至達到特定的轉變溫度時，熱的吸收突然增加，產生液晶狀態。一定脂類的轉變溫度因碳氫鏈的長度和不飽和程度而異。膜的流動性是不均勻的。由於脂質組成的不同，膜蛋白 - 膜脂、膜蛋白 - 膜蛋白的相互作用以及環境因素（如溫度、pH、金屬離子等）的影響，在一定的溫度下有的膜脂處於凝膠態，有的則呈流動的液晶態，整個膜可視爲具有不同流動性的「微區」相間隔的動態結構。

生長在低溫中的細菌，其膜中所含不飽和脂肪酸的比例比生長在較高溫度中的要大些，這便可以防止生物膜在低溫下變得剛性過大，不利生存。

馴鹿的腿部有一個溫度梯度，接近軀體處體溫最高，近蹄部溫度最低。蹄部爲了適應低溫，接近蹄部的細胞膜其脂類富含不飽和脂肪酸。抗寒植物比不抗寒植物的膜脂中含有較多的不飽和脂肪酸。

膜的流體鑲嵌模型

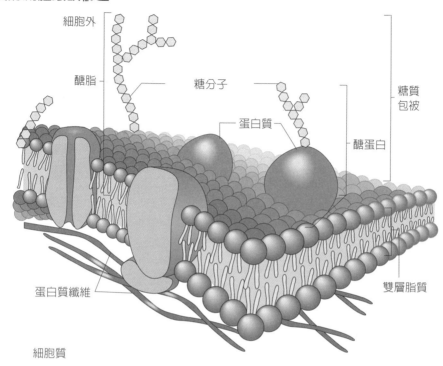

細胞外

醣脂

糖分子

蛋白質

糖質
包被

醣蛋白

蛋白質纖維

雙層脂質

細胞質

膜脂的相變

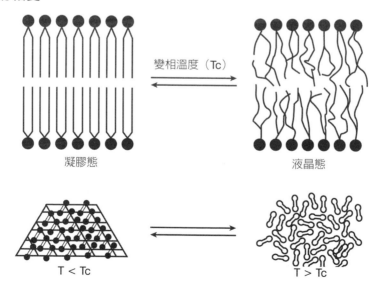

變相溫度（Tc）

凝膠態

液晶態

T < Tc

T > Tc

14.5 被動運輸

被動運輸（passive transport）屬於不耗能運輸，只憑被轉運物質自身的擴散作用而不需要從外部加入能量。

簡單擴散（non-mediated transport/simple transport）：這種擴散是某些離子或物質，利用各自的動能由高濃度區，經細胞膜擴散和滲透到低濃度區，所需條件只是膜兩邊的濃度差（濃度梯度）。只要大小能直接通過親脂性脂雙層細胞膜的小分子、不帶電、非極性物質，如 O_2、CO_2、N_2 等氣體分子。基質不須藉由膜蛋白協助。

促進（加速）擴散（facilitated transport）：這種擴散的基本原理與簡單擴散相似，所不同者是需要蛋白質載體說明進行擴散。

由細胞內外的濃度差或膜電位所引起，細胞需由膜上的通道蛋白或載體蛋白（carrier protein）完成擴散作用，速度比簡單擴散快。

葡萄糖、胺基酸利用載體蛋白運輸；K^+、Na^+、Ca^{+2} 利用離子通道蛋白（ion channel）運輸，水分子利用水通道蛋白（aquaporin）快速滲透通過細胞膜。

載體蛋白說明被動轉運擴散的作用有兩種情況，一種是生物膜上有一定的內在蛋白能自身形成橫貫細胞脂質雙層的通道，讓一定的離子通過進入膜的另一邊，這種蛋白質稱離子載體。離子載體如發生構形上的變化，它提供的離子通道即可增強或減弱，甚至完全封閉。

生物膜上的特異載體蛋白在膜外表面上與被運載的代謝物結合，結合後的複合物經擴散、轉動、擺動或其他運動向膜內運輸。

進行被動運輸的膜蛋白

1. 孔洞蛋白（protein pores）：亦稱為通道蛋白（channel protein），為橫跨細胞膜的親水性通道，允許世道大小得離子通過。有些通道蛋白平時處於關閉狀態，僅在特定刺激下才打開，又稱為門通道（gated channel）。包括離子通道蛋白、水通道蛋白。

2. 載體蛋白：攜帶的一般是離子或較大的極性分子。當載體蛋白接上被運載物後，自由能改變，構形也發生變化，開口的方向改變，被運載物因此從膜的一端轉運到另一端。

3. 通透蛋白（permease）：是載體蛋白的一種。與特定溶質分子相結合；如葡萄糖的通透酶只與 D-Glc 結合（亦可與 D- 半乳糖、D- 甘露糖等結合），但不能和 L-Glc 等 L 型異構體結合。通透蛋白與酶不同：被運輸的物質不改變構形，而運輸蛋白本身將發生構形的可逆變化。

4. 離子載體（ion carrier）：極大提高膜對某些離子通透性，分為可動離子載體（mobile ion carrier），如纈胺黴素（valinomycin）及通道離子載體（channel former），如短桿菌肽 A（gramicidin A）。

載體蛋白的運輸特點：(1) 比自由擴散轉運速率高。(2) 存在最大轉運速率；一定限度內運輸速率同物質濃度成正比。超過一定限度，濃度增加也不增加運輸速率，因膜上載體蛋白的結合位點已飽和。(3) 有特異性，即與特定溶質分子相結合。

溶質通過透過性膜的移動

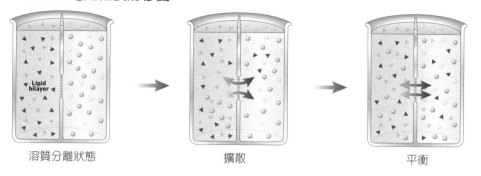

溶質分離狀態　　　　　　擴散　　　　　　平衡

被動運輸

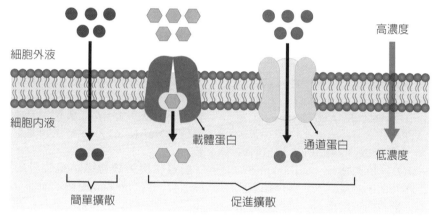

通過脂質層的簡單擴散，以及通過特定或非特異性轉運蛋白的促進擴散。

磷脂分子運動的幾種方式

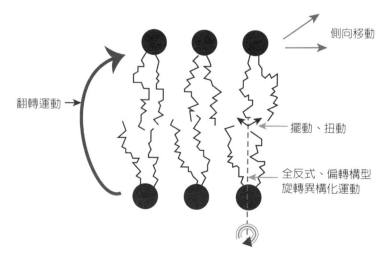

14.6 主動運輸

主動運輸（active transport）時，細胞會利用三磷酸腺苷（ATP）的能量使物質跨越細胞膜而移動，也是一種需要結合細胞膜中之攜帶蛋白的運輸方式，並且往對抗能量梯度（energy gradient）的方向運輸。這種過程除了需要物質運動所需的動能之外，還需要額外的能量。

在主動運輸中，小離子、帶電荷小分子及大分子通常逆著其濃度梯度運送通過細胞膜。負責主動運輸系統者，為橫跨雙層脂質之運輸蛋白質。其有高度選擇能力，選擇將鍵結及運送之離子及分子之種類。當特殊溶質連接於適當位置，蛋白質開始作用並接受能量推動。

一級主動運輸（primary active transport）：Na$^+$-K$^+$ ATPase pump。需消耗 ATP。

二級主動運輸（secondary active transport）：協同運輸（cotransport）在細胞膜外面，過量的 Na$^+$ 會以擴散的方式進入細胞內，這種 Na$^+$ 擴散的能量可以使得其他物質如醣類、胺基酸或一些離子，跟著 Na$^+$ 或 H$^+$ 一起被運送過膜。不需消耗 ATP。

協同運輸分為同向（symport）及反向（antiport），在每個不同的運輸蛋白都會有不同物質的同步運輸。

光吸收、氧化作用、ATP 水解驅動的 Na$^+$ 或 H$^+$ 的一級主動運輸所建成的離子梯度本身可以驅動其他物質的協同運輸。

鈉 - 鉀腺苷三磷酸水解酶幫浦（Na$^+$-K$^+$ ATPase pump）：是維持細胞內低鈉高鉀的膜蛋白，可以將三個 Na$^+$ 運送至細胞外，同時攜帶兩個 K$^+$ 進入細胞內，並消耗掉一分子 ATP 的能量，如此所造成的電化學梯度差，可用以維持細胞的滲透壓、組織的靜止膜電位以及肌肉和神經細胞興奮的特質。

Na$^+$-K$^+$ ATPase 分別由兩個 α 及 β 次單元以異二聚體（heterodimer）的型式，組成一功能單位（functional unit），其中 α 次單元是個穿胞膜多次的蛋白質，約含有 1022 個基酸，分子量為 110 kDa，主要負責催化和運送的功能，同時也是陽離子、ATP 及抑制劑 ouabain 的結合處

β 次單元則是個穿胞膜一次的醣蛋白，可以協助穩定 α 次單元的構形，為一個約含有 300 個基酸，分子量約為 35-40 kDa 的醣蛋白，隨著組織不同而有不同的醣基化，β 次單元主要功能在於維持 Na$^+$-K$^+$ ATPase 結構的穩定及組裝。

膜電位與神經傳導：電位現象存在於所有細胞的細胞膜兩側，而部分細胞如神經細胞與肌肉細胞是具有可興奮性的，即這些細胞能夠在細胞膜上產生電化學的衝動，有些細胞還可利用這種衝動沿著細胞膜傳遞訊息。

膜電位（membrane potential）細胞膜兩側離子濃度的差異導致稱為膜電位的電壓。這個變化會引起神經傳導。

神經訊息是由動作電位（action potential）來傳遞，這是一種快速變化的膜電位。每個動作電位一開始都是由靜止負電位（resting membrane potential, RMP，靜止膜電位）突然變成正電位，然後幾乎同樣快速地變回負電位，完成一次神經衝動。

Na⁺ 或 K⁺ 梯度驅動的協同運輸

生物或組織	運輸溶質	協同運輸溶質	運輸型態
E. coli	Lactose	H⁺	Symport
	Proline	H⁺	Symport
	Dicarboxylic acids	H⁺	Symport
Intestine, kidney of vertebrates	Glucose	Na⁺	Symport
	Amino caids	Na⁺	Symport
Vertebrate cells (many types)	Ca²⁺	Na⁺	Antiport
Higher plants	K⁺	H⁺	Antiport
Fungi (*Neurospora*)	K⁺	H⁺	Antiport

細胞膜運輸系統的同向、反向和單向類型示意圖

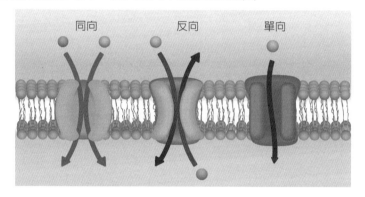

神經纖維之靜止膜電位組成

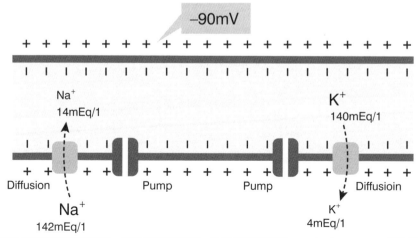

組成靜止膜電位的來源有三：鉀離子擴散電位、鈉離子擴散電位、Na⁺-K⁺ ATPase。細胞膜對鉀離子的通透性非常大，而鈉離子只有微弱的通透性；三種因素同時運作的情況下，構成 -90 mV 的淨膜電位。

Part 15
基因與染色體

15.1 基因體

基因體（genome）指一個細胞或病毒中所有遺傳訊息的總稱，在真核生物，基因體是指一套染色體（單倍體）DNA。染色體（chromosome）指一個 DNA 分子結合蛋白質，並包含著基因，其功能為儲存和傳遞遺傳訊息。基因（gene）指染色體上可以編譯（code）成功能性多肽鏈或 RNA 分子的片段，可視作基本遺傳單位，亦即一段具有功能性的 DNA 或 RNA 序列。

結構基因和**調控基因**：並不是所有的基因都能為肽鏈進行編碼。能為多肽鏈編碼的基因稱為結構基因，包括編碼結構蛋白和酶蛋白的基因，也包括編碼阻遏蛋白或激活蛋白的調節基因。

有些基因只能轉錄而不能轉譯，如 tRNA 基因和 rRNA 基因。還有些 DNA 區段，其本身並不進行轉錄，但對其鄰近的結構基因的轉錄起控制作用，被稱為啟動基因和操縱基因。

偽基因：一種核苷酸序列同其相應的正常功能基因基本相同，但卻不能合成出功能蛋白質的失活基因。原因是缺乏某些元素（如端點 5' 側翼區）所以無法進行轉譯。

內含子與外顯子：動植物的基因內，可分為內含子（intron）與外顯子（exon）。在基因表現的轉錄過程中，基因剪接的機制會將內含子從 pre-mRNA（precursor mRNA）中移除，僅保留住外顯子的片段，以作為後續的蛋白質生產的媒介資訊。外顯子在剪接（splicing）後仍會被保存下來，並可在蛋白質生物合成過程中被表達為蛋白質，而內含子則會在剪接過程中被除去。

RNA 的剪接：前體核醣核酸（precursor messenger ribonucleic acid）的剪接（splicing）是真核細胞轉錄後的修飾之一，此修飾的過程受到高度的調控，並且其對於基因的表現占有非常關鍵性的角色。

約 92 至 94% 的人類基因仍經由選擇性剪接（alternative splicing）而合成出具有不同生物特性的蛋白異構體。選擇性剪接不只發生在動物體，也會影響植物。在植物體內雖然只有約 20% 左右的基因受到影響，但是卻控制了許多關鍵的植物生理現象。

一個基因可因 mRNA 被剪接的方式不同，而產生不同的 mRNA，因而轉譯出多種不同的蛋白質，造成生物蛋白質的多樣化也間接解釋了蛋白質的數量遠大於基因的數量的原因。

衛星 DNA：在真核生物的基因組中，包含了大量功能不明的重複性序列。其中以重複單元（repeat unit）由單一核甘酸至數千個核甘酸所構成之前後連續分布的縱列式重複序列（tandemly repeated sequence）。

縱列式重複序列由重複單元長度的不同，進一步分為衛星 DNA（satellites）、迷你衛星 DNA（minisatellites）以及微衛星 DNA（microsatellites）。通常衛星 DNA 的重複單元長度可高達數千個鹼基對（base pairs），重複長度也可達 10^3 至 10^7 個鹼基對，主要分布於異染色質（heterochromatin）的區域。

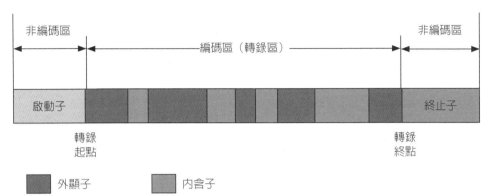

真核細胞的基因由編碼區和非編碼區兩部分組成，在非編碼區上，同樣有調控作用的核甘酸序列，但是真核細胞的基因結構要比原核細胞的基因結構複雜許多。

衛星 DNA 串聯重複，位於染色體的中節和端粒區域

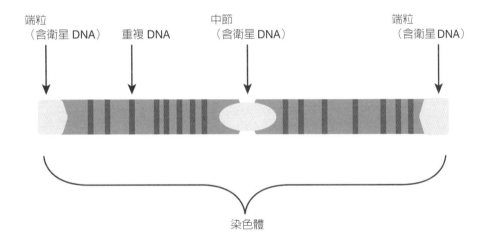

重複 DNA 和衛星 DNA 有什麼區別？

項目	重複 DNA	衛星 DNA
概述	重複 DNA 是在生物基因組中重複多次的核苷酸序列	衛星 DNA 是一種重複的 DNA，可以在基因組中重複數百萬次
種類	共有三種主要類型，如末端重複，串聯重複和散布重複	衛星 DNA 被分為不同的類型，如脂質體（alphoid），β，衛星 1、2 和 3 等
位置	重複 DNA 位於整個基因組中	衛星 DNA 位於染色體的著絲粒和端粒區域

15.2 基因體定序

基因序列是指基因體的一小片段。基因體定序也由傳統 Sanger 合成酵素定序法提升至較快速的次世代定序（Next Generation Sequencing, NGS）。

自 1977 年英國 Frederick Sanger 開發出鏈終止法（chain termination method，又稱作 Sanger 定序法）開始了基因定序技術的發展。鏈終止法是在進行聚合酶鏈鎖反應（PCR）的過程之中分別加入四種雙去氧核苷酸（ddATP, ddTTP, ddCTP, ddGTP），當 DNA 聚合酶作用時如果接上一般的去氧核苷酸（dNTP）則會繼續反應，若接到雙去氧核苷酸時則會因無法再和其他的去氧核苷酸結合而中斷反應。進行電泳後會跑出不同長短的基因片段，依據電泳結果進行排序組成完整的基因圖譜。

常用的定序主要分為兩種方式，一種是散彈式定序（whole genome shot-gun sequecing），將序列拆成小片段定序再組裝；一種則是將已知遺傳圖譜的染色體（mapped clone sequencing），用限制酶分段插入質體製成基因庫，再從基因庫中任意挑選菌株進行定序分析後拼裝。

螢光原位雜交（fluorescence *in situ* hybridization, FISH）。FISH 是利用螢光標定的外源核酸片段，與細胞或染色體上待測 DNA 或 RNA 片段互補配對，依據與染色體雜交所出現的訊號位點提供探針序列的定位信息。

FISH 技術應用廣泛，例如，精確計算染色體數目、以分子細胞遺傳學概念分析物種間親緣的演化關係，或是以不同探針建立物種的核型圖譜。

基因多型性（polymorphism）同種不同個體間，會有些微的 DNA 鹼基序列些微的不同稱之。族群的遺傳多型性可經由自然選擇而維持在穩定狀態，例如當不同的基因型適應不同的環境而且適應力相當時，各種基因型出現的比例將依環境而異。

限制性片段長度多型性（restriction fragment length polymorphism, RFLP）技術的原理是，檢測 DNA 在限制性內切酶酶切後，形成的特定 DNA 片段的大小。因此，凡是可以引起酶切位點變異的突變如點突變（新產生和去除酶切位點）和一段 DNA 的重新組織（如插入和缺失造成酶切位點間的長度發生變化）等，均可導致 RFLP 的產生。

單一核苷酸多型性（single bucleotide polymorphisms, SNP）在物種個體與族群的親緣性研究，短縱列重複序列（single sequence repeats）與單一核苷酸多型性都具有高突變率，容易形成個體與族群間的多樣性，此二種差異常被用來檢測物種多樣性與建構親緣樹。

基因體序列變異與疾病：有些疾病可能好發於特定之種族或地域，造成之原因有可能是共同承襲源自祖先之基因突變。

透過流行病學之研究，將同一族群的病人與正常人（對照）進行全基因體的序列分析，理論上可發現某一小段特別的基因體序列出現於病例組之機會遠高於對照組，便可找出與疾病有關的基因線索。

RFLP 原理及流程

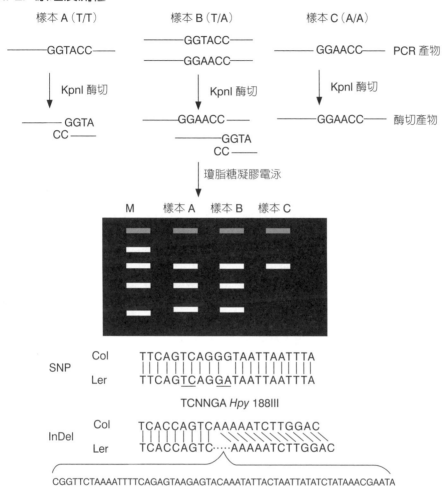

在 Col-0 和 Ler 之間發現的單核苷酸多態性（SNP）和插入和缺失多態性（InDel）的示例。在 At5g48100 的啟動子區域鑑定出 SNP（Col：G 至 Ler：A）和 InDel（Ler 與 Col 插入 60 個核苷酸）的例子。可以將 SNP 用作裂解的擴增多態性標記（CAPS），因為 Hpy188III 的限制性酶切位點僅存在於 Ler 序列中。Hpy188III 的序列識別基序為 TCNNGA，並用下劃線列出。

一代與次世代定序比較表

	樣品溫度	定序時間	讀取長度	單次安數據產量
一代定序 Sanger Method	1-3μg	1 小時	900 bp	10^2kb
次世代定序 Next Generation Sequencing	0.05μg	65 小時	300 bp	10^7kb

15.3　基因的組成

眞核生物與原核生物染色體結構比較：

眞核生物：染色體（chromosome）位於細胞核，染色體結構爲線圈式（solennoidal），具有中節（centromere）及端粒（tolemere）。

原核生物：不具核膜，但有一個類核區（nucleoid），染色體以麻花式超螺（plectonemic）旋存在類核區中。

染色體結構：染色體的基本組成是染色質（chromatin），染色體只能在細胞分裂時才能觀察到，染色體具有中節及端粒的構造。每一條染色體含DNA分子，組成人類的46條染色體的DNA全部總長約有兩公尺，平時DNA捆綁組織蛋白形成染色質。

中節爲一緊密收縮的DNA，是紡錘絲的連接處，細胞分裂期出現，幫助子細胞的染色體平均分配。中節是紡錘絲與染色體的接觸點，紡錘絲收縮，使染色體向兩極移動。人類的中節區包含一段約170鹼基對重複序列，稱爲 α 衛星（alfa satellite）。隨染色體不同，重複次數約5000-15000次。

端粒是DNA末端的重複序列，可保護染色體端點，防止染色體被核酸外切酶（exonuclease）切斷，並輔助染色體端點DNA的複製。端粒DNA序列及重複次數隨生物種類不同而不同，哺乳類及人類爲5' TTAGGG 3'，重複250至1000次。

染色體複製時，藉端粒酶（telomerase）可將特殊的端粒序列加到染色體上，若缺乏端粒酶複製後染色體會變

短。單細胞的眞核生物具端粒酶，例如酵母菌就可以一直分裂，人類的生殖細胞具端粒酶可一直分裂，分化後的體細胞缺乏端粒酶，隨細胞分裂端粒會愈來愈短，細胞漸老化，到一個程度細胞不再分裂。癌細胞具端粒酶細胞可以一直分裂，端粒不會變短。

染色質：由DNA、組織蛋白（histone）、非組織蛋白及少量的RNA組成。在電子顯微鏡下，呈線串珠（beads-on a-string）的構造。珠（beads）爲染色質次單位，稱爲核小體（nucleosome）。

組織蛋白富含兩種帶正電的胺基酸：精胺酸及離胺酸，種類可分爲 HI、H2a、H2b、H3、H4 五種。功能爲穩定DNA結構，促使DNA的纏繞（coiling）。

非組織蛋自構造差異大，由20種以上的蛋白質組成，稱爲異質蛋白質（heterogeneous proteins）。

參與的反應有DNA複製、修補以及基因表現有關的蛋白質，如DNA聚合酶、RNA聚合酶；包含染色體收縮有關的蛋白質，如收縮蛋白（condensins）、拓樸異構酶（topoisomerase）。

染色體除去組織蛋白，DNA會鬆散開，留下一堆非組織蛋白的結構稱爲鷹架（Scaffold）。

基因簇：相似功能的基因會位在同一個簇上，稱爲基因簇（gene cluster）。基因簇內每個基因的DNA序列的部分是相同的。

依中節的位置不同可分為 4 種染色體

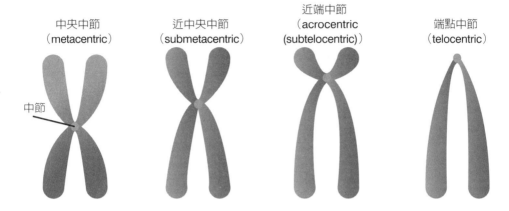

中央中節
（metacentric）

近中央中節
（submetacentric）

近端中節
（acrocentric
(subtelocentric)）

端點中節
（telocentric）

中節

組織蛋白（histone）結構圖

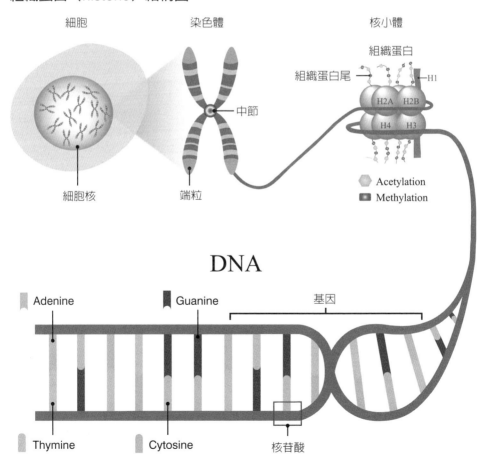

細胞

染色體

核小體

組織蛋白

組織蛋白尾 — H1

H2A　H2B

H4　H3

細胞核

端粒

中節

Acetylation

Methylation

DNA

Adenine

Guanine

基因

Thymine

Cytosine

核苷酸

15.4 細胞週期

細胞週期（cell cycle）是指母細胞分裂成兩個子細胞的過程，共分為 G_0、G_1、S、G_2 與 M 等五個時期。

G_0 phase：指細胞可能經分化或剛複製完便停留於靜止休眠期，細胞可能暫時或永久的停止生長。

第一間期（G_1 phase）：細胞開始進入生長，此時細胞的大小開始改變，同時也準備開始複製兩個相同的子細胞。

合成期（S phase）：細胞進入 DNA 複製期，此時細胞藉由複製作用製造出兩套相同的 DNA，以維持子代基因的相似性。

第二間期（G_2 phase）：DNA 複製完到有絲分裂期間，細胞持續地生長並產生新的蛋白質，為進行有絲分裂作準備。

分裂期 Mitosis（M phase）：細胞進入有絲分裂期，此時細胞已停止生長及合成蛋白質，將進行複雜且有規律性的分裂，以期望得到兩個基因特性相似的子代。M 期又可細分為前期（prophase）、中期（metaphase）、後期（anaphase）與終期（telophase）。

細胞通過有絲分裂期（M phase）後，有些細胞會再次進入下個細胞週期運行而繼續增殖，也有些細胞則會停留於 G0 後分化，發展成更具完整性、功能性的細胞。正常細胞週期的進行必須受到精確地調控，才能維持細胞的數目及功能正常。主要參與細胞週期運行的分子包括正向調節因子如週期蛋白（cyclin）及週期蛋白依賴性激酶（cyclin dependent kinase, CDK）與負向調節如 CKI（cyclin dependent kinase inhibitor）。

組蛋白（histone）數量在 G1 phase時增加，S phase DNA 複製時達高峰，之後持續下降，到 G2 phase 時與起始數量相同。

常染色質（euchromatin）：由少量填充的物質組成，通常在細胞核的內部被發現。它富含基因，通常處於活躍轉錄狀態。染色質高頻率發生的常染色質約占人類基因組的 90%。常染色質存在於原核生物和真核生物中，當染色並在光學顯微鏡下觀察時，它們似乎具有淺色的條帶。其上的組蛋白 H3 在第 4 個胺基酸—離胺酸上發生甲基化。

異染色質（heterochromatin）：由緊密堆積的物質組成的異染色質通常在細胞核邊緣附近發現。異染色質的主要作用包括保護染色體的完整性和調節基因。異染色質的緊密性質可防止染色體交叉和其他遺傳事件，這就是為什麼這種類型的染色質在遺傳和轉錄上均被認為是無活性的原因。其上的組蛋白 H3 在第 9 和第 27 個胺基酸—離胺酸上發生甲基化。

著絲點（kinetochore）是一個巨大蛋白質複合體，位於中節的附近（centromeric region）。在 metaphase 時期，微管（microtubules）的 plus ends 會連接上著絲點的 outer region，距離 DNA 還很遠。在動物細胞平均一個著絲點連接 10 至 40 條微管。Outer kinetochore 上有很多個桿狀蛋白質複合體負責連接著絲點和微管，當微管連接上著絲點，微管是動態的，可以延長（polymerization）與縮短（depolymerization），而調節這個動態平衡對於染色體的移動扮演很重要的角色。

細胞週期階段

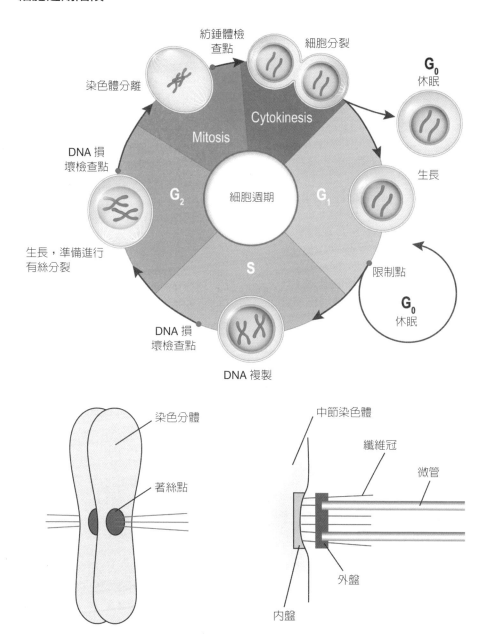

著絲點是有絲分裂和減數分裂中染色體分離的核心，它不是染色質和紡錘體微管的靜態連接複合物。

15.5 聚合酶鏈鎖反應

聚合酶連鎖反應（polymerase chain reaction, PCR）原理是利用 DNA 聚合反應（DNA polymerization），重複地進行 DNA 的合成。主要包括下列三個步驟：

1. DNA 模板之變性（DNA template denaturation）：利用高溫（一般約 94 至 95℃）使雙股 DNA 變性，打開成單股 DNA。

2. 引子的黏合（primers annealing）：降低溫度（一般約 50～60℃）使具有對 DNA 模板序列互補的引子與 DNA 模板黏合。此時單股 DNA 也可能再度結合成雙股。但由於引子的濃度遠超過 DNA 模板的濃度，所以單股 DNA 再度結合成雙股的機會不大。

3. 引子的延伸（primers extension）：將溫度升高至 DNA 聚合酶反應的適當條件（一般為 72℃），使其以引子為開端，依據 DNA 模板序列，進行延伸作用，合成出互補股的 DNA 片段。

變性是將 DNA 加熱變性，使雙股變為單股，做為複製的模板。典型的變性條件是 95℃ 30 秒或是 97℃ 15 秒，對於 G+C 較多的目標產物則須較高的變性溫度。黏合則是令引子於一定的溫度下附著於模板 DNA 兩端，引子黏合所需的時間和溫度決定於引子的組成、長度和濃度，較適合的黏合溫度為低於引子 Tm 值 5℃。最後則是延長，在 DNA 聚合酶的作用下進行引子的延長及另一股的合成。

在經過一次的 PCR 循環後可以得到 2 倍的產物，所以在經過 N 次的循環就可得到 2^N 的目標產物。至於需經過幾次的循環則視原始的目標 DNA 的濃度而定。

PCR 發展的三個世代

第一世代：傳統擴增 PCR（traditional amplification PCR）。在試管內將特定 DNA 片段，以專一性的連鎖反應，使得 DNA 片段數目以 2 的對數（2n）快速增加而產生大量的產物。所需的材料包含 DNA 模板（template）、界定複製起始點兩端的引子（primer）、Taq DNA 聚合酶、合成原料核苷酸（nucleotide: A, G, T, C）及緩衝溶液，關鍵步驟則是 DNA 變性、引子黏合及引子延長。

第二世代：即時定量 PCR（quantitative real-time PCR）。用於即時檢測 PCR 產物的螢光染料標記在一段可與單股 DNA 模板進行專一性雜交的探針（如 SyBR green 或 TaqMan probe）上，PCR 儀的光學檢測系統記錄螢光信號強度，在某一循環中螢光信號的強度達到預先設定的閾值時，此時的循環數稱為 Ct（threshold cycle）值或 Cq（quantification cycle）值。Ct 值與起始的 DNA 模板量成反比，起始的核酸量越多，達到閾值的循環數就越少，亦即 Ct 值會越小。以 Ct 值為縱坐標，起始模板數為橫坐標作出標準曲線，便可計算出待測 DNA 的複製數（copy number）。

第三世代：微滴式數字 PCR（droplet digital PCR）。將待測的標的核酸分子均勻稀釋後，分散至大量的微反應器或微油滴中，並使每個反應只有 0 或 1 個 DNA 模板，經 PCR 擴增後，有 1 個 DNA 模板就會產生螢光訊號，而 0 個的則不會有螢光訊號，再採用卜瓦松分布（Poisson distribution）的統計模式，以分析軟體計算出標的核酸的絕對定量（absolute quantification）。

PCR 是一種簡單、廉價和可靠的複製 DNA 片段的方法

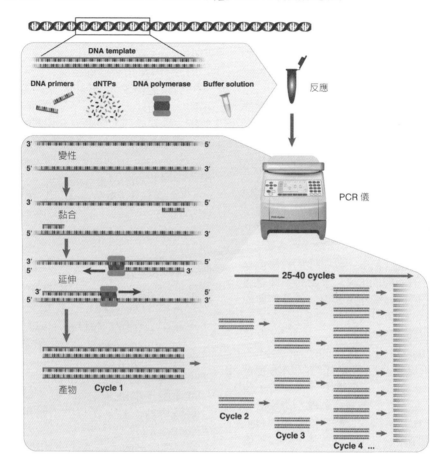

三個世代的 PCR 之比較

	傳統擴增 PCR	即時定量 PCR	微滴式數字 PCR
概述	在 PCR 循環結束時測量累積的產物量。	測量正在發生擴增的 PCR。	測量負複製體（negative replicate）的比例以確定絕對複製數。
是否定量	否，將凝膠上 DNA 擴增條帶（band）的強度與已知濃度的標準品比較，可得半定量（semiquantification）結果。	是，PCR 產物量與模版量成正比時，數據是在 PCR 的指數增長（log）期收集的，屬於相對定量（relative quantification）（定量須根據標準曲線）。	是，PCR 反應陰性的比例適用於卜瓦松分布統計算法，屬於絕對定量。

15.6　限制酶

限制酶（restriction enzyme）是來自細菌的一類酶，是細菌為了保護自己的遺傳訊息，而演化出之一種能認識特定 DNA 序列的酶蛋白質。

限制酶又稱限制內切酶或限制性內切酶（restriction endonuclease），是一種能將雙股 DNA 切開的酵素。切割方法是將糖類分子與磷酸之間的鍵結切斷，進而於兩條 DNA 鏈上各產生一個切口，且不破壞核苷酸與鹼基。切割形式有兩種，分別是可產生具有突出單股 DNA 的黏狀末端，以及末端平整無凸起的平滑末端。

限制酶是一種專一性很強的核酸內切酶，它與一般的 DNA 水解酶不同之處在於它們對鹼基作用的專一性及對磷酸二酯鍵的斷裂方式有所不同。

每個限制酶都有自己特殊的辨識位。由於隨機出現鹼基的序列的頻率不低，所以辨識四個鹼基的限制酶會把 DNA 切成很多的小片段。相反的，要找到特定的八個鹼基序列就不是那麼容易了，所以辨識八個鹼基的酶要隔著很長的距離才會在 DNA 上產生切口，使得 DNA 被切成幾個大片段。辨識六個鹼基的限制內切酶在使用上來講是最方便的，因為它們所切出來的大小是最適中的。

限制酶的名稱，其由來是從所被分離出來的微生物來命名，其命名原則，是以寄主微生物屬名的頭一個字母（大寫）和種名的前兩個字母（小寫）寫成斜體字的三個字母的縮寫，菌株名以非斜體符號加在這三個字母的後面。

若同一菌株中有幾種不同的限制性內切酶時，則以羅馬數字加以區分。如 *Hind*III 表示從 *Haemophilus influenaze*（流行性感冒嗜血桿菌）菌株 d 中分離出來的第 3 種限制性內切酶。

由於 DNA 是雙螺旋結構，識別核苷酸序列只能從 5' 末端向 3' 末端讀其鹼基順序。因此，在識別序列的兩條核苷酸鏈中鹼基排列次序是完全相同的，這種結構稱為回文（或迴轉對稱）結構（palindromic structure），即正讀與反讀皆相同。

5'－GGATCC－3' 正讀時為 GGATCC

3'－CCTAGG－5' 反讀時也為 GGATCC

限制酶分類

1. 第一型限制酶：同時具有修飾（modification）及認知切割（restriction）的作用；另有認知（recognize）DNA 上特定鹼基序列的能力，通常其切割位（cleavage site）距離認知位（recognition site）可達數千個鹼基之遠，並不能準確定位切割位點，所以並不常用。如 *Eco*B、*Eco*K。

2. 第二型限制酶：只具有認知切割的作用，修飾作用由其他酶進行。所認知的位置多為短的回文序列；所剪切的鹼基序列通常即為所認知的序列。是遺傳工程上，實用性較高的限制酶種類。如 *Eco*RI、*Hind*III。

3. 第三型限制酶：與第一型限制酶類似，同時具有修飾及認知切割的作用。可認知短的不對稱序列，切割位與認知序列約距 24 至 26 個鹼基對，並不能準確定位切割位點，所以並不常用。如 *Eco*PI、*Hinf*III。

限制酶所作用的鹼基序列

生成附著末端的限制酶		生成附著末端的限制酶		生成平滑末端的限制酶	
名稱	鹼基序列	名稱	鹼基序列	名稱	鹼基序列
*Hpa*II	5' ↓ CGG3'	*Hind*III	A ↓ AGCTT	*Alu*I	AG ↓ CT
*Mbo*I	↓ GATC	*Ppn*I	GGTAC ↓ C	*Eco*RV	GAT ↓ ATC
*Taq*I	T ↓ CGA	*Pst*I	CTGCA ↓ G	*Hlnc*II	GT(T/C) ↓ (A/G)AG
*Ava*II	G ↓ G(A/T)CC	*Sal*I	G ↓ TCGAC	*Pvu*II	CAG ↓ CTG
*Bgl*II	A ↓ GATCT	*Xho*I	C ↓ TCGAG	*Sma*I	CCC ↓ GGG
*Eco*RI	G ↓ AATTC				

第二型限制酶有形成 (a) 鈍端與 (b) 黏端

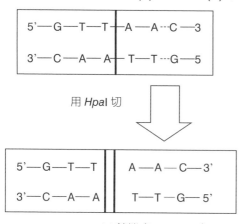

(a) 鈍端（blunt ends）

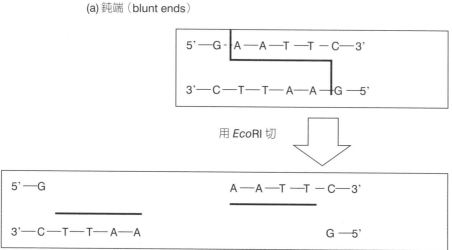

(b) 黏端（sticky ends）

15.7 DNA的修飾

表觀遺傳學（epigenetics）又稱基因外調控，為不改變現有的 DNA 序列，而影響其基因的表現，並可以遺傳給下一代。可分為三大類，包括了 DNA 的甲基化（DNA methylation）、非編碼 RNA 的作用（non-coding RNA）和組織蛋白的修飾（histone modification）。其中最重要的是 DNA 的甲基化。

非編碼 RNA 的作用：真核生物細胞中普遍存在大量非編碼 RNA，這些非編碼 RNA 包括了 microRNAs（miRNAs，近 22 個核苷酸）、small RNAs（100 至 200 個核苷酸）、large RNAs（大於 10,000 個核苷酸以上）、約 24 至 31 個核苷酸左右的 piwi-interacting RNAs（pi-RNA）。非編碼 RNA 的作用十分廣泛，可以參與基因默化（gene silencing）、X 染色體失活（X-chromosome inactivation）、促進 mRNA 穩定、增加轉錄活性。

組織蛋白的修飾：影響組織蛋白與 DNA 結合能力的主要因素是藉由後轉譯修飾作用（post-translational modifications）改變組蛋白本身的化學結構。組蛋白可以被接上乙醯基（-COCH$_3$）或甲基，並影響 DNA 轉錄。

當位於基因啟動子區域的組蛋白被高度乙醯化（Hyperacetylation），DNA 轉錄機制便可活化；相反地，當組蛋白低度乙醯化（Hypoacetylation），DNA 轉錄將受到抑制。組蛋白甲基化更為複雜，組蛋白上不同位置的胺基酸被甲基化，可正向或負向調控 DNA 轉錄。

DNA 的甲基化：DNA 的甲基化是在 DNA 序列上給予一個甲基（methyl group），進而影響基因的表現，此種現象不只出現在真核生物上，在原核生物的 DNA 上也可發現。原核生物如細菌，其甲基化位置主要在胞嘧啶（cytosine）的 C5 或是 N4 上、腺嘌呤（adenine）的 N6 上，甲基化的功能包含了調控基因的表現、細胞週期、DNA 的修補、細菌 DNA 之間的交換。

真核生物的甲基化，主要是在 CpG 的 C5。適當的甲基化為生物正常發育所必須，如基因表現的調控、印痕現象（imprinting）、X 染色體的不活化、基因組重複序列的抑制和腫瘤的生成。

DNA 甲基化包括重新型甲基化（de novo methylation）與維持型甲基化（maintenance methylation）。

重新型甲基化主要是參與甲基化模式的重新排列，發生的階段為胚胎發生或是分化過程。經由 RNA-directed DNA methylation（RdDM）過程重新將 DNA 甲基化，再透過 DNA 半保留複製的特性，新合成的兩條雙鏈各有一半保留了模板的甲基化核苷酸，而新合成的另一條單鏈則沒有被修飾。

維持型甲基化主要是在重現細胞分裂之間的 DNA 甲基化模式，其機制為取自於原始模版（parental strand）半保留複製讓子代 DNA 鏈保留原始模板的 DNA 甲基化模式。在哺乳類中有三個活躍的 DNA 核酸甲基化轉移酶（DNA methyltransferases, DNMTs），以 S-腺苷甲硫胺酸（S-adenosyl methionine, SAM）為甲基提供者，將甲基轉移到 DNA 分子的胞嘧啶第五個碳上面。

DNA 甲基化及組蛋白甲基化

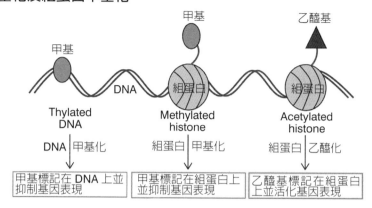

表觀遺傳機轉

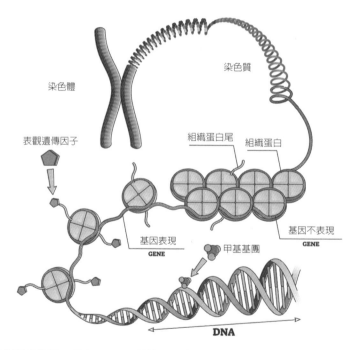

表觀遺傳學的研究發現：①由 DNA 甲基轉移酶將細胞核某些區域的 DNA 的 CpG 雙核苷酸部位的 C 鹼基加以甲基化甲基化發生之後會減少該 DNA 區域的 RNA 轉錄的活躍程度，因此減少該基因所對應的蛋白質的合成，降低該區域的基因表達。②透過組織蛋白修飾。組蛋白富含精胺酸（arginine）和離胺酸（lysine）兩種帶正電的胺基酸。組蛋白的功能，是讓帶負電的 DNA 纏繞在組蛋白的上面，使 DNA 因此而壓縮了，結構上趨於穩定、安全。當組蛋白被修飾後某些離胺酸會失去正電，使 DNA 壓縮的程度放鬆，因此方便該 DNA 區域的 RNA 轉錄，基因表達的程度也就會被提升。

15.8 DNA的重組

生物技術中最重要的技術，即為遺傳工程（genetic engineering），也稱為基因重組（gene recombination）。遺傳工程最主要的目的就是「重組DNA」。

胞篩選出含目標基因的細胞

DNA重組（DNA recombination），是DNA分子或是片段的重新組合。將來自不同生物的DNA被切成數段後再接合，成為重組的DNA，在將這重組DNA片段送至宿主細胞，經由不斷的細胞分裂，而可持續的複製這DNA片段。

在基因重組技術發展歷程中，限制酵素的發現而有了重大的突破性的發展。限制酵素使得對於切割DNA更為容易且專一，將DNA切割成合適的大小，以利接合至載體（vector）上。

質體（plasmid DNA, pDNA）為細菌染色體外的遺傳物質，由雙股環狀DNA構成，在細菌體內具有自行複製的能力，且在細菌間可互相轉移，因序列上具有啟動子（promoter），故可表現所攜帶的基因。在生物技術中常用pDNA來作為攜帶特定基因的載體，藉由改變啟動子，可使pDNA於不同物種或組織中的細胞進行表現，表現的強弱及時間也因啟動子的不同而有差異。

依重組DNA的性質分為三類：

1. 同源性重組（homologous recombination）：在參與重組的染色體DNA具有高度的相似性（不一定為同源染色體），此類型的DNA重組在原核及真核細胞皆有發生，最常見於細胞的減數分裂（meiosis）中。

2. 專一性位置重組（site-specific recombination）：表示其發生重組的DNA區域只拘限於某些DNA片段，並且從原核至真核細胞皆有，最著名的例子就是噬菌體感染，此種噬菌體可將本身的DNA片段與E. coli基因組的特定片段發生重組。

3. 轉位性重組（transpositional recombination）：代表著基因可從原基因座（locus）「移動」（又稱為「跳躍」）至另一個基因座，有別於上述兩種方式，其重組基因不需具備同源或相似的特徵，因此，此重組方式亦稱為不合規則的重組（illegitimate recombination）。

重組DNA的步驟包括：

(1)以限制酶切割DNA，分離DNA，或以人工合成此段基因，載體也用限制酶切開。(2)目標基因和載體以DNA連接酶連接。(3)把重組DNA轉形到宿主細胞。(4)篩選出含有重組DNA的宿主細胞，並大量複製。(5)檢是含有重組DNA或產生目標蛋白質的宿主細胞，並純化出我們要的目標產物。

載體：將目標基因切割下來後，必須將它重新組合到另一段基因載體中。載體為一種運載工具，可將重組基因帶入宿主細胞內。作為載體必須具有以下幾個特點：(1)載體要具有複製起始點，以確保宿主細胞中能獨立複製。(2)載體需易從宿主細胞中分離和純化。(3)載體DNA中有一段不影響自身複製的非必要區，以利目標基因插入，而插入的目標DNA可與載體奔深的DNA一同複製增殖。(4)載體須有一個或多個遺傳特徵（如具抗藥性基因），以利於重組DNA的篩選。

重組 DNA 技術中常用的工具酶

工具酶	功能
限制性核酸內切酶	識別特異序列，切割 DNA
DNA 連接酶	催化 DNA 中相鄰的 5′ 磷酸基和 3′ 羥基末端之間形成磷酸二酯鍵，使 DNA 切口封合或使兩個 DNA 分子或片段連接
DNA 聚合酶 I	1. 合成雙鏈 cDNA 分子或片段連接 2. 缺口平移製作高比活探針 3. DNA 序列分析 4. 填補 3′ 末端
Klenow 片段	又名 DNA 聚合酶 I 大片段，具有完整 DNA 聚合酶 I 的 5′ → 3′ 聚合、3′ → 5′ 外切活性，而無 5′ → 3′ 外切活性。常用於 cDNA 第二鏈合成，雙鏈 DNA 3′ 末端標記等
反轉錄酶	1. 合成 cDNA 2. 替代 DNA 聚合酶 I 進行填補，標記或 DNA 序列分析
多聚核苷酸激酶	催化多聚核苷酸 5′ 羥基末端磷酸化，或標記探針
末端轉移酶	在 3′ 羥基末端進行同質多聚物加尾
鹼性磷酸酶	切除末端磷酸基

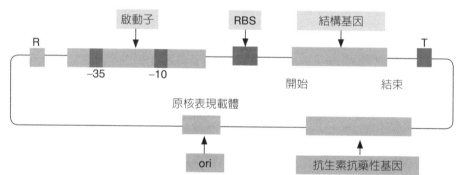

重組 DNA 原核蛋白質載體的組成。結構基因含蛋白質的密碼序列之外，必要的組成包括：啟動子（P）、核糖體結合位置（RBS）、調節基因（R）及轉錄終止點（T），ori 是指質體複製的原點（起始點）。

DNA 重組示意圖

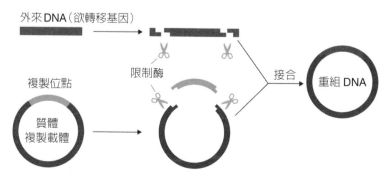

15.9 端粒

正常的人類的雙套染色體細胞，其生長複製期是有限的，當人體中多數的細胞在有限次數的細胞分裂後，而達到細胞生長期的臨界點（Hayflick limit）時，細胞會進入一個不再分裂的狀態而呈現生長靜止的狀態，稱為複製性衰老（replicative senescence）。一般認為，複製性衰老可能由端粒（telomere）的長度所控制。

端粒為真核生物體線性染色體末端DNA及其結合蛋白質共同組成的特殊結構。結構上包含了雙股DNA及3'端突出的單股DNA；在雙股DNA中有一股含有較高比率的G，稱之為G股（G strain），而互補股則稱之為C股。

端粒DNA是以一組簡單而重複的序列，依著G股的5'→3'的方向所組成；在所有哺乳動物細胞中，這段重複的DNA序列是由TTAGGG所組成，而在人類，端粒長度平均為5～15 kb左右。

與端粒結合之蛋白（telomere associated proteins），大都參與維護端粒的結構與長度，如端粒重複因子1（telomeric repeat binding factor 1, TRF1）、telomeric repeat binding factor 2（TRF2）、human protection of telomeres 1（hPOT1）等。TRF1及TRF2會特異性的與端粒雙股DNA結合，而hPOT1則會辨識端粒3'端突出的單股DNA並與之結合。

端粒序列3'端突出的單股DNA會反轉回來插入端粒雙股DNA之間，形成一種特殊的環狀結構，t-loop，使3'突出的單股DNA不會裸露出來而被細胞誤認為是雙股DNA斷裂，當染色體末端長度未達臨界值時，可形成不同大小的T-loop，將3'端羥基藏匿在其結構中使端粒酶無法與端粒結合。

TRF2主要參與了端粒之t-loop的形成，因此對於穩定端粒的結構以及防止染色體末端與末端融合，扮演了很重要的角色；TRF1則會協助TRF2形成並穩定t-loop的結構。

端粒酶（telomerase）是由RNA與蛋白質組成的一種核醣核蛋白複合體（ribonucleoprotein complex），它具有反轉錄酶（reverse transcriptase）的活性，可以在端粒的3'端OH基合成新的端粒序列，以彌補細胞在每次分裂後所損失的核甘酸序列。

人類端粒酶的主要成員包括有RNA（hTR），反轉錄酶次單位（hTERT）及一些其他與端粒結合在一起的蛋白。人類端粒酶RNA長度約為445個核苷酸，其中只有11個核苷酸是用來作為模板（5'-CUAACCCUAAC-3'）。

端粒長度的調控主要是藉由端粒酶。它可以利用其RNA部分當做模版，在端粒末端的G-rich overhangs加上端粒序列，因此可以補償每一次細胞分裂所損失的DNA序列。在大多數人類體細胞，端粒酶活性是被壓抑的，其端粒會隨著細胞分裂而縮短。

端粒的長度與癌症的病發以及細胞老化等相關疾病有密切的關係。在大部分正常體細胞和成人幹細胞進行細胞分裂染色體和DNA複製的過程中，端粒酶在這些細胞中受到嚴密的調控，因此端粒的長度會隨細胞分裂的次數增加而減短，當端粒的長度短到達一個臨界值或無法保護染色體末端的時候，細胞將走向老化進行細胞凋亡的程序。但是在生殖細胞或癌細胞中端粒酶過度表達現象，使得在端粒酶的組成中有一段可作為反轉錄成端粒DNA序列的RNA模板，特別是90%的癌細胞可利用此RNA模板不斷地複製延長其端粒基因序列導致癌細胞不會凋亡甚至增生擴散。

端粒結合蛋白質調控人類端粒 DNA 的摺疊構造，影響端粒酶的作用

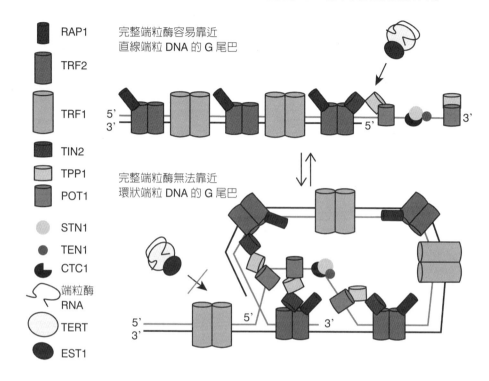

RAP1
TRF2
TRF1
TIN2
TPP1
POT1
STN1
TEN1
CTC1
端粒酶
RNA
TERT
EST1

完整端粒酶容易靠近
直線端粒 DNA 的 G 尾巴

5'
3'
5'
3'

完整端粒酶無法靠近
環狀端粒 DNA 的 G 尾巴

5'
3'
5'
3'

端粒酶

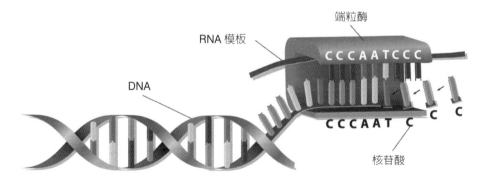

端粒酶
RNA 模板
CCCAATCCC
DNA
CCCAAT C C C
核苷酸

端粒酶透過在細胞複製後，在端粒末端添加端粒重複序列來抵消端粒縮短。

Part 16
核酸複製

16.1 DNA聚合酶

DNA 聚合酶（DNA polymeras，EC 編號 2.7.7.7）簡稱 DNA pol，是一種參與 DNA 複製的酶。它主要是以模板的形式，催化去氧核糖核苷酸的聚合。聚合後的分子將會組成模板鏈並再進一步參與配對。

DNA 聚合酶以去氧核苷酸三磷酸（dATP、dCTP、dGTP 或 dTTP，統稱 dNTPs）為基質，沿模板的 3' → 5' 方向，將對應的去氧核苷酸連接到新生 DNA 鏈的 3' 端，使新生鏈沿 5' → 3' 方向延長。新鏈與原有的模板鏈序列互補，亦與模板鏈的原配對鏈序列一致。

已知的所有 DNA 聚合酶均以 5' → 3' 方向合成 DNA，且均不能「重新」（de novo）合成 DNA，而只能將去氧核苷酸加到已有的 RNA 或 DNA 的 3' 端羥基上。因此，DNA 聚合酶除了需要模板做為序列指導，也必需引子（primer）來起始合成。合成引子的酶叫做引子酶（primase）。

在原核生物：

1. DNA 聚合酶 I（Pol I）：大腸桿菌 K-12 株的 DNA 聚合酶 I 由基因 polA 編碼，由 928 個胺基酸組成，分子量 103.1kDa，結構類似球狀，直徑約 650nm，每個細胞約有 400 個分子。每個分子含一個鋅原子。這個鋅原子與酶的催化作用有關。Pol I 是多功能酶，它具有 5' → 3' 聚合酶，5' → 3' 外切酶及 3' → 5' 外切酶的活性。它的主要功能是對 DNA 損傷的修復，以及在 DNA 複製時，RNA 引子切除後，填補其留下的空隙。
2. DNA 聚合酶 II（Pol II）：作用於 DNA 穩定期的損傷修復。
3. DNA 聚合酶 III（Pol III）：作用於大腸桿菌 DNA 複製過程。

4. DNA 聚合酶 IV（Pol IV）：與 DNA 聚合酶 II 一起負責穩定期的損傷修復。
5. DNA 聚合酶 V（Pol V）：參與 SOS 修復。

在真核生物：

1. Pol α：做為引子酶合成 RNA 引子，然後做為 DNA 合成酶延伸此段 RNA 引子；合成數百個鹼基後，將後續的延伸過程交給 Pol δ 與 ε。
2. Pol β：在 DNA 修復中起作用，低保真度的複製。
3. Pol γ：複製粒線體 DNA。
4. Pol δ：Pol δ 與 Pol ε 是真核細胞的主要 DNA 聚合酶。
5. Pol ε：在複製過程中起校讀、修復和填補缺口的作用。

DNA 聚合酶的特性

1. 合成時的相關性質：(1) 需要原料（基質）：dNTPs。(2) 需要 1 股模板（template）。(3) 需要引子：提供 3¢-OH 末端使 dNTP 可以依次聚合。
2. 有些 DNA 聚合酶具有核酸外切酶（exonuclease）之特性。
3. 無法黏合 DNA 序列上的缺口。

校讀：修正合成錯誤的 DNA 稱為校讀（proofreading），在校讀中，DNA pol 在添加下一個鹼基之前先讀取新添加的鹼基，因此可以進行校正。聚合酶檢查新添加的鹼基是否與模板鏈中的鹼基正確配對。如果它是正確的鹼基，則添加下一個核苷酸。如果添加了不正確的鹼基，則該酶會切斷磷酸二酯鍵並釋放出錯誤的核苷酸。這是通過 DNA pol III 的核酸外切酶作用完成的。一旦刪除了錯誤的核苷酸，將再次添加一個新的核苷酸。

DNA 聚合酶催化的鏈延長反應

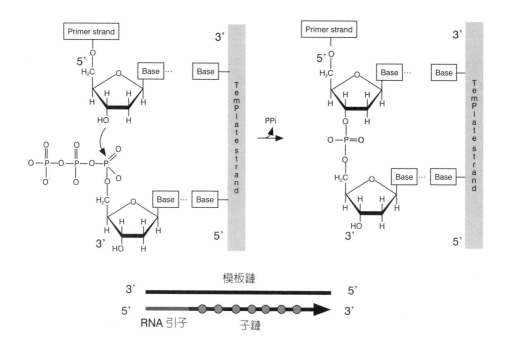

DNA 聚合酶的校讀功能

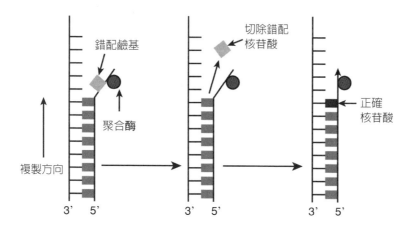

16.2 DNA複製

DNA 複製（DNA replicate）的流程如下：

起始（initiation）：複製起點（origin of replication）具有特殊的核苷酸序列，經常是由長度很短的序列重複並排而成；可被負責啟動 DNA 複製反應的複合體所辨識。當複製開始時，雙股的 DNA 會如拉鏈般地打開，分開後的單股 DNA 會各自作為模板，因 DNA 具有方向性，故只會朝某一個方向進行複製（5'→3'）。

像大多數細菌一樣，大腸桿菌在其染色體上具有單一複製起點，並且大多數具有 A／T 鹼基對（與 G／C 鹼基對相比，氫鍵結合在一起的氫鍵更少），使 DNA 鏈更易於分離。

專門的蛋白質識別起源，結合到該位點，並打開 DNA。隨著 DNA 的打開，形成了兩個稱為複製叉的 Y 形結構，它們共同構成了所謂的複製氣泡。隨著複製的進行，複製叉將沿相反的方向移動。

解旋酶（helicase）是第一個在複製起點的複製酶。解旋酶的工作是「解開」DNA（破壞含氮鹼基對之間的氫鍵）來推動複製叉。單鏈結合蛋白的蛋白質覆蓋著複製叉附近的 DNA 分離鏈，從而防止它們重新結合成雙螺旋。

引子（primer）是一小段單鏈 DNA 或 RNA，作 DNA 複製的起始點，存在於自然中生物的 DNA 複製（RNA 引子）和聚合酶鏈式反應（PCR）中人工合成的引子（通常 DNA 引子）。合成引子的 RNA 聚合酶稱為引子酶（primase）。引子酶一般以原 DNA 股線為模板，合成約 10 至 30 nts 長度的 RNA，末端的 3'-OH 基提供 DNA 聚合酶接合下一個核苷酸。

延伸（elongation）：在大腸桿菌中，處理大多數合成反應的 DNA 聚合酶是 DNA 聚合酶 III。複製叉處有兩個 DNA 聚合酶 III 分子，每個分子都在兩條新 DNA 鏈之一上。

DNA 聚合酶只能在 5' 到 3' 方向形成 DNA，這在複製過程中會造成問題。DNA 雙螺旋總是反平行的。換句話說，一根線在 5' 至 3' 方向延伸，而另一根線在 3' 至 5' 方向延伸。這使得必須以略有不同的方式製造兩條與它們的模板反平行的新鏈。

5'→3' 方向合成（以 3'→5' 為模版）能夠連續合成，為連續性模式 - 引導股（leading strand）。3'→5' 方向合成（以 5'→3' 為模版）以岡崎片段複製，為不連續性模式 - 落後股（lagging strand）。複製時，在 DNA 模板鏈上會先合成一些短的片段，再藉由連接的作用形成新的一股。DNA 複製程序中的這些短片段，就被稱為岡崎片段。

DNA 鏈延伸需要的蛋白質：DNA 聚合酶、滑動夾（Sliding DNA clamp）將 DNA 聚合酶 III 分子固定、RNA 酶（RNase H 等）在複製完成後切除 RNA 引子、DNA 連接酶（DNA ligase）。

終止（termination）：當複製叉前移，遇到 20bp 重複性終止子序列（Ter）時，Ter-Tus 複合物能阻擋複製叉的繼續前移，等到相反方向的複製叉到達後在 DNA 拓撲異構酶 IV 的作用下使複製叉解體，釋放子鏈 DNA。

DNA 複製示意圖

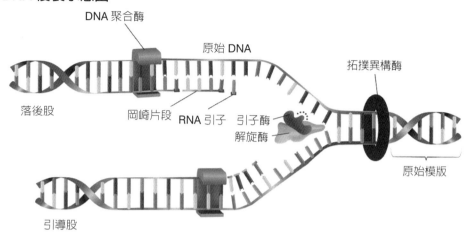

拓樸異構酶（topoisomerase）：在解鏈過程中，DNA 分子會打結、纏繞等現象，故須拓樸異構酶來理順 DNA 鏈。引子（primer）：提供 3'-OH 末端的 RNA 短片斷。岡崎片段（Okazaki fragment）是 DNA 複製過程中，一段屬於不連續合成的延遲股，即相對來說長度較短的 DNA 片段。

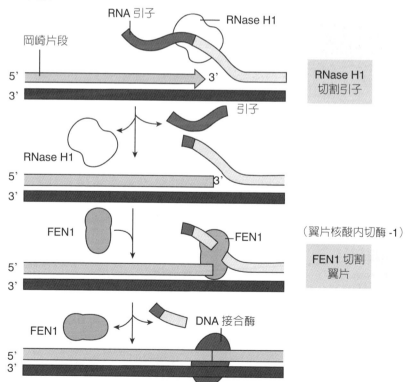

遲緩股複製反應的終止與 RNA 引子的移除。Pol δ 遇到引子之後仍然繼續向前合成 DNA，取代了不穩定的 RNA-DNA 雜合結構，導致 RNA 引子呈懸掛的翼片。翼片由 RNase H1 從 RNA 與 DNA 接合點附近產生切點，再由 FEN 1 將翼片整段切除，最後由 DNA 接合酶完成接合工作。

16.3 反轉錄

在特定的 RNA 腫瘤病毒如勞氏肉瘤病毒（R-MLV）中，有特殊的反轉錄酶（reverse transcriptase），能將遺傳訊息經由反轉錄作用（reverse transcription），從 RNA 反轉錄成 DNA。反轉錄作用也發現存在於真核生物中，如反轉錄跳躍分子（retrotransposon）及端粒體（telomere）的合成。

反轉錄酶具有 RNA 依賴性 DNA 聚合酶（RNA-dependent DNA polymerase）的活性，以反轉錄病毒（retrovirus）為例，其基因體中具有 2 條正股 RNA，在侵入宿主細胞後，反轉錄酶會以 RNA 作為模板，反轉錄出單股的互補 DNA，進而由 DNA 依賴性 DNA 聚合酶（DNA-dependent DNA polymerase）合成雙股 DNA，將病毒的遺傳信息嵌入宿主基因體中，再在宿主細胞內依轉錄及轉譯作用，合成新的病毒蛋白質，最後組出成熟的病毒顆粒。

其中最廣為人知的即為人類後天免疫缺乏病毒（HIV），現今許多反轉錄病毒藥物即為反轉錄酶的抑制劑。由於反轉錄酶不具有校正（proof reading）的功能，其反轉錄出的 DNA 較容易發生錯誤，也因此提高了反轉錄病毒的基因突變率。

大多數反轉錄酶都具有多種酶活性，主要包括以下幾種活性：

1. RNA 依賴性 DNA 聚合酶（RNA-dependent DNA polymerase）活性：以 RNA 為範本，催化 dNTP 聚合成 DNA 的過程。此酶需要 RNA 為引物，多為色胺酸的 tRNA，在引物 tRNA 3' 末端以 5'→3' 方向合成 DNA。反轉錄酶中不具有 3'→5' 外切酶活性，因此沒有校正（校讀）

功能，所以由反轉錄酶催化合成的 DNA 出錯率比較高。

2. RNase H 活性：由反轉錄酶催化合成的 cDNA 與範本 RNA 形成的雜交分子，將由 RNase H 從 RNA 5' 端水解掉 RNA 分子。

3. DNA 依賴性 DNA 聚合酶活性：以反轉錄合成的第一條 DNA 單鏈為範本，以 dNTP 為底物，再合成第二條 DNA 分子。

除此之外，有些反轉錄酶還有 DNA 內切酶活性，可能與病毒基因整合到宿主細胞染色體 DNA 中有關。

端粒酶（telomerase）本身為帶有 RNA 模板的反轉錄酶，可在 DNA 末端合成寡核苷酸（oligonucleotide），並加入固定且重複的 DNA 序列，如人類的端粒體序列為（TTAGGG）n，保護真核細胞的染色體在進行 DNA 複製時不會急速縮短。另外，真核生物的基因體中帶有反轉錄跳躍基因（retrotransposon），反轉錄酶會將轉錄出的跳躍基因 RNA 反轉錄為 DNA，再嵌入細胞染色體中，引發染色體的變異。

端粒酶基本結構包括一條 RNA（TER）及一個具有反轉錄酶活性的蛋白質次單元（TERT）。1. RNA 部分稱為 TER。2. 反轉錄酶部分稱為 TERT。是一種可用自身的單股 RNA 當作模板，創造出新的單股 DNA，在脊椎動物中，新的 DNA 序列為 5'-TTAGGG-3'，其他動物種類則又不相同，這些重複的 DNA 序列就是新端粒的 DNA 序列。

在端粒酶延長 3'- 端後，可以藉由正常的 RNA 引子啟動（priming）、利用 DNA 聚合酶延伸和接合酶（ligase）相連，補入配對股。

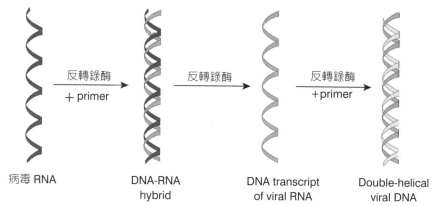

病毒 RNA　　　　　DNA-RNA　　　　　DNA transcript　　　Double-helical
　　　　　　　　　　　hybrid　　　　　　of viral RNA　　　　viral DNA

反轉錄酶可以基於 RNA 模板構建 DNA 鏈。該反應在聚合酶活性位點中進行，聚合酶活性位
點由圍繞 RNA 和 DNA 的兩組臂形成。在構建 DNA 鏈後，酶通過將其切割成碎片來去除原始
RNA 鏈，這是由核酸酶執行。最後，它構建了第二條 DNA 鏈，該鏈與剛剛創建的 DNA 鏈相匹
配，以形成最終的 DNA 雙螺旋結構，該反應也由聚合酶進行。

反轉錄聚合酶鏈反應（RT-PCR）

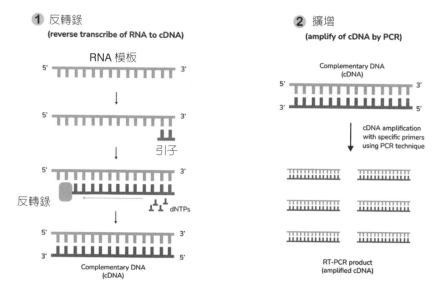

反轉錄過程中 cDNA 的合成。互補 DNA（complementary DNA，cDNA）是一種利用反轉錄酶，
以 RNA（通常是 mRNA）為模板做成的複製品。在 RT-PCR 中，RNA 群體通過反轉錄轉化為
cDNA ，然後通過聚合酶鏈反應（PCR）擴增 cDNA 。cDNA 擴增步驟提供了進一步研究原始
RNA 種類的機會，即使它們的數量有限或以低豐度表達也是如此。

16.4 DNA的損傷與修復

紫外線、游離輻射和化學誘變劑等，都能引起生物突變和致死。它們均能作用於 DNA，造成其結構和功能的破壞。如 X 光可以在 DNA 鏈上形成缺口（nick）；紫外線照射可以使 DNA 分子中同一條鏈兩相鄰胸腺嘧啶鹼基之間形成二聚體，影響了 DNA 的雙螺旋結構，使其複製和轉錄功能均受到阻礙。

細胞內具有一系列起修復作用的酶系統，可以除去 DNA 上的損傷，恢復 DNA 的正常雙螺旋結構。修復系統如下：

光活化修復（photoreactivation）：紫外線使 DNA 產生嘧啶二聚體（purimidine dimer）造成的損傷，其中共價鍵的連接可直接被一種光依賴型的光分解酶（photolyase）所逆轉。光分解酶是細菌內的修復蛋白，當光分解酶結合到 DNA 的變形區域時，即具近紫外光及藍色的光譜區域的吸收帶。吸收光子造成激動態切割二聚體回到其原始鹼基，故可將紫外線所造成的雙嘧啶鍵結在可見光照射後恢復成完整無損的狀態。

切除修復（excision repair）：細胞內 DNA 損傷的主要修復機制。其作用是由一種識別酶（recognition enzyme）起始，此酶能發現損傷鹼基或 DNA 空間結構的變化。識別後把含有損傷鹼基的序列切除掉，然後合成一段新的 DNA 來代替切除掉的部分。

雙股螺旋斷裂修復（double-strand break DNA repair）：對於 DNA 的雙股螺旋斷裂，生物細胞發展出兩種主要機制進行修復：一種為同源重組修復系統（homologous recombination, HR），另一種為非同源的黏合系統（non-homologous end-joining, NHEJ）。HR 是利用細胞內的染色體兩兩對應的特性，若其中一條染色體上的 DNA 發生雙股斷裂，則另一條染色體上對應的 DNA 序列即可當作修復的模版來回復斷裂前的序列。

NHEJ 的修復蛋白可以直接將雙股裂斷的末端彼此拉近，再藉由 DNA 黏合酶（ligase）的幫助，將斷裂的兩股重新接合。它的主要作用僅是將斷裂的 DNA 雙股螺旋重新加以黏合，並未對於斷裂的部分進行實質的比對與修復。

誘導修復（induction repair）：許多能造成 DNA 損傷或抑制複製的處理均能引起一系列複雜的誘導效應，稱為應急反應（SOS response）。SOS 反應包括誘導出現的 DNA 損傷修復效應、誘變效應、細胞分裂的抑制以及溶原性細菌釋放噬菌體等。細胞的癌變也可能與 SOS 反應有關。

SOS 反應是細胞 DNA 受到損傷或複製系統受到抑制的緊急情況下，為求得生存而出現的應急效應。SOS 反應誘導的修復系統包括避免差錯的修復（error free repair）和錯誤傾向修復（error prone repair）兩類。

原核生物（E. coli）對應 DNA 損傷的機制，是由 LexA 和 RecA 兩種蛋白所調控，LexA 是轉錄抑制子，平常會抑制和 SOS response 有關的基因，但是當 DNA 受傷而導致複製停滯時會造成很長的單股 DNA 出現，此時 RecA 就容易和單股 DNA 結合，並產生活性把 LexA 分解，SOS response 得以表現來修復 DNA。

DNA 的損傷和切除修復

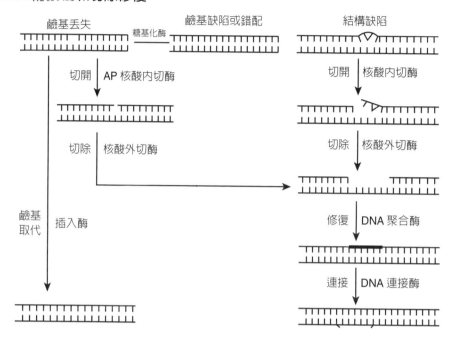

SOS 反應的機制

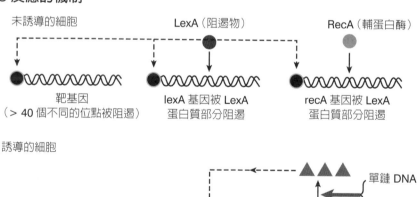

SOS 反應是藉著 DNA 損傷釋放出誘發信號以啟動 RecA 蛋白酶的活性。RecA 啟動後可活化 LexA。LexA 在未經處理的細胞中相對穩定，可結合到與啟動子重疊的 SOS 框（SOS box）序列而抑制許多修復功能基因的操縱子表現。LexA 的蛋白酶活性被 RecA 啟動後，會因為發生自我切割而失效，使得所有與其關聯的操縱子開始作用而表現基因修復的功能。

16.5 RNA聚合酶

RNA 聚合酶（RNA polymerase, RNAP, RNA pol）為合成 RNA 所需的酶。在細胞中，以 DNA 做模板，製造 RNA 鏈的過程稱為轉錄，RNAP 為轉錄必需的酶。RNA 聚合酶是生命必需的物質，在所有生物及許多病毒中均存在此種酶。RNAP 是一種核苷酸轉移酶（nucleotidyl transferase），在 RNA 轉錄本的 3' 端進行核糖核苷酸的聚合反應。

轉錄之操控：RNAP 可以受特定的 DNA 序列影響，啟動轉錄，這段特定的 DNA 序列就稱為啟動子。接下來，合成 RNA 鏈，與做為模板的 DNA 股互補。在 RNA 股上增加核苷酸，稱為延長。RNAP 會受特定的 DNA 序列影響，釋出 RNA 轉錄本，這段特定的 DNA 序列位於基因末端，稱為終止子（terminator）。

RNAP 的產物包括：

1. 傳訊 RNA（mRNA）：在核糖體合成蛋白質時，做為模板。
2. 非編碼 RNA，又稱「RNA 基因」：不會轉譯為蛋白質。RNA 基因中，最重要的實例為轉送 RNA（tRNA）和核糖體 RNA（rRNA），二者皆參與轉譯。
3. 轉送 RNA（tRNA）：合成蛋白質時，在轉譯階段，轉送特定胺基酸到成長中的多肽鏈上的核糖體位置。
3. 核糖體 RNA（rRNA）：核糖體的成分之一。
4. 微 RNA（micro RNA）：調節基因活性。
5. 核糖核酸酵素（ribozyme）：催化性 RNA。

RNAP 完成重生合成（de novo synthesis）。因為起始核苷酸牢牢固定 RNAP，使其與起始核苷酸發生特定的交互作用，有利於對外來的核苷酸進行化學攻擊，RNAP 才有辦法完成重生合成。這種特定的交互作用可以解釋為何 RNAP 喜歡由 ATP 開始轉錄（其次是 GTP、UTP，接著是 CTP）。與 DNA 聚合酶相較，RNAP 包含了解旋酶（helicase）的活性，因此，不需要額外的酶來解開 DNA 的螺旋。

大腸桿菌的 RNA 聚合酶已有較深入的研究。這個酶的全酶由 5 種亞基（α、β、β'、σ、ω）組成，還含有 2 個 Zn 原子。分子量為 460,000，酶分子直徑約 10nm，它與 DNA 結合時約覆蓋 60 個核苷酸。在 RNA 合成起始之後，σ 因子便與全酶分離。不含 σ 因子的酶仍有催化活性，稱為核心酶（core enzyme）。σ 亞基具有與啟動子結合的功能，σ 亞基催化效率很低，而且可以利用別的 DNA 的任何部位作範本合成 RNA。加入 σ 因子後，則具有了選擇起始部位的作用，σ 因子可能與核心酶結合，改變其構形，使它能特異地識別 DNA 範本鏈上的起始信號。

真核細胞的細胞核內有 RNA 聚合酶 I、II 和 III，分子量約為 500 至 700kDa，通常由 4 至 6 種亞基組成。RNA 聚合酶 I 存在於核仁中，主要催化 rRNA 前驅物的轉錄。RNA 聚合酶 II 和 III 存在於核質中，分別催化 mRNA 前驅物和小分子量 RNA 的轉錄。此外粒線體和葉綠體也含有 RNA 聚合酶，其特性類似原核細胞的 RNA 聚合酶。

真核細胞 RNA 聚合酶

酶類	分布	產物	α- 鵝膏蕈鹼對酶的作用	分子量	反應條件
I	核仁	rRNA	不抑制	500000～700000	低離子強度，要求 Mg^{2+} 或 Mn^{2+}
II	核質	mRNA	低濃度抑制	～700000	高離子強度
III	核質	tRNA 5SrRNA	高濃度抑制	—	高 Mn^{2+} 濃度

RNA 聚合酶催化的反應

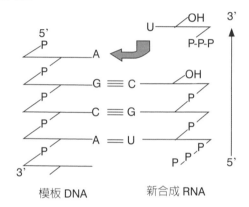

模板 DNA　　　新合成 RNA

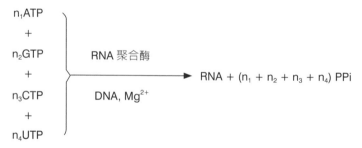

複製和轉錄的區別

	複製	轉錄
模板	兩股鏈均複製	模板鏈轉錄（不對稱轉錄）
原料	dNTP	NTP
酶	DNA 聚合酶	RNA 聚合酶（RNA-pol）
產物	子代雙鏈 DNA（半保留複製）	mRNA、tRNA、rRNA
配對	A-T, G-C	A-U, T-A, G-C

16.6 RNA轉錄

RNA 轉錄（transcription）又稱爲 RNA 合成，是製造一段與 DNA 序列相對應的 RNA 副本。步驟爲起始位元點的識別、起始、延伸、終止。在轉錄的過程中，RNA 聚合酶先讀取 DNA 序列，接著 RNA 聚合酶產生互補、反向平行的一股 RNA。與 DNA 複製不同，原來 DNA 中所有的胸嘧啶，轉錄後在 RNA 副本中均出現尿嘧啶（U）。

起始位點的識別： RNA 的合成不需要引物。不含 σ 亞基的核心酶會隨機地在一個基因的兩條鏈上啟動。當有 σ 亞基時就會選擇正確的起點。RNA 聚合酶先與 DNA 範本上的特殊啟動子部位結合，σ 因數具有識別 DNA 分子上的起始信號的作用。

DNA 分子上的起始信號，即啟動序列稱爲啟動子。爲方便起見，在 DNA 上使 RNA 分子開始合成的第一個核苷酸標爲 +1，它的 5' 上游標爲（-），3' 下游標爲（+）。通過比較原核生物的啟動子的結構，發現在轉錄起點上游大約 -10 處有 6 個鹼基的 TATAAT 保守序列，稱爲 Pribnow 框，約在 -35 處有 TTGACA 保守序列。

在眞核生物中，RNA 聚合酶需要 DNA 的核心啟動子（promoter）序列，因此，轉錄的初始也需要啟動子。啟動子是 DNA 的某些區塊，可啟動轉錄，而且在眞核生物中，位於由轉錄起點算起的 -30、-75、-90 鹼基對。核心啟動子是啟動子中的某些序列，爲轉錄所必需。在各種專一的轉錄因子存在時，RNA 聚合酶可以與核心啟動子結合。

當 RNA 聚合酶與其 DNA 中的啟動子結合時，轉錄即開始。RNA 聚合酶（RNA polymerase）是核心酶，由五個次單元組成：兩個 α 次單元、一個 β 次單元、一個 β' 次單元及一個 ω 次單元。在初始期起動時，核心酶與 σ 因子連結，有助於在啟動子序列下游找到適當的 -35 和 -10 鹼基對。

起始： 停留在起始位點的全酶結合第一個核苷三磷酸。加入的第一個核苷三磷酸常是 GTP 或 ATP。所形成的啟動子、全酶和核苷三磷酸複合物稱爲三元起始複合物，第一個核苷酸摻入的位置稱爲轉錄起始點。這時 σ 亞基被釋放脫離核心酶。

延伸： 從起始到延伸的轉變過程，包括 σ 因數由締合向解離的轉變。DNA 分子和酶分子發生構形的變化，核心酶與 DNA 的結合鬆弛，核心酶可沿範本移動，並按範本序列選擇下一個核苷酸，將核苷三磷酸加到生長的 RNA 鏈的 3'-OH 端，催化形成磷酸二酯鍵。轉錄延伸方向是沿 DNA 範本鏈的 3' → 5' 方向按鹼基配對原則生成 5' → 3' 的 RNA 產物。

終止： 在 DNA 分子上（基因末端）有終止轉錄的特殊鹼基順序稱爲終止子（terminators），它具有使 RNA 聚合酶停止合成 RNA 和釋放 RNA 鏈的作用。這些終止信號有的能被 RNA 聚合酶自身識別，而有的則需要有 ρ 因數的說明。

ρ 因數是一個分子量爲 200kDa 的四聚體蛋白質，它能與 RNA 聚合酶結合但不是酶的組分。它的作用是阻止 RNA 聚合酶向前移動，於是轉錄終止，並釋放出已轉錄完成的 RNA 鏈。

DNA 的有義股和反義股

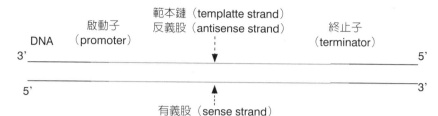

當轉錄作用（transcription）進行時，雙股 DNA 中會被 RNA polymerase 當作模板的一股即為 anti-sense strand（anti-sense nucleic acid），其序列與轉錄出的 messager RNA 互補。而與 anti-sense strand 互補的一股則為 sense strand（sense nucleic acid），當 RNA polymerase 沿著 anti-sense strand 的 3' 往 5' 讀時，RNA 產物，也就是所謂的 transcript，會沿著 5' 往 3' 的方向合成。Antisense strand 會與 transcript 有完全相同的 nucleotide sequence。

RNA 轉錄示意圖

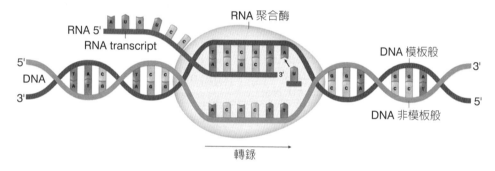

RNA 聚合酶全酶在轉錄起始區的結合

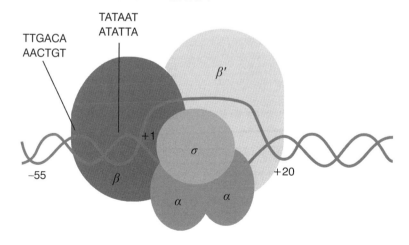

16.7 RNA干擾

RNA 干擾（RNA interference, RNAi）是利用一個錯綜複雜的蛋白質群組去引發標的訊息 RNA 降解，以導致基因功能的喪失。

細胞內的雙鏈 RNA（dsRNA）會經由切丁酶（dicer）進行切割，dicer 屬於第三型 RNA 內切酶（RNase-related endonuclease type III），能將 dsRNA 切成每小段約 21 至 23 個核苷酸長的片段稱為小片段干擾 RNA（small interfering RNA, siRNA）。

在細胞中送入短髮夾型 RNA（short hairpin RNA，shRNA）同樣能被 Dicer 切割成 siRNA。siRNA 的 5' 端具有一個磷酸根，但是 3' 端則沒有磷酸根而有兩個核苷酸的突出（overhang）。

接著 siRNA 會與核糖核酸誘導沉默複合蛋白（RNA-induced silencing complex, RISC）結合，造成 RISC 構形改變轉為活化態並將雙股的 siRNA 解螺旋成單股 RNA，其中反義股 RNA 被 RNA 作為引導序列以辨認相對應的 mRNA，最終藉由 RISC 本身具備的內切酶活性切割目標 mRNA，導致基因沉默，而此作用具有高效性與高專一性。

哺乳動物細胞中，RNAi 除了以外送 dsRNA 方式誘導之外，還可藉由細胞內源性基因表現的微小 RNA（microRNA，miRNA）啟動，所不同的是以 miRNA 為引導的 RNAi 路徑可能由於序列不完全配對的因素而不進行目標 mRNA 的切割，抑制目標 mRNA 的轉譯。miRNA 也可能藉由細胞質中的 P-bodies 對目標 mRNA 進行降解。

RNAi 的特性

1. RNAi 是發生於轉錄後介於轉譯前之基因沉默機制。
2. 具有很高的特異性，只降解與之對應相互補的 mRNA。
3. 具有很高的效率。在相對於很少量的 dsRNA 分子（數量遠遠少於相對應之 mRNA 的數量）時，能在 RdRP（RNA-dependent RNA polymerase）的催化下合成更多新的 dsRNA 分子，以達到完全默化相對應之基因的表達。
4. RNAi 默化的效應可以突破細胞疆界。在不同細胞間長距離傳遞與維持信號。甚至傳播至整個個體細胞。
5. 具有可遺傳性。打破傳統的基因遺傳觀念而導入了外遺傳學的概念。
6. 必須是小於 30 個核苷酸的 siRNA 才具有特異的 RNA 干擾現象。而大於 30 個 bp 的 dsRNA 可能會造成的是全面性非特異性的基因抑制或凋亡。
7. ATP 依賴性。RNAi 現象是屬於耗能過程。而這可能是 Dicer、RISC 或 Slicer 在發生酵素反應過程中必須以 ATP 來提供能量有關。

RNAi 的應用

1. 長的雙股 RNA 能誘導專一性的 RNAi 在某些細胞類型如卵母細胞（oocytes）和胚胎細胞（embryos），利用微量注射（microinjection）將雙股 RNA 送入體內再轉換成 siRNA。
2. 利用親脂肪性的試劑將化學合成 siRNA（chemically synthesized siRNA）有效的轉移到細胞中。
3. siRNA 可利用基因重組的 Dicer 蛋白在試管內的方式從雙股 RNA 而來，在 Dicer 作用後將 siRNAs 加以純化，並有效的轉移到細胞中。
4. 短的髮夾型 RNA（shRNA）利用表現質體（plasmids）在細胞核裡被表現，之後 shRNA 在細胞質中經由 Dicer 的作用轉換成 siRNA。
5. 利用病毒性載體（viral vector）來傳送 shRNA 表現卡匣（cassette），而這些病毒性載體如反轉錄病毒載體（retroviral vector）、慢病毒載體（lentivirus vector）和腺病毒載體（adenoviral vector）。

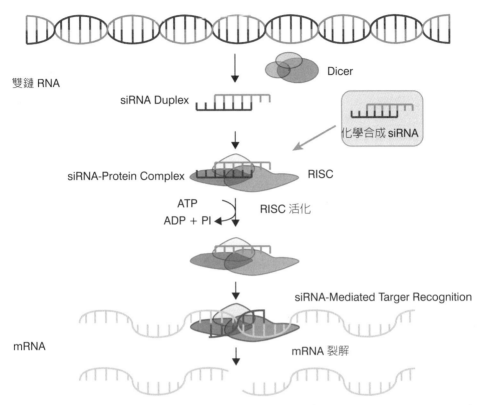

RNA 干擾（RNAi）現象是由與靶基因序列同源的雙股 RNA（double-stranded RNA, dsRNA）引發的廣泛存在於生物體內的序列特異性基因轉錄後的沉默過程。細胞中的核糖核酸酶 III 家族成員之一的，dsRNA 專一性的核酸酶 Dicer 將 dsRNA 裂解成由 21-25 個核苷酸組成的小片段干擾 RNA（siRNA），隨後 siRNA 引起專一性地降解相同序列的 mRNA，從而阻斷相應基因表達的轉錄後基因沉默機制。

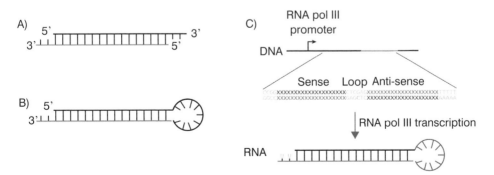

沉默機制可導致由小片段干擾 RNA（siRNA）或短髮夾型 RNA（shRNA），誘導實現靶 mRNA 的降解，或者通過微小 RNA（miRNA）誘導特定 mRNA 轉譯的抑制。

16.8 轉錄抑制劑、反轉錄酶抑制劑

轉錄抑制劑（transcriptional inhibitor）：能抑制細菌生長，是一種作用機轉為影響轉錄階段的抗生素。

rifampicin：作用機轉是特異性與 DNA-dependent RNA polymerase 的 β subunit 牢固結合，抑制細菌 RNA 的合成，阻斷轉錄過程，使 DNA 和蛋白的合成停止，抑制起始（initiation）階段，主要影響原核生物。用來預防和治療肺結核。

a-amanitin（α- 鵝膏蕈鹼）：原核生物的 RNA 聚合酶（polymerase）有 3 種，除了轉錄的 RNA 分子種類不同外，對於 a-amanitin 的感受性有差異。a-amanitin 作用機轉是抑制 RNA 聚合酶 II 及 III，聚合酶 II 完全被抑制，聚合酶 III 僅生成少量 RNA，聚合酶 I 受干擾很小，主要影響原核生物。

cordycepin：又稱 3'- 去氧腺苷（3'-deoxyadenosine），結構類似腺嘌呤，兩者的差別在於前者在核糖的 3 位上比後者少一個氧。有一些酶不能區分兩者，因此 cordycepin 扮演核苷酸的角色結合到合成中的 RNA 時，因其糖基上 3 號碳位置是 -H 而非可繼續延長的 -OH，而使轉譯停止。是轉錄終止子（terminator）。

actinomycin D（放線菌素 D）：是一種與 DNA 結合的抗癌藥物，其與 DNA 結合機制是嵌入（intercalation）DNA 的鹼基與鹼基之間，主要嵌入位置為 DNA 上的 GC 序列，以抑制 DNA 的複製及轉錄進而達到抑制癌細胞的生長，轉錄抑制是在延長的階段。原核及真核細胞都會抑制。是人類發現的第一種具有抗癌作用的抗生素，為細胞週期非特異性藥物，以 G1 期尤為敏感，阻礙 G1 期細胞進入 S 期，抑 RNA 合成。

反轉錄酶抑制劑（reverse-transcriptase inhibitors）：反轉錄病毒進入寄主細胞後，其反轉錄酶會開始將 RNA 反轉錄成雙股的 DNA，然後送入細胞核，並將該 DNA 片段嵌入寄主細胞的染色體內，這段時期被稱為潛溶。在病毒進行潛溶時期，每當寄主細胞在進行細胞複製的時候，寄主細胞的染色體進行複製，同時也複製了病毒的 DNA。

HIV（human immunodeficiency virus，人類免疫缺乏病毒）感染人體的免疫系統細胞後，會侵入宿主細胞的基因組中，使之發生缺陷而導致嚴重隨機感染及或繼發腫瘤，甚至導致患者因其他疾病感染而死亡，稱為後天免疫缺乏症候群（acquired Immunodeficiency syndrome, AIDS），俗稱愛滋病。

zidovudine（AZT）是核苷酸反轉錄酶抑制劑（nucleoside reverse-transcriptase inhibitors）類別中的內源核苷胸腺嘧啶核苷酸類似物，在 3' 位上有疊氮基取代了羥基的脫氧核糖環，是用於治療 HIV 感染的重要藥物。

zidovudine 作用機轉是被磷酸化為三磷酸 zidovudine，其與內源核苷酸競爭摻入病毒 DNA，一旦摻入，由於缺少 3'OH 基團而導致鏈終止。在治療 HIV 感染方面的有效性是因為它對 HIV 逆轉錄酶的選擇性親和力與人類 DNA 聚合酶相反。這類藥物還有 abacavir（ABC）、lamivudine（3TC）、emtricitabine（FTC）。

腺苷（adenosine）、脫氧腺苷（deoxyadenosine）和蟲草素（cordycepin，3'- 脫氧腺苷）的分子結構

Adenosine   Deoxyadenosine   Cordycepin (3-Deoxyadenosine)

AZT 的抗病毒作用機轉

16.9 DNA複製的特性

物種通過遺傳使其生物學特性、形狀能世代相傳。遺傳的物質基礎是核酸。核酸是貯存和傳遞遺傳訊息的生物大分子。生物體的遺傳訊息是以密碼的形式編碼在 DNA 分子上，表現為特定的核苷酸排列順序。在細胞分裂過程中通過 DNA 的複製把遺傳訊息由親代傳遞給子代，在子代的個體發育過程中遺傳訊息由 DNA 傳遞到 RNA，最後翻譯成特異的蛋白質，表現出與親代相似的遺傳性狀。

由 DNA 決定 RNA 分子的鹼基順序又由 RNA 決定蛋白質分子的胺基酸順序的理論稱為中心法則。

細胞分裂過程中，生物遺傳訊息必須被忠實的複製兩套，才能分裂產生的兩個子細胞依然具有完整的遺傳訊息，以確保子細胞傳承母細胞的性狀與特徵。

大腸桿菌環狀的基因體 DNA 在營養充足時，約 42 分鐘就能複製一次，整條 DNA 含 6,639,221 bp（約 660 萬），總長度約 1.4mm，故每秒約合成 1000 bp。

真核細胞有多條染色體，每條染色體皆有一條雙股 DNA，複製時以多個起始點同時開始複製，以人類 DNA 而言，每秒約合成 100 bp，3×10^9 bp 約需要 8 小時。

雙向同步複製：DNA 複製開始的位置稱為複製起點（origin），有時以 ori 表示，因起始點具有特殊的核苷酸序列，所以 DNA 的複製工作不是在任何位置開始的。每一個 DNA 複製起點的複製範圍稱為複製體（replicon）。複製子是獨立完成複製的功能單位。

大腸桿菌環狀基因體 DNA 只有一個 ori，故此環狀 DNA 稱為一個複製體；大腸桿菌細胞中也有具有多個環狀質體 DNA（plasmid DNA），各自含有自己的 ori，故一個大腸桿菌細胞中可含有多個複製體。

真核生物每個染色體有多個起始點，是多複製子的複製。

半保留複製（semiconservative replication）：一種雙鏈去核糖核酸（DNA）的複製模型，其中親代雙鏈分離後，每條單鏈均作為新鏈合成的模板。因此，複製完成時將有兩個子代 DNA 分子，每個分子的核苷酸序列均與親代分子相同。

DNA 複製的保真性（high fidelity）至少要依賴三種機制：(1) 遵守嚴格的鹼基配對規律；(2) 聚合酶在複製延長時對鹼基的選擇功能；(3) 複製出錯時 DNA-pol 的及時校讀功能。

DNA 複製酶系作用順序是：DNA 拓撲異構酶→解旋酶→ SSB →引子酶→ DNA 聚合酶→ DNA 連接酶。DNA 複製所需之酶與蛋白質

1. 拓撲異構酶（topoisomerase）：在解鏈過程中，DNA 分子會打結、纏繞等現象，故須 DNA 拓撲異構酶來理順 DNA 鏈。。
2. 解旋酶（helicase）：將雙股 DNA 解開。
3. 單鏈 DNA 結合蛋白（single strand DNA-binding protein, SSB）：防止兩條互補單鏈再次結合為雙股，維持單鏈狀態，以利 DNA 合成。
4. DNA 引子酶：合成 RNA 引子。
5. DNA 聚合酶：負責 DNA 的延長，接上去氧核糖核苷酸。
6. DNA 連接酶：把兩條 DNA 片段黏合成一條。

半保留複製示意圖

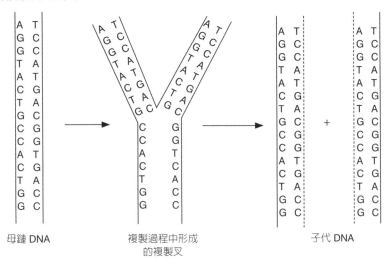

母鏈 DNA　　　　複製過程中形成　　　　子代 DNA
　　　　　　　　的複製叉

大腸桿菌 DNA 聚合酶的性質

性質	聚合酶 I	聚合酶 II	聚合酶 III
質量（千道爾頓）	103	90	830
周轉數（min⁻¹）	600	30	1200
加工能力	200	1500	≥ 500000
次單位數目	1	≥ 4	≥ 10
結構基因	*polA*	*polB**	*polC**
聚合作用 5’ → 3’	是	是	是
外切核酸酶 5’ → 3’	是	否	否
外切核酸酶 3’ → 5’	是	是	是

DNA 聚合酶 I 5’ → 3’ 和 3’ → 5’ 外切酶活性比較

特性	5’ → 3’	3’ → 5’
受質末端	特異性不高：DNA 或 RNE 中配對的或錯配的鹼基均可，5’ 端帶有 -OH 或帶有一磷酸、二磷酸、三磷酸	非常特異：只識別 D- 核糖的 3’-OH
二級結構	雙股 DNA 的酸對鹼基末端	單股或雙股 DNA 中不配對的末端
產物	5’- 單核苷酸占 80%，寡核苷酸 20%	只有 5’- 單核苷酸
內切酶作用	可切割從末端起 8-100 個單核苷酸處的二酯鍵	無
聚合作用對其活性的影響	可提高活性 10 倍，而且寡核苷酸產物增多	完全抑制
功能作用	缺口轉譯，切去 DNA 末端的 RNA 引子	複製校正（增加 DNA 複製之準確度）

16.10 RNA轉錄後修飾

在轉錄中新合成的 RNA 常是較大的前驅物分子，需要經過進一步的修飾修飾，才轉變為具有生物學活性的、成熟的 RNA 分子，這一過程稱為轉錄後修飾。主要包括剪接、剪切和化學修飾。

mRNA 的修飾： 在原核生物中轉錄翻譯相隨進行，多基因的 mRNA 生成後，絕大部分直接作為範本去翻譯各個基因所編碼的蛋白質，不再需要修飾。但真核生物裡轉錄和翻譯的時間和空間都不相同，mRNA 的合成是在細胞核內，而蛋白質的翻譯是在胞質中進行，而且許多真核生物的基因是不連續的。不連續基因中的插入序列，稱為內含子（intron）；被內含子隔開的基因序列稱為外顯子（exon）。

一個基因的外顯子和內含子都轉錄在一條很大的原初轉錄本 RNA 分子中，分子量達 1×10^7 至 2×10^7。而且很不均一，故稱為核內不均一 RNA（hnRNA）。它們的壽命很短，只有幾分鐘。首先降解為分子較小的 RNA，再經其他修飾轉化為 mRNA。

尚未經過修飾或是部分經過修飾的 mRNA，稱為 pre-messenger RNA，簡稱 pre-mRNA，或是 heterogeneous nuclear RNA，簡稱 hnRNA。

真核細胞 mRNA 的修飾包括：(1) hnRNA 被剪接（splicing），除去由內含子轉錄來的序列，將外顯子的轉錄序列連接起來。(2) 在 3' 末端連接上一段約 80 至 250 個腺嘌呤的多聚腺苷酸（poly A）的「尾巴」結構（poly A tail）。不同 mRNA 的長度有很大差異。poly A tail 越長則 mRNA 的壽命越長。(3) 在 5' 末端連接上一個「帽子」結構（5'cap），即在 mRNA 的 5' 端接上 7- 甲基鳥苷（7-methylguanosine）形成 5',5'-triphosphate linkage，此鍵結一般的核酸水解酶無法切斷，能保護 mRNA，避免被水解。(4) 在內部少數腺苷酸的腺嘌呤 6 位胺基發生甲基化（m6A）。

tRNA 的修飾： tRNA 前驅物的修飾過程包括剪切、剪接（需要核酸內切酶和連接酶催化），在 3'- 末端添加 -CCAOH，以及核苷酸修飾轉化為成熟的 tRNA。主要由 2 種酶參與：ribonuclease D（RNase D）切割位在 3' 端的 CCA；ribonuclease P（RNase P）切割位在 5' 端的 GGG。

rRNA 的修飾： 原核細胞首先生成的是 30S 前驅物 rRNA，經核糖核酸酶作用，逐步裂解為 16S、23S 和 5S 的 rRNA。原核生物 16S rRNA 和 23S rRNA 含有較多的甲基化修飾成分，特別是 2- 甲基核糖。一般 5S rRNA 中無修飾成分。

在真核細胞中 rRNA 的轉錄後修飾與原核細胞類似，但更為複雜。rRNA 在核仁中合成，生成一個更大 35 至 45S 前驅物 rRNA。前驅物分裂而轉變為 28S、18S 和 5.8S 的 rRNA 分子。真核生物 5S rRNA 前驅物是由獨立於上述三種 rRNA 之外的基因轉錄的。真核生物 rRNA 中也含有較多的甲基化成分。

前驅物 rRNA（pre-rRNA）的剪接包含核酸內切（endonucleolytic）及外切（exonucleolytic），在未被甲基化的地方切割，最後由核酸水解酶（nuclease）切割，形成 mature rRNA。

原核生物中 rRNA 前驅物的修飾

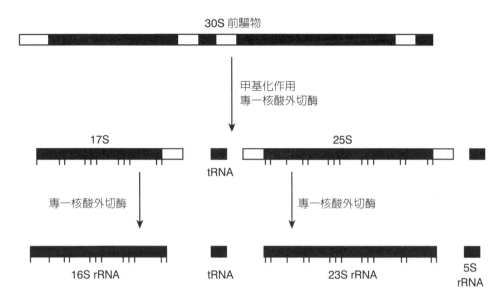

30S 前驅物

甲基化作用
專一核酸外切酶

17S　　　　　　　　　　　25S

tRNA

專一核酸外切酶　　　　　　　　　專一核酸外切酶

16S rRNA　　　tRNA　　　　　　23S rRNA　　　5S rRNA

tRNA 前驅分子的修飾

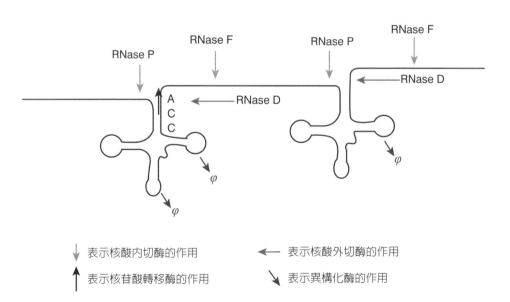

RNase F

RNase P　　　　　　　　　　　RNase P　　　　RNase F

RNase D

A
C
C
　　　　RNase D

φ

φ

φ

↓ 表示核酸內切酶的作用　　　←── 表示核酸外切酶的作用

↑ 表示核苷酸轉移酶的作用　　　↘ 表示異構化酶的作用

Part 17
蛋白質生合成

17.1 參與蛋白質生物合成的物質

合成原料

自然界由 mRNA 編碼的胺基酸共有 20 種，這些胺基酸能夠作為蛋白質生物合成的直接原料。某些蛋白質分子還含有羥脯胺酸、羥離胺酸、γ- 羧基麩胺酸等特殊胺基酸是在肽鏈合成後的加工修飾形成的。

mRNA

蛋白質是在胞質中合成的，而編碼蛋白質的 DNA 卻在細胞核內，mRNA 是遺傳信息的傳遞者，是蛋白質生物合成過程中直接指令胺基酸摻入的範本，因此得名。

原核細胞中每種 mRNA 分子常帶有多個功能相關蛋白質的編碼資訊，以一種多順反子的形式排列，在翻譯過程中可同時合成幾種蛋白質；而真核細胞中，每種 mRNA 一般只帶有一種蛋白質編碼資訊，是單順反子的形式。

mRNA 以它分子中的核苷酸排列順序攜帶從 DNA 傳遞來的遺傳信息，作為蛋白質生物合成的直接範本，決定蛋白質分子中的胺基酸排列順序。不同的蛋白質有各自不同的 mRNA，mRNA 除含有編碼區外，兩端還有非編碼區。非編碼區對於 mRNA 的範本活性是必需的，特別是 5' 端非編碼區在蛋白質合成中被認為是與核糖體結合的部位。

mRNA 的特點是壽命短，原核生物：半衰期幾秒至 - 幾分鐘；真核生物：半衰期數小時。3 個連續的鹼基編碼一種胺基酸，即每 3 個核苷酸組成的 1 個密碼子，稱為密碼子。

tRNA

每種胺基酸都有 2 至 6 種各自特異的 tRNA，它們之間的特異性是靠胺醯 tRNA 合成酶來識別的。攜帶相同胺基酸而反密碼子不同的一組 tRNA 稱為同功 tRNA，在細胞內合成量上有多和少的差別，分別稱為主要 tRNA 和次要 tRNA。

主要 tRNA 中反密碼子識別 tRNA 中的高頻密碼子，而次要 tRNA 中反密碼子識別 mRNA 中的低頻密碼子。每種胺基酸都只有一種胺醯 tRNA 合成酶。因此細胞內有 20 種胺醯 tRNA 合成酶。

在蛋白質生物合成過程中，特異識別 mRNA 上起始密碼子的 tRNA 被稱為起始 tRNA，它們參加多肽鏈合成的起始，其他在多肽鏈延伸中運載胺基酸的 tRNA，統稱為延伸 tRNA。

tRNA 的表示方法：$tRNA^{Cys}$，右上角標上所轉運的胺基酸。甲硫胺酸僅一組密碼子（AUG），卻至少有兩種 tRNA，原核生物 $tRNA^{Met}_m$：將 Met 運到肽鏈中間。$tRNA^{fMet}_f$：攜帶甲醯甲硫胺醯參于蛋白質合成的起始。真核生物 $tRNA^{Met}$：將 Met 運到肽鏈中間。$tRNA^{Met}_I$：攜帶 Met 參與蛋白質合成的起始。

rRNA

rRNA 即核糖體 RNA，是最多的一類 RNA，也是 3 類 RNA（tRNA，mRNA，rRNA）中相對分子質量最大的一類 RNA，它與蛋白質結合而形成核糖體，其功能是作為 mRNA 的支架，使 mRNA 分子在其上展開，形成肽鏈（肽鏈在內質網、高爾基體作用下盤曲摺疊加工修飾成蛋白質，原核生物在細胞質內完成）的合成。rRNA 占 RNA 總量的 82% 左右。rRNA 單獨存在時不執行其功能，它與多種蛋白質結合成核糖體，作為蛋白質生物合成的「裝配機」。

輔助因子

包括起始因子（initiation factor）、延長因子（elongation factor）和釋放因子（termination and release factor），它們都是蛋白質。

真核和原核細胞參與轉譯的輔助因子

階段	原核	真核	功能
起始	IF1 IF2 IF3	eIF1、eIF1A eIF2、eIF2B eIF3、eIF4C	促進對預先存在的 70S 核糖體解離 協助結合初始 tRNA 與 eIF1 相似
		eIF4A、eIF4B、eIF4F eIF5 eIF6	與 eIF1、eIF1A 相似 協助 eIF2、eIF3、eIF4C 的解離 協助 60S 亞基從無活性的核糖體上解離
延長	EF-Tu	eEF1α	協助胺醯 -tRNA 進入核糖體
	EF-Ts	eEF1$\beta\gamma$	幫助 EF-Tu 周轉
	EF-G	eEF2	催化移位
終止	RF-1	eRF	釋放因子（UAA 和 UGA）
	RF-2		

特殊胺基酸結構式

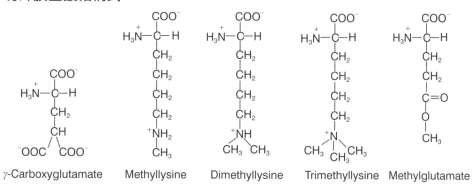

γ-Carboxyglutamate　　Methyllysine　　Dimethyllysine　　Trimethyllysine　　Methylglutamate

真核生物和原核生物中的核糖體 RNA 亞基

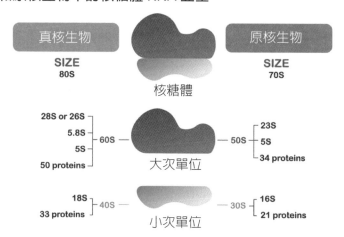

17.2 蛋白質生合成
（胺基酸的活化、肽鏈合成的起始）

轉譯是把 mRNA 分子中鹼基排列順序，轉變爲蛋白質或多肽鏈中的胺基酸排列順序過程，是基因表達的第二步，產生基因產物——蛋白質的最後階段。

蛋白質生合成可分爲 5 個階段：胺基酸的活化、多肽鏈合成的起始、肽鏈的延長、肽鏈的終止和釋放、蛋白質合成後的加工修飾。

胺基酸的活化：在進行合成多肽鏈之前，必須先經過活化，然後再與其特異的 tRNA 結合，帶到 mRNA 相應的位置上，這個過程靠胺醯 -tRNA 合成酶（aminoacyl-tRNA synthetase）催化，此酶催化特定的胺基酸與特異的 tRNA 相結合，生成各種胺醯 -tRNA（aminoacyl-tRNA）。

每種胺基酸都靠其特有合成酶催化，使之和相對應的 tRNA 結合，在胺醯 -tRNA 合成酶催化下，利用 ATP 供能，在胺基酸羧基上進行活化，形成胺醯 -AMP，再與胺醯 -tRNA 合成酶結合形成三元複合物，此複合物再與特異的 tRNA 作用，將胺基醯基轉移到 tRNA 的胺基酸臂（即 3'- 末端CCA-OH）上。

總反應：ATP ＋胺基酸＋ tRNA
→胺醯 -tRNA ＋ AMP ＋ PPi

胺醯 -tRNA 合成酶專一性很強，表現在兩個方面：一是它既能識別特異的胺基酸，每種胺基酸都有一個專一的酶；二是只作用於 L- 胺基酸，形成胺醯 -tRNA，對 D- 胺基酸不起作用。

原核細胞中起始胺基酸活化後，還要甲醯化，形成甲醯甲硫胺酸 -tRNA（N-formylmethionine-tRNA, fMet-tRNA）。而眞核細胞沒有此過程。

肽鏈合成的起始：核糖體大、小次單元、mRNA、起始 tRNA 和起始因子共同參與肽鏈合成的起始。大腸桿菌翻譯起始複合物形成的過程：

1. 核糖體 30S 小次單元附著於 mRNA 起始訊號部位：原核生物中每一個 mRNA 都具有其核糖體結合位點，它是位於 AUG 上游 8 至 13 個核苷酸處的一個短片段，稱爲 Shine-Dalgarno sequence（SD 序列）。這段序列正好與 30S 小次單元中的 16S rRNA 3' 端一部分序列互補，這種互補就意味著核糖體能選擇 mRNA 上 AUG 的正確位置來起始肽鏈的合成，該結合反應由起始因子 3（IF3）介導，此外，IF1 促進 IF3 與小次單元的結合，故先形成 IF3-30S 次單元 -mRNA 三元複合物。

2. 30S 前起始複合物的形成：在起始因子 2（IF2）作用下，甲醯甲硫胺醯起始 tRNA 與 mRNA 分子中的 AUG 相結合，即密碼子與反密碼子配對，同時 IF3 從三元複合物中脫落，形成 30S 前起始複合物，即 IF2-3S（IF3）-mRNA-fMet-tRNAfmet 複合物，此步需要 GTP 和 Mg^{2+} 參與。

3. 70S 起始複合物的形成：50S（IF3）與上述的 30S 前起始複合物結合，同時 IF2 脫落，形成 70S 起始複合物，即 30S 次單元 -mRNA-50S 次單元 -mRNA-fMet-tRNAfmet 複合物。此時 fMet-tRNAfmet 占據著 50S 次單元的肽醯位。而 A 位則空著有待於對應 mRNA 中第二個密碼的相應胺醯 tRNA 進入，從而進入延長階段。

眞核細胞蛋白質合成起始複合物的形成中，需要更多的起始因數參與，因此起始過程也更複雜。

N- 甲醯甲硫胺醯 -tRNA^fMet 的形成

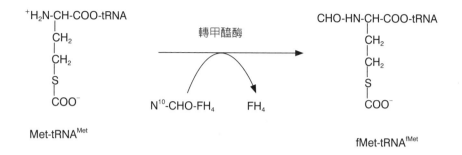

Met-tRNA^Met   fMet-tRNA^fMet

Shine-Dalgarno sequence 示意圖

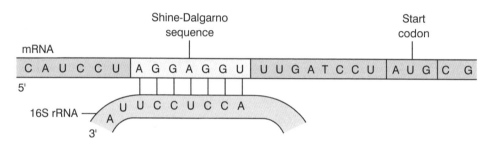

肽鏈合成的起始

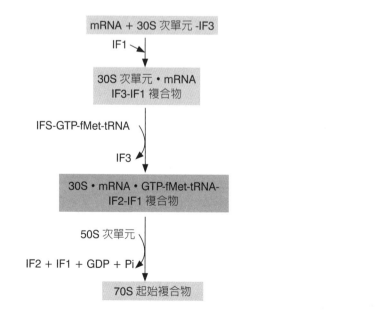

17.3 蛋白質生合成（肽鏈的延長、釋放）

多肽鏈的延長：在多肽鏈上每增加一個胺基酸都需要經過進位、轉肽和轉位三個步驟：

1. 進位：進位為密碼子所特定的胺基酸 -tRNA 結合到核糖體的 A 位，稱為進位。胺醯 -tRNA 在進位前需要有三種延長因子的作用，即熱不穩定的 EF（Unstable temperature EF, EF-Tu）、熱穩定的 EF（stable temperature EF，EF-Ts）以及依賴 GTP 的轉位因子。在真核系統中為 EF-1，同時具備 EF-Tu、EF-Ts 的性質。
EF-Tu 首先與 GTP 結合，然後再與胺基醯 tRNA 結合成三元複合物，這樣的三元複合物才能進入 A 位。EF-Ts 負責催化 EF-Tu-GTP 複合物的再形成，為結合下一個胺醯 -tRNA 作準備。此時 GTP 水解成 GDP，EF-Tu 和 GDP 與結合在 A 位上的胺基醯 tRNA 分離。

2. 轉肽—肽鏈的形成（peptide bond formation）：肽鏈的形成在延長因子從核糖體上解離下來之後馬上就形成，這個過程就是轉肽（transpeptidation）。在 70S 起始複合物形成過程中，核糖體的 P 位上已結合了起始型甲醯甲硫胺酸 -tRNA，當進位後，P 位和 A 位上各結合了一個胺醯 -tRNA，兩個胺基酸之間在核糖體轉肽酶作用下，P 位上的胺基酸提供 α-COOH 基，與 A 位上的胺基酸的 α-NH$_2$ 形成肽鏈，從而使 P 位上的胺基酸連接到 A 位胺基酸的胺基上，這就是轉肽。轉肽後，在 A 位上形成了一個二肽醯 tRNA。

3. 轉位（translocation）：轉肽作用發生後，胺基酸都位於 A 位，P 位上無負荷胺基酸的 tRNA 就脫落，核糖體沿著 mRNA 向 3' 端方向移動一組密碼子，使得原來結合二肽醯 tRNA 的 A 位轉變成了 P 位，而 A 位空出，可以接受下一個新的胺醯 -tRNA 進入，轉位過程需要 EF-2、GTP 和 Mg^{2+} 的參與。

以後，肽鏈上每增加一個胺基酸殘基，即重複上述進位、轉肽、轉位的步驟，直至所需的長度。mRNA 上的資訊閱讀是從 5' 端向 3' 端進行，而肽鏈的延伸是從胺基端到羧基端。所以多肽鏈合成的方向是 N 端到 C 端。

轉譯的終止及多肽鏈的釋放：無論原核生物還是真核生物都有三種終止密碼子 UAG、UAA 和 UGA。沒有一個 tRNA 能夠與終止密碼子作用，而是靠特殊的蛋白質因數促成終止作用。稱為釋放因子。

原核生物有三種釋放因子：RF-1、RF-2、RF-3。RF-1 識別 UAA 和 UAG；RF-2 識別 UAA 和 UGA；RF-3 雖不識別終止密碼子，但能刺激 RF-1、RF-2 兩因數的活性。當釋放因子識別在 A 位元點上的終止密碼子後，改變在大次單元上的肽醯轉移酶的專一性，結合 H$_2$O，而不再識別胺醯 -tRNA。也就是說，肽醯轉移酶活性轉變為酯酶活性。

真核生物中只有一種釋放因子 eRF，它可以識別三種終止密碼子。不管原核生物還是真核生物，釋放因子都作用於 A 位點，使轉肽酶活性變為水解酶活性，將肽鏈從結合在核糖體上的 tRNA 的 CCA 末端上水解下來，然後 mRNA 與核糖體分離，最後一個 tRNA 脫落，核糖體在 IF3 作用下，解離出大、小次單元。解離後的大小次單元又重新參加新的肽鏈的合成，循環往復，所以多肽鏈在核糖體上的合成過程又稱核糖體循環（ribosome cycle）

Tu\Ts 循環

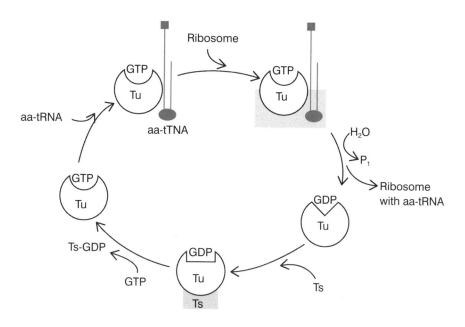

1. 終止密碼子的辨認

2. 肽鍵的水解和脫落

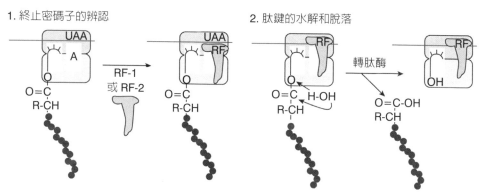

3.tRNA、RF、mRNA 的釋放，核糖體大小亞基的解聚

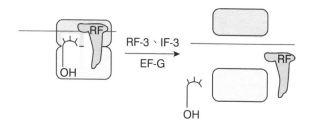

17.4 遺傳密碼

DNA（或 mRNA）中的核苷酸序列與蛋白質中胺基酸序列之間的對應關係稱爲遺傳密碼（genetic code）或基因密碼。密碼子（codon）：mRNA 上每 3 個相鄰的核苷酸編碼蛋白質多肽鏈中的一個胺基酸，這三個核苷酸就稱爲一個密碼子或三元組（triplet）密碼。

組成 DNA 的鹼基有腺嘌呤（A）、鳥嘌呤（G）、胞嘧啶（C）及胸腺嘧啶（T）。組成 RNA 的鹼基以尿嘧啶（U）代替了胸腺嘧啶（T）。三個單核苷酸形成一組密碼子，而每個密碼子代表一個胺基酸或停止訊號。

遺傳密碼的主要特徵：

1. 密碼的無標點性，即兩個密碼子之間沒有任何起標點符號作用的密碼子加以隔開。因此要正確閱讀密碼必須按一定的讀碼框架（reading frame），從一個正確的起點開始，一個不漏地挨著讀下去，直至碰到終止信號爲止。若插入（insertion）或刪去（deletion）一個鹼基，就會使這以後的讀碼發生錯誤，這稱移碼（frame-shift）。由於移碼引起的突變稱移碼突變（frame-shift mutation）。

2. 一般情形下遺傳密碼是不重疊（non-overlapping）的是指每三個鹼基編碼一個胺基酸，鹼基不重複使用。

3. 密碼的簡併性（degeneracy）又稱退化性，是指大多數胺基酸都可以具有幾組不同的密碼子。如 UUA、UUG、CUU、CUC、CUA、CUG 六組密碼子都編碼白胺酸。編碼同一個胺基酸的一組密碼稱爲同義密碼子。只有色胺酸和甲硫胺酸僅有一個

密碼子。密碼的簡併性可以減少有害的突變，使 DNA 的鹼基組成有較大的變化餘地，而仍保持多肽的胺基酸序列不變。如白胺酸的密碼子 CAU 中 C 突變成 U 時，密碼子 UUA 決定的仍是白胺酸，即這種基因的突變並沒有引起基因表達產物——蛋白質的變化。

4. 密碼的擺動性（wobble）是指密碼子的專一性主要由頭兩位鹼基決定，而第三位鹼基有較大的靈活性。

5. 密碼的相對通用性所謂密碼的通用性是指各種高等和低等的生物（包括病毒、細胞及眞核生物等）都共同使用同一套密碼字典。

6. 起始密碼子（initiation codon）和終止密碼子（stop codon）：在 64 種密碼子中，AUG 既是甲硫胺酸的密碼子，又是肽鏈合成的起始密碼子。有三組密碼子 UAA，UAG，UGA 不編碼任何胺基酸而成爲肽鏈合成的終止密碼子，又稱無義密碼子。

反密碼子（anticodon）位元點：在 tRNA 鏈上有三個特定的鹼基，組成一個反密碼子，反密碼子與密碼子的方向相反。由這反密碼子按鹼基配對原則識別 mRNA 鏈上的密碼子。

一種 tRNA 分子常常能夠識別一種以上的同義密碼子，這是因爲 tRNA 分子上的反密碼子與密碼子的配對具有擺動性，配對的擺動性是由 tRNA 反密碼子環的空間結構決定的。反密碼子 5' 端的鹼基處於 L 形 tRNA 的頂端，受到的鹼基堆積力的束縛較小，因此有較大的自由度。

遺傳密碼子

	Second mRNA base			
	U	**C**	**A**	**G**
U	UUU ⎤ Phenylalanine UUC ⎦ UUA ⎤ Leucine UUG ⎦	UCU UCC ⎤ Serine UCA UCG	UAU ⎤ Tyrosine UAC ⎦ UAA ⎤ **STOP** UAG ⎦	UGU ⎤ Cysteine UGC ⎦ UGA **STOP** UGG Tryptophan	U C A G
C	CUU CUC ⎤ Leucine CUA CUG	CCU CCC ⎤ Proline CCA CCG	CAU ⎤ Histidine CAC ⎦ CAA ⎤ Glutamine CAG ⎦	CGU CGC ⎤ Arginine CGA CGG	U C A G
A	AUU AUC ⎤ Isoleucine AUA AUG ⎦ **START** Methionine	ACU ACC ⎤ Threonine ACA ACG	AAU ⎤ Asparagine AAC ⎦ AAA ⎤ Lysine AAG ⎦	AGU ⎤ Serine AGC ⎦ AGA ⎤ Arginine AGG ⎦	U C A G
G	GUU GUC ⎤ Valine GUA GUG	GCU GCC ⎤ Alanine GCA GCG	GAU ⎤ Aspartic acid GAC ⎦ GAA ⎤ Glutamic acid GAG ⎦	GGU GGC ⎤ Glycine GGA GGG	U C A G

First mRNA base (5' end) ／ Third mRNA base (3' end)

密碼子與反密碼子的配對關係

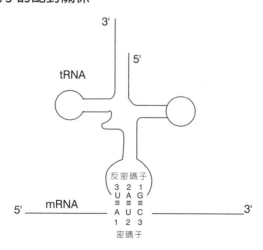

密碼子識別的擺動現象

tRNA 反密碼子第一位鹼基（3' → 5'）	u	C	A	G	I	φ
mRNA 密碼子第三位鹼基（5' → 3'）	A 或 G	G	U	C 或 U	U 或 C 或 A	AG(U)

17.5 核糖體

核糖體是由幾十種蛋白質和 rRNA 組成的顆粒，蛋白質與 RNA 的重量比約為 1：2，由一個大次單元（large subunit）和小次單元（small subunit）構成，是蛋白質合成的場所。rRNA 與蛋白質共同的構成的核糖體功能區是核糖體表現功能的重要部位，如 GTP 酶功能區，轉肽酶功能區以及 mRNA 功能區。

核糖體為一橢圓球體，大次單元像一把特殊的椅子，三邊帶突起，中間凹下去形成一個大空穴。小次單元像動物的胚胎，長軸上有一凹下去的頸部。小次單元橫擺在大次單元上，腹面與大次單元之空穴相抱，兩次單元接合面上留有相當大的空隙，是蛋白質生物合成的場所。

在原核細胞中，核糖體可以游離形式存在，也可以與 mRNA 結合形成串狀的多核糖體（polyribosome）。平均每個細胞約有 2,000 個核糖體。真核細胞中的核糖體既可游離存在，也可以與細胞內質網相結合，形成粗糙內質網。每個真核細胞所含核糖體的數目要多得多，為 10^6 至 10^7 個。粒線體、葉綠體及細胞核內也有核糖體。

核糖體大小次單元與 mRNA 有不同的結合特性。大腸桿菌的 30S 次單元能單獨與 mRNA 結合形成 30S 核糖體 -mRNA 複合體，後者又可與 tRNA 專一結合，50S 次單元不能單獨與 mRNA 結合，但可與 tRNA 非專一結合，50S 次單元上有兩個 tRNA 位點：胺醯基位點（A 位點）與肽醯基位點（P 位點）。這兩個位點的位置可能是在 50S 亞基與 30S 亞基相結合的表面上。50S 亞基上還有一個在肽醯 -tRNA 移位過程中使 GTP 水解的位點。在 50S 與 30S 亞基的接觸面上有一個結合 mRNA 的位點。

核糖體結構特點和作用：

1. 具有 mRNA 結合位點：位於 30S 小次單元頭部，此處有幾種蛋白質構成一個以上的結構域，負責與 mRNA 的結合，特別是 16S rRNA3' 端與 mRNA AUG 之前的一段序列互補是這種結合必不可少的。

2. 具有 P 位點（peptidyl tRNA site）：又叫做肽醯基 -tRNA 位或 P 位。它大部分位於小次單元，小部分位於大次單元，它是結合起始 tRNA 並向 A 位給出胺基酸的位置。

3. 具有 A 位點（Aminoacyl-tRNA site）：又叫做胺醯 -tRNA 位或受位。它大部分位於大次單元而小部分位於小次單元，它是結合一個新進入的胺醯 tRNA 的位置。

4. 具有轉肽酶活性部位：轉肽酶活性部位位於 P 位和 A 位的連接處，催化肽鍵的形成。

5. 結合參與蛋白質合成的因子：如起始因子（initiation factor, IF）、延長因子（elengation factor, EF）和終止因子或釋放因子（release factor, RF）。

多核糖體：每個核糖體獨立完成一條多肽鏈的合成，多個核糖體可以同時在一個 mRNA 分子上進行多條多肽鏈的合成，大大提高了轉譯效率，這樣由一個 mRNA 分子與一定數目的單核糖體形成的念珠狀結構稱為多核糖體。

核糖體結構圖

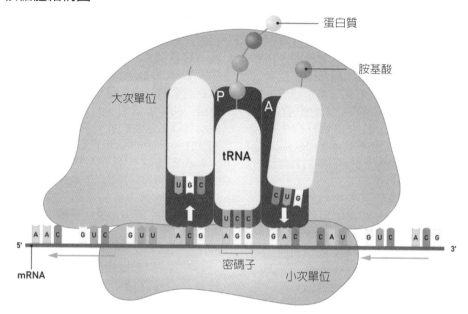

多核糖體結構

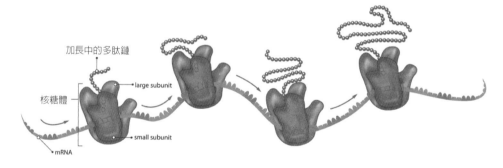

核糖體分類

分類	核糖體
沉降係數的大小	55S 核糖體、70S 核糖體及 80S 核糖體
在細胞中的位置	細胞質核糖體、粒線體核糖體、葉綠體核糖體
在細胞中的分布	游離核糖體、膜結合核糖體

17.6　蛋白質派送

蛋白質通常是在核糖體上合成後需要運輸到細胞內的葉綠體、粒線體、內質網、細胞核、細胞膜或者細胞外正確定位後才能成為有功能的成熟蛋白質。

在眞核生物和原核生物中有很多蛋白轉運途徑，其中主要分為 3 種：Sec 途徑、Tat 途徑以及 YidC/SRP 途徑；大約有 20 至 30% 的蛋白質都派送（targeting）於細胞質外。

為了能夠滿足這些功能需求，完整的細菌在進化的過程中都獲得了多重系統，其中最主要的就是 Sec 和 Tat 系統。Sec 途徑是一種主要的蛋白轉運途徑，在細菌、古生菌的質膜（plasma membrane）以及眞核生物細胞的內質網（endoplasmic reticulum, ER）膜上都發揮著重要的作用，負責大約 90% 摺疊好的分泌蛋白通過質膜；Tat 途徑可以轉運在細胞質中未摺疊好的蛋白質。

新合成的蛋白質經過分選後就會被轉運到相應的細胞器或者細胞外，而分泌蛋白和膜蛋白還需要訊號識別顆粒（signal recognition particle, SRP）才能轉運到細胞膜。

SRP 是核糖體蛋白複合物，它能夠識別新生鏈上的訊號序列，並且能夠介導核糖體與內質網膜結合。

在蛋白質合成分泌的過程中，信號序列介導蛋白質的轉運機制主要分為兩種，一種為翻譯轉運同步機制，另一種為翻譯後轉運機制。SRP 負責介導蛋白翻譯轉運同步途徑，遞送大約三分之一的蛋白質到達各自正確的細胞器，包括眞核生物的內質網膜和原核生物的質膜。

YidC/Oxa/Alb 膜蛋白的的功能是催化膜內在蛋白分別插入和摺疊到細胞質膜、粒線體的內膜以及葉綠體類囊體膜。YidC/Oxa/Alb 膜蛋白可以介導很廣泛的蛋白質嵌入膜結構，其中包括粒線體中的呼吸鏈相關的蛋白質、葉綠體內的葉綠素結合的捕光蛋白以及細菌總的 ATP 合成相關的蛋白質。

粒線體擁有一套非常複雜而又精細的蛋白質轉運系統來介導粒線體前體蛋白質的轉運。蛋白質向粒線體基質（matrix）的運輸：導肽運輸途徑。

TOM 複合物（translocase of the outer mitochondrial membrane）位於粒線體外膜，是粒線體的門戶，幾乎所有被轉運至粒線體各部位的前體蛋白都必須先通過 TOM 複合物。TOM 複合物的主要組成亞基有 Tom20、Tom70、Tom22、Tom40、Tom5、Tom6 和 Tom7。

TIM23 複合物（presequence translocase of the inner mitochondrial membrane）為粒線體內膜主要的轉運與裝配複合物，在發揮作用的過程中，可存在兩種不同的狀態：游離態以及與 PAM 複合物（presequence translocase-associated motor）的結合態（TIM23-PAM 複合物）。TIM23 複合物兩種不同的狀態代表其參與的前體蛋白的不同轉運途徑。

TIM23 複合物主要由 Tim23、Tim50、Tim17 和 Tim21 等 4 個亞基組成，其中 Tim21 對 TIM 複合物行使功能是非必需的。Tim23 形成 TIM23 複合物的跨膜通道，其 N 末端為暴露在膜間隙的一段親水結構域，在特定條件下可與外膜相互作用。

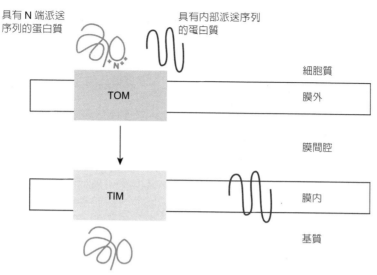

運往粒線體的蛋白質在細胞質中以未摺疊狀態產生，未摺疊的蛋白質透過與細胞質中的分子伴侶相互作用而穩定。在粒線體外膜，信號序列被識別並 形成蛋白質通道以允許蛋白質通過粒線體外膜運輸。這些通道稱為外膜轉位酶或 TOM。如果蛋白質的目的地是粒線體基質，則蛋白質會通過另一個稱為內膜轉位酶或 TIM 的蛋白質通道穿過粒線體內膜。這個過程需要膜電位和能量。

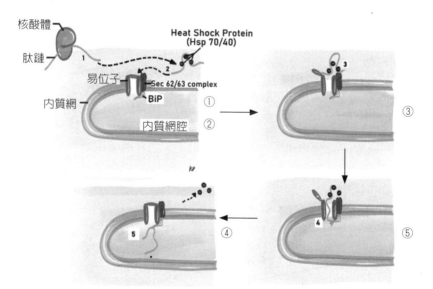

蛋白質派送是將新合成的蛋白質送至內質網腔的過程，以便蛋白質可以在細胞內或細胞外分選到其最終目的地。
① 核醣體完成轉譯。
② 新合成的肽鏈與伴侶蛋白 (Hsp 70/40) 結合，避免肽鏈摺疊。
③ Sec 62/63 複合物識別肽鏈與伴侶蛋白複合物，並打開易位子。
④ 當易位子打開後，Bip 讓肽鏈進入內質網腔，並避免滑出去。
⑤ 肽鏈完全進入內質網腔，準備進行進一步的摺疊。

17.7 轉譯後修飾

促進蛋白摺疊功能的大分子

1. 分子伴侶（molecular chaperon）：
是一類協助細胞內分子組裝和協助
蛋白質摺疊的蛋白質。可識別肽鏈
的非天然構形，促進各功能域和整
體蛋白質的正確摺疊。(1) 熱休克
蛋白（heat shock protein，HSP）
如 HSP70、HSP40 和 GreE 族。(2)
伴侶素（chaperonins）如 GroEL 和
GroES 家族。

2. 蛋白二硫鍵異構酶（protein disulfide
isomerase）：二硫鍵異構酶在內質
網腔活性很高，可在較大區段肽鏈中
催化錯配二硫鍵斷裂並形成正確二硫
鍵連接，最終使蛋白質形成熱力學最
穩定的天然構形。

3. 肽 - 脯胺醯順反異構酶（peptide
prolyl cis-trans isomerase）：多肽鏈
中肽醯 - 脯胺酸間形成的肽鍵有順反
兩種異構體，空間構形明顯差別。肽
醯 - 脯胺醯順反異構酶可促進上述順
反兩種異構體之間的轉換。肽醯 - 脯
胺醯順反異構酶是蛋白質三維構形形
成的限速酶，在肽鏈合成需形成順式
構形時，可使多肽在各脯胺酸彎摺處
形成準確摺疊。

一級結構的修飾

1. 胺基端和羧基端的修飾：在原核生物
中，幾乎所有蛋白質都是從 N- 甲醯
甲硫胺酸開始，真核生物從甲硫胺酸
開始。甲醯基經酶水解而除去，甲硫
胺酸或者胺基端的一些胺基酸殘基常
由胺肽酶催化而水解除去；信號肽酶
除去信號肽序列。因此，成熟的蛋白
質分子 N- 端沒有甲醯基，或沒有甲

硫胺酸。同時，某些蛋白質分子胺基
端要進行乙醯化，在羧基端也要進行
修飾。

2. 共價修飾許多的蛋白質可以進行不同
的類型化學基團的共價修飾，修飾後
可以表現為啟動狀態，也可以表現為
失活狀態。

(1) 磷酸化：磷酸化多發生在多肽鏈絲
胺酸、蘇胺酸的羥基上，偶爾也發
生在酪胺酸殘基上，這種磷酸化的
過程受細胞內一種蛋白激酶催化，
磷酸化後的蛋白質可以增加或降低
它們的活性。

(2) 糖基化：質膜蛋白質和許多分泌性
蛋白質都具有糖鏈，這些寡糖鏈結
合在絲胺酸或蘇胺酸的羥基上。

(3) 羥基化：膠原蛋白前 α 鏈上的脯胺
酸和離胺酸殘基在內質網中受羥化
酶、分子氧和維生素 C 作用產生羥
脯胺酸和羥離胺酸，如果此過程受
障礙膠原纖維不能進行交聯，極大
地降低了它的張力強度。

(4) 二硫鍵的形成：mRNA 上沒有胱胺
酸的密碼子，多肽鏈中的二硫鍵，
是在肽鏈合成後，通過二個半胱胺
酸的硫基氧化而形成的，二硫鍵的
形成對於許多酶和蛋白質的活性是
必需的。

3. 次單位的聚合：有許多蛋白質是由二
個以上次單位構成的，這就需這些多
肽鏈通過非共價鍵聚合成多聚體才能
表現生物活性。

4. 水解斷鏈：某些無活性的蛋白前驅物
可經蛋白酶水解，生成活性的蛋白
質、多肽。

熱休克蛋白的功能

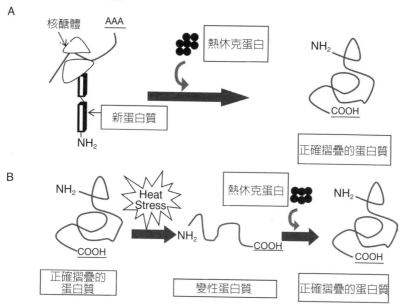

熱休克蛋白的兩個功能。A：隨著新蛋白質的產生，熱休克蛋白有助於蛋白質摺疊成功能性蛋白質。B：壓力後，熱休克蛋白有助於受損或變性蛋白質的重新摺疊或降解。

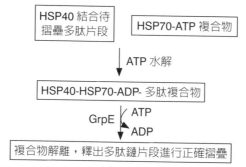

熱休克蛋白促進蛋白質摺疊的基本作用：結合保護待摺疊多肽片段，再釋放該片段進行摺疊。形成 HSP70 和多肽片段依次結合、解離的循環。

分子伴侶在合成時協助蛋白質摺疊

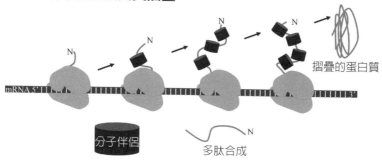

17.8 轉譯抑制劑

影響蛋白質生物合成的物質，經由阻斷眞核、原核生物蛋白質轉譯系統的某一組分功能，干擾和抑制蛋白質生物合成過程。

抗生素類抑制劑：許多抗生素都是以直接抑制細菌細胞內蛋白質合成，可作用于蛋白質合成的各個環節，包括抑制起始因子，延長因子及核糖核蛋白體的作用等。

鏈黴素（streptomycin）、卡那黴素（kanamycin）、新黴素（neomycin）：屬於胺基糖苷類，它們主要抑制革蘭氏陰性細菌蛋白質合成的三個階段，(1)S 起始複合物的形成，使胺醯 tRNA（aminoacyl tRNA）從複合物中脫落；(2) 在肽鏈延伸階段，使胺醯 tRNA 與 mRNA 錯配；(3) 在終止階段，阻礙終止因了與核蛋白體結合，使已合成的多肽鏈無法釋放，而且還抑制 70S 核糖體的介離。

四環素（tetracyclines）和土黴素（oxytetracycline）：(1) 作用於細菌內 30S 小亞基，抑制起始複合物的形成；(2) 抑制 formylmethionyl-tRNA 進入核糖體的 A 位點，阻滯肽鏈的延伸；(3) 影響終止因子與核糖體的結合，使已合成的多肽鏈不能脫落離核糖體。

氯黴素（chloramphenicol）屬於廣效抗生素：(1) 氯黴素與核糖體上的 A 位緊密結合，因此阻礙胺醯 tRNA 進入 A 位；(2) 抑制轉肽酶活性，使肽鏈延伸受到影響，菌體蛋白質不能合成，因此有抑菌作用。

嘌呤黴素（puromycin）：結構與胺醯 -tRNA 相似，從而取代一些胺醯 tRNA 進入核糖體的 A 位點，當延長中的肽轉入此異常 A 位點時，容易脫落，終止肽鏈合成。由於嘌呤黴素對原核和眞核生物的轉譯過程均有干擾作用，故難於用做抗菌藥物。

白喉毒素（diphtheria toxin）由白喉桿菌所產生的白喉毒素是眞核細胞蛋白質合成抑制劑。白喉毒素是寄生於白喉桿菌體內的溶源性噬菌體 β 基因編碼的由白喉桿菌轉運分泌出來，進入組織細胞內，它對眞核生物的延長因子 -2（EF-2）起共價修飾作用，生成 EF-2 腺苷二磷酸核糖衍生物，從而使 EF-2 失活。

干擾素（interferon）是病毒感染後，感染病毒的細胞合成和分泌的一種小分子蛋白質。從白細胞中得到 α- 干擾素，從成纖維細胞中得到 β- 干擾素，在免疫細胞中得到 γ- 干擾素。

干擾素結合到未感染病毒的細胞膜上，誘導這些細胞產生寡核苷酸合成酶、核酸內切酶和蛋白激酶。

在細胞未被感染時，不合成這三種酶，一旦被病毒感染，有干擾素或雙鏈 RNA 存在時，這些酶被啟動，並以不同的方式阻斷病毒蛋白質的合成。

干擾素和 dsRNA 啟動蛋白激酶，蛋白激酶使蛋白質合成的起始因子磷酸化，使它失活，另一種方式是 mRNA 的降解，干擾素 dsRNA 啟動 2,5 腺嘌呤寡核苷酸合成的酶的合成，2,5 腺嘌呤寡核苷酸啟動核酸內切酶，核酸內切酶水介 mRNA。

嘌呤黴素的作用機轉

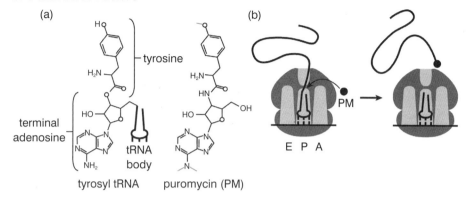

(a) 酪胺酸 tRNA 3' 端結構與嘌呤黴素的比較。主要差異以圈起處顯示。(b) 嘌呤黴素與核糖體上肽基 P 位點 tRNA（peptidyl P-site tRNA）反應，使核糖體自肽鏈上脫離，轉譯自動終止。

白喉毒素的作用原理

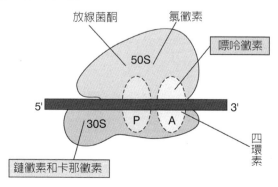

抗生素類抑制劑的作用位置

Part 18
訊息傳遞

18.1 荷爾蒙作用

荷爾蒙（hormone）又稱激素，是動植物體內由特殊組織細胞產生、其量甚少的、在機體的新陳代謝中起著調節作用的一類有機化合物。

哺乳動物的荷爾蒙已知約有一百多種，依化學結構及組成的不同，可歸為三大類：(1) 類固醇（steroid），此類化合物來自於醋酸鹽（acetate）及膽固醇（cholesterol）的衍生，如皮質類固醇（corticosteroids）、雌性激素（estrogens）、黃體酮（progesterone）等；(2) 蛋白質及胜肽類（polypeptide），其化學結構及分子大小不一，是由胺基酸合成，如甲狀腺素（thyroxine）、升壓素（vasopressin）等；(3) 小分子胺（amine），此類化合物大致來自於 胺酸（tyrosine）的衍生物，如腎上腺素（epinephrine）、正腎上腺素（norepinephrine）及多巴胺（dopamine）。

荷爾蒙應具備下列幾個特點：(1) 在生物體內某一種特殊組織或細胞（內分泌腺）合成並分泌。(2) 經由體液（血液等）被輸送到生物體內特定組織或細胞（靶組織或靶細胞）中發揮作用。(3) 量微、作用大，效率高，在新陳代謝中起調節作用。

荷爾蒙與受體的關係很像酶與基質的關係：有高度的專一性；有高度的親和力；非共價鍵可逆結合；激素與受體的結合量與其生物效應成正比。

荷爾蒙作用機制：真核細胞內的訊息傳遞路徑，包含膜上的受體（1 至 5 路徑）及第二傳訊者（second messenger）。

1 至 4 路徑都藉由 G 蛋白偶聯受體活化 G 蛋白，刺激第二傳訊者產生。5 路徑中，受體本身含酪胺酸激酶（tyrosine kinase），收到訊息後磷酸化酪胺酸的 OH 基團，接著磷酸化其他蛋白質或同樣含有 OH 基團的絲胺酸、蘇胺酸的蛋白激酶（protein kinase, PK）。

1 路徑：cAMP 活化蛋白激酶 A（PK-A）。

2 路徑：cAMP 活化蛋白激酶 G（PK-G）。

3 路徑：Ca^{2+}、肌醇三磷酸（inositol trisphosphate, IP3）、調鈣素（calmodulin）活化 multifunctional kinase（開啟多個反應）、dedicated kinase（開啟單一反應）。

4 路徑：diacylglycerol（DAG）活化蛋白激酶 C（PK-C）。

荷爾蒙調控：外界刺激進入中樞神經後，分為 2 種路徑：

1. 不經過下視丘（hypothalamus），中樞神經系統直接刺激腎上腺髓質分泌腎上腺素，作用在肝臟、肌肉、心臟。

2. 中樞神經控制下視丘，影響主要目標（primary target），也就是腦垂體的前葉或後葉。腦垂體後葉直接分泌荷爾蒙，作用在目標器官上。腦垂體前葉會先影響次要目標（second target）分泌荷爾蒙，間接作用在目標器官上。

荷爾蒙回饋控制：荷爾蒙分泌量的多寡，受到下視丘的調節與控制，下視丘可 是神經系統與內分泌系統之間的橋樑。當下視丘受到腦的其他部分傳入訊息後，便會分泌促激素運至腦下垂體，促使腦下垂體分泌一種荷爾蒙，此荷爾蒙再刺激目標細胞引起反應。目標內分泌器官所分泌的荷爾蒙如果過量，也會對下視丘或腦下垂體產生抑制作用，形成負回饋控制的機制。

真核細胞內的訊息傳遞路徑

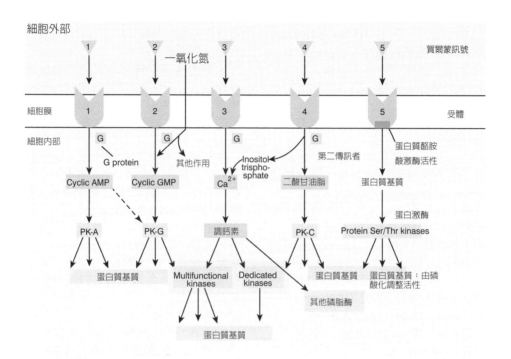

荷爾蒙與細胞膜上的受體結合

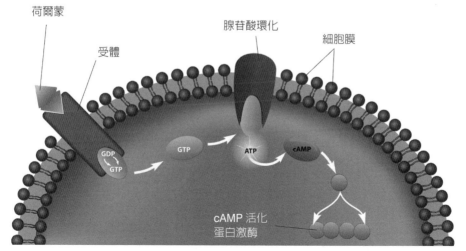

荷爾蒙本身是第一傳訊者，與受體結合會活化細胞內的第二傳訊者（引起細胞內效應）。

18.2　G蛋白

GTP 結合蛋白（GTP-binding proteins）簡稱 G 蛋白（G protein），它含有一個鳥苷酸結合結構，由 α、β、γ 三個亞基組成。激活狀態下的 G 蛋白可以激活腺苷酸環化酶，產生第二信使 C-AMP，從而產生進一步的生物學效應。

G protein 的活性是藉由與三類調控蛋白質的結合來進行調整：第一類是 GAPs（GTPase activating proteins），它會提高 G protein 水解 GTP 變成 GDP 的能力，使得 G protein 變成非活化態。第二類是 GEFs（guanine nucleotide exchange factors），它會促使與 G protein 結合的 GDP 置換成 GTP，變成活化態。最後一類是 GDIs（guanine nucleotide dissociation inhibitors），它會阻止結合態中的 GTP 或 GDP 離開，使得 G protein 保持在與 GTP 結合的活化態或者是與 GDP 結合的非活化態。

這三類調控蛋白質的調控情形被認為是受到細胞膜上受器接受外來刺激後啟動的訊息傳遞來決定。之後活化態構型的 G protein 就藉由 effector loop 與特定的 effector protein 結合，再由 effector protein 來傳遞訊息。

G 蛋白偶聯受體（G-protein coupled receptors, GPCRs）：立體結構中都有七個跨膜 α 螺旋，且其肽鏈的 C 端和連接第 5 和第 6 個跨膜螺旋的胞內環上都有 G 蛋白（鳥苷酸結合蛋白）的結合位點。G 蛋白偶聯受體只見於真核生物之中，而且參與了很多細胞信號轉導過程。

受體結構的特點：受體的 N 端可有不同的糖基化；胞內的第二和第三個環能與 G- 蛋白相偶聯；受體內有一些高度保守的半胱胺酸殘基，對維持受體的結構起到關鍵作用。

主要的兩個路徑分別以由三磷酸腺苷環化產生的環腺苷酸（cAMP）和由磷脂醯肌醇 -4,5- 二磷酸（PIP2）水解生成的肌醇三磷酸（IP3）和甘油二酯（DAG）作為第二信使。

GPCRs 的調控功能幾乎涉及人體的所有生理過程，包括交感（腎上腺素受體, adrenergic receptors）與副交感（膽鹼能受體，acetylcholine receptor）神經調節以控制血壓心率等自主神經功能，視覺（如視紫紅素，rhodopsin）、味覺、嗅覺、行為與情緒控制（如多巴胺受體、5- 羥色胺受體）以及免疫系統和炎症反應的調節（如趨化因子受體、組織胺受體）等。

GPCRs 與激動劑配體結合後發生構形變化，G 蛋白上結合的 GDP 交換成 GTP，從而使 G 蛋白的 α 亞基與 β、γ 亞基分離，啟動腺苷酸環化酶（adenyl cyclase, AC）、磷脂酶 C（phospholipase C）或離子通道等，繼而啟動下游的信號通路，包括第二信使 cAMP、二酸甘油酯（diacylglycerol）、三磷酸肌醇（IP3）和鈣信號等。

霍亂弧菌（引起霍亂）分泌霍亂毒素，霍亂毒素會改變腸道中的鹽和液體，通常由啟動 Gs G 蛋白的激素控制，從而增加 cAMP。霍亂毒素會酶促地改變 Gs，因此無法將 GTP 轉換為 GDP。然後不能使 Gs 失活，而 cAMP 的量仍然很高，導致腸道細胞分泌鹽和水，最終脫水會導致死亡。

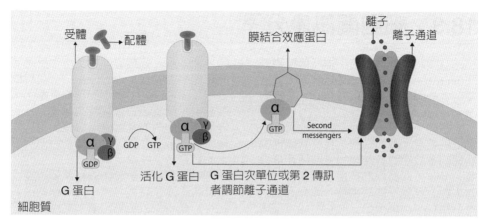

G 蛋白偶聯受體（GPCR）控制離子通道。受體被細胞外信號分子啟動，G 蛋白和受體結合。G 蛋白的 α 亞基的 GDP 被 GTP 替換，使 G 蛋白 βγ 分開。

活化的 α 亞基啟動靶蛋白

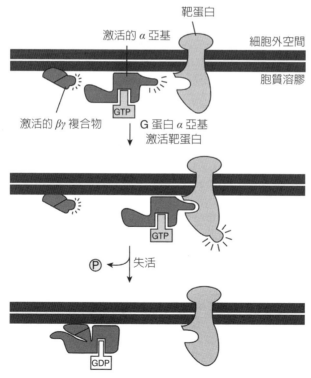

α 亞基水解 GTP 本身失活，從靶蛋白解離和 βγ 重新結合，形成無活性的 G 蛋白。

18.3 細胞間訊息分子

細胞間訊息傳遞藉由：神經傳導物質（neurotransmitters）、荷爾蒙、費洛蒙、生長因子（growth factors）及細胞激素（cytokines）。

生長因子：是一類能夠特異地與細胞膜受體結合，調節細胞生長等其他細胞功能的多效應的多肽類物質或活性蛋白質，分布於機體內的多種組織和器官。對人體的免疫、造血調控、腫瘤發生、炎症感染、創傷癒合、血管形成、細胞分化、細胞凋亡、形態發生、胚胎形成等方面具有重要的調控作用。

生長因子主要包括：成纖維生長因子（fibroblast growth factor, FGF）、血管內皮生長因子（vascular endothelial growth factor, VEGF）、胰島素樣生長因子（insulin like growth factor, IGF）、表皮生長因子（epidermal growth factor, EGF）和肝細胞生長因子（hepatocyte growth factor, HGF）等。

大多數腫瘤細胞的癌化（malignancy）過程，是藉由過度表現或活化特定之蛋白或受體（receptor）來刺激自身的生長及複製，也因為這些受體的過度表現與活化，使它們也可作為腫瘤細胞的標記（marker）或藥物標靶的目標，腫瘤細胞可藉由自分泌（autocrine）或旁分泌（paracrine）的方式獲得生長因子的刺激，這些生長因子以 VEGF 及 EGF 在腫瘤細胞癌化過程中扮演重要角色。

細胞激素：是一群低分子量的調節蛋白質，為體內的白血球細胞和其他相關的各種細胞，經誘導性刺激產生反應而分泌出來的物質。細胞激素結合在目標細胞（target cell）膜上的特殊受器上，啟動生化反應，負責訊號的傳導並且改變目標細胞內的基因表現型態，對於一個特別的細胞激素，其本質是由細胞膜上的特殊受器所決定的。

細胞激素可與所分泌的自體細胞膜受器結合，產生自我調控。同時細胞激素也可以結合到製造細胞激素鄰近之目標細胞受器上，以調控其他細胞。

許多細胞可分泌細胞激素，其主要由輔助 T 細胞（Th 細胞，T helper cell）及巨噬細胞所產生。細胞激素可以與目標細胞之受器產生結合反應，引起具有特殊生物活性之細胞間的訊號傳遞。

細胞激素在生理上主要作用，為細胞調節免疫與體液免疫反應的發展，誘導免疫反應、調節紅血球生成、控制細胞增生與分化及傷口癒合等。

細胞激素特性：多效能特性（pleiotropic properties）：也就是同一種細胞激素可以影響許多不同的細胞，如介白質 -4（interleukin-4；IL-4）除了能刺激 B 細胞增生、活化與分化，同時也能刺激胸線細胞與肥大細胞的增生。

功能重複特性（functional redundancy）：即不同的細胞激素具有相同的功能，如 IL-2 能刺激 B 細胞增生，除了 IL-2 之外，IL-4 及 IL-5 也能刺激 B 細胞增生。

細胞間訊息物質影響細胞功能的途徑

種類	訊息物質	受體	引起細胞內的變化
神經傳遞物質	乙醯膽鹼、麩胺酸、γ- 胺基丁酸	質膜受體	影響離子通道關閉
生長因子	類胰島素樣生長因子、表皮生長因子、血小板衍生生長因子	質膜受體	引起酶蛋白和功能蛋白的磷酸化和去磷酸化，改變細胞的代謝和基因表達
荷爾蒙	蛋白質、多肽及胺基酸衍生物類荷爾蒙 類固醇荷爾蒙、甲狀腺素	質膜受體 胞內受體	同上 調節轉錄

細胞激素的種類與免疫功能（部分）

種類	主要來源	主要免疫功能
顆粒球群落刺激因子（G-CSF）	T 細胞及單核球	刺激顆粒球增殖和分化
介白質 -2（IL-2）	T_H1 細胞	• 幫助並活化 T 細胞生長，因此又稱為 T 細胞生長因子（T cell growth factor, TCGF），同時可藉由自體分泌的機制使 T 細胞製造更多的 IL-2 • 幫助 B 細胞之生長及抗體合成 • 刺激自然殺手細胞的細胞毒殺作用 • 刺激巨噬細胞使其活性增加
介白質 -4（IL-4）	T_H2 細胞、肥大細胞	• 幫助 B 細胞生長及分化，並誘發 B 細胞的第二類主要組織相容性複合體分子（MHC class II）表現 • 藉由促成 T_H2 細胞的生成來控制並活化嗜酸性白血球及肥胖細胞 • 促使 B 細胞在產生抗體時發生類型轉換（class switching），使得 B 細胞產生 IgE
介白質 -5（IL-5）	T_H2 細胞、肥大細胞	• 促進嗜酸性白血球的生長及活化 • 幫助 B 細胞生長，並促使 B 細胞產生 IgA
α 干擾素（IFN-α）	白血球	• 刺激被病毒感染的細胞產生抗病毒蛋白，造成病毒 mRNA 被分解並抑制病毒蛋白質合成，藉此來抑制病毒複製
β 干擾素（IFN-β）	纖維母細胞	• 誘發被病毒感染細胞表現第一類主要組織相容性複合體（MHC class I）分子 • 活化巨噬細胞和自然殺手細胞
α 腫瘤壞死因子（TNF-α）	巨噬細胞、淋巴球	• 對腫瘤細胞與病毒具有毒性作用 • 與 IL-1 可協同作用於各個免疫反應 • 可引起發炎反應
β 腫瘤壞死因子（TNF-β）	T_H1 細胞、巨噬細胞	

細胞介導免疫（cell-mediated immune response）

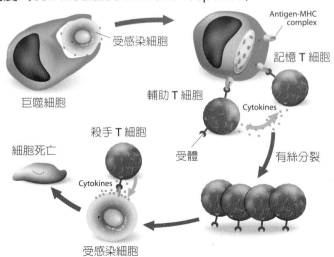

18.4 第二傳訊者

第二傳訊者（second messenger）又稱第二信使，指受體被啟動後在細胞內產生的，能介導訊息轉導路徑的活性物質。包括環狀核苷酸（如 cAMP 和 cGMP）肌醇三磷酸、二酸甘油酯、鈣離子（Ca^{2+}）、一氧化氮（NO）。

環腺苷單磷酸（adenosine 3',5'-cyclic monophosphate, cyclic AMP, cAMP）是細胞中重要的二級訊息分子，參與細胞生長、代謝、分化和基因調控等相關訊息路徑。當細胞接受到外來的刺激訊息如荷爾蒙等第一傳訊者分子，會活化 G-protein-coupled receptors，釋出 stimulative G-protein（Gs），活化細胞膜上的腺苷酸環化酶（adenylate cyclase），使細胞質內的 ATP 轉化為 cAMP。而 cAMP 會活化 protein kinase A（PKA），PKA 會再活化下游的目標蛋白，進行其生物活性。

環狀核苷酸磷酸二酯酶（PDE）是一個超大家族（superfamily）酵素，在哺乳類細胞中至少由 21 個 PDE 基因組成，該酵素的主要作用為水解 cAMP 與環鳥苷單磷酸（guanosine 3',5'-cyclic monophosphate, cyclic GMP, cGMP）的磷酸二酯鍵，使代謝成 5'-AMP 與 5'-GMP。

環鳥苷單磷酸與一氧化氮：一氧化氮的作用通過其介導第二信使 cGMP 產生的主要機制之一。一氧化氮可以通過與可溶性鳥苷酸環化酶（souble guanylate cyclase, sGC）的血紅素基團相互作用來刺激 cGMP 的產生。這種相互作用使 sGC 可以將 GTP 轉換為 cGMP。

cGMP 可在細胞中產生多種作用，但其中許多作用是經由激活蛋白激酶 G（PKG）介導的。活性 PKG 最終負責一氧化氮的許多作用，包括其對血管舒張的作用。

cGMP 對 PKG 的激活導致肌球蛋白磷酸酶的激活，繼而導致平滑肌細胞內細胞內鈣的釋放。這進而導致平滑肌細胞鬆弛。

硝酸甘油治療心絞痛具有百年的歷史，其作用機理是在體內轉化為 NO。

二酸甘油酯：二酸甘油酯（1,2-diacylglycerol, DAG）是 TAG 代謝的第二信使和中間體。DAG 可增加蛋白激酶 C 的活性，並且蛋白激酶 C 通過絲胺酸和蘇胺酸磷酸化進一步活化下游靶標。二酸甘油酯激酶（diacylglycerol kinases, DGK）是在終止基於 DAG 信號的反應中將 DAG 轉變為磷脂酸（phosphatidic acid, PA）的脂質激酶（lipid kinases）。

肌醇三磷酸（inositol 1,4,5-trisphos-phate，IP3）：是在磷酸肌醇酶 C 催化的磷脂酰肌醇 4,5- 二磷酸水解過程中形成的，主要作用似乎是從細胞內存儲中動員 Ca^{2+}。

佛波酯（phorbol esters）又稱巴豆酯，是四環二萜類化合物，天然存在於大戟科和百里香科的許多植物中。以其促進腫瘤的作用而聞名。佛波酯結構與 DAG 相似，也有活化蛋白質激酶 C 的作用。這類化合物稱為腫瘤促進劑（tumor promoter），能活化 PKC，導致細胞不斷增生，刺激致癌因子引發腫瘤形成。

幾種第二傳訊者的結構式

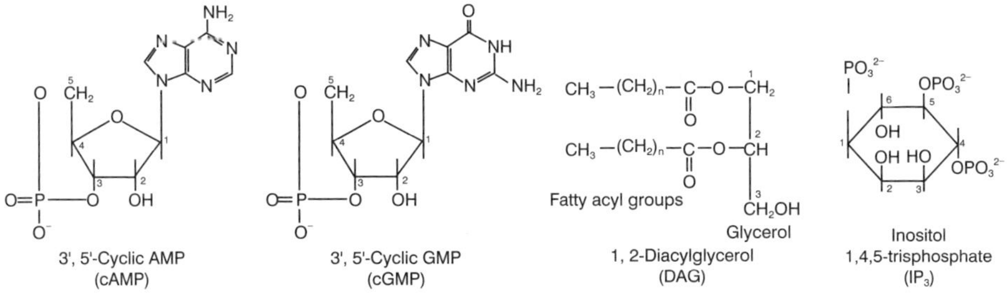

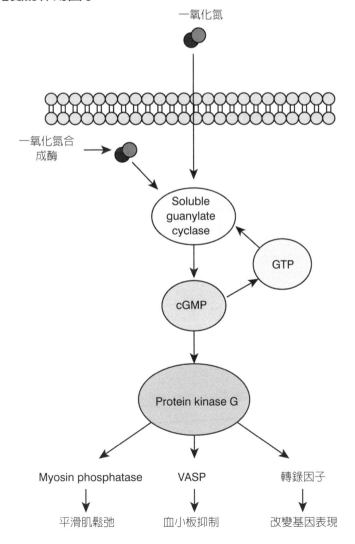

3', 5'-Cyclic AMP (cAMP)

3', 5'-Cyclic GMP (cGMP)

Fatty acyl groups
Glycerol
1, 2-Diacylglycerol (DAG)

Inositol 1,4,5-trisphosphate (IP_3)

一氧化氮的作用圖示

一氧化氮

一氧化氮合成酶

Soluble guanylate cyclase

GTP

cGMP

Protein kinase G

Myosin phosphatase　　VASP　　轉錄因子

平滑肌鬆弛　　血小板抑制　　改變基因表現

18.5 受體

受體（receptor）又稱受器。是一種蛋白質分子，通常存在酵素分子的表面，可以和神經傳導物質（neurotransmitter）、荷爾蒙（hormone）、藥物或是毒物等配體（ligand）結合。每種受體只能結合某些特定形狀的配體分子，受體在與配體結合之後，會帶來構形（conformation，受體蛋白質的三維結構）的改變，因而影響蛋白質活動，並進一步引起各種細胞反應。

受體與配體的結合端賴分子間作用力，其中並未進行化學反應，也沒有生成共價鍵。

配體對受體的作用大致可區分為兩種：作用劑（agonists）與拮抗劑（antagonists），前者會活化蛋白質的活動，啟動細胞反應；後者則會抑制蛋白質活動，並關閉細胞的反應。因此作用劑與拮抗劑之間存在拮抗關係（antagonism），兩者互為對立的作用關係。

細胞表面的受體分為：G- 蛋白偶聯受體（GPCR）、酪胺酸蛋白激酶受體、離子通道受體。

離子通道受體（channel-linked receptors），是具有連接有離子通道的膜受體。根據其生理功能有可分為配體門控離子通道（ligand-gated ion channels）和電壓門控離子通道（voltage-gated ion channels）。如 N- 乙醯膽鹼受體、γ- 胺基丁酸受體、麩胺酸受體等。

G- 蛋白偶聯受體（G-protien coupled receptors）是通過 G 蛋白連接細胞內效應系統的膜受體。如 M 乙醯膽鹼受體、腎上腺素受體、多巴胺受體、5-羥色胺受體、前列腺素受體等。

酪胺酸激酶受體（tyrosine kinase-linked receptors）是結合細胞內酪胺酸激酶範圍的膜受體。如胰島素受體、胰島素樣生長因子受體、表皮生長因子受體、血小板生長因子受體、集落刺激因子受體、成纖維細胞生長因子受體等。

β- 腎上腺素受體是由一條多肽鏈組成，其中包含 7 段由疏水性胺基酸組成的螺旋體結構，因為疏水性的螺旋體結構足以穿越細胞膜。

人類基因體可以發現約一千個 GPCR 受體的基因密碼，其中大約一半的受體是接收氣味的訊號，三分之一是接收激素類物質，如多巴胺、血清素、組織胺等。

受體調節：同種調節（homospecific regulation）為配體作用於特異性地受體，使自身的受體發生變化。如胰島素受體、乙醯膽鹼受體、β- 腎上腺素受體、生長素受體、促甲狀腺素釋放激素受體、黃體生成素受體、血管緊張素 II 受體等一些肽類的受體都存在同種調節作用。

異種調節（heterospecific regulation）為配體作用於其特異性的受體，對另一種配體的受體產生調節作用。如維生素 A 可使胰島素受體產生向下調節。血管活性肽可調節 M 受體。甲狀腺素、糖皮質激素和性激素可調節 β- 腎上腺素受體。氨甲醯膽鹼可調節 α- 腎上腺素受體。

離子通道偶聯受體（channel linked receptor）

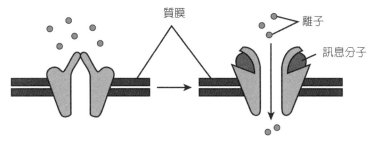

受體和它的配體結合，並對此作出反應。

神經傳遞物質從突觸前神經元的突觸囊泡中釋放出來，並與突觸後神經元上的受體結合，觸發第 2 神經元的衝動

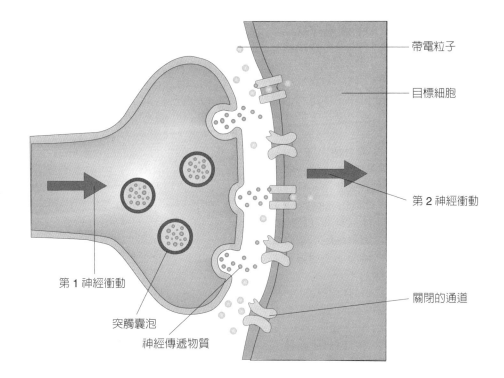

18.6　致癌基因

細胞分裂是由一系列嚴密控制的流程來完成的。這些流程取決於一些基因的正常轉錄（transcription）與轉譯（translation）。如果這些流程出現異常，則可導致細胞生長的失控。

致癌基因（oncogene）是細胞內控制細胞生長和分化的基因，它的結構異常或表達異常，可以引起細胞癌變。原致癌基因（proto-oncogenes）是指存在于生物正常細胞基因組中的癌基因，又稱細胞癌基因（cellular-oncogene）。

正常細胞變成癌細胞有 2 種途徑：(1) 受到病毒感染：正常細胞受到反轉錄病毒感染，使得原致癌基因變成致癌基因。(2) 突變：原致癌基因自然或誘導突變成致癌基因。

原致癌基因的特點：廣泛存在於生物界中，基因序列高度保守；作用經由其產物蛋白質來表現；被啟動後，形成癌性的細胞轉化基因。

Ras 蛋白屬於 Ras 蛋白超家族（Ras superfamily）的成員之一，是一群小 GTP 酵素（small GTPase），具有與 GTP 結合並且水解 GTP 的能力。Ras 蛋白超家族的主要功能為參與在調控細胞生長、細胞分化、細胞貼附、細胞骨架移動、細胞內囊泡轉運、核運輸等細胞生理反應的訊息傳遞。

Ras 蛋白會透過與 GTP 或是 GDP 的結合形式的交互轉換來達到調控訊息傳遞的功能。Ras 蛋白平時會與 GDP 結合並處於不活化的狀態，當細胞接收到外來刺激或是來自受體產生的訊號時，guanine nucleotide exchange factors 會促使 Ras 結合的 GDP 置換成 GTP，當 Ras 與 GTP 結合時蛋白質結構會產生改變，成為活化的狀態並與下游的訊息分子結合使其活化而開啟訊息傳遞。

Ras 發生突變會影響訊息傳遞路徑而引起細胞過度增殖，進而發展成癌症，所以 Ras 基因是一種癌基因。常見的有 K-Ras、N-Ras 和 H-Ras 三種蛋白質，這幾種 Ras 的突變都和癌症有關。譬如 K-Ras 突變和胰臟癌及大腸直腸癌有高度相關；N-Ras 突變與黑色素瘤及肝細胞癌相關；而 H-Ras 突變則和膀胱癌相關。

抑癌基因（cancer suppressive gene，anti-oncogene）抑制細胞過度生長、增殖從而遏制腫瘤形成的基因。

p53 抑癌因子對於細胞維持基因體的完整性扮演重要的角色，透過活化下游基因的表現，達成抑制癌症的功能。p53 的功能除了與細胞週期和細胞凋亡相關，也 與 DNA repair、細胞分化、老化、代謝和免疫。

基因毒性壓力（genotoxic stress）會導致 DNA 的損傷，其中 p53 基因是參與基因毒作用所誘導的細胞凋亡過程中的一個重要因子，p53 基因經由調節標靶基因的轉錄（transcription），來誘導細胞的凋亡，因此，在 DNA 受到損傷的情況下，p53 基因在細胞凋亡的途徑中扮演著重要的角色。

p53 至少主導了下列三道防線。第一道防線是停止細胞的生長，讓細胞有足夠的時間來修復受損的 DNA，若 DNA 無法被修復，則啟動第二道防線，使細胞凋亡，以避免異常的 DNA 傳至後代。第三道防線是阻止血管增生，抑制腫瘤的擴大。

常見的某些抑癌基因

名稱	染色體定位	相關腫瘤	作用
P53	17P	多種腫瘤	編碼 P53 蛋白（轉錄因子）
Rb	13q14	視網膜母細胞瘤、骨肉瘤、肺癌、乳癌	編碼 P105Rb1 蛋白（轉錄因子）
PI6	9P21	黑色素瘤	編碼 P16 蛋白
APC	5q21	結腸癌	可能編碼 G 蛋白
DCC	18q21	結腸癌	編碼表面糖蛋白（細胞黏著分子）
NF1	7q12.2	神經纖維瘤	GTP 酶激活劑
NF2	22q	神經鞘膜瘤、腦膜瘤	連接膜與細胞骨架
VHL	3p	小細胞肺癌、宮頸癌	轉錄調節蛋白
WTI	11P13	腎母細胞瘤	編碼鋅指蛋白（轉錄因子）

癌基因家族

癌基因家族	表達產物
1.scr 家族	膜結合的酪胺酸蛋白激酶
2.ras 家族	與膜結合的 GTP 結合蛋白
3.myc 家族	DNA 結合蛋白（轉錄因子）
4.sis 家族	生長因子類
5.myb 家族	轉錄因子

P53 蛋白——基因衛士

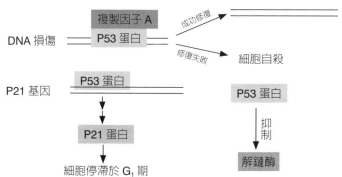

P53 蛋白可以活化（turn on）WAFI/CiPI 基因，此基因產物，稱為 p2I cyclin 依賴型磷酸酵素（cyclin-dependent kinase）的功能，會因為與 p21 結合而被抑制，因而阻止細胞週期進行。

18.7　受體酪胺酸激酶

酶聯受體也是跨膜蛋白，在質膜的表面具有配體結合區域，此和 G 蛋白偶聯受體相同。但它的胞質域具有酶的作用，或與另一個具酶作用的蛋白形成一個複合物。最大的一類酶聯受體是胞質域具有酪胺酸激酶功能的受體，它們磷酸化特定的胞內蛋白上的酪胺酸側鏈。這類受體叫做受體酪胺酸激酶（receptor tyrosine kinases），包括大多數生長因子受體。

自磷酸化（autophosphorylation）：當配體與單跨膜螺旋受體結合後，催化型受體大多數發生二聚化，二聚體的酪胺酸激酶被啟動，彼此使對方的某些酪胺酸殘基磷酸化，這一過程稱之。

受體型酪胺酸激酶（受體催化型）：與配體結合後具有酪胺酸激酶活性，如胰島素受體（insulin growth factor receptor, IGF-R）、表皮生長因數受體（epidermal growth factor receptor, EGF-R）。

受體型非酪胺酸激酶：與配體結合後，可與酪胺酸激酶偶聯而表現出酶活性，如生長激素受體、干擾素受體。

受體結構：胞外區為配體結合部位。受體跨膜區由 22 至 26 個胺基酸殘基構成一個 α- 螺旋，高度疏水。胞內區為酪胺酸激酶功能區（SH1, Scr homology 1 domain，與 Src 的酪胺酸激酶區同源）位於 C 末端，包括 ATP 結合和基質結合兩個功能區。

胰島素受體（insulin receptor, IR）：是受體型酪胺酸激酶的成員，在胰島素介導的中樞代謝，生長和發育調節中具關鍵作用。它是 $(\alpha\beta)2$ 型酪胺酸激酶的四聚體。每個 $\alpha\beta$ 異二聚體由細胞外結合配體的 α 亞基和跨膜的 β 亞基組成，它們通過二硫鍵連接。然而，這些亞基通過 α 亞基之間的 2 至 4 個二硫鍵組裝成四聚體 $(\alpha\beta)_2$。

由 IR 訊息傳導介導的主要下游訊息傳導途徑是 Akt2 介導的訊息傳導途徑，其負責葡萄糖轉運蛋白（Glut4）向質膜的轉運。這種轉運對於葡萄糖的攝取，肝糖合成，蛋白質和三酸甘油酯的合成以及有絲分裂原活化的蛋白激酶（MAPK）介導的基因表達調節是必需的。

胰島素受體遵循兩個主要的下游訊息傳導途徑，即 Akt2 訊息傳導途徑和 MAPK 訊息傳導途徑。IR 的活化的酪胺酸激酶結構域活化下游胰島素受體基質（insulin response substrate, IRS）訊息蛋白，該訊息蛋白可循 Akt2 途徑或 MAPK 途徑，取決於系統的需求。

在 Akt2 訊息傳導途徑中，活化的 IRS 蛋白通過磷酸化其調節域來活化磷脂酰肌醇 3- 激酶（phosphatidylinositol-3-kinase, PI-3K）。活化的 PI-3K 導致磷脂酰肌醇 -4,5- 雙磷酸酯（phosphatidylinositol-4,5-bisphosphate, PIP2）磷酸化為磷脂酰肌醇 -3,4,5- 三磷酸酯（phosphatidylinositol-3,4,5-triphosphate, PIP3）。然後，PIP3 募集含有 pleckstrin 同源結構域的酶，如 PDK1 和 Akt2。PDK1 使 PIP3 結合的 Akt2 磷酸化，並介導 Glut4 進入質膜的轉運，從而使葡萄糖流入。除了 Glut4 的易位外，Akt2 還通過活化肝糖合酶激酶 3（GSK3）介導肝糖合成。

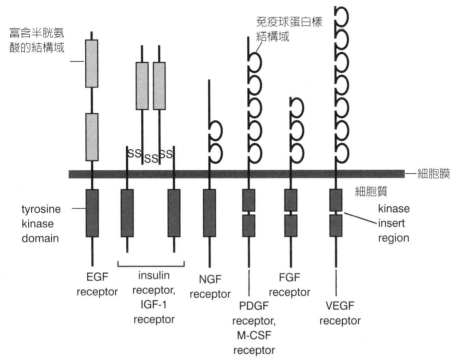

受體酪胺酸激酶（receptor tyrosine kinase, RTKs）是最大的一類酶聯受體，它既是受體又是酶，能夠與配體結合，並將靶蛋白的酪胺酸殘基磷酸化。所有的 RTKs 都是由三個部分組成的：含有配體結合位點的細胞外結構域、單次跨膜的疏水 α 螺旋區、含有酪胺酸蛋白激酶（PTK）活性的細胞內結構域。RTKs 是許多多肽生長因子、細胞因子和激素的高親和性細胞表面受體。在人類基因組中鑑定的 90 種獨特的酪胺酸激酶基因中，有 58 種編碼受體酪胺酸激酶蛋白。
IGF：類胰島素生長因子；PDGF：血小板生長因子；EGF：表皮細胞生長因子；
FGF：纖維母細胞生長因子；VEGF：血管內皮細胞生長因子；NGF：神經生長因子

受體酪胺酸激酶。二聚化（dimerization）、磷酸化（phosphorylation）、活化（activation）和細胞反應

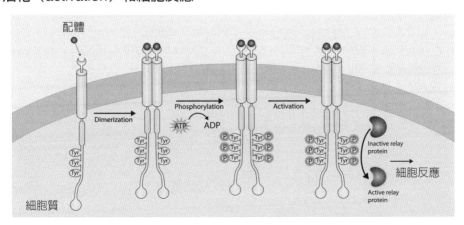

參考資料

1. BIOCHEMISTRY, Christopher K. Mathews, Pearson Canada Inc., 2013.
2. 生物化學，高宇，鼎茂圖書公司，2009。
3. 生物化學，Rodney Boyer，學銘圖書公司，2007。
4. 生物學中的化學，J. Fisher，科學出版社，2010。
5. 醫護生物化學，翟建富，五南圖書公司，2007。
6. 生物化學與分子生物學，查錫良，人民衛生出版社，2017。
7. Fundamentals of Biochemistry, H. P. GAJERA, International Book Distributing Co., 2008.
8. Biochemistry, Reginald H. Garrett, Brooks/Cole, Cengage Learning, 2010.
9. Textbook of Biochemistry with Clinical Correlations, Thomas M. Devlin, WileyLiss Inc., 1997.
10. 豆科凝集素研究進展，殷曉麗，中國生物工程雜誌，2011。
11. 毒蛾的性費洛蒙，周延鑫，科學發展，2008。
12. 致命的誘惑，洪巧珍，科學發展，2014。
13. 植物甾醇的安全性研究進展，張波，中國食品衛生雜誌，2013。
14. 真核生物 mRNA 降解途徑，劉黎明，中國生物化學與分子生物學報，2008。
15. 基因編輯技術的方法、原理及應用，朱玉昌，生物醫學，2015。
16. 基因編輯技術，胡小丹，中國生物化學與分子生物學報，2018。
17. RNA 干擾作用（RNAi）研究進展，陳忠斌，中國生物化學與分子生物學報，2002。
18. 轉錄因子——新型抗腫瘤藥物作用靶點，劉楠，中國藥科大學學報，2010。
19. 信號識別顆粒調控蛋白轉運系統，崔豔豔，微生物學通報，2016。
20. 分子內分子伴侶機制的研究進展，賈焱，生物化學與生物物理進展，2016。
21. 粒線體蛋白質的轉運，馬軍，生物物理學報，2010。
22. 真核生物 RNA 聚合酶組裝及其生物學意義，劉雪琴，生物化學與生物物理進展，2020。
23. 人類基因跳動式剪接機制，蔡國旺，生物醫學，2008。
24. G 蛋白偶聯受體的探索之路——記 2012 年諾貝爾化學獎得主 Robert J. Lefkowitz 和 Brian K. Kobilka，肖晗，中國科學：生命科學，2012。
25. 生長因子遞送系統研究進展，姚情，生物產業技術，2018。
26. 科學 Online，https://highscope.ch.ntu.edu.tw。

國家圖書館出版品預行編目資料

圖解生物化學／顧祐瑞著. --初版.--
臺北市：五南圖書出版股份有限公司，
2025.01
面；　公分
ISBN 978-626-393-955-4（平裝）

1.CST: 生物化學

399　　　　　　　　113017852

5JOW

圖解生物化學

作　　　者 —	顧祐瑞（423.2）
編輯主編 —	王俐文
責任編輯 —	金明芬
封面設計 —	封怡彤
出 版 者 —	五南圖書出版股份有限公司
發 行 人 —	楊榮川
總 經 理 —	楊士清
總 編 輯 —	楊秀麗
地　　　址：	106臺北市大安區和平東路二段339號4樓
電　　　話：	(02)2705-5066　　傳　真：(02)2706-6100
網　　　址：	https://www.wunan.com.tw
電子郵件：	wunan@wunan.com.tw
劃撥帳號：	01068953
戶　　　名：	五南圖書出版股份有限公司

法律顧問　林勝安律師

出版日期　2025年1月初版一刷

定　　　價　新臺幣500元